U0925230

爱因斯坦文集

（增补本）

第三卷

许良英　赵中立　张宣三　编译

商务印书馆
创于1897
The Commercial Press

阿·爱因斯坦(1947年)

Ich danke Ihnen für Ihre Aufklärungen. Mit dem „remote field" meinte ich die theoretischen Grundlagen der Physik. —

Das Problem, vor welches sich die Intelligenz dieses Landes gestellt sieht, ist ein sehr ernstes. Es ist den reaktionären Politikern gelungen, durch Vorspiegelung einer äusseren Gefahr das Publikum gegen alle intellektuellen Bemühungen misstrauisch zu machen. Auf der Basis dieses Erfolges sind sie daran, die freie Lehre zu unterdrücken und die nicht Gefügigen aus allen Stellungen zu verdrängen, d. h. auszuhungern.

Was soll die Minderheit der Intellektuellen thun gegen das Übel? Ich sehe offen gestanden nur den revolutionären Weg der Non-cooperation im Sinne Ghandi's. Jeder Intellektuelle, der vor eines der comittee's vorgeladen wird, müsste jede Aussage verweigern, d. h. bereit sein, sich einsperren und wirtschaftlich ruinieren zu lassen, kurz, seine persönlichen Interessen den kulturellen Interessen des Landes zu opfern.

Wenn genug Personen sich finden, die diesen harten Weg zu gehen bereit sind, wird ihnen Erfolg beschieden sein. Wenn nicht, dann verdienen die Intellektuellen dieses Landes nichts Besseres als die Sklaverei, die ihnen zugedacht ist.

Diese Verweigerung sollte aber nicht gegründet werden auf den bekannten Trick der möglichen Selbstbezichtigung, sondern darauf, dass es eines unbescholtenen Bürgers unwürdig ist, sich solcher Inquisition zu unterziehen, und dass diese Art Inquisition gegen den Geist der Verfassung verstosse.

A. Einstein

P. S. Dieser Brief ist nicht als „vertraulich" zu behandeln.

爱因斯坦1953年5月16日给W.弗劳恩格拉斯信的手稿(见本书365页)

论。1960 年出版的，由他的遗嘱执行人 O. 那坦和 H. 诺尔登编辑的文集《爱因斯坦论和平》，就有相当于中文将近一百万字的篇幅。他对政治问题第一次的公开表态，是 1914 年签署一个反对第一次世界大战的声明。这次战争，列宁称为帝国主义战争，各国科学家纷纷为他们各自的“祖国”效忠。战争一开始，德国就有九十三个科学文化界名流联名发表宣言，为德国的军事侵略辩护。爱因斯坦则针锋相对地站出来公开反对这次战争，在包括他本人在内仅有四个人支持的反战宣言《告欧洲人书》上签了名，呼吁善良的欧洲人，团结起来[①]。在整个战争期间，他一直积极参加德国地下的反战活动。

第一次世界大战后，他致力于恢复各国人民之间相互谅解的活动，访问了很多国家，受到了各国广大科学工作者和人民群众的热烈欢迎，也受到一小撮形形色色的政治小丑的恶毒攻击。1920 年国际联盟成立，特别是 1928 年美国国务卿凯洛格和法国总理白里安缔结的以“放弃用战争作为国家政策的工具”为标榜的《凯洛格-白里安公约》，给了他极大的希望。这段时间，他到处作演讲，发表文章，呼吁反对一切战争，宣传全面裁军，号召各国青年拒服兵役，希望建立一个能够主持正义与和平、保证永无战争的超国家的政治组织。但这些希望一个接着一个破灭了，而成为现实的却是 1931 年日本侵略军占领中国东三省，以及所有帝国主义国家对它的纵容和支持。紧接着是意大利并吞埃塞俄比亚和希特勒在德国上台，法西斯逆流到处泛滥，整个世界都受着侵略战争的威胁。

① 见本书 3 页。

1933 年是他的政治生活的一个转折点。纳粹篡夺政权后，在国内实行恐怖的全面专政，对犹太人、和平主义者、民主主义者进行残酷迫害，爱因斯坦首当其冲。幸而当时他在国外讲学，未遭毒手。纳粹对内的法西斯暴行和对外的战争叫嚣，使一向讲人道主义、反对阶级斗争，主张宽容、反对仇恨，鼓吹绝对的和平主义、反对一切战争和暴力的爱因斯坦，终于完全改变了态度，挺身而出，同这帮吃人的野兽进行殊死斗争。1933 年 7 月 20 日他写给法国青年 A. 纳翁的信①就表明这一转变。

出于对法西斯的高度仇恨，他对 1936—1939 年的西班牙内战非常关怀，深切同情西班牙的民主政府。1938 年的慕尼黑会议，他表示极为不满。1938 年 10 月 10 日给 M. 贝索的信②中对绥靖主义头子张伯伦的分析，真是入木三分。1939 年在获悉铀核分裂和链式核反应的发现以后，了解到德国正在积极从事原子能的研究，他在 L. 西拉德的帮助下写信给美国总统罗斯福③，建议美国着手研制原子弹，以免纳粹占先，会给人类造成无穷灾难。

1945 年 5 月德国无条件投降。为迫使日本投降，美国在广岛和长崎上空投掷两颗刚制造出来的原子弹，造成 25 万人死亡。这给了他意外的打击，特别由于他是原子能基本原理的发现者和制造原子弹的创议者，在美国他竟被称为“原子弹之父”，使他感到无限痛苦和矛盾。战争结束后三个月，他就愤慨地指出：“到目前为止，我们既没有和平的保证，也没有《大西洋宪章》所许诺的任何自

① 见本书 137 页。
② 见本书 190 页。
③ 见本书 210 页。

由的保证。战争是赢得了,但和平却还没有。"①

由于意识到核战争(当时称为"原子战争")对整个人类生存的严重威胁,怎样才能防止核战争?怎样才能和平解决国际争端,保证各国的安全和独立,以利全人类的健康发展呢?这就是他战后最关心的大问题。他领导组织"原子科学家非常委员会",出刊《原子科学家公报》,要使全世界人民认识到核战争的极端危险性,严厉警告一切企图以核讹诈来玩火的野心家。他曾寄希望于战后成立的联合国,建议把联合国大会改组成为他多年来所想望的世界政府。② 这个建议竟被苏联科学家斥责为支持"和平与国际合作的最凶恶敌人的阴谋和野心"。

战争一结束,战时形成的反法西斯联盟就瓦解了。世界分成分别以苏联和美国为首的东方和西方两大阵营,双方开始了彼此敌意的对峙但又避免直接军事冲突的所谓冷战。在这种局面下,斗争主要是在意识形态和价值观领域中。在苏联,战前那种官方意识形态控制一切的态势立即恢复,而且变本加厉。在美国,出现了恐苏、恐共歇斯底里,大批知识分子被怀疑对美国不"忠诚"而受到迫害。这股反民主逆流,经共和党参议员麦卡锡(Joe McCarthy)这样一个以谎言为生的政治小丑的疯狂作祟,气势更是猖獗。面对这股动摇美国精神基础的反民主的法西斯逆流,爱因斯坦号召美国知识分子奋起抗击。1953年5月,在给一位受到美国众议院"非美活动委员会"侦讯的教师的信中,他激昂慷慨地呼吁:"每

① 见本书240页。

② 1947年9月给联合国大会的信,见本书277页。

一个受到委员会传讯的知识分子都应当拒绝作证，也就是说，他必须准备坐牢和准备经济破产，总之，他必须为他的祖国的文明幸福的利益而牺牲他的个人幸福。""否则，我国知识分子所应当得到的，绝不会比那种为他们准备着的奴役好多少。"①这封气壮山河的信在报上公开发表后，在美国引发了一场保卫人权、保卫美国宪法的运动。一年后，政治小丑麦卡锡遭到参议院弹劾，成了历史垃圾。

爱因斯坦晚年对美国正在恶化的政治局势极为不满，在他逝世前五个月发表了这样一个声明："如果我重新是个青年人，并且要决定怎样去谋生，那么，我绝不想做什么科学家、学者或教师。为了希望求得在目前环境下还可得到的那一点独立性，我宁愿做一个管子工，或者做一个沿街叫卖的小贩。"②在他逝世前十多天，美国有个法西斯组织在刊物上大骂爱因斯坦是"颠覆分子"。爱因斯坦对所有这类加到他头上的打击毫无畏惧，一概采取横眉冷对的态度。

1953 年 12 月，美国有个律师组织准备授予他人权奖，他回信说，他在人权问题上"没有经过系统努力"，"我所做的仅仅是：在长时期内，我对社会上那些我认为是非常恶劣的和不幸的情况公开发表了意见，对它们沉默就会使我觉得是在犯同谋罪。"一个正直而有社会责任感的人，如果对暴政和政治迫害默不作声，会感到内疚和自责；爱因斯坦不仅如此，还会觉得自己成了帮凶，犯了同谋罪。在社会正义问题上，对自己要求如此之高，在科学家中未有第

① 1953 年 5 月 16 日给 W. 弗劳恩格拉斯的信，见本书 365 页。

② 1954 年 11 月答《记者》杂志问，见本书 375 页。

二人，即使在人类历史中也是罕见的。

*　　*　　*

爱因斯坦的政治信念。在1918年11月13日对柏林大学学生的讲话中就清晰表明：“我们的共同目的是民主，是人民的统治。”“应当提防不让左翼的新的暴政来代替右翼的旧的暴政。”

关于国家与个人的关系，他在1931年11月的《主权的限制》一文有精辟的论述：“国家是为人民而建立，而人民不是为国家而生存。”“国家应当是我们的仆从，而我们不应当是国家的奴隶。”

1930年发表的《我的世界观》一文，全面而深刻地论述了他的人生观和世界观。“人是为别人而生存的”，“我每天上百次地提醒自己：我的精神生活和物质生活都依靠着别人（包括生者和死者）的劳动，我必须尽全力以同样的分量来报偿我所领受了的和至今还在领受着的东西。”“我从来不把安逸和享乐看作是生活目的本身……照亮我的道路，并且不断地给我新的勇气去愉快地正视生活的理想，是善、美和真。”①他反对偶像崇拜，厌恶阿谀奉承，对他自己被人作为崇拜的偶像而感到十分不安。他认为，“我的政治理想是民主。让每一个人都作为个人而受到尊重，而不让任何人成为崇拜的偶像。我自己受到了人们过分的赞扬和尊敬，这不是由于我自己的过错，也不是由于我自己的功劳，而实在是一种命运的嘲弄”。② 他犀利地揭露了当时在德国泛滥成灾的军国主义和法西斯主义的追随者的盲目性，说这种人“所以长了一个大脑，只是

① 1930年《我的世界观》，见本书55页。

② 同上。

出于误会;单单一根脊髓就可满足他的全部需要了”。[①] 他还提出一条历史规律:“在我看来,强迫的专制制度很快就会腐化堕落。因为暴力所招引来的总是一些品德低劣的人,而且我相信,天才的暴君总是由无赖来继承,这是一条千古不易的规律。”这一规律可与1887年英国历史学家阿克顿(Lord Acton)的名言“权力趋向腐败,绝对权力绝对腐败。”(Power tends to corrupt and absolute power corrupts absolutely.)交相辉映。

爱因斯坦常说自己有很深的宗教感情,人们往往就以为他已沦为神学的俘虏。这显然是一种误会。他对宗教的发展进行过历史的分析,认为宗教经历过三个阶段:恐怖宗教、道德宗教、宇宙宗教。[②] 他对前两者都持否定态度,而只肯定“宇宙宗教”。什么叫“宇宙宗教”? 早在二十年代他就已讲得很清楚:“科学研究能破除迷信,因为它鼓励人们根据因果关系来思考和观察事物。在一切比较高级的科学工作的背后,必定有一种关于世界的合理性或者可理解性的信念,这有点像宗教的感情。”[③]就是说他所“信仰”的,是自然界的规律性和可知性,而不是拟人化的上帝。他还进一步指出:“主张有一个能干涉自然界事件的人格化的上帝这种教义”,“不仅是不足取的,而且也是可悲的。因为一种不能在光天化日之下而只能在黑暗中〔指科学知识尚未插足的一些领域〕站得住脚的教义……对人类进步有着数不清的害处。[④]”显然,他所说的“宗

---

① 1930年《我的世界观》,见本书55页。

② 1930年11月9日《宗教和科学》,见本文集第一卷,403页。

③ 《关于科学的真理》,见本文集第一卷,364页。

④ 1940年9月《科学和宗教》,见本书215页。

教”，是指的“斯宾诺莎哲学中最清楚表示出来的一种感情的和心理的态度”；所以要沿用“宗教”这个词，只是因为“我没有找到一个比‘宗教的’这个词更好的词汇来表示〔我们〕对实在的理性本质的信赖；实在的这种理性本质至少在一定程度上是人的理性可以接近的。在这种〔信赖的〕感情不存在的地方，科学就退化为毫无生气的经验”。①

爱因斯坦以虔诚深挚的热情追求真理，也以同样的热情关心人，特别是关心青少年的成长。因此，关于教育问题，他也发表过不少独特的精辟见解。1936 年的讲话《论教育》，比较全面地阐述了他在这方面的观点。他认为学校的目标应当是培养“把为社会服务作为自己人生的最高目的”的能够“独立行动和独立思考的人”②。每个学生对人类共同创造的科学文化遗产，都应当“领受它，尊重它，增进它，并且有朝一日又忠实地转交你们的孩子们”，这样，“你们就会发现生活和工作的意义，并且对待别的民族和别的时代也就会有正确的态度”③。他认为，“对于学校来说，最坏的事是，主要靠恐吓、暴力和人为的权威这些办法来进行工作。这种做法摧残学生的健康的感情、诚实和自信；它制造出来的是顺从的人”。“发展独立思考和独立判断的一般能力，应当始终放在首位，而不应当把获得专业知识放在首位。如果一个人掌握了他的学科的基础理论，并且学会了独立地思考和工作，他必定会找到他自己的道路，而且比起那种主要以获得细节知识为其培训内容的人来，

① 1951 年 1 月 1 日给 M. 索洛文的信，见本文集第一卷，702 页。

② 1936 年 10 月 15 日《论教育》，见本书 169 页。

③ 《教师与学生——对一群儿童的讲话》，见本书 60 页。

他一定会更好适应进步和变化。”①他由自己青年时代的切身体会，对当时窒息人的学校教育和教学方法深为不满。他十分赞赏没有受过学校教育的法拉第的创新精神，说，“对于我们，法拉第的一些观念，可以说是同我们母亲的奶一道吮吸来的，它们的伟大和大胆是难以估量的”。② 他认为，法拉第所以能够发现电磁感应定律，提出“场”的概念，就是因为他没有受过因循守旧的“正规的大学教育”，“没有背上传统的思想包袱”③。

爱因斯坦一贯反对民族压迫和种族歧视，同情和支持所有被压迫民族为争取独立和民族平等的正义斗争。在美国，他尽力支援黑人的解放斗争。在德国，作为一个受虐待、被屠杀的犹太民族的成员，他为自己民族争得生存权利而奔走呼吁。但是，他又坚决反对狭隘的民族主义。早在三十年代，他就说过：“我非常愿意看到同阿拉伯人在和平共处的基础上达成公平合理的协议，而不希望创立一个犹太国。除了实际的考虑以外，我所认识到的犹太民族的本性是同犹太国的思想相抵触的，而不管它的边界、军队和世俗权力多么有节制。我怕从内部损害犹太民族——特别是由我们自己的行列里发展起来的一种狭隘民族主义所造成的损害——会持续下去，甚至在没有犹太国的时候，我们就已经不得不同这种狭隘的民族主义进行坚决的斗争。”④

* * *

① 1936年《论教育》，见本书169页。

② 1940年5月15日《关于理论物理学的基础的考查》，见本文集第一卷，527页。

③ 1950年4月《关于广义引力论》，见本文集第一卷，671页。

④ 1938年4月17日《我们对犹太复国主义的责任》，见本书179页。

爱因斯坦是中国人民的朋友，他的名字对中国广大知识分子来说是熟悉的，并且是亲切的。我们不会忘记，1931 年“九一八”事变后，他一再向全世界各国呼吁，要用联合的经济抵制的办法来制止日本对华军事侵略。也不会忘记 1932 年陈独秀被捕，1936 年救国会“七君子”被捕，他联合英美知识界知名人士所作的正义声援。他一生中，虽然只是在去日本讲学途中于 1922 年 11 月 14 日和 1922 年 12 月 31 日—1923 年 1 月 2 日来回路过中国，在上海停留三天，但这三天给他留下了极为深刻的印象。他在旅行日记中记下了对中国人民的深切同情。他写着：在上海，欧洲人形成一个统治阶级，而中国人则是他们的奴仆。这是地球上最贫困的民族，他们被残酷地虐待着，他们所受的待遇比牛马还不如。男男女女为每日五分钱的工资天天在敲石子。可是他也看到了中国人民已开始觉醒，说在上海所见到的欧洲人同中国人的社会地位的差别，使得近年来中国的革命事件（显然是指五四运动）部分地可以理解了。他认识到这是一个勤劳的，在奴役下呻吟的，但却是顽强的民族。① 作为一个外国科学家，在中国仅有的三天逗留中，对水深火热中的旧中国劳动人民的苦难竟有这么深切的感受，只有中国人民的真正的朋友才有可能。

* * *

《爱因斯坦文集》的编译工作至此告一段落。这是一部多灾多难的书稿，从开始编译到今天，度过十六个寒暑，历尽坎坷困顿；它的出版，是同“四人帮”及其追随者进行一系列斗争的结果。由于

① 见本书 30 页。

爱因斯坦的光辉形象在我国科学界有着不可磨灭的影响，成了林彪和“四人帮”推行愚民政策、实现封建法西斯统治的巨大障碍，于是他们南北呼应，效法希特勒当年的故伎，从1969年开始合伙掀起了一阵又一阵围剿爱因斯坦的恶浪。他们先后抛出两批所谓批判爱因斯坦及其相对论的黑文，极尽其混淆黑白、颠倒是非之能事。“四人帮”那个控制上海市委写作组的余党趁机强行霸占并无耻剽窃我们1966年以前编译的和写作的有关爱因斯坦的全部稿件。经过几个回合的斗争，最后在中国科学院竺可桢副院长正义支持下向敬爱的周恩来总理申诉，译稿终于获得了出版的可能。可是，一部17万字的著作稿《爱因斯坦的世界观》，却至今下落不明。

在“四人帮”覆灭后举国一致开始了向现代化进军的新的长征，这个文集得以公开出版之际，回顾以往那段辛酸艰险的历程，我们不禁深切怀念全国人民衷心爱戴的敬爱的周恩来总理，深切怀念为我国科学事业奋斗终生的竺可桢先生；并且对所有在艰苦斗争的岁月里热情支持过这项工作的同志，特别是周培源先生、王淦昌先生、秦力生同志、李晨同志、邹国兴同志、何成钧同志、解俊民同志，以及其他在北京、浙江、上海等地许多热心的同志，包括商务印书馆的有关同志，表示诚挚的敬意和感谢。

编 译 者

1978年3月于北京

2007年7月修订

目　　录

告欧洲人书(1914 年 10 月) …………………………………… 1
为反战斗争给罗曼·罗兰的信(1915 年 3 月 22 日) ………… 4
学者唯一的"祖国"
——1915 年 8 月 23 日给 P. 埃伦菲斯特的信 ………………… 6
营救 F. 阿德勒——1917 年 4 月 29 日给贝索的信 ………………… 7
欢呼德国 1918 年 11 月革命
——1918 年 11 月 11 日给母亲的两张明信片 ………………… 10
我们的共同目的是民主
——1918 年 11 月 13 日对柏林大学学生的讲话 ………………… 12
我尊敬列宁(1918 年) ……………………………………………… 14
对德国十一月革命后局势的看法
——1918 年 12 月 4 日给贝索的信 ……………………………… 15
人民的向导及其他
——1920 年 7 月 26 日给贝索的信 ……………………………… 16
第一次访问美国的感受
——1921 年 5 月 28 日给贝索的信 ……………………………… 18
我对美国的最初印象(1921 年 7 月) …………………………… 20
约瑟夫·波普-林卡乌斯(1921 年) ……………………………… 25

科学家和爱国主义(1922 年) …………………………………… 26
悼念伐耳特·拉特瑙(1922 年) ………………………………… 28
对上海的印象(1923 年 1 月)
——根据爱因斯坦旅行日记的报道 ………………………… 30
科学的国际主义 …………………………………………………… 32
国际联盟是强权政治的驯服工具
——1923 年 12 月 25 日给居里夫人的信 ………………… 34
给一个德苏友好团体的信(1924 年) ………………………… 36
祝罗曼·罗兰六十岁生日的贺信(1926 年) ……………… 37
达伏斯的大学课程(1928 年春) ……………………………… 39
反对一切战争的理由
——1929 年 9 月 24 日给 J. S. 阿达马的信………………… 41
电影的作用(1929 年 10 月) …………………………………… 43
对巴勒斯坦问题的看法——1929 年 11 月 4 日给贝索的信 ……… 44
关于黄金问题——1931 年 11 月 19 日给贝索的信 ……………… 45
人生的意义 ………………………………………………………… 47
人的真正价值 ……………………………………………………… 48
善与恶 ……………………………………………………………… 49
关于财富 …………………………………………………………… 50
社会和个人 ………………………………………………………… 51
《爱因斯坦传》序(1930 年) …………………………………… 54
我的世界观(1930 年) …………………………………………… 55
教师和学生
——对一群儿童的讲话 ……………………………………… 60

法西斯和科学
——给 A. 罗各的信 …… 61
犹太人的理想 …… 63
劳动的巴勒斯坦 …… 64
基督教和犹太教 …… 66
生产和劳动 …… 67
科学和战争的关系(1930 年 5 月) …… 69
全世界裁军宣言(1930 年 5 月 30 日) …… 70
无线电的社会意义(1930 年 8 月 22 日) …… 73
失去了的天堂(1930 年 9 月) …… 74
犹太共同体(1930 年 10 月) …… 75
战斗的和平主义(1930 年 12 月 14 日) …… 79
古巴的印象(1930 年 12 月 19 日) …… 82
为和平而牺牲(1931 年 1 月) …… 83
同小洛克菲勒的谈话(报道)(1931 年 1 月) …… 86
要使科学造福于人类,而不成为祸害
——1931 年 2 月 16 日对加利福尼亚理工学院学生的讲话 …… 88
和平主义和社会主义(1931 年 3 月 4 日) …… 90
为莫尼冤狱声援(1931 年 3 月 18 日) …… 91
学术自由
——论贡贝耳事件(1931 年 4 月) …… 92
关于 1932 年的裁军会议(1931 年 9 月 23 日) …… 94
经济问题与和平问题(1931 年 9 月 30 日) …… 96
悼念 T. A. 爱迪生(1931 年 10 月 23 日) …… 97
主权的限制(1931 年 11 月 22 日) …… 98

关于建立国际知识界反战团体的倡议
——给 S. 弗洛伊德的信 …… 102
反对普遍兵役制 …… 105
对世界经济危机的看法(1931 年) …… 106
生产和购买力 …… 110
科学的困境 …… 111
给美国黑人的信(1932 年 1 月) …… 113
裁军没有渐进的道路(1932 年 2 月 1 日) …… 114
经济抵制(1932 年 2 月 27 日) …… 116
商业利益和战争(1932 年) …… 118
有没有一种犹太人的生命观?(1932 年 9 月) …… 120
祝高尔基 65 岁生日的贺信(1932 年 9 月 29 日) …… 123
不回德国的声明(1933 年 3 月 10 日) …… 124
给普鲁士科学院的信 …… 125
一(1933 年 4 月 5 日) …… 125
二(1933 年 4 月 12 日) …… 126
附一:普鲁士科学院反爱因斯坦的声明
(1933 年 4 月 1 日) …… 128
附二:普鲁士科学院给爱因斯坦的信
一(1933 年 4 月 7 日) …… 129
二(1933 年 4 月 11 日) …… 130
给巴伐利亚科学院的信(1933 年 4 月 21 日) …… 131
附:巴伐利亚科学院给爱因斯坦的信(1933 年 4 月 8 日) …… 132

科学家对政治问题不应当明哲保身
——1933 年 5 月 26 日给冯·劳厄的信 …………………… 133
关于良心拒服兵役问题
——1933 年 7 月 14 日给比利时国王阿耳伯特的信 ………… 135
要依靠武装力量来保卫自己
——1933 年 7 月 20 日给 A. 纳翁的信…………………… 137
只能以军事准备来对付纳粹德国
——1933 年 8 月 28 日给“良心拒服兵役者同盟保卫委员会”
法国秘书的回信 ………………………………………… 139
文明和科学(1933 年 10 月 3 日) ………………………… 141
教育和教育者
——给一位女青年的信 ……………………………………… 145
教育与世界和平(1934 年 11 月 23 日) ………………… 146
和平主义的重新审查(1935 年 1 月) …………………… 148
纪念摩西·迈蒙尼第(1935 年 4 月) …………………… 151
和平必须确保
——同 R. M. 巴特勒特的谈话(1935 年) ………………… 153
希特勒怎样会上台的?(1935 年) ……………………… 157
群众政治上的成熟程度和革命
——1935 年 9 月 14 日给一个加拿大青年的信…………… 159
科学和社会(1935 年) …………………………………… 160
时局、相对论及其他
——1936 年 2 月 16 日给贝索的信 ………………………… 163

自白(1936 年) …………………………………………………………… 165
保卫言论自由(1936 年) ………………………………………………… 166
知识分子和政治问题
——1936 年 4 月 20 日给一个加拿大青年的信……………… 168
论教育(1936 年 10 月 15 日) ………………………………………… 169
支持西班牙人民的反法西斯斗争(1937 年 4 月 18 日)……… 175
道德衰败(1937 年 10 月)…………………………………………… 176
我们对犹太复国主义的责任(1938 年 4 月 17 日)…………… 179
道德和感情(1938 年 6 月 6 日) …………………………………… 182
在美国商人最吃香——1938 年 8 月 8 日给贝索的信 ………… 187
给五千年后子孙的信(1938 年 9 月) ……………………………… 189
张伯伦是什么东西?
——1938 年 10 月 10 日给贝索的信 ………………………… 190
他们为什么要仇视犹太人?(1938 年 11 月)…………………… 192
关于民主和学术自由问题(1939 年 2 月) ……………………… 201
厄运的十年(1939 年)
——《我的世界观》续篇 ………………………………………… 203
目标(1939 年 5 月 19 日)…………………………………………… 206
为建议研制原子弹给罗斯福总统的信(1939 年 8 月 2 日) … 210
自由和科学(1940 年) ………………………………………………… 212
科学和宗教(1940 年 9 月) ………………………………………… 215
感谢并支援苏联的抗德战争(1942 年 10 月 25 日) ………… 221
人类生活的目标(1943 年 4 月 11 日)…………………………… 224

关于脑力劳动者的组织(1944 年 5 月) …… 226
哲学家和政治
——1944 年 6 月 7 日给 B. 克罗齐的信 …… 228
关于科学和政治问题答客问(1944 年 6 月 17 日) …… 230
致华沙犹太区战斗英雄(1944 年) …… 232
要原子战争还是要和平(1945 年秋) …… 233
战争是赢得了,但和平却还没有(1945 年 12 月 10 日) …… 240
不要受德国人的眼泪运动所愚弄
——1945 年 12 月 30 日给 J. 弗朗克的信 …… 244
黑人问题(1946 年 1 月) …… 246
美国科学家应当拒绝政府的不义要求(1946 年)
——给拟议中的美国"全国科学家会议"的信 …… 249
对战争起因的看法(1946 年 2 月) …… 251
巴勒斯坦问题是英国"分而治之"政策的恶果
——1946 年 4 月 21 日给贝索的信 …… 253
走向世界政府(1946 年 5 月 29 日) …… 255
为黑人问题给杜鲁门总统的信(1946 年 9 月 22 日) …… 258
纪念卡尔·冯·奥西厄茨基(1946 年 12 月 10 日) …… 259
为原子科学家非常委员会筹募教育基金的信
(1947 年 2—3 月) …… 261
军国主义精神(1947 年夏) …… 262
为大战中牺牲的烈士纪念碑所拟的题词(1947 年 5 月) …… 265
要原子战争还是要和平(续篇)(1947 年 11 月) …… 266

给联合国大会的公开信(1947 年 9 月) …………………… 277
为世界政府问题答苏联科学家(1947 年 12 月) ……………… 282
附:爱因斯坦博士的错误想法——瓦维洛夫、弗鲁姆
金、约飞和谢苗诺夫的公开信(1947 年 11 月) ………… 289
反对美国实行普遍军事训练的声明(1948 年 3 月 18 日) …… 296
宗教与科学不可和解吗?(1948 年 6 月) …………………… 297
坚决反对美国准备进行预防性战争的阴谋
(1948 年 6 月 5 日) ………………………………………… 301
给国际知识界和平大会的贺信(1948 年 8 月) ……………… 303
答《且尼记录》问(1949 年 2 月) ……………………………… 307
同战后德国的关系问题
——1949 年 1 月 28 日给奥托·哈恩的信 ………………… 309
为什么要社会主义?(1949 年 5 月) ………………………… 311
关于防止战争的问题
——1949 年 12 月 29 日给 J. 阿达马的信……………………… 319
以色列的犹太人(1949 年 11 月 27 日) …………………… 321
科学定律和伦理定律
——P. 弗兰克《相对论——一个丰富多彩的真理》序(1950 年) … 324
为美国制造氢弹而发表的电视讲话(1950 年 2 月 13 日) …… 327
对于俄国十月革命与知识分子关系的看法
——1950 年 3 月 16 日给 S. 胡克的信 ……………………… 330
国家和个人良心
——1950 年 7 月 19 日给美国"科学的社会责任协会"的信 …… 332

社会主义和国际安全问题
——1950 年 6 月 12 日给一个手工业工人的信…………………… 334
科学家的道义责任
——1950 年 10 月给“意大利科学促进会”的贺信 ………………… 335
伦理教育的需要(1951 年 1 月) ………………………………… 339
美国扩军备战政策是世界和平的严重障碍
——1951 年 1 月 5 日给 E. 拉比诺维奇的信 ………………… 341
支持美国青年拒服兵役的斗争(1951 年 3 月 20 日)………… 343
群众的激情和战争
——1951 年 6 月 8 日给一个布鲁克林人的信 ………………… 345
艺术和政治
——1951 年 8 月 13 日给画家西·列温的信 ………………… 346
文化总是世界和解的一个基础(1951 年 12 月)……………… 348
论古典文学(1952 年 2 月) ……………………………………… 351
保证人类的未来(1952 年 3 月) ………………………………… 352
为制造原子弹问题给日本《改造》杂志的
声明(1952 年 9 月 20 日)…………………………………… 354
文化衰落的症状(1952 年 10 月)……………………………… 356
培养独立思考的教育(1952 年 10 月 5 日)…………………… 358
我不是绝对的和平主义者
——给日本篠原正瑛的两封信 ………………………………… 360
一(1953 年 2 月 22 日)………………………………………… 360
二(1953 年 6 月 23 日)………………………………………… 361

给莱奥·贝克的献词(1953年5月) …………………………… 363
为捍卫公民权利,必须准备坐牢
——1953年5月16日给W.弗劳恩格拉斯的信 ………………… 365
给W.弗劳恩格拉斯信的反响
一 1953年6月26日给罗素的信 …………………………… 367
二 1953年6月30日给卡尔·塞利希的信 ………………… 368
原子爆炸的后果
——1953年7月4日给瑞士一位老年妇女的信 …………… 369
人权(1953年12月5日) ……………………………………… 370
为保卫学术自由和公民权利而斗争
——75岁生日对"保卫公民自由非常委员会"的答复
(1954年3月) ……………………………………………… 372
不愿做美国科学家,宁愿做管子工或小贩
——答《记者》杂志问(1954年11月) ……………………… 375
美国的新殖民主义
——1955年1月2日给伊丽莎白的信……………………… 376
以色列所应采取的政策(1955年1月4日) ………………… 378
法律和良心(1955年2月21日) ……………………………… 379
为防止可能来临的厄运出点力
——1955年2月28日给J.伊萨克的信 …………………… 380
为和平宣言给玻尔的信(1955年3月2日) ………………… 382
中东问题和美国的政策(1955年3月8日) ………………… 384
关于建议制造原子弹的动机
——1955年3月19日给冯·劳厄的信 …………………… 385
对被指责为"颠覆分子"的答复(1955年4月5日) ………… 387

为以色列“独立纪念日”准备的未完成讲稿
（1955年4月11—13日）…… 388
罗素-爱因斯坦宣言（1955年7月9日）…… 390

《爱因斯坦文集》附录之一

爱因斯坦生平和历史背景年表 …… 395

《爱因斯坦文集》附录之二

爱因斯坦著作目录 …… 438
一、科学论文和一般学术性著作 …… 442
二、社会政治言论及其他 …… 491

一部多灾多难书稿的坎坷传奇历程
——《爱因斯坦文集》再版校订后记 …… 534

告欧洲人书[①]

以前任何一次战争都没有像现在这样完全破坏文化合作。而这次战争恰恰又发生在这样一个时候：技术和交通的进步，使我们清楚地认识到需要有国际交往，而这种关系必将走向普遍的、全世界的文明。也许正由于以前存在着那么多的国际纽带，当我们看到了这种关系的断绝，就更加伤心，更加痛苦。

我们一点也不能被弄得惊惶失措。凡是对共同的世界文化稍为关心的人，现在都有双倍的责任，为维护这种文化所必须引为依

① 这个宣言是由G.F.尼可拉(Georg Friedrich Nicolai)于1914年10月中旬起草的，在上面签名的只有4人，爱因斯坦也在内，并且是它的最积极的支持者。这个宣言当时因签名的人太少，没有正式发表。以后尼可拉在自己所著的《战争的生物学》一书(*Die Biologie des Krieges*，1916年在瑞士出版)中把它附带发表了。这个宣言虽然不是爱因斯坦写的，但同他一生的政治思想是完全一致的，又考虑到这是他一生中第一个签署的政治宣言，所以也把它选编在这个集子里。这里译自奥托·那坦(Otto Nathan)和海因茨·诺尔登(Heinz Norden)编的《爱因斯坦论和平》(*Einstein on Peace*)，1960年纽约Simon and Schuster出版，第4—6页。

据《爱因斯坦论和平》编者按：自1914年8月第一次世界大战爆发后，德国文化界在军国主义分子操纵下，于1914年10月初发表一个为德国侵略暴行辩护的宣言《文明世界的宣言》。在上面签名的有93个著名的科学家、艺术家、牧师等。《告欧洲人书》是同它针锋相对的，签名的除了尼可拉和爱因斯坦，另外就只二人：一位是年过八十的柏林天文台台长菲斯特(Wilhelm Förster)，他悔恨自己在93人的宣言上签了名；另一位是比克(Otto Buek)，他以后在阿根廷一家报社里当记者。尼可拉当时任柏林大学生理学教授，以后志愿参加陆军军医工作，1918年6月乘飞机从德国逃到丹麦。——编译者

据的那些原则而起来斗争。然而,那些本来可指望具有这种思想感情的人——主要是科学家和艺术家——到目前为止的反应,几乎使人看来,他们好像已经放弃了任何还想维持国际交往的愿望。他们以敌对的精神来讲话,而没有站出来为和平说话。民族主义的热情不能为这种态度辩解,这种态度同这个世界上从来被称为文化的那些东西是不相称的。如果这种精神在知识分子中间普遍流行,那将是一种严重的不幸。我们深信它不仅会威胁文化本身,同时还会危及民族的生存,而这次野蛮的战争也正是以保卫民族生存为借口而发动起来的。

技术已经缩小了这个世界。的确,今天大欧罗巴半岛各国相互挤撞的情况似乎很像以前挤进那几个伸向地中海的较小半岛上的各个城邦那样。旅行是那么普及,国际供求那么密切地交织在一起,欧洲——几乎可以说整个世界——甚至现在就已成为一体。

必须防止欧洲由于缺乏国际组织而重蹈古代希腊的覆辙!毫无疑问,有教养的和好心肠的欧洲人至少有责任去作这样的努力。要不然,难道让欧洲也因兄弟阋墙,逐渐精疲力竭而同归于尽吗?

目前正在蔓延开的战火是很难产生"胜利者"的;所有参加战争的国家很可能都将付出极高的代价。因此,一切国家里有教养的人都要尽力去争取这样一种和平条约,这种条约不管目前冲突的结果如何,将都不会撒下未来战争的种子;这样的努力显然不仅是明智的,而且也是必要的。必须利用由这次战争所造成的欧洲不稳定和动荡的局势,把这个大陆熔接成一个有机的整体。促成这种发展的条件,无论在技术上和文化上都已成熟。

这里不是讨论怎样可以达到这种欧洲新秩序的场合。我们唯一的目的是申明我们这样一个深切的信念:欧洲必须联合起来保卫它的土地、它的人民和它的文化,这个时机已经到来。我们公开声明我们关于欧洲统一的信念,这个信念我们相信是为许多人所共有的;我们希望这样公开声明我们的信念,会促进一个声势浩大的欧洲统一运动的发展。

朝着这个方向走的第一步,应当是一切真正爱护欧洲文化的人——一切曾经为歌德所预言为"善良的欧洲人"的人们——团结起来。

我们不应当放弃这样的希望:他们的一致呼声即使在今天也还是可以高过武装冲突的喧嚣,尤其是如果那些已享有声望和权威的人也共同来呼吁。

我们再重复一句,第一步是欧洲人团结起来。如果像我们所热忱希望的,在欧洲能找到足够多的**欧洲人**——对于这些人来说,欧洲是一个充满生命力的事业,而不仅是一个地理上的名称——我们就将努力去组织欧洲人联盟。到那时,这个联盟可以发出号召,并采取行动。

我们自己所探索的不过是行动的第一步,就是发出这个挑战书。如果您同我们一条心,如果您也决心为欧洲的统一开创一个广泛的运动,那么就请您签上自己的名字吧。

为反战斗争给罗曼·罗兰的信[1]

通过报纸,并且通过我同那坚贞不渝的“新祖国同盟”[2]的联系,我知道了您是何等勇敢地、全心全意地为消除法德两国人民之间可悲的隔阂而献身。我热诚地向您表达我的深切的钦佩和敬意。但愿您的光辉范例会激励别的品格高尚的人,使他们放弃那些难以理解的妄想,这种妄想像恶性瘟疫一样,使那些在别的方面是聪明、能干而敏感的人也受到了传染。

当我们后代子孙讲到欧洲的成就时,难道我们能让他们说,三个世纪文化上的艰辛努力,只不过是使我们从宗教的狂热走向民族主义的疯狂,而没有再前进一步吗?在双方的交战集团里,今天甚至连学者们的所作所为也都好像是在八个月前突然失去了头脑一样。

如果由于我现在的住所,或者由于我同德国国内外科学家的

---

① 这是爱因斯坦于1915年3月22日从柏林写给当时住在瑞士的法国作家罗曼·罗兰(Romain Rolland)的信。这信最初发表在A.利夫(Alfred Lief)编的爱因斯坦文集《反战斗争》(*The Fight against War*,1933年纽约John Day公司出版)上。这里译自《爱因斯坦论和平》第13页。标题是我们加的。——编译者

② “新祖国同盟”(Bund Neues Vaterland)是1914年9月在柏林成立的一个反战团体,爱因斯坦是它的创始人之一。1916年2月这个组织被禁后处于地下。1922年以后改组为“德国保卫人权同盟”。——编译者

联系，您认为我能为您效劳，那么我将尽力去完成您所吩咐的任何工作。①

① 1915年3月28日罗曼·罗兰立即写了一封热情的回信。半年以后（1915年9月16日），爱因斯坦特地到瑞士斐维（Vevey）去看罗曼·罗兰。这是他们第一次会见。两人热情地谈了两个半天。关于这次谈话，罗曼·罗兰在日记上有详细记载。这篇日记已于1952年在法国的一家杂志上发表。《爱因斯坦论和平》一书中也译载了很长的几段。——编译者

学者唯一的"祖国"

——1915 年 8 月 23 日给 P. 埃伦菲斯特的信①

我向洛伦兹(Lorentz)提出的建议②是天真的。那是冲动胜过见识。我多么想把我们处于不同"祖国"的同行们团结在一起。这个学者和知识分子的小集体不就是值得像我们这样的人去认真关怀的唯一的"祖国"吗？难道**他们的**信念竟要仅仅取决于国境这一偶然条件吗？

① 这是爱因斯坦写给他的挚友保耳·埃伦菲斯特(Paul Ehrenfest)的信。埃伦菲斯特当时在荷兰莱顿大学任教，关于他的情况，请参阅本文集第一卷 456 页。这里译自《爱因斯坦论和平》12 页。标题是我们加的。——编译者

② 据《爱因斯坦论和平》编者按，1915 年 4 月"荷兰反战委员会"在海牙召开一次促进持久和平的国际会议，谋划由荷兰政府出面斡旋停战。当会议消息向德国报纸透露时，德国外交部表示拒绝这一计划。大约在海牙会议期间，爱因斯坦向荷兰著名物理学家 H. A. 洛伦兹提出一个建议，建议的具体内容不详，可能是动员中立国科学家参加海牙的和平活动。这一建议遭到洛伦兹拒绝。——编译者

营救 F. 阿德勒

——1917 年 4 月 29 日给贝索的信[①]

我很久没有写信给你，因为我拿不定主意是否应当出面为 A.[②]辩护，因为我怀疑是否有用，还因为，正如我从各方面所听到的，A. 在他家乡很得人心。不过，这不会有什么害处，因此可以这样做。如果你想把那个书面的东西送到另一个地方，而不是我最初想到的那个地方，我总是同意的，在学会前面，以及必要时在请愿书上，都可以把我列入发起人之中。如果你觉得最好不明确提到他的名字，我也同意。总之，我全权委托你，按照你认为妥当的

---

① 译自《爱因斯坦-贝索通信集》105—106 页。由李澍泖同志译。标题是我们加的。——编者

② 指弗里德里希·阿德勒（Friedrich Adler，1874—1960）。他是奥地利物理学家、政治家。他的父亲维克多·阿德勒（Victor Adler，1852—1918），是奥地利社会民主党的创建者和领袖。F. 阿德勒青年时在苏黎世联邦工业大学学物理，以后在苏黎世大学任克莱内（A. Kleiner）教授的助教。在哲学上他一味追随马赫，受过爱因斯坦批评。1912 年他当选为奥地利社会民主党的书记。第一次世界大战期间，坚决反对战争，曾受到列宁的赞扬。1916 年 12 月 21 日，他枪杀了奥国首相斯图尔克（K. Stürgkh），1917 年 5 月被判死刑，后减刑为 18 个月。1918 年 11 月战争结束后，获得赦免。在奥地利爆发革命时，曾担任奥地利工人苏维埃主席。但他以后政治上向右转，反对列宁的无产阶级革命路线。1921 年创建“第二半国际”（即“社会主义政党国际联合会”，又称“维也纳国际”）。1923 年又倡议把它同“第二国际”（又称“伯尔尼国际”）合并，成立“社会主义工人国际”，他任书记。第二次世界大战爆发，这个组织停止活动（1951 年成立的“社会党国际”自称是继承它的），他本人也流亡到美国。——编者

办法去做吧。

应当着重强调的是，A. 在教书的年代里表现出他是一个无私、沉静、勤勉、善良而又认真的人，并且博得大家的尊敬。因此，为他仗义执言成了我们的道义上的责任。供你参考：A. 像个徒劳无功的犹太经师那样显得顽固、缺乏现实感。极端利他，以致显出自我虐待，甚至自杀的强烈倾向。一种真正殉道者的天性。当要决定，我们当中谁（他还是我）该任命到苏黎世〔大学〕工作时，政府参事恩斯特（Ernst）很想委派他，因为他们都是党内[①]同志。但是，他对恩斯特把自己和我的情况作了那样介绍，使得恩斯特竟无法为他的任命出力。[②] 这是我从恩斯特那里知道的，在我拜访恩斯特时，恩斯特就这样告诉了我。关于他的学识才能，你们不必谈得太多，但是，你们可以说，他是一个严肃的思想家，他始终在试图开辟通向光明的道路（往往成功）。我刚刚收到一篇他最近写完的关于相对论的稿子。[③] 他怀着先知那样的坚信，写了许许多多没

---

① 指社会民主党。——编者

② 1908 年苏黎世大学决定设立理论物理学教授职位，克莱内教授准备推荐爱因斯坦担任。但掌握用人权的是苏黎世教育局，而当时教育局的成员多数是社会民主党党员，他们出乎政治上的考虑，准备任命 F. 阿德勒（当时是克莱内的助教）。当阿德勒听说爱因斯坦想接受这一职位时，他就给教育局写了这样的报告："如果我们的大学有可能得到像爱因斯坦这样的人，那么要任命我就是荒唐的了。我必须十分坦率地说：作为一个作研究的物理学家，我的能力丝毫也不能同爱因斯坦相比。不应当由于政治上的同情而失去可以得到这样一个人的机会，这个人能够提高整个大学的水平，将使我们得到多么大的好处啊。"他同时在给父亲的信中，以及对克莱内的谈话中，也都表示了同样爽朗的态度。——编者

③ 这篇稿子是阿德勒在维也纳监狱中写的，1920 年公开出版，题名《地方时间、系统时间、区域时间》（*Ortzeit*，*Systemzeit*，*Zonenzeit*）。爱因斯坦认为这篇论文是建立在"非常动摇的基础"之上的。——编者

有价值的、不可捉摸的东西。这使我十分为难,不知道怎样说出我的意见才好。为此我正在大伤脑筋。他骑着马赫那匹瘦马,直至把它弄得精疲力竭为止。我想,你会知道应当怎样做,因为在待人接物方面,你比我能干。

〔下略〕

欢呼德国1918年11月革命

——1918年11月11日给母亲的两张明信片①

一

伟大的事变发生了！我原先还害怕法律和秩序会完全崩溃。但到目前为止，运动正以真正壮丽的形式发展着，这是可能想象到的最惊心动魄的经历。最难能可贵的是人民竟会那么毫不迟疑地欣然接受了它。能亲身经受这样一种经历，是何等的荣幸！为了酬谢那么辉煌的成就，无论怎样严重的崩溃，人们都不会不乐意忍受。军国主义和官僚政治在这里都已被铲除得一干二净。

二

请您不必担心；到目前为止，事事都很顺利——一切实在都动

① 这是爱因斯坦1918年11月11日从柏林写给他在瑞士的母亲的两张明信片。这里译自《爱因斯坦论和平》24页。标题是我们加的。

按：在俄国十月革命影响下，1918年11月初德国爆发工人和士兵的武装起义，11月9日德皇威廉二世在革命群众的强大压力下退位，"德意志共和国"（即以后所称的"魏玛共和国"）宣告成立。1918年11月11日，第一次世界大战正式结束。——编译者

人心弦。现在的领导看来同它的任务完全相称。事态的发展使我感到非常高兴。只有现在,我在这里才开始感到心安理得。〔战争的〕失败创造了奇迹。学术界把我看作是一个极端社会主义者。

我们的共同目的是民主

——1918年11月13日对柏林大学学生的讲话①

同志们：

请允许像我这样一个不是最近才转变而是老早就信仰民主的人讲几句话：

我们的共同目的是民主，是人民的统治。只有当个人信守不渝地坚持下面两件事，这个目的才能达到：

首先，应当甘心情愿地服从人民的意志，像在选举中所表现的那样，即使在多数人同自己个人的愿望和判断相抵触时，也应当如此。

怎样才能达到这个目标呢？到目前为止取得了些什么结果呢？还应当做些什么呢？

阶级统治的旧社会已被推翻。那是由于它自身的罪恶，并且通过士兵的解放行动而土崩瓦解的。士兵迅速选举出来的委员

---

① 这是爱因斯坦于1918年11月13日所作的讲话，这里译自《爱因斯坦论和平》25—26页。标题是我们加的。

据《爱因斯坦论和平》编者按：1918年11月柏林大学激进的学生"罢免"了他们的校长，并且坚持其他改革，爱因斯坦因他的超然的和温和的态度，受到学生欢迎，被请去进行调解。当时学生在国会大厦开会，爱因斯坦同玻恩(Max Born)和另一位同事〔即心理学家麦克斯·韦特海姆(Max Wertheim)〕前去参加他们的集会。手稿最后两段打了很轻的×号，可能在讲话时是没有讲的。——编译者

会，同工人委员会取得一致的行动，在目前应当公认它们是群众意志的代表机构。在这个紧要关头，我们要无条件地服从它们，并且应当尽我们一切力量来支持它们。

其次，一切真正的民主主义者都应当提防不让左翼的新的阶级暴政来代替右翼的旧的阶级暴政。不要让复仇的情绪把我们引诱到这样一种致命的观点：以为暴行必须用暴行来对付；以为要把自由的概念灌输给我们的同胞，就必须暂时实行无产阶级专政。暴力只能产生痛苦、仇恨和反抗。

因此，我们必须无条件地要求现在执政的政府——它的命令我们应当自觉遵守——不考虑党派的利益，立即筹备制宪会议的选举，从而尽快地消除一切对新暴政的恐惧。只有在这种制宪会议召开了并且满意地完成了它的任务以后——只有在那个时候，德国人民才能够为他们自己赢得了自由而自豪。

我们现在的社会民主党的领袖们应当受到我们全心全意的拥护。他们深信自己理想的力量，已经公开表示赞成召开制宪会议。这样，他们就表明他们是尊重民主的理想的。愿他们胜利地领导我们从严重的困难中摆脱出来，而这些困难都是以前的统治者的罪恶和无能所扔给我们的。

我尊敬列宁[①]

我尊敬列宁,因为他是一位有完全自我牺牲精神、全心全意为实现社会正义而献身的人。我并不认为他的方法是切合实际的。但有一点可以肯定:像他这种类型的人,是人类良心的维护者和再造者。

① 译自安东·赖塞(Anton Reiser):《爱因斯坦传》(*Albert Einstein, A Biographical Portrait*),纽约 Boni 公司出版,1930 年,141 页。标题是我们加的。估计爱因斯坦写这段话的时间大概在 1918 年。

按:"安东·赖塞"是爱因斯坦的女婿鲁道耳夫·凯泽尔(Rudolph Kayser)的笔名。这本传记是在爱因斯坦同意之下写成的,爱因斯坦在序言中认为它"从头至尾所讲的事情都是相当确凿的"。但爱因斯坦只允许这本传记用英文出一版,不许再版,也不允许它用德文出版。——编译者

对德国十一月革命后局势的看法

——1918年12月4日给贝索的信[①]

某种伟大的事物真正出现了。军国主义宗教已经消失。我相信，它不会卷土重来。当然，还没有什么来代替它。看来德国南部将更多地模仿瑞士的榜样发展下去，而在这里，俄国的范例却是严重地占有优势。逃亡的奴隶没有真正的团结心，也没有目标。政府依赖于人民大众，它虽然不停息地奋斗，但是，对于经济崩溃却很少成效，该死的循环：强迫提高工资—增印钞票—货币贬值—又强迫提高工资……残酷无情地导致经济崩溃。然而，大多数人由于有了断然措施而感到松一口气，甚至那些明明知道不得不永远和自己的钱包告别的人也是如此。科学院的会议显得很奇怪；老先生们大部分都晕头转向，惶惶不知所措。他们觉得新时代就跟凄惨的狂欢节一样，对旧经济表示留恋之情，而对于我们，旧经济的消失却意味着解放。……在采取断然措施之后，我们还能活着吗？不少征兆简直令人怀疑。但是，我的乐观是难以动摇的。我享有一个无可责备的社会主义者的盛名。因此，昨天的英雄来向我摇尾乞怜，他们认为，我能挽救他们免于坠入虚空。多滑稽的世界啊！

〔下略〕

---

① 译自《爱因斯坦-贝索通信集》145—146页。由李澍泖同志译。标题是我们加的。——编者

人民的向导及其他

——1920年7月26日给贝索的信[①]

〔上略〕

……你谈到人的驯服的那番话确实是对的，只是确实没有高明的向导。人人都是在被引导着，究竟是什么在指引他们，只有上帝知道，反正不是有才智的、毫无自私自利动机的人。这种幸运事只是由于有一个开明的暴君（马克·奥列耳[②]或者这一类的人。威尔逊，如果既有善意又有洞察力和行动的话）才能破例而出现。

……

政府并不依赖法律概念体系，而是依赖权力，这就是说，依赖对平时互不相关的大多数人的压制，正是政府才实行和维持着为压制这些人所必需的组织。因此，政府必然用不着依赖基本法律概念的坚实性。

……

---

① 译自《爱因斯坦-贝索通信集》151—154页。由李澍泖同志译。标题是我们加的。——编者

② 马克·奥列耳（Marc Aurel，121—180），罗马皇帝，斯多噶派哲学的最后一个代表人物，著有《冥想录》。在他统治期间，罗马帝国正从“繁荣”走向衰落，阶级矛盾和民族矛盾日益尖锐。面对这种情况，他一方面实行武力镇压，同时又采取一些怀柔的措施，如济贫减税、宽大政治犯等。——译者

过分的颂扬,纷至沓来的、令人窒息的信件,以及其他职务以外的义务,都在折磨我。不过,除此而外,我身心都很好。

〔下略〕

第一次访问美国的感受

——1921 年 5 月 28 日给贝索的信①

〔上略〕

我度过两个艰苦的月份，但是，能够对犹太复国主义事业作出贡献，并保证了大学的开办，我感到十分满意。美国的犹太医生(大约六千人)特别热心赞助，他们为医学院筹集资金。

美国是个很有趣的国家，尽管办那么多企业，做那么多生意，还是比我所去过的国家要热情些。我得像一条得了奖的牛那样任人观看，在数不清的大会小会上发表演说，作数不清的科学报告。我居然能坚持下来，真是个奇迹。但是现在已经完成，我心里有一种美好的感受，就是做了一件真正好事，我不顾犹太人和非犹太人的种种非议，勇敢地投身于犹太人的事业——我们的种族同胞多半是聪明有余，而勇气不足，对此我有确切的体会。

谱线的红移已经开始从各方面得到证实，如格累布和巴赫姆

① 译自《爱因斯坦-贝索通信集》163—164 页。由李澍泖同志译。标题是我们加的。——编者

(Grebe und Bachem)①,培罗(Pérot)②,法布里(Fabry)③和比松(Buisson)④。我从来不曾怀疑过。它本来就该是这样,倒是别的人,那些自以为懂得相对论的人对此怀疑过。

---

① 格累布(Grebe)和巴赫姆(Bachem):《太阳引力与红移》(*Sonnengravitation und Rotverschiebung*),《物理学期刊》(*Zeitschrift für Physik*),第4卷(1921年)。——原书编者

② 阿尔弗雷·培罗(Alfred Pérot):《Mg层中太阳大气压的测定与相对原理的证实》(*Mesure de la pression de l'atmosphère solaire dans la couche du Mg et vérification du principe de relativité*),巴黎,《科学院报告》(*Acad. C. R.*),第172卷(1921年),3页。——原书编者

③ 夏尔·法布里(Charles Fabry):《多普勒-菲索定理的实验证明》(*Vérification expérimentale du principe de Doppler-Fizeau*),《物理学报》(*Journal de Physique*),第9卷(1919年),6页。——原书编者

④ 昂利·比松(Henri Buisson):《在引力场作用下太阳光的移动》(*Le déplacement des raies Solaires Sous l'action du gravitation*)(与法布里合写),巴黎,《科学院报告》第172卷(1921年),3页。——原书编者

我对美国的最初印象[①]

我必须履行我的诺言，讲一点我对这个国家的印象。这对我来说，完全不是轻而易举的。因为，当一个人受到像我在美国所受到的那样好意和不敢当的盛情款待，就不容易采取一种不偏不倚的观察者的态度。首先就让我来谈谈这方面的事。

在我看来，个人崇拜总是没有道理的。固然，大自然在她的儿女中间并不是平均地分配她的赐物；但是，多谢上帝，得到优厚天赋的人是很多的，而我深信，他们多数过的是淡泊的、不引人注目的生活。要在这些人中间挑出几个，加以无止境的赞颂，认为他们的思想和品质具有超人的力量，我觉得这是不公正的，甚至是低级趣味的。这就是我所经历过的命运，把公众对我的能力和成就的估计同实际情况作个对照，简直怪诞得可笑。意识到这种离奇的情况，就会无法容忍，但有一点却也令人感到欣慰：在这个被大家斥责为物欲主义[②]的时代，居然还把那些一生目标完全放在知识

---

① 爱因斯坦于1921年3—5月间第一次访问美国回到德国后，向荷兰《新鹿特丹信使报》(*Nieuwe Rotterdamsche Courant*)记者谈了访美的观感。这个谈话记录全文最初发表在1921年7月7日的《柏林日报》(*Berliner Tageblatt*)。1921年7月31日的《纽约时报》(*New York Times*)曾部分转载。这里译自《思想和见解》3—7页，是这个谈话的一部分。标题也是照《思想和见解》中所用的。——编译者

② 这里的“物欲主义”，也可译作“实利主义”，德文是 *Materialismus*，英文是 *Materialism*，同哲学上的“唯物论”是同一个词。这里的“理想主义”，德文是 *Idealismus*，英文是 *idealism*，同哲学上的“唯心论”是同一个词，两者的意义也完全不同。——编译者

和道德领域中的人看作是英雄，这该是一个可喜的迹象。这证明，大多数人是把知识和正义看得比财产和权力更高。我的经验告诉我，这种理想主义①的观点在美国特别流行，而美国是被诋毁为一个非常物欲主义的国家。讲了这番题外插话之后，我得言归正传，并且希望读者对我这些朴素的议论不要过分重视。

使访问者首先感到惊叹的是这个国家在生产技术和组织方面的高超。同欧洲相比，日常用品比较结实，房屋设计也实用得多。每件东西都设计得尽量节省人力。劳动力是高昂的，因为这个国家的人口同它的自然资源相比还是稀疏的。劳动力的高价刺激了技术装备和工作方法的惊人发展。人口过多的中国和印度显示了一个相反的极端，在那里，劳动力的廉价妨碍了机器的发展。欧洲则处于两个极端之间。机器一经充分发展起来，它终于比最廉价的劳动力还要廉价。欧洲的法西斯分子应该注意到这一点，他们出于狭隘的政治偏见，总是盼望他们自己的国家有更多的人口。可是，美国却忧心忡忡地用过高的税率来排斥外国的商品，这同一般的景象无疑形成了古怪的对照。……但是不可指望一个天真的访问者去过多地绞脑汁，而且要对每一个问题都有一个合理的答案，那毕竟也是完全没有把握的。

感动访问者的第二件事，是愉快而积极的生活态度。在照相上表现出来的人们脸上的笑容，象征着美国人的最大财富的一个

① 这里的“物欲主义”，也可译作“实利主义”，德文是 *Materialismus*，英文是 *Materialism*，同哲学上的“唯物论”是同一个词。这里的“理想主义”，德文是 *Idealismus*，英文是 *idealism*，同哲学上的“唯心论”是同一个词，两者的意义也完全不同。——编译者

方面。他们是友好的，自信的，乐观的——又没有妒忌心。欧洲人发现同美国人交往是轻松愉快的。

比起美国人来，欧洲人比较爱发议论，比较怕难为情，比较缺少同情人和帮助人的心肠，比较孤独，在娱乐和阅读方面比较爱挑剔，一般说来，多少有点悲观主义的味道。

美国人非常重视物质生活的享受，使得宁静、闲适、安全统统为此牺牲。美国人比欧洲人还更加为他们的目标，为未来而生活。生活对于他们总是在流动不息的，绝不是一成不变的。就这方面来说，比起欧洲人来，他们同俄国人和亚洲人那就相去更远。

但是有一个方面，他们却比欧洲人更接近于亚洲人：他们的个人主义比欧洲人少——那是从心理的观点来看，而不是从经济的观点来看。

他们比较强调的是“我们”，而不是“我”。作为它的一个自然结果，风俗习惯极为强有力，因而，美国人中间的人生观、道德观和审美观，比起欧洲人都要一致得多。这件事是美国经济之所以胜过欧洲的主要原因。无论在工厂里、大学里，或者在私人的慈善机构里，合作和分工的发展都比欧洲容易，相互的摩擦也比较小。这种社会意识很可能部分来自英国的传统。

同这一点显然矛盾的是，比起欧洲来，美国国家的活动相对地受到了限制。当欧洲人发现电报、电话、铁路和学校大部分竟都掌握在私人手里，他会感到惊讶。我刚才提到的个人有较强的社会态度，使这件事在这里成为可能。这种态度的另一后果是，财产分配的极端不平均并没有引起无法容忍的苦难。富裕阶层的社会意识比在欧洲的要发达得多。有钱的人认为把他的财产的很大部分，而且常常连同他自己精力的很大部分，交给社会去支配，是自己理所当然不可推卸的责任；那个威力无限的社会舆论也迫切要他这样做。因此，最重要的文化职能能够留给私营企业去行使，而政府在这个国家里所起的作用相比之下就很有限了。

政府的威信无疑地已由《禁酒法》[①]而大大降低了。因为一个国家的政府和法律的尊严所受到的损害，再没有比通过一些行不通的法律更为严重了。在这个国家里，犯罪案件危急地增加，同这件事就有密切的关系，这已是一个公开的秘密。

在我看来，禁酒还从另一个方面损害了政府的威信。酒店原是一种使人民有机会对公共事务交换看法和意见的场所。就我所见，在这个国家里正是缺少这样一种机会，结果就使报纸对社会舆论产生了过分的影响，而报纸多数是由既得利益集团所控制的。

在这个国家里，对钱财的过分重视比在欧洲还要厉害，但我看来，这已在减弱。人们终于开始体会到，巨大的财富对愉快和如意的生活并不是必需的。

关于艺术方面，在现代建筑和日常用品上所显示出来的美好的风格真正地感染了我；另一方面，同欧洲相比，观赏艺术和音乐在这个国家的人民生活中的地位却很微不足道。

我对美国科学研究机构的成就感到十分钦佩。要是我们企图把美国科学研究工作日益增长的优势完全归功于充足的经费，那是不公正的；专心致志，坚韧忍耐，同志式的友好精神，以及共同合

① 美国国会于1919年通过《禁酒法》，因行不通，1933年又不得不宣布撤销。——编译者

作的才能，在它的科学成就中都起着重要的作用。

临结尾，还要再讲一点观感。美国在今天世界上技术先进国家中间是最强大的，它对于决定国际关系发展的影响是绝对不可估量的。美国是一个大国，可是它的人民至今对于重大的国际问题还没有表现出多大的兴趣，而在今天裁军问题在国际问题中占着首位。即使仅仅为了美国自己的利益着想，这种情况也必须改变。上次世界大战已经证明，各个大陆之间不再存在任何屏障，一切国家的命运都紧密地交织在一起。美国人民必须明白，他们在国际政治领域里负有重大责任。袖手旁观者的角色，同这个国家是不相称的，而且到头来必然要导致世界性的灾难。

约瑟夫·波普-林卡乌斯[①]

波普-林卡乌斯不仅是一位有才华的工程师和作家。他还是少数体现时代良心的出色人物之一。他孜孜不倦地向我们宣传社会要对每个人的命运负责，并且为我们指出了一条把社会应尽的义务变成事实的道路。社会或者国家不是他盲目崇拜的对象；他把社会要求个人作出牺牲的权力，完全建立在社会应当给个人的个性以和谐发展机会这一责任之上。

① 波普-林卡乌斯(Joseph Popper-Lynkaeus，1838—1921)，奥地利人，他的原名是约瑟夫·波普(Joseph Popper)，“林卡乌斯”(Lynkaeus)是笔名。他的职业是工程师，写过很多尖锐批判国家和社会制度的著作，有些书被当时的奥匈帝国列为禁书。他的哲学思想接近于马赫，社会理想接近于社会主义。爱因斯坦这篇文章大概是在1921年为悼念他逝世而写的。这里译自《思想和见解》67—68页。——编译者

科学家和爱国主义[①]

战争对国际合作的发展是最可怕的障碍，尤其在于它对文化的影响。战争破坏了知识分子从事创造性工作所不可缺少的一切条件。如果他正好是年轻力壮，他的能力就会被束缚在破坏性的战争机器上，而年纪大的人也会陷进仇恨和失望的气氛之中。而且，战争导致国家贫困，导致长期的经济萧条。所以，凡是珍惜文化价值的人，就不会不成为和平主义者。

科学同和平主义的发展之间存在着什么关系呢？显然，纯粹科学对于和平主义思想的影响是些微的。在那个首先应当被考虑的科学工作领域——历史科学——中，大多数代表人物对于促进和平主义事业实在没有做过什么。事实上却有许多历史学家，虽然不是最好的历史学家，特别在大战期间，卖力地鼓吹粗暴的军国主义和沙文主义。

另一方面，自然科学却完全是另一回事。自然科学家容易接受和平主义的目标，那是因为他所处理的题材具有普遍的特征，使他必须依靠国际合作。经济学家也是这样。他们必然会认为战争

---

① 原文最初发表在1922年柏林出版的由伦茨（Kurtz Lenz）和法比安（Walter Fabian）编的和平主义手册《和平运动》（*Die Friedensbewegung*）。这里译自《爱因斯坦论和平》54—55页和《反战斗争》17—18页。标题是根据《反战斗争》中所用的。——编译者

对于经济有一种破坏瓦解的作用。

可是在科学对历史进程的作用中，使我们最感兴趣的还是在于科学的物质作用，而不在于它对人们思想的作用。从科学家工作中产生出来的技术的发展，已经使全世界的经济相互依赖：这就是每次战争之所以都对全世界有重大影响的缘故。只有当我们对这种发展的重大意义有了充分了解，我们才能集中一切必要的精力和好意，来创立一个组织，使战争完全成为不可能。

悼念伐耳特·拉特瑙[①]

对于拉特瑙，我无论在过去和现在都表示尊敬和感激，因为他在目前欧洲这个阴暗局面下给了我希望和安慰，也因为这位高瞻远瞩和感情热烈的人同我在一道的时候使我度过了许多难忘的时刻。他对各种各样的经济制度的理解，他对各民族和各阶层人物特点的心理上的了解，以及他对于个别人物的了解，都是值得钦佩的。他能识别人，但他爱一切人；这一点只有那种能够积极享受人生的人才能做到。当他同朋友们围着桌子谈天的时候，他谈吐中的基本内容同他那地道的柏林人的幽默，巧妙地、可贵地结合在一

① 伐耳特·拉特瑙(Walther Rathenau，1867—1922)，爱因斯坦挚友，德国犹太人，实业家，1921年参加德国魏玛共和国内阁，1922年任外交部长，奉行亲苏政策，于1922年4月同苏联签订了和约，招致德国反动派的仇恨，当年6月24日被暗杀在柏林大街上。当时德国工人为抗议这一暴行，曾举行大规模的示威游行。爱因斯坦的这篇悼念文发表在1922年出版的《新评论》(*Neue Rundschau*)月刊33卷第二部815—816页上。这里译自赖塞的《爱因斯坦传》(Anton Reiser：*Albert Einstein*，*A Biographical Portrait*)1930年纽约版，144—145页。

据《爱因斯坦论和平》记载，爱因斯坦于1922年7月1日在给一个同事信中讲到他对拉特瑙被暗杀事件的态度："依我的见解，大学应当无条件地对政治谋杀表示抗议。(学生和教授都应当讲话。)大学必须公开谴责这种政治谋杀的卑鄙罪行；它必须同样确认，凡是不坚持重视一切人命的社会必然要腐朽。我深信，一致公开地表示这种意见的群众集会，对形成一种比较健康的舆论，能起相当大的影响。相反，要是大学保持沉默，在目前这种气氛下，就会被解释为对拉特瑙的政治敌人表示同情。"见《爱因斯坦论和平》53页。——编译者

起，使他的谈话很有风趣。一个人要是住在虚无缥缈之乡，他不难成为一个理想主义者；拉特瑙虽然住在尘世上，并且能辨别别人难以辨别的尘世上的各种气息，但他却是一个理想主义者。

他当了部长，我觉得惋惜。鉴于德国受过教育的阶层中的许多人对犹太人所采取的态度，我始终认为犹太人在公共生活中自然而不造作的行为应当是一种自重而克制的态度。我绝没有想到，仇视、盲目和忘恩负义竟会达到这样的极端程度。但是我还想提请那些在最近五十年来指导德国人民伦理教育的人注意：看他们的所作所为，你就知道他们是怎样的人。

对上海的印象

——根据爱因斯坦旅行日记的报道[①]

一

在外表上，中国人受人注意的是他们的勤劳，是他们对生活方式和儿童福利的要求的低微。他们要比印度人更乐观，也更天真。但他们大多数是负担沉重的：男男女女为每日五分钱的工资天天在敲石子。他们似乎鲁钝得不理解他们命运的可怕。但这对于一个想在全世界各处看到社会幸福、经济公平、国际和平和阶级和平的人[②]，实在是一幅悲惨的图像。

---

① 1922年底，爱因斯坦应邀到日本讲学，来回途中两次经过上海。去时乘的是"北野丸"，于11月13日上午到达上海，受到我国文化界的热烈欢迎。就在这一天，他接到荣获1921年度诺贝尔物理学奖金的正式通知。次日离沪，17日抵神户。12月27日他乘"榛名丸"起程返欧，于12月31日到达上海，在上海度过新年，两天后（1923年1月2日）离开上海，去巴勒斯坦访问，后又访问西班牙，直至3月回到柏林。他在上海前后共逗留了三天，对所见到的当时在帝国主义和封建主义压迫下的中国劳动人民的苦难深为同情，在他的旅行日记上写下了他的感触。他的女婿鲁道夫·凯泽尔（Rudolph Kayser）在以"安东·赖塞"（Anton Reiser）为笔名写的《爱因斯坦传》（*Albert Einstein, A Biographical Portrait*）中，根据爱因斯坦当时的旅行日记，对此作了报道。这里译自该书1930年纽约 *Boni* 版177—178页和180—181页。标题是我们加的。——编译者

② 都是指爱因斯坦本人。——编译者

二

上海的访问,使他[1]对中国人民的生活得到了一种看法。这个城市表明欧洲人同中国人的社会地位的差别,这种差别使得近年来的革命事件[2]部分地可以理解了。在上海,欧洲人形成一个统治阶级,而中国人则是他们的奴仆。他们好像是受折磨的、鲁钝的、不开化的民族,而同他们国家的伟大文明的过去好像毫无关系。他们是淳朴的劳动者,欧洲人所以欣赏他们的也正是这一点,在欧洲人眼里,他们的智力是非常低劣的。爱因斯坦看到这个在劳动着、在呻吟着,并且是顽强的民族,他的社会同情心再度被唤醒了。他认为,这是地球上最贫困的民族,他们被残酷地虐待着,他们所受的待遇比牛马还不如。

① 都是指爱因斯坦本人。——编译者

② 指1919年爆发的中国的五四运动。——编译者

科学的国际主义[①]

当民族主义和政治狂热在欧战时正达到了顶点，埃米耳·费歇[②]在科学院[③]的一次会上着重地讲了这样的话："先生们，不管你们喜欢不喜欢，科学是，并且永远是国际的。"

科学家中的伟大人物毫无例外地都知道这一点，并且对它有强烈的感受，甚至在国际冲突的年代，当他们在心胸狭窄的同事中间处于孤立的时候，也坚持如此。欧战时，每个国家选出来的代表，大多数背叛了他们神圣的职责。"国际科学院协会"被解散了。〔战后〕开过的一些学术会议，不允许来自以前敌国的学者参加，至今情况仍然如此。以夸大的严重性提出来的政治考虑，使纯粹客观性不可能占优势，而没有客观性，就不可能获得伟大成就。

不为一时的情绪所迷惑的好心人，对于恢复知识界的健康能做出些什么呢？只要大多数脑力劳动者还怀恨在心，就不可能安排一次真正有意义的国际会议。而且，反对恢复科学工作者国际组织的心理仍然难以对付，因此，只靠少数心胸开朗的人还不能把

---

① 此文大概写于1922年，最初发表在《我的世界观》中。这里译自《爱因斯坦论和平》59—60页。——编译者

② 埃米耳·费歇（Emil H. Fischer，1852—1919），德国著名有机化学家。——编译者

③ 指普鲁士科学院。——编译者

它挫败。

这些比较明智的人士,可以通过同全世界志同道合的人保持密切的接触,并且在他们自己影响所能及的范围内坚定地保卫国际主义事业,为复活国际组织的伟大任务作出重要贡献。真正的成功需要时间,但无疑问,它终于会到来。我不能错过这个机会来向为数特别众多的英国同事们表示感谢,他们在这些困难的年代中,始终不渝地表现出一种保卫知识分子国际组织的强烈愿望。

无论在什么地方,个别公民的态度总是比官方的声明好得多。但愿好心肠的人们记住下面这句话,而不要让自己激怒或受迷惑:*Senatores boni viri, senatus autem bestia*〔元老院的议员都是体面的人,但元老院却是穷凶极恶的野兽〕。

我对普遍性的国际组织的进展抱着极大的希望。我的这种感觉与其说是建立在科学家的智慧和高尚品德之上,不如说是建立在经济发展的无可避免的压力之上。因为经济发展在很大程度上有赖于科学家的工作,甚至是反动科学家的工作,所以,就连他们这些人,除了帮助建立一个国际组织,也没有别的选择。

国际联盟是强权政治的驯服工具

——1923 年 12 月 25 日给居里夫人的信[①]

我明白,我退出国联委员会,并且发表了一个措辞尖锐的声明[②],您会生我的气,这是理所当然的。可是,在这以前不到半年,我自己还劝您参加这个委员会的工作呢!我的辞职,不是出于卑下的动机,也不是由于同情德国人。我已经深信,国联(不同于我所属的那个委员会)尽管还虚饰着一层薄薄的客观的外表,但它的

① 译自《爱因斯坦论和平》64—65 页。标题是我们加的。——编译者

② 爱因斯坦于 1922 年 5 月应邀担任国际联盟知识界合作委员会的委员,同时担任这个职务的还有居里夫人(Marie Curie)、昂利·柏格森(Henri Bergson)等。当时爱因斯坦认为国际联盟对于国际争端有能力作出和平的解决,但不久他这个幻想就消失了,这首先是由于 1923 年 1 月间法国政府拒绝服从关于德国战争赔款支付问题的仲裁,并且出兵占领德国的鲁尔区。1923 年 3 月 22 日,当他结束了对亚洲和西班牙的访问以后不久,他就发表声明退出国联知识界合作委员会:“我已深信,国际联盟既不具备为达到它的目的所必需的力量,也不具备为达到这个目的所必需的诚挚的愿望。作为一个虔诚的和平主义者,我觉得不得不同国联断绝一切关系。我请求你们把我的名字从委员会成员的名单中划掉。”可是一年以后,他的态度又发生了变化。他于 1924 年 5 月 30 日给委员会副主席、英国古典文学家吉尔伯特·默里(Gilbert Murray)的信中说:“我坦率地告诉您,我的最亲密和最开明的朋友们对我的辞职都深为惋惜。我自己慢慢地感觉到,我主要是受着幻想破灭后那种一时出现的情绪的影响,而不是由于清醒的思考。固然国联至今常常失败,但在如此黯淡的日子里,它毕竟还应当被看作是这样一个机构,这个机构对于那些为国际和解而忠诚工作的人们去进行有效行动能够提供最大的希望。”因此,当 1924 年 6 月 21 日国联秘书长埃里克·德拉蒙德(Eric Drummond)正式邀请他重新参加国联知识界合作委员会时,他就欣然表示同意,并于当年 7 月 25—29 日首次出席了会议。——编译者

所作所为已经像一个强权政治的驯服工具。在这种情况下，我不愿同国联发生任何关系。我觉得这样一个直率的声明不会有什么害处。也许我是错了，但当时我的信念确是这样。

而且我还请求过，不要邀我去布鲁塞尔。① 虽然从心理上来说，我能够充分理解为什么法国人和比利时人不喜欢碰到德国人，可是，如果像那些为蛊惑人心的舆论所操纵的群氓一样，按照各自的国籍或者其他浅薄的准则来相互对待，那肯定是不配做真正有文化的人的。如果世道正是如此，我宁愿待在自己的书房里，不愿为外界人们的行为而心烦。请一刻也不要以为我会认为本国同胞优越而对其他国家的人有误解；那可是绝不符合相对论的精神的。……不过话也说够了。要是我不是把您当作一个可以闹别扭的姐妹，一个在她的灵魂深处对这种感情总是有所理解，而且使我始终感到特别亲近的姐妹，我是不敢以这种态度向您发牢骚的。

---

① 指去布鲁塞尔参加索尔未物理讨论会。这个讨论会由比利时化学工业家恩斯特·索尔未(Ernst Solvay)提供经费，邀请各国著名物理学家讨论学术问题。第一次会议于1911年举行，爱因斯坦应邀参加。第一次世界大战期间，会议中断。战后拟议复会时，曾考虑原则上排除德国科学家参加。爱因斯坦对此深为不满。1923年7月洛伦兹向他试探是否愿意接受邀请，他于8月16日回信表示拒绝。——编译者

给一个德苏友好团体的信[①]

我高兴地向您致以最热烈的问候。很抱歉,我不能接受你们亲切的邀请,同你们一道访问莫斯科。在这个时候我不敢中断科学工作,因而我现时不能出外旅行。

请允许我趁此机会表示,你们的努力使我很感高兴。你们不顾当前的政治斗争,重建横跨国界的广泛文化纽带。我为自己成为你们理事会的一员而感到荣幸,我祝愿你们这个团体取得最大的成功。

① 这是爱因斯坦大约在1924年间给格奥尔格·阿尔科(Georg Arco,1869—1940)伯爵的信。阿尔科是德国电机工程师,无线电高频振荡器的发明者,是一个德苏友好团体"文化技术东方协会"(Kulturtechnik Ost)的理事。他代表这个团体写信给爱因斯坦,聘请他为这个团体的理事,并且邀请他一道去苏联访问。爱因斯坦这封复信见《爱因斯坦论和平》74页。标题是我们加的。——编译者

祝罗曼·罗兰六十岁生日的贺信①

我只亲眼见过您一面②:那时欧洲危机的最初冲击还使您心神不安,在那些备受折磨的群众中间,您像一个孤独的幻想家,他们由于您不能给他们带来光明和解放而感到失望。您从来不满足于把您那罕见的创造才能只用于同高雅的人物交往;您热望帮助一切蒙受自己造成的苦难的人。

粗鲁的群众被邪恶的激情驱使着,这种激情支配了他们,也支配了代表他们的政府。他们狂言谵语,但结果只是彼此弄得更加悲惨。总而言之,他们似乎没有经历过内心的冲突就造成了全部的这种苦难。至于那些不带群众浅薄粗鲁情绪的,和不受这种情绪影响而信守着兄弟友爱理想的少数人,他们所面临的情况就更加困难。他们会被自己的同胞所摒弃,并且会受到像麻风病人那样的迫害。除非他们以一种违心的方式行事,或者胆怯地把自己的真实思想感情隐蔽起来。您,可敬的大师,却没有保持沉默。您

① 罗曼·罗兰(Romain Rolland),法国作家,生于1866年1月29日,卒于1944年12月30日。为庆祝他的60岁生日,苏联文学家高尔基(Maxim Gorki)、奥地利文学家兹伐格(Stefan Zweig)和法国文学家杜阿梅耳(Georges Duhamel)发起编集一个祝贺文集《友谊之书》(*Liber Amicorum*),爱因斯坦应邀写了这封贺信。这里译自《爱因斯坦论和平》79—82页。标题是我们加的。——编译者

② 指1915年9月16—17日爱因斯坦同罗曼·罗兰在瑞士斐维的一次会面。——编译者

起来战斗，忍受着痛苦，并且支持那些在苦难中的人们，您是伟大的精神鼓舞者。

在这个使我们欧洲人深深感到羞耻的年代，甚至连有高尚思想的人也会被野蛮情绪所俘虏，这已经是一清二楚了。我不相信，高尚的为人态度，在大学和科学院里，要比默默无闻的，沉寂的普通人所在的店铺里发扬得更好。

可是有一个集体，您是其中最有声望的杰出人物之一。这是这样一些人的集体，他们对于仇恨这种疫病都具有免疫力，他们企图消除战争，并以此作为走向人类道德革新的第一步；比起他们自己特殊国家或民族的特殊利益来，他们认为这个任务重要的无可比拟。

达伏斯的大学课程[①]

元老院议员都是体面的，元老院却是穷凶极恶的野兽。[②] 我有一位在瑞士当教授的朋友，有一次一个大学学院得罪了他，他以他的挖苦方式给学院写了上面这样一句话。集体受到良心和责任感的指导往往比个人要小。这一事实给人类造成多大的不幸啊！它是使世界充满痛苦、叹息和辛酸的战争和各种压迫的根源。

然而除了许多个人的无私的合作，就得不到真正有价值的东西。因此，对于有善良意愿的人，当他以提高生活和文化为唯一目的，付出了重大牺牲，把一项社会事业筹备和创办起来，他再也没有比这个时候更高兴的了。

当我听到达伏斯设有大学课程的时候，我就有这样纯朴的喜悦。这里正在以理智和智慧的调节来进行一项医疗救护工作，它是以一种重大的需要为基础的，虽然这种需要也许不是每个人都立即清楚的。许多青年寄希望于这个山谷的阳光充足山地医疗功能，来到这里，并且恢复了身体健康。但是，这样长期脱离锻炼意

---

① 1928年春，爱因斯坦患病，到瑞士结核病疗养胜地达伏斯(Davos)休养。那边有一所为疗养青年设置的国际大学，曾邀请爱因斯坦去讲课。他去讲过《物理学的基本概念及其最近的变化》(见本文集第一卷，345—351页)。本文是这次讲课前的开场白，最初发表在《我的世界观》上。这里译自《思想和见解》54—55页。

② 拉丁文原文是：*Senatores boni viri, senatus autem bestia.* ——编译者

志的正常工作的训练，并且受到对身体状况不健康的思虑所折磨，就容易丧失精神的恢复能力，也就是说，丧失了在生存斗争中能够坚持自己立场的自觉。他就变成了一种温室中的植物，当身体痊愈了，往往觉得难以回到正常的生活。这一点对于大学生特别正确。在青年〔性格〕的形成时期中断了智力训练，很容易留下一个以后难以弥补的缺口。

可是，作为一个普遍规律，适度的动动脑筋不但不会妨碍医疗，而且正像适度的体力活动一样，反而会间接地促进恢复健康。由于这种认识，设置这些大学课程的目的，不仅是为了使这些青年人有专门职业的准备，而且启发他们从事这种智力活动。这些课程必须规定有工作、键炼和精神领域的保健。

让我们不要忘记，这个事业对于建立不同国籍的个人交往是非常适合的，这种交往有助于加强欧洲共同体这一观念。这方面的新机构要是在创立时不考虑任何种类的政治目的，其结果就更加有利。为国际主义事业服务的最好方式是在某种救死扶伤的工作中进行合作。

由于所有这些理由，使我感到高兴的是，由于创建者的能耐和智慧，达伏斯的大学课程已经得到了这样程度的成功：这一事业已经克服了初期阶段的困难而迅速壮大起来了。祝愿它繁荣昌盛，使许多可贵的人们的内心生活丰富起来，并且把许多人从疗养院生活的贫乏中解救出来。

反对一切战争的理由

——1929年9月24日给J.S.阿达马的信[①]

收到您的来信，我很高兴，首先，因为这是您的来信；其次，因为这封信表现出您考虑欧洲的严重问题时的高度热忱。回您的信我是有些犹豫的，因为我完全明白，在谈到人类事务时，我的感情比起我的理智来，要更加起决定作用。可是，我还是敢于为我的立场辩护。但首先得允许我有个保留。我可不敢向一个非洲土人部落作这样的说教；因为那里的病人在医疗对他会有任何帮助以前早就已死去了。而欧洲的局势，尽管有墨索里尼，还是大不相同。

我要提出的第一点是：在精神上和物质上都正在有计划进行备战的欧洲，一个软弱无能的国际联盟，当着国家主义疯狂的时刻，甚至连道义上的权威也不能博得。每个国家的人民都坚持认为他们自己的国家是侵略的受害者，并且完全深信不疑。……您

---

① 译自《爱因斯坦论和平》100—101页，标题是我们加的。

据《爱因斯坦论和平》编者按，爱因斯坦于1929年在捷克《真理》(*Die Wahrheit*)杂志上发表声明，说他下决心不参加任何战争。法国数学家阿达马(Jacques S. Hadamard)于1929年9月16日写信给爱因斯坦，尖锐地批评了这个声明。他举出大量历史事实，证明对侵略不进行抵抗的国家，无法阻止侵略，而且侵略者也不会因为国内反对或者世界舆论的压力而受到抑制。于是爱因斯坦回复他这样一封信。1929年11月他们两人在巴黎见面时，又继续争论这个问题，仍未能得到解决。一直到了1933年7月，在纳粹攫取了德国政权以后，他才改变绝对反对一切战争的态度，接受了阿达马的观点。——编译者

不能教育一个国家去从事战争，而同时又叫它的人民相信战争是可耻的罪行。

我的第二点是：我承认，一个决定不进行自卫的国家是要担巨大风险的。可是这种风险是由整个社会来承担的，是为了人类进步而承担的。没有牺牲，也就绝不可能有真正的进步。

我的第三点是：虽然这种风险很大，但并不一定是致命的。既然德国经历了四年的消耗战之后，也没有遭受到比它实际上已经受到的更长久的损害；一个连仗也没有打的欧洲国家，它可能受到的损害肯定不会比德国所实际受到的更大。

我的第四点：只要各个国家有计划地继续备战，那么恐惧、互不信任和自私自利的野心就会再次导致战争。

我的第五点：我们不能等待各个国家的统治阶级会自愿决定去接受对他们国家主权的干涉。他们贪图权力的欲望阻止他们这样做。

我的第六点：受到普通老百姓尊敬的杰出人物发表公开声明，大意是说，他们的国家不应该从事任何备战活动以至任何军事活动，这会成为反对好战精神的一种有效武器。

我的第七点：进行战争，既意味着杀害无辜者，也意味着让自己无辜被杀。……任何一个正派的、有自尊心的人怎么能够参与这种悲惨的事呢？要是您的政府要您作伪证，您会干吗？肯定不会。那么，比起作伪证来，杀戮无辜者不是要更坏得多吗？

说真的，在我的心目中，最后这个论据是最强有力的；至少我所感受的是这样。就我自己来说，人类的福利必须置于对自己国家的忠诚之上——事实上，必须置于一切之上。

电影的作用[①]

我看艺术片有三个能起作用的广大领域：

1. 作为一个对人类精神幼年时期的教育方法，它是无可匹敌的，因为电影有可能使思想戏剧化，这就比用别的任何办法更易为儿童所理解。

2. 艺术片本身，还有可能成为一种新的艺术，因为通过一种光学反应，能产生通常图画所不可能有的效果。

3. 艺术电影能为普遍和平事业服务，因为它比通常的图画更便于表现出战争的恐怖。

---

① 这是爱因斯坦于1929年10月写给纽约罗里奇博物馆（Roerich Museum）的信。这里译自A. 利夫（Alfred Lief）编的爱因斯坦文集《反战斗争》（*The Fight Against War*）1933年纽约John Day公司版，31页。标题是我们加的。——编译者

对巴勒斯坦问题的看法

——1929 年 11 月 4 日给贝索的信[①]

你对于巴勒斯坦问题的意见抓住了本质。没有同阿拉伯人的谅解和合作是不行的。我的文章只是针对当前〔情况〕而说的，还没谈到往后的忧虑。根本谈不到把阿拉伯人从他们的土地上撵走。那个地区，就潜力来说，人口是太稀少了。

我不久要去巴黎，讲解我的新理论[②]。《数学杂志》[③]要半年才能印好，否则你已经可以把抽印本拿到手。

---

① 译自《爱因斯坦-贝索通信集》255 页，由李澍泖同志译。标题是我们加的。

1929 年 10 月 12 日，英国《曼彻斯特卫报》刊登了一篇爱因斯坦写的文章《巴勒斯坦纠纷》，《新苏黎世时报》于同月 17 日摘要转载了。贝索于 11 月 1 日来信，提了意见。他认为，解决巴勒斯坦问题需要极大的理智和经验，“也许真正的途径在于主动地更密切同亚洲世界接触”。爱因斯坦回信同意这样的看法。——编者

② 1929 年 11 月 8 日，爱因斯坦写信给索洛文：“今天 5 点 30 分，我将在庞加勒研究所（l'Institut H. Poincaré）讲我的新理论。”1930 年 5 月 4 日，又给索洛文写信：“我的场论进展很好。加尔当（Cartan）在这个领域做过很好的工作。我和一个数学家合作（维也纳的迈厄（W. Mayer））。……我常常怀念在巴黎的美好时光。”这篇讲演以《物理场的统一理论》为题，发表在《庞加勒研究所学报》，第 1 卷（1930 年），1—24 页。——原书编者

③ 《以黎曼度规和绝对平行性为根据的统一场论》（*Auf die Riemann-Metrik und den Fern-Paralleismus gegründete einheitliche Feldtheorie*），《数学杂志》，102 卷（1930 年），685—697 页。——原书编者

关于黄金问题

——1931年11月19日给贝索的信[①]

我很高兴,我们在很多方面见解一致。仅仅涉及个别国家或自由贸易区的内部货币这方面才不是这样。我认为,要避免不必要的摇摆和震动,唯一正确的办法是,根据保持稳定的平均物价(指数)这一标准来调整货币和信贷量。对于一个有集中金融管理体制的地区的内部经济来说,人们根本不需要黄金。

在进出口贸易可以自由进行的不同货币地区,黄金对于货物的交换有好处(在多少是正常的条件下)。在这里,黄金作为容易运输而又能持久的商品,可以起方便交易的作用。

黄金匮乏只意味着一个国家的商品输出不能抵偿它的商品输入。这就首先导致黄金匮乏,然后导致外国信贷的窒息。当一个富有国家没有或者不能充分生产外国所需要的商品时,它也会遇到黄金匮乏的情况。在目前,赔款对于负债国的黄金匮乏自然关系极大。先是破产,随之是私人囤积黄金,也会使黄金匮乏蔓延到债权国。

在当今的情况下,人们会想到,国际商品流通是否可以以一个

① 译自《爱因斯坦-贝索通信集》283—284页,由李澍泖同志译。标题是我们加的。——编者

指数单位为基础，而不是以黄金为基础，因为，由于有人囤积，黄金已失去它的交换价值的稳定性。在目前条件下，继续以黄金为基础来支付赔款就是行不通（人为地需求黄金，但没有人提供黄金）（没有止境的螺旋）。

人生的意义[①]

人类生命的意义是什么？或者联系到这个问题来说，任何生物的生命的意义是什么？要知道这个问题的答案，就意味着要有宗教信仰。你问：那么提出这个问题究竟是什么意思呢？我回答：凡是认为他自己的生命和人类的生命是无意义的人，他不仅是不幸得很，而且也难以适应生活。

① 此文写作年代不详，最初发表在1934年出版的文集《我的世界观》上。这里译自《思想和见解》11页。——编译者

人的真正价值[①]

一个人的真正价值首先取决于他在什么程度上和在什么意义上从自我解放出来。

① 此文写作年代不详，最初发表在1934年出版的文集《我的世界观》上。这里译自《思想和见解》12页。——编译者

善 与 恶[①]

凡是对人类和人类生活的提高最有贡献的人,应当是最受爱戴的人,这在原则上是正确的。但如果人们进一步问这些人是谁,那就会碰到不小的困难。对于政治的甚至宗教的领袖来说,他们所做的究竟是好事多还是坏事多,往往很难有定论。因此我非常真诚地相信,一个人为人民最好的服务,是让他们去做某种提高思想境界的工作,并且由此间接地提高他们的思想境界。这尤其适用于大艺术家,在较小的程度上也适用于科学家。当然,提高一个人的思想境界并且丰富其本性的,不是科学研究的成果,而是求理解的热情,是创造性的或者是领悟性的脑力劳动。因此,如果要从《犹太教法典》[②]的知识成果来判断这部法典的价值,那肯定是不适当的。

① 此文写作年代不详,最初发表在1934年出版的文集《我的世界观》上。这里译自《思想和见解》12页。——编译者

② 《犹太教法典》(*Talmud*)是犹太教各种教义、律法文献的汇编。——编译者

关于财富[1]

我绝对深信，世界上的财富并不能帮助人类进步，即使它是掌握在那些对这事业最热诚的人的手里也如此。只有伟大而纯洁的人物的榜样，才能引导我们具有高尚的思想和行为。金钱只能唤起自私自利之心，并且不可抗拒地会招致种种弊端。

有谁能想象摩西、耶稣或者甘地竟挎着卡内基[2]的钱包呢？

---

① 此文写作年代不详，最初发表在1934年出版的文集《我的世界观》上。这里译自《思想和见解》12—13页。——编译者

② 卡内基(Andrew Carnegie，1835—1919)，美国钢铁工业垄断资本巨头，号称钢铁大王。——编译者

社会和个人[①]

只要我们全面考查一下我们的生活和工作，我们就马上看到，几乎我们全部的行动和愿望都同别人的存在密切联系在一起。我们看到我们的全部自然生活很像群居的动物。我们吃别人种的粮食，穿别人缝的衣服，住别人造的房子。我们的大部分知识和信仰都是通过别人所创造的语言由别人传授给我们的。要是没有语言，我们的智力就会真的贫乏得同高等动物的智力不相上下；因此，我们应当承认，我们胜过野兽的主要优点就在于我们是生活在人类社会之中。一个人如果生下来就离群独居，那么他的思想和感情中所保留的原始性和兽性就会达到我们难以想象的程度。个人之所以成为个人，以及他的生存之所以有意义，与其说是靠着他个人的力量，不如说是由于他是伟大人类社会的一个成员，从生到死，社会都支配着他的物质生活和精神生活。

一个人对社会的价值首先取决于他的感情、思想和行动对增进人类利益有多大作用。我们就根据他在这方面的态度，说他是好的还是坏的。初看起来，好像我们对一个人的评价完全是以他的社会品质为根据的。

---

① 此文写作年代不详，最初发表在1934年出版的文集《我的世界观》上。这里译自《思想和见解》13—15页。——编译者

但是这样的一种态度还是会有错误的。显而易见，我们从社会接受到的一切物质、精神和道德方面的有价值的成就，都是过去无数世代中许多有创造才能的个人所取得的。有人发明了用火，有人发明了栽培食用植物，并且有人发明了蒸汽机。

只有个人才能思考，从而能为社会创造新价值，不仅如此，甚至还能建立起那些为公共生活所遵守的新的道德标准。要是没有能独立思考和独立判断的有创造能力的个人，社会的向上发展就不可想象，正像要是没有供给养料的社会土壤，人的个性的发展也是不可想象的一样。

因此，社会的健康状态取决于组成它的个人的独立性，也同样取决于个人之间的密切的社会结合。有人这样正确地说过：希腊-欧洲-美洲文化，尤其是它在那个结束中世纪欧洲停滞状态的意大利文艺复兴时的百花盛开，其真正的基础就在于个人的解放和个人的比较独立。

现在让我们来考查我们所生活的这个时代。社会情况怎么样？个人怎么样？文明国家的人口比以前稠密得多了；欧洲今天的人口大约是一百年前的三倍。但是第一流人物的数目却不相称地减少了。只有很少的人，通过他们的创造性的成就才作为个人为群众所知。组织已在某种程度上代替了第一流人物，这在技术领域里特别突出，而在科学领域里也已达到很显著的程度。

出色人物的缺少，在艺术界里特别惊人。绘画和音乐确实已经退化，并且大部分已失去了对群众的感染力。在政治方面，不仅缺乏领袖，而且公民的独立精神和正义感也已大大衰退了。建立在这种独立性上的民主议会制度，在很多地方已动摇了；由于人们对个人尊严感和个人权利感已不再足够强烈，独裁制度已经兴起，并且被容忍了下来。任何国家的像绵羊般的群众，在两个星期内就能为报纸煽动到这样一种激昂狂怒的状态：人们准备穿上军装，为着少数谋私利的党派的肮脏目的去厮杀。在我看来，义务兵役制是今天文明人类丧失个人尊严的最可耻的症状。怪不得有不少预言家预言，我们的文明不久就要黯然失色。我不是这样的一个悲观论者；我相信更好的时代就要到来。让我扼要地讲一讲我所以有这个信心的理由。

照我的见解，目前出现的衰落可由这样的事实来解释：经济和技术的发展大大加强了生存竞争，严重地损害了个人的自由发展。但技术的发展意味着个人为满足社会需要所必须进行的劳动愈来愈少，有计划的分工愈来愈成为迫切的需要，而这种分工会使个人的物质生活有保障。这种保障加上可供个人自由支配的空闲时间和精力，就能用来发展他的个性。这样，社会就可以恢复健康，而且我们可以希望，未来的历史学家会把目前社会不健康的症状，解释为有雄心壮志的人类的幼稚病，它完全是由于文明进步得太快所造成的。

《爱因斯坦传》序[①]

本书作者是一位在我的工作、思想、信仰各方面——以致在私生活方面，对我都相当亲切了解的人。我读这本书，主要是为了满足我的好奇心。我所以感兴趣，倒不是为了想知道我是个什么样的人，或者看来是什么样的人，而是想知道别人是怎样看我的。

我觉得这本书从头至尾所讲的事情都是相当确凿的，书中角色的性格刻画也恰到好处，正是对必然是他本人的这个角色所能期望的，就像我不可能是别人一样，他也不可能是别人。

被作者所忽视的，也许是我性格中的非理性的、自相矛盾的、可笑的、近于疯狂的那些方面。这些东西似乎是那个无时无刻不在起着作用的大自然为了它自己的取乐而埋藏在人的性格里面的。但这些东西只有当一个人的心灵受到严重考验的时刻才会分别流露出来。

这是理所当然的。因为，要不是这样，人与人之间的距离又怎么能够缩短呢？

---

① 这是爱因斯坦为他的女婿鲁道夫·凯泽尔（Rudolph Kayser）以笔名“安东·赖塞”（Anton Reiser）发表的《爱因斯坦传》（*Albert Einstein, A Biographical Portrait*）所写的序言。这里译自该书1930年纽约Boni版。——编译者

我的世界观[①]

我们这些总有一死的人的命运是多么奇特呀！我们每个人在这个世界上都只作一个短暂的逗留；目的何在，却无所知，尽管有时自以为对此若有所感。但是，不必深思，只要从日常生活中就可以明白：人是为别人而生存的——首先是为那样一些人，他们的喜悦和健康关系着我们自己的全部幸福；然后是为许多我们所不认识的人，他们的命运通过同情的纽带同我们密切结合在一起。我每天上百次地提醒自己：我的精神生活和物质生活都依靠着别人（包括生者和死者）的劳动，我必须尽力以同样的分量来报偿我所领受了的和至今还在领受着的东西。我强烈地向往着俭朴的生活。并且时常为发觉自己占用了同胞的过多劳动而难以忍受。我认为阶级的区分是不合理的，它最后所凭借的是以暴力为根据。我也相信，简单淳朴的生活，无论在身体上还是在精神上，对每个人都是有益的。

我完全不相信人类会有那种在哲学意义上的自由。每一个人的行为，不仅受着外界的强迫，而且还要适应内心的必然。叔本华（Schopenhauer）说："人虽然能够做他所想做的，但不能要他所想

① 此文最初发表在1930年10月出版的《论坛和世纪》(*Forum and Century*)83卷，373—379页。这里译自《思想和见解》8—11页和《我的世界观》英译本237—242页。——编译者

要的。"[1]这句话从我青年时代起，就对我是一个真正的启示；在我自己和别人生活面临困难的时候，它总是使我们得到安慰，并且永远是宽容的源泉。这种体会可以宽大为怀地减轻那种容易使人气馁的责任感，也可以防止我们过于严肃地对待自己和别人；它还导致一种特别给幽默以应有地位的人生观。

要追究一个人自己或一切生物生存的意义或目的，从客观的观点看来，我总觉得是愚蠢可笑的。可是每个人都有一定的理想，这种理想决定着他的努力和判断的方向。就在这个意义上，我从来不把安逸和享乐看作是生活目的本身——这种伦理基础，我叫它猪栏的理想。照亮我的道路，并且不断地给我新的勇气去愉快地正视生活的理想，是善、美和真。要是没有志同道合者之间的亲切感情，要不是全神贯注于客观世界——那个在艺术和科学工作领域里永远达不到的对象，那么在我看来，生活就会是空虚的。人们所努力追求的庸俗的目标——财产、虚荣、奢侈的生活——我总觉得都是可鄙的。

我对社会正义和社会责任的强烈感觉，同我显然的对别人和社会直接接触的淡漠，两者总是形成古怪的对照。我实在是一个"孤独的旅客"，我未曾全心全意地属于我的国家，我的家庭，我的朋友，甚至我最接近的亲人；在所有这些关系面前，我总是感觉到有一定距离并且需要保持孤独——而这种感受正与年俱增。人们会清楚地发觉，同别人的相互了解和协调一致是有限度的，但这不

---

① 叔本华这句话的德文原文是："*Ein Mensch kann zwar tun, was er will, aber nicht wollen, was er will.*"——编译者

足惋惜。这样的人无疑有点失去他的天真无邪和无忧无虑的心境;但另一方面,他却能够在很大程度上不为别人的意见、习惯和判断所左右,并且能够不受诱惑要去把他的内心平衡建立在这样一些不可靠的基础之上。

我的政治理想是民主。让每一个人都作为个人而受到尊重,而不让任何人成为崇拜的偶像。我自己受到了人们过分的赞扬和尊敬,这不是由于我自己的过错,也不是由于我自己的功劳,而实在是一种命运的嘲弄。其原因大概在于人们有一种愿望,想理解我以自己的微薄绵力通过不断的斗争所获得的少数几个观念,而这种愿望有很多人却未能实现。我完全明白,一个组织要实现它的目的,就必须有一个人去思考,去指挥,并且全面担负起责任来。但是被领导的人不应当受到强迫,他们必须有可能来选择自己的领袖。在我看来,强迫的专制制度很快就会腐化堕落。因为暴力所招引来的总是一些品德低劣的人,而且我相信,天才的暴君总是由无赖来继承,这是一条千古不易的规律。就是这个缘故,我总是强烈地反对今天我们在意大利和俄国所见到的那种制度。像欧洲今天所存在的民主形式所以受到怀疑,这不能归咎于民主原则本身,而是由于政府的不稳定和选举制度中与个人无关的特征。我相信美国在这方面已经找到了正确的道路。他们选出了一个任期足够长的总统,他有充分的权力来真正履行他的职责。另一方面,在德国的政治制度①中,我所重视的是,它为救济患病或贫困的人

① 指1918年第一次世界大战结束时建立、1933年被希特勒推翻的“魏玛(Weimar)共和国”。本文最初发表时用的不是“德国的政治制度”,而是“我们的政治制度”。——编译者

作出了比较广泛的规定。在人生的丰富多彩的表演中，我觉得真正可贵的，不是政治上的国家，而是有创造性的、有感情的个人，是人格；只有个人才能创造出高尚的和卓越的东西，而群众本身在思想上总是迟钝的，在感觉上也总是迟钝的。

讲到这里，我想起了群众生活中最坏的一种表现，那就是使我厌恶的军事制度。一个人能够洋洋得意地随着军乐队在四列纵队里行进，单凭这一点就足以使我对他轻视。他所以长了一个大脑，只是出于误会；单单一根脊髓就可满足他的全部需要了。文明国家的这种罪恶的渊薮，应当尽快加以消灭。由命令而产生的勇敢行为，毫无意义的暴行，以及在爱国主义名义下一切可恶的胡闹，所有这些都使我深恶痛绝！在我看来，战争是多么卑鄙、下流！我宁愿被千刀万剐，也不愿参与这种可憎的勾当。① 尽管如此，我对人类的评价还是十分高的，我相信，要是人民的健康感情没有被那些通过学校和报纸而起作用的商业利益和政治利益所蓄意败坏，那么战争这个妖魔早就该绝迹了。

我们所能有的最美好的经验是奥秘的经验。它是坚守在真正艺术和真正科学发源地上的基本感情。谁要是体验不到它，谁要是不再有惊奇也不再有惊讶的感觉，他就无异于行尸走肉，他的眼睛是迷糊不清的。就是这样奥秘的经验——虽然掺杂着恐怖——产生了宗教。我们认识到有某种为我们所不能洞察的东西存在，感觉到那种只能以其最原始的形式为我们感受到的最深奥的理性

---

① 1933 年 7 月以后，爱因斯坦改变了这种绝对的反战态度，积极号召反法西斯力量武装起来，对抗法西斯的武装侵略。参见 1933 年 7 月 20 日给 A. 纳翁的信（本书 137 页）。——编译者

和最灿烂的美——正是这种认识和这种情感构成了真正的宗教感情;在这个意义上,而且也只是在这个意义上,我才是一个具有深挚的宗教感情的人。我无法想象一个会对自己的创造物加以赏罚的上帝,也无法想象它会有像在我们自己身上所体验到的那样一种意志。我不能也不愿去想象一个人在肉体死亡以后还会继续活着;让那些脆弱的灵魂,由于恐惧或者由于可笑的唯我论,去拿这种思想当宝贝吧!我自己只求满足于生命永恒的奥秘,满足于觉察现存世界的神奇的结构,窥见它的一鳞半爪,并且以诚挚的努力去领悟在自然界中显示出来的那个**理性**的一部分,即使只是其极小的一部分,我也就心满意足了。

教师和学生

——对一群儿童的讲话[①]

亲爱的孩子们：

今天我高兴地见到你们，你们是充满阳光和幸福的土地上的幸福的青少年。

要记住，你们在学校里所学到的那些奇妙的东西，都是多少代人的工作成绩，都是由世界上每个国家里的热忱的努力和无尽的劳动所产生的。这一切都作为遗产交到你们手里，使你们可以领受它，尊重它，增进它，并且有朝一日又忠实地转交给你们的孩子们。这样，我们这些总是要死的人，就在我们共同创造的不朽事物中得到了永生。

如果你们始终不忘掉这一点，你们就会发现生活和工作的意义，并且对待别的民族和别的时代也就会有正确的态度。

---

① 这个讲话原来发表的时间和地点都不详。讲稿最早见于1934年出版的文集《我的世界观》。这里译自《思想和见解》56页。——编译者

法西斯和科学

——给 A. 罗各的信[①]

有两位意大利最著名的和最受尊敬的科学家，为他们良心上的困难处境来向我呼吁，并且要我写信给您，希望有可能来阻止那种威胁着意大利学者的残酷折磨。我指的是要他们对法西斯制度表示忠诚的宣誓问题。我所要请求您的，主要是想请您劝告墨索里尼先生不要对意大利知识界的优秀人物进行这种侮辱。

不管我们的政治信仰会多么不同，但我知道在一个基本观点上我们是一致的：我们都赞赏欧洲知识分子的出色成就，并且从中看到我们最高的价值。这些成就的基础是思想自由和教学自由，是追求真理的愿望必须优先于其他一切愿望的原则。只有在这一基础上，我们的文明才能在希腊产生，才能歌颂它在意大利文艺复兴时代的再生。我们这份最有价值的财产，是用纯洁的伟大的殉道者的鲜血换取来的，正因为有了他们，意大利今天还是受到人们的爱慕和尊敬。

我不想同你争论，人的自由究竟是否必须受到国家利益的限

① 这是爱因斯坦给罗各(Alfredo Rocco)的信，写信年月不详。罗各在 1925—1932 年间任意大利墨索里尼法西斯政府的司法部长和教育部长。这封信最初发表在 1934 年出版的文集《我的世界观》上。这里译自《我的世界观》英译本 270—271 页，并参照了《思想和见解》30—31 页和《爱因斯坦论和平》154 页(不全)。——编译者

制，和应该限制到什么程度。但我认为无可怀疑的是：追求真理和科学知识，应当被任何政府视为神圣不可侵犯；而且尊重那些诚挚地追求真理和科学知识的人的自由应该作为整个社会的最高利益。这无疑也是意大利国家的利益，并且也关系到它在全世界的信誉。

希望我的请求不会被置若罔闻。

犹太人的理想[①]

为知识而追求知识，几乎狂热地酷爱正义，以及要求个人独立的愿望——这些都是犹太人传统的特征，并使我为自己属于它而感到庆幸。

那些在今天猖狂地反对理性的理想和个人自由，并试图倚仗野蛮的暴力建立死气沉沉的国家奴隶制的人，当然要把我们看作他们不共戴天的死敌。历史给了我们艰巨的任务；但只要我们仍然是真理、正义和自由的忠实勤务员，我们就不仅要继续像现存的最古老的民族那样生存下去，而且要像以前一样，用创造性的工作所产生的成果为提高人类的精神境界而作出贡献。

① 本文写作年代不详，这里译自《我的世界观》英译本（1934 年版）143 页。——编译者

劳动的巴勒斯坦[①]

在犹太复国主义的各种组织中有一个“劳动的巴勒斯坦”(Working Palestine),它的工作,对于生活在那里的人民中的最可尊重的阶级是最有直接利益的。那些人靠他们自己的双手把沙漠变成繁荣的新村。[②] 这些劳动者是在自愿的基础上挑选出来的整个犹太民族中的精英,是一群坚强刚毅、满怀信心和公正无私的优秀的人。他们并不是把自己双手的劳动出卖给出最高价格的投标商人的那种愚昧无知的苦力,而是受过教育、智力上充满活力的、自由的人。由于他们同荒芜的土地作和平的斗争,使得整个犹太民族成为直接或者间接的受益者。只要尽我们的可能来减轻他们严酷的命运,我们就将拯救了最可尊重的一类人的生命;因为第一批移民要在还不适于居住的土地上定居下来,这场斗争是一个困难的和危险的事业,免不了会有个人的重大牺牲。只有亲眼见过的人,才能判断这是多么真实。谁帮助改进这些人的物质装备,谁

---

① 此文写作年代不详,收在1934年出版的《我的世界观》中。这里译自《思想和见解》183页。——编译者

② 显然是指第二批犹太移民(1904—1914年间从俄国迁去的,将近4万人)在巴勒斯坦建立起来的集体化农庄“基布兹”(*Kibbutz*,希伯来语,意为“集体农庄”,类似于“公社”,被称为“取得成功的乌托邦”)和第三批移民(1918—1923年间,主要也是从俄国迁去的,约25000人)建立的小自耕农的合作化农庄“莫夏夫”(*Moshav*)。——编译者

就是在关键时刻帮助了这个美好的事业。

此外，只有这个劳动者阶级才有能力同阿拉伯人建立起健康的关系，这是犹太复国主义的最重要的政治工作。行政管理机关变动不居，但是最后调准各个民族的生活基调的，还是人与人之间的关系。因此，支持“劳动的巴勒斯坦”，就是同时在巴勒斯坦促进一种人道主义的和值得推崇的政策，并且有效地抵制那些狭隘民族主义的暗流，而如今，整个政治界，以至在比较小的程度上，巴勒斯坦那个小小的政治界，都受到这种狭隘民族主义的损害。

基督教和犹太教[①]

如果我们从先知者们所建立的犹太教和耶稣基督所教导出来的基督教中，把所有后来附加上去的东西，特别是那些传教士所附会上去的那些东西统统清除掉，那就留下了能够医治人类社会一切弊病的教义。

每一个有良好愿望的人的责任，就是要尽其所能，在他自己的小天地里作坚定的努力，使纯粹人性的教义成为一种有生命的力量。如果他在这方面作了一番忠诚的努力而没有被他同时代人践踏在脚下，那么他可以认为他自己和他所处的社会都是幸福的了。

① 此文写作年代不详，收在1934年出版的《我的世界观》中，这里译自《思想和见解》184—185页。——编译者

生产和劳动[①]

在我看来，根本的困难是劳动力市场几乎无限制的自由同生产方法上异常的进步结合在一起。要满足今天世界的需要，完全用不着全部现有的劳动力。其结果是失业和工人之间不健康的竞争，这两者都使购买力下降，因而使整个经济体系严重失调。

我知道，自由主义的经济学者坚持认为，劳动上的每一项节约都有需求的增长与之平衡。但是，首先我不相信这种说法；即使这是真的，上述因素也总是常常迫使大部分人类的生活水准下降到不合情理的低水平。

我也同你一样深信，绝对必须采取措施，使得年轻人有可能并且有必要参加到生产过程中去。而且不应当让老年人去参加某些种类的工作（我称之为“不适当的”劳动），由于他们以往曾经做过足够多的为社会所承认的一种生产性的劳动，应该受到适当的款待，以代替一定的收入。

我也赞成取消大城市，但是不赞成把某些特殊类型的人，例如老人，安置在特殊的城镇中。坦率地说，这种主意使我感到害怕。

我也有这样的看法：货币价值的波动必须避免，用一种依据消

① 这是爱因斯坦给策德斯特勒姆（Cederström）的回信，写信的年代不详，发表在1934年出版的《我的世界观》上。这里译自《思想和见解》92—93页。——编译者

费情况所选定的某些种类的商品作为标准来代替金本位制——如果我没有记错，就像凯恩斯(Keynes)很早以前所建议的那样。引进这种货币体系，同当前这种货币情况相比较，人们会同意有某种程度的“通货膨胀”，只要人民能够相信国家会真正合理地使用由此而产生的这笔意外的收入。

你的计划的弱点，照我看来，似乎在于心理方面，确切地说，在于你忽视了这一方面。资本主义不仅在生产方面，而且在知识方面也带来了进步，这不是偶然的。遗憾的是，利己主义和竞争却比公德心和责任感更强有力。在俄国，据说得到一块像样的面包也不可能。……也许我对于国家和其他形式的公共事业的看法过于悲观了。我对它们不抱一点好的期望。官僚主义会断送一切成就。我看到和经历到可怕的鉴戒太多了，即使在比较起来可称为模范的瑞士也是如此。

我倾向于这样一个观点：国家对于工业的真正用处只能是作为一种限制和调节的力量。国家必须注意到：使工人之间的竞争保持在健康的限度之内，给全体儿童有健康成长的机会，并且把工资提高到足以使生产出来的商品都能够消费掉。如果能够由不偏不倚的专家采取客观的精神制订出措施来，国家是能够通过它的管理职能来施加决定性的影响的。

科学和战争的关系[①]

你们问过我对于科学和战争的关系有什么感想。科学是一种强有力的工具。怎样用它，究竟是给人带来幸福还是带来灾难，全取决于人自己，而不取决于工具。刀子在人类生活上是有用的，但它也能用来杀人。

我们的问题不能由科学来解决；而只能由人自己来解决。只要人被有计划地训练来对人类犯罪，这样造成的心理状态只能一次又一次地导致大灾难。我们唯一的希望就在于拒绝会有助于准备战争或者以战争为目的的任何行动。

① 这是爱因斯坦于1930年5月写给英国的反战团体“不再打仗运动”（*No More War Movement*）的复信。这信发表在该团体的机关刊物《新世界》（*The New World*）上。这里译自《爱因斯坦论和平》104页，标题是我们加的。——编译者

全世界裁军宣言[①]

全世界的科学家和技术专家已经证明：

科学的作战方法已经使国防和非战斗人员的保护成为虚妄；而且新的战争就将意味着大部分人口被火、毒气和化学药品同时消灭。

所有的国家统统在危急之中！

你可知道，使用的破坏科学的手段正在不断完善的新战争究竟意味着什么？

你知道吗，在未来的战争中无论谁都将不再是有利可图，因为不仅武器、军需品和粮食仓库，而且一切重要工业中心都将成为攻击目标，这将带来工业的总毁灭。

你知道吗，空军轰炸中队能够同时毁灭像伦敦、巴黎、纽约和柏林那样一些城市。

---

① 这是"国际妇女争取和平自由同盟"于 1930 年 5 月 30 日发表的宣言，爱因斯坦是领头签名者之一。领头签名的还有罗素、兹伐格(Stefan Zweig)、托马斯·曼(Thomas Mann)、阿丹兹(Jane Addams)和巴甫洛夫。这个宣言虽然不是爱因斯坦起草的，但是它同 1914 年尼可拉起草的《告欧洲人书》(这是爱因斯坦最早签署的政治性宣言)和 1955 年罗素起草的《罗素-爱因斯坦宣言》(这是爱因斯坦最后签署的政治宣言)一样体现着爱因斯坦的一贯思想。值得注意的是，这个宣言发表在原子弹出现前十五年，而且中间又经历了一次世界大战，事实上历史的进程并不是像宣言所预料的那样。这里译自《爱因斯坦论和平》105—106 页。——编译者

你知道吗,毒气不仅能够立即或者遭受无法形容的痛苦之后毁坏人的机体,而且它还能渗进大地深处,长期毒化土壤和水。

你知道吗,用化学方法制成的燃烧弹能够达到3000℃的高温,从而会把毒气发生作用之前可能逃脱了的一切生命统统消灭掉。

任凭官方对和平怎样保证,全世界各处的战争危险从来没有比现在更为严重,所涉及的问题也从来没有比现在更为复杂。难道人民会允许他们的政府去准备这种毁灭性战争吗?

全世界的人民:联合起来,以要求普遍裁军来表明你们的和平愿望吧!

已经宣布废止战争;①现在让我们来要求废除军备。

已签名的男女,不论有无政治党派关系,全都确信:

目前的备战政策并不能给全世界人民以安全,而且事实上,却使一切国家引起经济灾难;

这种政策使新的战争不可避免;

在未来每一场战争都将是灭绝性的战争;

裁军应当是废止战争的逻辑后果,只要有关各国政府继续拖延裁军,那么这些政府所签署的和平宣言仍然不过是一纸空文。

因此,签名者要求普遍全面裁军,迫切请求他们的政府,给出

① 指美国国务卿凯洛格(F. B. Kellog)和法国总理白里安(A. Briand)于1928年在巴黎缔结的《凯洛格-白里安公约》,这个公约宣布"放弃以战争作为国家政策工具",随后其他许多国家也在这公约上签字。这件事当时引起了爱因斯坦和许多和平主义者极大的幻想,以为战争真的已经废止了。但是仅仅过了一年就出现了日本帝国主义侵略中国的战争。——编译者

席下届裁军会议[①]的代表以正式的指令，要他们批判地审查一切裁军建议，不论这些建议是早已作出了的，还是新近收到的，也不论它们来自何方；并且要采取一切措施来保证迅速实现全世界裁军。

① 指准备于1932年5月在日内瓦召开的国际裁军会议。爱因斯坦对这次会议抱有极大幻想，事先为它做了许多宣传工作，但结果使他大失所望。——编译者

无线电的社会意义[①]

首先使真正民主成为可能的是科学家，他们不仅减轻了我们的日常劳动，而且也造出了最美好的艺术上和思想上的作品，而对这种成果的享受，一直到最近以前都只有特权阶级才有可能，但现在大家却都接近于得到它们了。因此，可以说科学家们已打破了各国的麻木不仁的沉闷状态。

无线电广播有一个能把各国联合在一起的独特作用。它能用来加强相互友好的感情，而这种感情是多么容易转变成不信任和敌视呀。一直到今天为止，人民还只会通过报纸的歪曲的镜子以求相互了解。但无线电却是以最生动的形式，并且主要是从人民最喜爱的方面来表白自己。

① 这是爱因斯坦于1930年8月22日在柏林第七届“德国无线电展览会”的开幕典礼上的讲话，最初发表在《柏林日报》(*Berliner Tageblatt*)晚刊1930年8月22日的副刊上。这里译自爱因斯坦的文集《反战斗争》(*The Fight Against War*，A. Lief编，1933年纽约John Day公司出版)30—31页。标题是我们加的。——编译者

失去了的天堂[①]

直到十七世纪，整个欧洲的学者和艺术家还是由共同的理想非常紧密地团结在一起，政治事件对于他们的合作几乎没有什么影响。这种团结由于普遍使用拉丁语而得到进一步的增强。

今天我们回顾那些淳朴而美好的时代，就像看到失去了的天堂。〔现在〕民族主义的激情已经破坏了这种知识分子共同体，一度使全世界联合起来的拉丁语也已经死亡。学者已经成了民族传统的代言人，而且失去了他们关于知识分子联邦的观念。

现在我们面临这样一种令人震惊的事实：务实的政治家竟然成为国际主义思想的倡导者。创立国际联盟的是他们，而不是科学家。

不到废除兵役和军队之后，和平解决〔国际〕冲突和知识分子的国际合作就不可能。有名望的人如果赞同青年人拒绝服兵役，那就为人类做出巨大贡献。我的意见是，一切有思想的人都应当庄严宣誓，绝不参与任何直接的或间接的军事活动。

① 这是爱因斯坦给美籍匈牙利著作家埃米耳·伦吉耳(Emil Lengyel)的信，最初发表在1930年9月14日的《纽约时报》上。收在1933年出版的文集《反战斗争》中。1934年出版的《我的世界观》也收了，但未注明出处，且只有前面三段。《思想和见解》中说此文写于1919年国际联盟成立后不久，显然不确。这里译自《我的世界观》260—261页，并参照《反战斗争》19页，补充最后一段。标题照《我的世界观》中所用的。——编译者

犹太共同体[①]

对我来说，要克服我的平静思考生活的自然倾向，那是不容易的。但我不能对 ORT 和 OZE 这两个团体[②]的呼吁置之不理；因为响应这个呼吁，在我就像是响应我们痛受压迫的犹太民族的呼吁。

我们散布在各处的犹太共同体（*community*）[③]的地位，对于政治界是一种道义的气压计。因为犹太民族既是无自卫力量的少数民族，而它的特点又在于保存古代的文化传统，难道有什么比各个民族对待这样一个民族的态度更为可靠的政治道德和正义的指标吗？

从我们的处境来看，我们痛苦地知道这个气压目前是低的。但正是这种低气压，使我更加坚定这样的信念：我们有责任来维持和巩固我们的共同体。有一种对正义和理性的热爱深留在犹太人传统中，这必将对现在和将来一切民族的美德继续发生作用，在近

① 这是爱因斯坦于 1930 年 10 月下旬在伦敦犹太人组织的晚会上所作的讲话。讲稿最初发表在《纽约时报》1930 年 10 月 29 日和 11 月 2 日这两天的报上。这里译自《我的世界观》英译本（1934 年）157—161 页。——编译者

② ORT 和 OZE 都是犹太人的慈善事业团体。——编译者

③ 犹太共同体是 135 年罗马帝国镇压了犹太人两次起义并彻底毁灭了耶路撒冷后，巴勒斯坦的犹太人在罗马帝国的统治下形成的一种集体。散居在其他各地的这种集体，就是犹太侨民集团，也称犹太人社区。——编译者

代，这个传统已经产生了斯宾诺莎和卡尔·马克思。

谁要想维护精神，他也就要注意同精神连在一起的身体健康。OZE 社照字面说来是保护我们人民的身体。在东欧，它夜以继日地工作着，以帮助我们在那里的人民保护肉体和灵魂，因为他们在那里经受着特别严重的经济萧条；而 ORT 社则力图消除犹太人从中世纪起就遭受着的严重的社会和经济的困苦。因为在那时我们是被排除在一切直接生产的职业之外，而被迫从事纯粹商业性的职业。真正帮助东方各国犹太人的唯一办法是，向他们提供门路去找新的活动领域，他们为此正在全世界各处斗争着。这是 ORT 社正在胜利地处理的严重问题。

现在我们要向你们英国的犹太同胞呼吁，请求你们帮助我们这个由一些杰出的人物所开创的伟大事业。最近几年，甚至最近几天给我们带来了失望，你们必定也特别感受到这一点。不要埋怨命运，相反地，要把这些事件看作是要对犹太人公共事业忠诚不渝的理由。我深信，我们这样做，也将间接地有助于人类的普遍目的，而这些目的我们应当始终认为是最高的。

要记住，困难和阻碍对于任何社会都是健康和力量的宝贵源泉。如果我们的床是玫瑰花做的，那么我们就不可能作为一个共同体而维持几千年的生命；这是我所完全确信的。

但我们还有一个比较愉快的安慰。我们的朋友固然不是很多，但他们中间有具有强烈正义感的精神高尚的人，他们把自己的一生献给了提高人类社会并且使个人从卑鄙的压迫中获得解放的事业。

我们高兴地并且荣幸地看到了今晚在我们中间有这样一些来

自非犹太世界的人；他们的出现给这个可纪念的晚会增加了隆重性。使我最高兴的是看到了萧伯纳(Bernard Shaw)和威尔斯(H. G. Wells)，他们的人生观特别吸引着我。

您，萧伯纳先生，当您走着那条曾使许多别的人得到殉道者的荣誉的道路时，您胜利地赢得了全世界的爱戴和称赞。您不仅向您的同胞谆谆不倦地进行道德上的教诲；您实际上还嘲笑那些被很多人视为神圣不可侵犯的事情。您所做的只有天生的艺术家才能做得到。从您的魔术箱里，您创造出无数个小人物来，它们像人，但不是由血和肉作成的，而是由头脑、智慧和魅力作成的。它们在某些方面比我们自己还更像人，人们几乎忘掉他们不是自然界的创造，而是萧伯纳的创造。您使这些魅人的小人物在一个缩小的世界里舞蹈，在这个世界面前有希腊三位女神[①]守卫着，不让怨恨进入。凡是窥视过这个小世界的人，都会用新眼光来看现实世界；这个小世界的木偶暗示着真正的人，使他们突然显示出完全不同的面貌。由于您这样把镜子放在我们大家面前，您使我们顷刻间获得了解放，而这在我们这个时代几乎没有别的人做到过，同时您也多少减轻了世俗的人生的重负。为此，我们大家都真诚地感谢您，并且也感谢命运，因为同痛苦的疫病一道，它也给了我们灵魂的良医和解放者。我个人也要感谢您向那个虚构的我的同名者所讲的一番令人难忘的话，这个人使我生活得非常困难，虽然他实在完全是一个不怀恶意的人，尽管他的身材却是粗陋而可怕的。

① 指希腊神话中赐人美丽、妩媚和欢乐的三位女神，她们的名字是 Aglaia、Euphrosyne 和 Thalia。——编译者

我要告诉你们大家：我们民族的生存和命运，依靠外界的因素总比依靠我们自己的少。我们的责任是要矢忠于我们的道德传统，这种传统使我们能够不顾那侵袭到我们头上的猛烈的风暴而维持了几千年的生命。在人生的服务中，牺牲成为美德。

战斗的和平主义[①]

当那些为和平主义的理想团结起来的人举行集会的时候，他们往往只接触他们自己的那一类人。他们像绵羊一样地挤在一起，而狼却等候在外边。我认为和平主义的演说家面临着这样一种困难：他们通常只到自己的那一群人里去，这些人反正都是和平主义者，简直是用不着去说服的。绵羊的呼声达不到这个圈子以外，因此起不了什么作用。这是和平主义运动的真正弱点。

真正的和平主义者并不是想入非非的，而是要用现实主义的方式来思考问题，他们必须大胆地努力做点多少对和平主义事业有实际价值的事情，而不应当仅仅满足于拥护和平主义的理想。需要的是行动，而不是空话；空话不能使和平主义者前进一步，和平主义者必须行动起来，从那些现在能够做到的事情开始。

至于下一步我们应当怎么办，我希望你们认识到：在目前的军事制度下，每个人都被迫为他的国家去犯杀人罪。一切和平主义者都必须使别人相信战争是不正义的，并且使全世界摆脱兵役的可耻奴役。为了达到这个目标，我想建议两条行动方针。

---

① 这是爱因斯坦于 1930 年 12 月 14 日在纽约美国“新历史学会”主办的集会上所作的讲话。讲稿最初发表在 1930 年 12 月 21 日的《纽约时报》和 1931 年 1 月号《明日世界》(*The World Tomorrow*)上。这里译自《爱因斯坦论和平》116—118 页和《反战斗争》34—37 页。——编译者

第一条是已经付诸实践了的：不妥协地反对战争，并且在任何情况下都拒绝服兵役。[①] 在征兵制的国家里，真正的和平主义者必须拒绝承担军事义务。在很多国家里，已经有很大数目的和平主义者，他们不惜个人重大的牺牲，从过去到现在都拒绝在和平时期服兵役。这样做，表明即使战争爆发了他们也不会去打仗。

在未实行义务兵役制的那些国家里，真正的和平主义者必须在和平时期公开声明，他们在任何情况下都不参加军队。这也是反对战争的有效办法。我热切地劝告你们努力去使全世界人民都确信这种立场的正义性。胆小的人也许会说："那有什么用？我们会坐牢。"我可以这样回答他们：在规定要服兵役的人之中，即使只有百分之二的人既竭力主张不用战争来作为解决国际争端的手段，而又公开声明拒绝去打仗，那么政府就会毫无办法，他们不敢把那么多的人送进监狱。

我为反战者建议的第二条行动方针，是一种不会在法律上连累到个人的办法。那就是试图通过国际立法来确立在和平时期拒绝服兵役的权利。那些不愿赞同这种立场的人，也许宁愿赞成确立这样一种法规，这种法规允许他们去做某种有益于他们自己国家或全人类的艰苦工作，或者甚至是危险的工作，以代替服兵役。这样就能证明，他们的反战是毫无自私自利之心的，仅仅是从认为国际纠纷可以不用打仗的办法得到解决这样的信念出发而得出的一个逻辑结果；这还会进一步证明他们的反对战争不可能是由于胆怯，由于贪图个人安乐，或者由于不愿意为他们的国家或人类服

---

① 爱因斯坦这一观点到1933年7月发生了变化，见本书137页。——编译者

务。如果我们声明我们乐于接受带有危险性的工作,我们就在通向一个较为太平的世界的道路上前进了一大步。

此外,我建议所有国家的和平主义者着手筹集基金,来援助那些想拒绝服兵役但因为经济上没有办法以致实际上不能那样做的人。因此,我提议筹设一个国际组织和一笔国际和平主义者基金①以支援目前在积极行动的反战者。

最后,是不是可以说:想要实现和平的严肃的和平主义者,应当有勇气提出这些目标,并且为之努力奋斗;只有到那时候,全世界才不得不对他注意。和平主义者的呼声那时才会被现在还不是和平主义者的人们听到;一旦听到了,他们的呼声就一定能起很大作用。如果他们过分拘谨,他们的声音就仍然只会到达他们自己圈子里那些人的耳朵里。他们将依旧是绵羊,依旧是和平主义的绵羊。

① 1931年,“反战者国际”正式设立了一笔基金,名称叫“爱因斯坦反战者国际基金”,但筹募到的钱一直很少。——编译者

古巴的印象[①]

1930年12月19日。……革命，但没有可看得见的革命的征兆。由于蔗糖价格下落所产生的危机。漂亮的西班牙建筑。学院、地理学会，总是那老一套。豪华的俱乐部同赤贫比肩相连，受赤贫侵袭的主要是有色民族，他们挤在没有窗子的木头窝棚里。但是有暖和的气候和香蕉，不顾严重失业的愉快的面孔。当人们在风晨雨夕远离故土的时候，才真正感到痛苦。……

---

① 这是爱因斯坦于1930年12月19日在哈瓦那写的旅行日记的一个片断。这里译自《爱因斯坦论和平》119页，标题是我们加的。

按：爱因斯坦应美国加利福尼亚理工学院的邀请，于1930年冬作第二次访问美国之行。他到纽约后不久即坐船经古巴和巴拿马运河去加利福尼亚。——编译者

为和平而牺牲[①]

要是按照我们的需要来组织我们的力量，而不去做僵化的经济理论和传统的奴隶，那么我们就有足够的财富、产品和食物。首先，我们不可让我们的思想和行动离开建设工作转而去准备另一次战争。我同意伟大的美国人本杰明·富兰克林(Benjamin Franklin)说的一句话：从来不曾有过一场好的战争或者一次坏的和平。[②]

我不仅是一个和平主义者，而且是一个战斗的和平主义者。我决心为和平而战斗。要不是人民自己拒绝作战，就没有什么办法可以终止战争。

每一个伟大的事业，开头总只为少数有闯劲的人所信奉。一个人为他所信奉的事业(比如和平)而死，岂不是胜过为他所不信奉的事业(比如战争)而受折磨吗？每一次战争都无非是扩大那个阻碍人类进步的恶性循环的锁链而已。少数良心拒服兵役者能够使反战斗争惹人注目。

---

① 这是爱因斯坦于1931年1月访问美国期间对美国作家乔治·西尔威斯特·菲雷克(George Sylvester Viereck)发表的谈话。这里译自爱因斯坦文集《反战斗争》(*The Fight Against War*)，1933年纽约John Day版，37—39页，译时曾参考《爱因斯坦论和平》125—126页。——编译者

② 《反战斗争》中这句话是："从来不曾有过一次坏的和平或者一场好的战争。"这里根据《爱因斯坦论和平》作了改动。——编译者

人民群众从来不是军国主义者，除非他们的思想受到了宣传的毒害。我赞同你的意见，我们必须教导群众来抵制这种宣传。我们必须开始用和平主义精神来教育我们的孩子，使他们能够预防军国主义。欧洲的不幸，就在于它的人民已经被灌输了一种错误的心理。我们的教科书颂扬战争，而又掩饰战争的恐怖。它们把仇恨灌输给孩子们。我却要教他们和平而不教他们战争，向他们灌输爱而不灌输恨。

教科书应当重写。我们的整个教育制度应当灌入一种新的精神，而不该让古代人那种怨恨和成见永存下去。教育应当从摇篮里开始。全世界的母亲们都有责任在他的孩子的心灵里播下和平的种子。

也许不可能在一代的时间里根除好斗的本能。要全部根除这种本能甚至也不是可取的。人们应当继续战斗，可是他们应当为值得花精力的事情去战斗，而不是为想象中的地理界线、种族偏见和爱国主义色彩伪装下的私人贪欲去战斗。他们的武器应当是精神，而不是榴弹和坦克。

请设想一下，要是把战争中消耗掉的力量用于建设任务，我们能够建设成怎样的一个世界啊！只要世界大战中各交战国所耗费的能量的十分之一，只要它们花费在手榴弹和毒气上的费用的一小部分，就足以提高每个国家的生活水平，并且避免遍及全世界的失业的经济灾难。

可是我们必须准备为和平事业作出英勇牺牲，正像我们为战争而不惜牺牲一样。在我的心目中，没有比这更重要和更迫切的任务了。

我能做的或者能说的每件事都改变不了宇宙的结构。但是,通过我的大声疾呼,也许能有助于一切事业中的最伟大的事业——人与人之间的诚意和地球上的和平。

同小洛克菲勒的谈话(报道)[①]

爱因斯坦教授指责洛克菲勒教育基金规定的那些严格的条例有时窒息了有天才的人。爱因斯坦大声地说:“文牍主义束缚人的精神就像绑扎木乃伊的带子。”相反地,洛克菲勒指出,必须小心保卫基金,使它不致被分散用于不足道的目的或者某些不配受奖励的人。他坚持自己的立场,反对这位当代世界最伟大的人物,他干练地为管理他的各项基金的制度进行辩护。

---

① 这篇报道由美国作家乔治·西耳威斯特·菲雷克(George Sylvester Viereck)执笔,谈话是于1931年初在纽约小洛克菲勒家里进行。这篇报道发表在1932年1月9日出版的《自由》(*Liberty*)杂志上,是菲雷克写的一篇吹捧小洛克菲勒的文章中的一个片断。这里译自《爱因斯坦论和平》157页,标题是我们加的。

小洛克菲勒(John Davison Rockefeller,Jr.,1874—1960)是美国第一个石油垄断资本家(即所谓“石油大王”)洛克菲勒(J. D. Rockefeller,1839—1937)的儿子,当时是“洛克菲勒基金会”的主席。爱因斯坦所以要找小洛克菲勒谈话,是希望对洛克菲勒基金关于奖学金条规作些修改,他认为原有的规定对那些在本国未获得永久性地位的外国学者有歧视。这样一次针锋相对的简短对话,充分表明了爱因斯坦对社会问题的看法是何等天真。

爱因斯坦30年代初几次去美国讲学,对美国的失业问题非常关心。1931年12月30日他在旅行日记上记着:“在帕萨迪纳(Pasadena)有百分之十的人失业。”1932年1月9日又记着:“这是朝不保夕的生活状况。胡佛(Hoover,当时美国总统。——编译者)拒绝接见失业者的代表团。”

写这个报道的菲雷克,原籍德国,11岁随家庭移民到美国。他是一个出卖灵魂的文人,不仅在当时对垄断资本家小洛克菲勒作了如此无耻的吹捧,而且不久以后还以纳粹宣传家的身份而臭名远扬。1942年作为纳粹的间谍被判刑,1947年出狱。他的儿子彼得·菲雷克(Peter Viereck)却是美国著名的反纳粹作家。——编译者爱因斯坦说:"我信任直觉。"

洛克菲勒回答:"我信任组织。"

爱因斯坦为卓越的人才辩护,洛克菲勒卫护最大多数人的最大利益。爱因斯坦是贵族,洛克菲勒是民主主义者。

双方都是直率的。他们每个人都使对方相信自己的诚意,但谁也说服不了谁。

话头转到经济问题。爱因斯坦主张用削减劳动时间的办法使失业者有就业机会,并且建议最好延长学年,以免孩子们同他们的长辈竞争就业。

洛克菲勒问道:"这样一个想法难道不是要把不正当的限制强加于个人自由吗?"

爱因斯坦反驳说,当前的经济紧急状态证明类似于各国政府在战时所采取的那种措施是合理的。

爱因斯坦声言他反对战争。而洛克菲勒虽然也反对战争,但是他非常坚定地站在现实的立场上,以致不能允许他完全同意比较极端的和平主义者的观点。爱因斯坦反驳说:"只要人们拒绝拿起武器;战争就可以终止!"

要使科学造福于人类，而不成为祸害

——1931年2月16日对加利福尼亚理工学院学生的讲话①

看到你们这一支以应用科学作为自己专业的青年人的兴旺队伍，我感到十分高兴。

我可以唱一首赞美诗，来颂扬应用科学已经取得的进步；并且无疑地，在你们自己的一生中，你们将把它更加推向前进。我所以能讲这样一些话，那是因为我们是生活在应用科学的时代和应用科学的家乡。但是我不想这样来谈。我倒想起一个娶了不称心的妻子的小伙子，当人家问他是否感到幸福时，他回答说："如果要我说真心话，那我就不得不扯谎了。"

我的情况也正是这样。试设想，一个不很开化的印第安人，他的经验是否不如通常的文明人那样丰富和幸福？我想并不如此。一切文明国家的儿童都那么喜欢扮"印第安人"玩，这是值得深思的。

---

① 这是爱因斯坦于1931年2月16日对美国加利福尼亚理工学院学生的讲话，讲稿最初发表在1931年2月17日的《纽约时报》上。这里译自H.夏普利等人编的《科学宝典》(*A Treasury of Science*，H. Shapley，S. Rapport和H. Wright编，1943年纽约Harper公司出版)43—44页和《爱因斯坦论和平》122页(不全)。标题是我们加的。最初《纽约时报》上用的标题是《科学和幸福》。——编译者

这样了不起的应用科学，它既节约了劳动，又使生活更加舒适，为什么带给我们的幸福却那么少呢？坦率的回答是，因为我们还没有学会怎样正当地去使用它。

在战争时期，应用科学给了人们相互毒害和相互残杀的手段。在和平时期，科学使我们生活匆忙和不安定。它没有使我们从必须完成的单调的劳动中得到多大程度的解放，反而使人成为机器的奴隶；人们绝大部分是一天到晚厌倦地工作着，他们在劳动中毫无乐趣，而且经常提心吊胆，唯恐失去他们一点点可怜的收入。

你们会以为在你们面前的这个老头子是在唱不吉利的反调。可是我这样做，目的无非向你们提一点忠告。如果你们想使你们一生的工作有益于人类，那么，你们只懂得应用科学本身是不够的。**关心人的本身，应当始终成为一切技术上奋斗的主要目标；关心怎样组织人的劳动和产品分配这样一些尚未解决的重大问题，**用以保证我们科学思想的成果会造福于人类，而不致成为祸害。

在你们埋头于图表和方程时，千万不要忘记这一点！

和平主义和社会主义[①]

和平主义比社会主义更容易争取人民。社会和经济问题已经变得极其复杂,必须使人们首先真正相信和平解决问题的可能性。一旦做到了这一步,就可以期望他们以合作的精神来处理经济和政治问题。我要说的是:我们应当首先为和平主义而工作,然后再为社会主义而工作。

---

① 这是爱因斯坦于1931年3月4日结束对美国的第二次访问后在纽约码头的轮船上对美国社会党领导人、和平主义者诺曼·托马斯(Norman Thomas)发表的谈话。当时托马斯想要他谈谈处于经济危机时期的美国所给他的印象,并且问他:按照社会主义的合作路线来组织经济和政治制度,是不是必须以永恒和持久的和平为基础?这里译自《爱因斯坦论和平》124页,同时参考了《反战斗争》40页。标题是我们加的。——编译者

为莫尼冤狱声援[①]

我深知在加利福尼亚存在着何等离奇的审判状况，又何等专横地对待那些为某些权势集团所厌恶的人。我也了解到你们国家里少数人的英勇斗争。在你们这个国家中，财产起着支配政府当局的力量比在西欧还要大。

我深信，一旦受蒙蔽的群众认识到了这种严重事态的真相，美国人民的力量就会战胜它。

① 这是爱因斯坦于1931年3月18日写给在加利福尼亚监狱里的美国著名工人领袖托马斯·莫尼(Thomas J. Mooney,1885—1942)的信。这里译自《反战斗争》28页和《爱因斯坦论和平》131—132页。标题是我们加的。

按：莫尼是美国铸造工人，"北美工团主义同盟"的领袖之一，是已故的美国马克思主义者威廉·福斯特(William Z. Foster)的战友("北美工团主义同盟"成立于1912年，1914年解散，福斯特是它的全国书记)。1916年莫尼因旧金山炸弹案遭诬陷，被判死刑，后改判为无期徒刑。同时遭到陷害的还有一位瓦伦·比林(Warren K. Billings)。爱因斯坦于1931年初访问加利福尼亚时得悉莫尼-比林冤狱的详情，他一回到德国就写了这封信表示声援。两个月后他又直接写信给加利福尼亚地方当局，为这两人申冤。经过无数次的群众抗议后，1939年，美国政府恢复了他们的自由。——编译者

学术自由

——论贡贝耳事件[①]

尽管大学里的讲座很多，但明智的和高尚的教师却很少见。讲堂很多也很大，但真正渴望真理和正义的青年人却不多。自然界慷慨地生产出普通的庸才，却难得创造出有高超才能的人。

我们都明白这件事：埋怨是无济于事的。难道过去的情况不总是这样，将来也不免永远这样吗？毫无疑问，确实是这么一回事；我们没有选择的余地，只好顺从自然界的安排。但也还有像时代精神那么一种东西，它标志某一代人的精神状态的特征，从这个人传到另一个人，给社会刻下了它的特殊的标志。我们每个人都应当尽力在某种程度上改进这种精神状态。

---

① 此文写于 1931 年 4 月。这里译自《爱因斯坦论和平》133—134 页，译时也参照了《我的世界观》英译本和《思想和见解》。

据《爱因斯坦论和平》编者按：贡贝耳(Emil J. Gumbel)是德国海德堡(Heidelberg)大学哲学系教授，是一个坦率的和平主义者。他在第一次世界大战后积极反对反动的复仇运动，曾写过几本书和小册子，揭露德国秘密的重新武装的活动和暗杀许多和平民主人士的罪行，因此大大激怒了国家主义分子。1925 年，海德堡大学哲学系通过决议谴责他，并且长期地不给他升级。1931 年，共和政府参与其事，给他一次小的升级，但引起了大学教职员和学生中的法西斯分子的强烈反对，他们举行示威游行，说是政府侵犯了学术自治，并且要驱除他出校。这事件引起了国际注意。1931 年 4 月，“德国保卫人权同盟”在柏林召开群众抗议大会来保护他。爱因斯坦出席了这次大会，并且事先准备了这篇讲稿，但当时他得不到发表这个讲话的机会。——编译者试把一个世纪以前使我们大学里青年生气勃勃的精神同今天流行的精神比较一下。那时,他们相信人类社会会得到改善;他们尊重诚恳的意见,并且具有我们的伟大人物曾为之献身奋斗的那种宽容精神。在那些日子里,人们为那名为德意志的更大的政治统一而努力。当时热中于这些理想的,是大学里的学生和教师。

今天,也有这样一些人,他们渴望着社会进步,他们相信宽容精神和思想自由,他们为那个今天被称为欧洲的更大的政治统一而努力。但是今天,大学生和大学教授已不再体现人类的希望和理想了。无论谁只要他清醒而冷静地去观察人和时代,都必定会得出同样的结论。

我们今天聚集在一起就是为了评定我们自己。这个会是为贡贝耳教授事件而召集的。贡贝耳教授为不妥协的正义感所激励,详尽地揭发了许多尚未受到应得惩罚的政治罪行。他以满腔的热情、高度的勇敢和模范的正直来做这些事,他通过他的书,对我们的社会作出了非常了不起的贡献。但正是这样的人,他的大学里的学生团体和教授会的许多成员却一心要把他驱逐出校门。

绝不能允许政治激情发展到这样的程度。我深信每一个虚心读过贡贝耳的书的人,都会和我有同感。如果我们想为我们的社会建立起健全的政治结构,像他这样的人是绝不可少的。

让每个人根据自己所读到的,而不是根据别人所告诉他的东西来判断吧!如果这样,那么,贡贝耳教授事件,虽然有这样不光彩的开端,却仍有可能结出丰硕的成果。

关于1932年的裁军会议[①]

要是我们的社会制度能够跟得上技术的发展，那么十九世纪人类发明天才的果实早就可以使我们的生活过得愉快幸福而无忧无虑了。事实上，这些辛苦赢得的成就在我们这一代人的手里，正像刚学步的小孩去玩弄枪一样危险。[②] 我们有着奇妙的生产手段，产生出来的却是贫困和饥饿，而不是自由。

技术进步的最大害处，在于用它来毁灭人类生命和辛苦赢得的劳动果实，就像我们老一辈人在世界大战中毛骨悚然地经历过的那样。但是我以为比这种毁灭更可怕的，还是战争强加给个人的卑贱的奴役。有什么能比社会强迫人去做那些我们每个人都认为是罪大恶极的事还要更坏的呢！而有见义勇为的精神、敢于反抗它的人竟是那么少。在我的眼中，他们才是世界大战的真正英雄。

可是还有一线希望。我以为今天各国负责的领袖大多是真诚愿意废除战争的。这个绝对必需的措施所以有阻力，其根源在于各个民族不幸的传统。这些传统通过教育系统的机构，像遗传病一样代代相传。使这些传统永远继续下去的首恶就是那个被视为

---

① 此文最初发表在1931年9月23日纽约出版的《民族》(*The Nation*)周刊，133卷，300页。这里译自《爱因斯坦论和平》146—147页。——编译者

② 这后面半句，《我的世界观》和《思想和见解》中是："正像三岁的小孩使用剃刀一样。"——编译者

光荣的军事训练，而受重工业和军人控制的那部分报纸也起着同样的作用。没有裁军，就不可能有持久和平。反过来，继续以目前的步调进行军备竞赛，势必导致新的灾难。

这就是为什么1932年的裁军会议对于这一代和下一代将具有决定性的重要意义的缘故。只要人们考虑到以前的会议所得到的结果总的说来是那么少得可怜，他们就会明白，一切有思想和有责任心的人都应当竭尽全力来唤醒公众，使大家都认识到这次会议极其重要。那些政治家们，只有当他们的和平政策得到大多数人民的有力支持时，才有希望达到他们伟大的目标。以此为方向，用言论和行动来帮助形成舆论，该是我们大家的责任。

如果到会的代表带来的是硬性的政策指令，实现这些指令马上就会成为国家威信的问题，那么这次会议的失败该是注定了的。各方面的人似乎都已认识到这种危险。在最近一系列的双边会谈中，政治家已经在努力为裁军会议准备基础。我以为这是一种很可取的办法；如果没有第三者在场，两个人或者两个集团的人通常就能够比较合理地、诚恳地、冷静地讨论解决他们的争论问题，而有第三者在场时，他们讲话就必定会很拘谨。只有采取这种审慎的态度为会议作好准备，从而排除了意外的策略诡计，并且通过真诚友好的愿望创造出一种信任的气氛，我们才有希望得到成功。

在这样的国家事务中，要取得成功，不是靠才华，更不是靠机灵；相反地，它是一个诚恳和信任的问题。谢天谢地，单纯的才智不能代替道德上的正直。

观察家不能光是等待和批评。他必须全力以赴为这个事业服务。世界将得到它所应得的命运。

经济问题与和平问题[①]

我不接受这样的理论，即认为战争完全是或者主要是由资本家制造出来的。我认为，消除现存的经济上严重的不公平问题，是要比和平主义问题更为重要。但是我深信，我们不应当把后一问题的解决依赖于前一问题的解决，因为，甚至在今天，创立一个废战组织的条件也已经成熟[②]。

我还深信，拒绝服兵役和战争勤务，会有效地使各国政府对共同执行由国际仲裁所作出的决定采取比较赞同的态度。

① 这是爱因斯坦于 1931 年 9 月 30 日给美国缅因州（Maine）一个人的信。这里译自《爱因斯坦论和平》147—148 页。标题是我们加的。——编译者

② 这是由于当时爱因斯坦对 1928 年签订的《凯洛格-白里安公约》和将在 1932 年召开的日内瓦裁军会议充满了希望，但不到一年以后，他的希望全部破灭了。——编译者

悼念 T. A. 爱迪生[①]

爱迪生同我们永别了。他是一位伟大的技术发明家,我们的物质生活所以有可能轻松愉快和丰富多彩,应该归功于他。一种创造发明的精神使他自己的一生,也使我们的全部生活充满明亮的光辉。我们怀着感激的心情领受他的遗产,这不仅是他的一份天才的礼品,而且也是交在我们手中的一项使命。因为寻找怎样正确使用这份交给我们的礼物的途径,这一任务正落在新的一代人的肩上。只有解决了这一任务,新的一代才有资格继承他们的遗产,而且会比他们的先辈真正幸福得多。

---

① 译自 1931 年 10 月 23 日出版的美国《科学》(*Science*)周刊,74 卷,1921 期,405 页。标题是我们加的。

托马斯·阿耳瓦·爱迪生(Thomas Alva Edison),美国发明家,生于 1847 年 2 月 11 日,卒于 1931 年 10 月 18 日。他发明了白炽电灯泡、留声机、电影等等。——编译者

主权的限制[①]

让我从一个政治信条讲起，这信条是：国家是为人而建立，而人不是为国家而生存。对于科学也是这样。这些都是老生常谈，凡是把人本身看作是人类的最高价值的人都是这样主张的。重复这些话，我本来是应当有所犹豫的，要不是因为它们经常有被遗忘的危险，尤其是在目前这个规格统一化和定型化的时代。我认为国家的最高使命是保护个人，并且使他们有可能发展成为有创造才能的人。

国家应当是我们的仆从，而我们不应当是国家的奴隶。国家在强迫我们服兵役时，它就侵犯了这个原则，尤其是因为这种服役的目的和后果是杀害别国的人民或者干涉他们的自由。的确，只有在有助于人的自由发展时，我们才应当为国家作出这种牺牲。这一切，对于美国人也许是自明的，但对于欧洲人却不是这样。因此我们可以希望反战斗争会在美国人中间得到有力的支持。

现在来讲裁军会议。当人们想到它时，究竟应当笑，应当哭，还是应当对它抱有希望呢？试设想有这样一个城市，它的居民脾

① 此文最初发表在1931年11月22日的《纽约时报》上。《我的世界观》和《思想和见解》把它列为《关于1932年的裁军会议》一文的第一部分，而以1931年9月23日发表在《民族》周刊中的文章作为第二部分。这里译自《爱因斯坦论和平》150—153页，同时参照了《反战斗争》。——编译者

气暴躁，不诚实，又爱打架。在那里，生活经常处于危险之中，正常活动不可能进行。地方长老想纠正这种可怕的状态，但市民却坚持他们有带刀的权利。经过多年毫无结果的争执以后，市议会最后通过一项法令，对市民许可携带刀子的长度和锐度加以限制。

只要法律不禁止带刀和用刀，而法庭和警察也依旧执行这种法律，事情当然仍旧会是老样子。限制刀的长度和锐度，只会便宜了最强的和最爱打架的人，而让弱者听任他们的摆布。

我相信你们会完全明白这个比喻的寓意。不错，我们有国际联盟和国际仲裁法庭。但国际联盟只不过是一个开会场所，而国际法庭又没有强制执行其裁决的手段。这些机构对于任何一个一旦受到侵略的国家并没有提供什么保护。如果人们记住这一点，那么对于法国认为要是没有适当的保证就拒绝裁军这一态度，就一定不会像通常那样去作苛刻的判断。

除非所有国家都能一致同意限制它们的国家主权，都承担义务采取联合行动，反对任何明里暗里逃避国际仲裁法庭裁决的政府，否则我们就永远摆脱不了我们目前普遍的无政府状态和恐怖状态。没有什么戏法能够把各国无限制的独立主权与反抗侵略的保证糅合在一起。究竟还需要多少次灾难才能使各国下决心去帮助强制执行它们所承认的国际法庭的裁决呢？过去的事态的发展使人很难有理由希望在不久的将来会有所改善。但是一切珍爱文明和正义的人，都应当尽一切努力使他的同胞相信，所有的国家都有必要承担这种国际义务。

有人说这种想法是过高估计了组织机构的效能而忽略了心理的因素，或者说恰当一点，忽略了道义的因素，这种异议不是没有一点儿道理的。有人主张精神裁军应当走在物质裁军的前面。他们还进一步很正确地说，国际秩序最大的障碍是那个被可怕地夸大了的国家主义精神，这种精神取了一个好听的但却是被滥用了的名词：爱国主义。在最近一个半世纪中，这个虚假的偶像到处产生了很坏的和极其有害的影响。

为了估量这种见解的真正意义，人们应当明白，人的组织制度同人的心理状态是相互影响的。制度依赖于感情的传统方式，并且由之产生，由之而得以维持；反过来，制度又给民族内部的那些感情方式以强烈的影响。

目前国家主义之所以能那么过度地发展，依我看来是与强迫服兵役这一制度有直接关系的，这种制度，换个委婉的说法，就是国民军。任何要求公民服兵役的国家，为了给军事实力打下心理上的基础，就不得不培养公民的国家主义精神。国家必然要在学校里要求学生崇拜这种暴力工具，正如它的学生崇拜宗教一样。

我认为实行强迫服兵役，是白种人道德败坏的主要原因，它不仅严重威胁着我们的文明的继续存在，而且还威胁着我们自身的生存。这个祸害与巨大的社会幸福一起，发源于法国大革命，接着不久就席卷所有别的国家。

凡是希望助长国际主义精神并且愿意与沙文主义作斗争的人，都应当站到反对强迫服兵役的立场上来。出于良心而拒服兵役的人所受的残酷迫害，对于今天的社会来说，就像几世纪前对宗教殉道者的迫害一样不光彩。像《凯洛格公约》①那样既宣布战争

① 《凯洛格公约》也称《凯洛格-白里安公约》，参见本书71页脚注。——编译者

是非法的，却又让个人在各个国家里听任战争机器摆布，真是冒失之极！

如果在裁军会议上，我们不只限于讨论有关组织的技术问题，而且也为教育上的理由，比较直接地考虑到裁军的心理方面的问题，那么我们就必须试图创立一些国际性的法律手段，使人们能够拒绝在军队中服役。这种做法无疑会产生巨大的道义上的效果。

让我总结一下我的观点：我认为，只在限制军备上达成协议，不能提供任何保障。强制的仲裁必须有执行的权力来支持，也就是说必须由一切参加的国家作出保证，准备给任何侵略者以军事的和经济的制裁。强迫服兵役是有害的国家主义的主要根源，必须与它作斗争；最重要的是对出于良心而拒服兵役的人，必须在国际主义的基础上给以保护。

关于建立国际知识界反战团体的倡议

——给S.弗洛伊德的信①

我非常钦佩您探求真理的热情——一种在您的思想中达到了凌驾其他一切的热情。您以无可辩驳的明晰性指出,侵略和破坏的本能同爱的本能和生的欲望在人类心灵中是紧密结合在一起的。同时,您那令人信服的论据,表明您对于排除战争罪恶而使人的身心获得解放这一伟大目标有着深挚的热忱。从耶稣到歌德和康德,一切超出他们自己那个时代和国家的局限而被人尊敬为道德领袖和精神领袖的人,也都抱有这种深切的希望。尽管这些人想影响人类事务进程的愿望毫无实效,但是他们却普遍地被认为是领袖,这岂不是意味深长的吗?

我深信,几乎一切由于他们的成就而被认为是领袖的伟人,即使只是小团体的领袖,也都具有这样的理想。但是他们对于政治

---

① 这是爱因斯坦于1931年或者1932年初给西格蒙德·弗洛伊德(Sigmund Freud)的信。在这期间,他们两人曾在柏林会晤过两次。这封信发表在1933年巴黎"国际联盟知识界合作委员会"出版的小册子《为什么要战争?阿耳伯特·爱因斯坦同西格蒙德·弗洛伊德的通信》(*Warum Krieg? Ein Briefwechsel, Albert Einstein und Sigmund Freud*)。这里译自《爱因斯坦论和平》186—187页,并参考《我的世界观》英译本。

西格蒙德·弗洛伊德,奥地利心理学家,生于1856年5月6日,卒于1939年9月23日,是"精神分析学"的创立者。他在82岁时(1938年6月)因希特勒准备侵占奥地利而被迫流亡英国。——编译者

事件的进程却没有什么影响。看来正是这个对各国命运最有决定性的人类活动领域,几乎不可避免地要落到那些完全不负责任的政治统治者的手里。

政治领袖或政府的权力,要不是来自使用暴力,就是来自群众选举。不能认为他们就是一个国家里有最高道德和才智的人的代表。在我们这个时代,知识界中的杰出人物对世界的历史并不起任何直接的影响;他们分成许多派系,这一事实就使他们不可能在解决当前问题时进行合作。您是否也同样感觉到,通过一些由其过去的工作和成就证明是能干和正直的人的自由联合,就会改变这种情况?这样一种国际范围的团体,它的成员可以通过彼此经常交换意见以保持接触,如果这个团体对政治问题的态度得到意见一致的成员签名支持,通过报纸公之于众,那么,对问题的解决就会产生一种重大的、有益的道义上的影响。当然,这样的团体完全可能染上那些常常导致学术团体衰退的毛病,鉴于人性不是完美无缺的,这种衰退的危险始终存在。可是,尽管有那些危险,难道我们就不应当不顾一切危险而至少来试建一个这样的团体吗?我以为这正是一项紧急任务!

这种知识分子——真正有才干的人——的团体一旦建立起来,它就可以有力地动员一群群虔诚的人来参加反战斗争。这个团体给许多心地善良但在今天已被痛苦的容忍态度所麻痹了的人们以道义上的力量,促使他们行动起来。我也相信,这样一个由那些以其个人成就而受到高度尊重的人们所组成的团体,对于国际联盟中那些积极支持创立这一机构的伟大宗旨的成员,也会给以重大的道义上的支持。

我所以要把这些建议向您提出，而不向世界上任何别的人提出，是因为您的现实感没有像别人那样被主观愿望所蒙蔽，也因为您兼有判断中肯、热忱和责任心这些品质。

反对普遍兵役制[①]

坦率地说，在一个和平时期还屈从于征兵制的国家里，提出这样的宣言，在我看来，是毫无意义的。你们必须争取从普遍兵役制中解放出来。的确，法兰西民族曾经不得不为1918年的胜利付出极大的代价；因为法兰西民族之所以还受着这种最可耻的奴役的践踏，大部分要归咎于这次胜利。

希望你们在这场斗争中继续努力，不要停步。你们在德国反动派和军国主义者当中有强大的同盟者。如果法国坚持普遍兵役制，将来就不可能阻止德国采取这种制度，因为德国人对平等权利的要求终将获得成功；到那时，法国每有一个军事奴隶，德国将有两个，这肯定不会对法国有利。

只要我们完全彻底消灭了强迫兵役制，就有可能以和好精神、人生的乐趣和对一切生命的爱来教育青年。

我相信，良心拒服兵役运动一旦发动起来，如果有50000人同时行动起来，那就会是不可抵挡的了。个人在这方面很难起到什么作用，但谁也不愿坐视我们中间最优秀的人注定要毁灭于以愚昧、恐惧和贪婪三大势力为靠山的政治机器的魔爪之中。

---

① 这是爱因斯坦给法国一位和平主义者的回信，写信年代不详，发表在1934年的《我的世界观》上。这里译自《思想和见解》109页。标题是我们加的。——编译者

对世界经济危机的看法[①]

如果有什么理由能使一个经济学的门外汉有勇气来对目前严重的经济困难的性质发表意见的话，那就是专家之间的意见混乱不堪。我所要讲的并没有什么新的东西，只不过表示一个独立的和诚实的人的意见，这样的人没有阶级偏见和民族偏见的包袱，一心一意向往着人类的幸福和人类生活的最和谐的可能远景。如果在下面写的东西里，好像我确信自己所说的话是真理，那不过是为了表达的方便而不是出于无根据的自信，也不是由于相信我自己脑子里对这些问题的简单想法是绝对无误的，因为实际上这些问题是异乎寻常的复杂。

照我看来，这次危机在性质上所不同于以前各次危机的，是它基于一组完全新的情况，这些情况是由生产方法的迅速进展而引起的。为了生产生活上所必需的全部消费品，现在只需要世界上可利用的人类劳动的一部分就够了。在一个完全放任主义的经济制度下，这一事实必然会导致失业。

为了那些我不打算在这里分析的原因，大多数人被迫为仅供糊口的最低工资而劳动。两家工厂生产同样的商品，如果别的情

① 这是爱因斯坦为1929—1933年资本主义世界经济危机所写的文章，写作时间大概在1931年前后，发表在1934年出版的文集《我的世界观》中。这里译自《思想和见解》87—91页。——编译者

况都一样，那么雇用工人较少的工厂就能比较便宜地生产这些商品——那就是说，它要使每个工人在劳动时间上和劳动强度上都达到人的体质所允许的限度。由此所产生的无可避免的后果是：在今天的生产方法下，使用的只能是一部分可利用的劳动力。在对这一部分人作不合理的要求时，其余一部分人自然就被排除在生产过程之外。这导致了销售量和利润的下降，商业走向破产，由此又增加了失业，并且削弱了对工业康采恩的信任，从而公众参与起调节作用的银行的活动也减少了；最后，银行由于突然提取存款而破产，因而工业的运转也就完全停顿了下来。

这次危机也曾被说成是由于另外一些原因所致，现在我们就来考查一下这些原因。

生产过剩。这是我们应当区别真正的生产过剩和表面上的生产过剩。所谓真正的生产过剩，我是指产品多得超过需要。这也许可以适用于目前美国的汽车和小麦，尽管这还是值得怀疑的。通常人们所讲的“生产过剩”是指这样的情况：某种商品的产量超过了目前情况下的销售量，尽管在消费者中间消费品却是不足的。这我叫它为表面上的生产过剩。在这种情况下，不是没有需要，而是消费者的购买力不足。这种表面上的生产过剩只不过是危机的另一种说法，所以不能用它来解释危机；因此，那些企图用生产过剩来说明当前危机的人，只不过是在变文字戏法。

赔款。偿还赔款的义务对债务国和他们的经济来说是沉重的。这迫使他们采取倾销政策，因而也损害到债权国。这是无可争辩的。但危机却出现在有很高关税壁垒的美国，可见这不能是世界危机的主要原因。债务国由于赔款而缺少黄金，这至多只能作为停止支付赔款的一种理由;而不能作为世界危机的解释。

新关税壁垒的设立。非生产性的军备负担的加重。由于战争的潜在危险而引起的政治不安定。所有这些都使欧洲的情况大大恶化,但并没有真正影响美国。在美国出现的危机表明,这些都不可能是它的主要原因。

中国和俄国这两个大国的退出。这对世界贸易的打击,同样也不能使美国受到很深的影响,因此也不能是危机的主要原因。

战后下层阶级的经济上升。假定这是事实,也只能引起商品的匮乏,而不会是供应的过剩。

我不愿再列举别的有争论的论点来麻烦读者,这些论点在我看来都没有击中问题的要害。有一件事我觉得是肯定无疑的:技术发展,就它的本身来说,可以使人类解除为其生存所必需的大部分劳动,而现在却成了我们目前这种苦难的主要原因。因此就有那么一些人,他们一本正经地要禁止技术革新。这显然是荒唐的。但是怎样才能为我们这个困境找出一条比较合理的出路呢?

如果我们能设法防止群众的购买力(用商品来计量)下降到某一最低限度之下,那么像我们今天所经历到的这种工业循环的停滞就不可能出现。

要做到这一点,逻辑上最简单但也是最大胆的方法是完全的计划经济,在这种经济中,消费品由社会来生产和分配。今天俄国正在试行的〔办法〕本质上就是如此。主要的还是要看这种强迫的实验所产生的结果如何。要在这里冒昧地作出预言,那是太放肆了。在这种制度下,货物能否像在一种允许私人企业有较多自由的制度下一样经济地生产出来呢?这种制度如果不靠迄今还在伴随着它的而为我们西方人谁也不愿面临的那种恐怖，它究竟能不能维持下去呢？这样一种硬性的、集中的经济制度会不会倾向于保护贸易政策而阻碍有益的革新呢？不过我们也得注意，切不可让这些疑虑变成偏见，以致我们无法形成客观的判断。

我个人的意见是：只要同着眼的目标没有任何矛盾，那些尊重现有传统和习惯的方法，一般说来较为可取。我也不相信，把经济骤然移交给政府管理，从生产观点来看会是有利的；应当给私人企业留有活动的余地，只要它还没有因为企业卡特尔化而被工业本身排挤掉。

不过，这种经济自由应当受到两方面的限制。在各个工业部门中，都应该通过法律来缩短每周工作时间，使失业能有步骤地消除掉。同时，应当确定最低工资，使工人的购买力能跟得上生产发展的步调。

此外，在那些通过企业主组织而变成垄断性质的工业里，价格应当由国家控制，使资本的收益保持在合理的限度内，并且防止人为地抑制生产和消费。

照这样办，也许有可能建立起生产同消费之间的适当的平衡，而不用对自由企业作太大的限制，同时也可制止生产手段（土地和机器）的占有者对靠工资过活的人（就其最广泛的意义而言）的暴虐统治。

生产和购买力[①]

我不相信医治当前困难的药方在于有关生产能力和消费的知识，因为基本上说来，这种知识像是远水救不了近火。而且，我感到德国的麻烦不是生产设备扩充得太多，而是有很大一部分人口缺乏购买力，这一部分人口由于工业合理化的结果而被抛出生产过程之外。

照我的见解，金本位制存在着严重的不利，黄金供应的短缺自动地导致信贷的紧缩，同时也造成流通中通货总额的收缩，处于这种紧缩的情况下，物价和工资就不能十分迅速地自行调整。

照我的见解，医治我们的困难的天然药方如下：

(1)为摆脱失业现象，对工业各个部门按照不同等级，由法令规定缩短劳动时间，并且结合固定最低工资，使群众购买力适应可供消费的商品总量。

(2)把流通中的货币总量和信贷总量控制在一定范围内，使得物价水平保持稳定。取消任何通货本位制。

(3)某些商品由于垄断或形成卡特尔(cartel)，实际上已经退出自由竞争，就由法令限制它们的价格。

---

① 此文写作年代不详，收在1934年出版的《我的世界观》中。这里译自《思想和见解》91—92页。——编译者

科学的困境[①]

操德语的国家正面临着危险，凡是了解情况的人都有责任以最有力的言辞来引起大家注意。政治事件带来的经济危机给各人的打击并不一样严重。那些物质生活直接依靠国家的机关和个人受到最严重的打击。科学研究机构和科学工作者属于这一范畴，他们的工作不仅关系到科学的利益，而且德国和奥地利在文化发展上所占的位置也极大地依赖于他们。

为了理解这种情况的全部严重性，必须注意下面的事情。在危机时期，人们对于他们直接需要范围以外的东西，一般是看不到的。对于直接生产物质财富的工作，他们才愿意付出代价。但是科学，如果要繁荣，就不应当有实用的目的。作为一个普遍的规律，科学所创造的知识和方法只是间接地有助于实用的目的，而且在很多情况下，还要等到几代以后才见效。对科学的忽视，其结果会造成缺乏这样一类脑力劳动者，他们凭着自己的独立见解和判断，能给工业指出新的途径，或者能适应新的形势。凡是科学研究受到阻碍的地方，国家的文化生活就会枯竭，结果会使未来发展的许多可能性受到摧残。这正是我们必须防止的。既然国家已经由

① 此文写作年代不详，这里译自 1934 年出版的《我的世界观》英译本 268—270 页。——编译者

于非政治的原因受到削弱，社会上经济力量较强的人士就有责任来直接援助，以防止科学生活衰退。

清楚地了解这种情况的有远见的人士建立起研究机构，使德国和奥地利的各种科学工作得以继续下去。要协助这些努力，使之取得真正的成功。在我所从事的教育工作中，我钦佩地看到经济困难还没有窒息科学研究的意志和热情。情况远不是那样！的确，看来我们的灾难实际上好像更加激发了我们对非物质财富的热爱。人们到处都是在最困难的环境里以火样的热情工作着。注意不要因为整个社会的严重的创伤而毁灭了今天青年的意志力和才智。

给美国黑人的信[①]

这似乎是普遍的事实:少数民族——尤其是组成这些民族的个人是能够由生理的特征来识别的——在他们生活于其间的多数民族中,往往被看作是劣等民族。但这样一种命运的悲剧,不仅在于这些少数民族在社会和经济关系方面不由自主地受到不公平的待遇,而且也在于这些受害者的大部分人由无形中受到了多数民族的影响,也不知不觉地屈服于这种偏见,而终于把像他们自己这样的人也看作是劣等的。

这种祸害的第二个方面,也是更为重要的方面,可以通过少数民族内部的更加亲密的团结和有意识的教育启发来加以克服,这样,他们的精神就能得到解放。美国黑人在这个方向上所作的坚定的努力,应当得到大家的赞扬和支援。

① 最初发表在美国"全国有色民族协进会"的机关报《危机》(*The Crisis*)月刊1932年2月号(39卷,45页),1932年1月29日的《纽约时报》也刊登了这封信。这里译自《爱因斯坦论和平》158页。这封信也收在《我的世界观》和《思想和见解》中,但它们都没有注明出处,并把标题换成《少数民族》(*Minorities*)。——编译者

裁军没有渐进的道路[①]

裁军的最大障碍在于大多数人不了解问题的极端严重性。目的多半是通过细小的步骤来达到的。从绝对君主制到民主制的过渡就是一个例子。但是我们这里所讲的这个目的却不可能一步一步地慢慢来达到。

只要存在着战争的可能性，各国为了保证它们在未来的战争中取得胜利，就会继续坚持要做好一切可能的军事准备，并且无可避免地要以好战的传统和狭隘民族主义的虚荣心来教育青年人。只要有理由相信会出现为了作战而需要唤起好战精神的情况，对好战精神的颂扬就不会停止。武装起来就只能意味着承认和准备战争，而不是为了和平。因此，裁军是不能用小步伐来达到的；它必须一举而就，否则就一事无成。

① 这是爱因斯坦于1932年2月1日在美国帕萨迪纳由洛杉矶国际关系大学主办的会议上所作的讲话。讲稿发表在这个大学出版的季刊《世界事务解释者》(*World Affairs Interpreter*)1932年夏季号中。这里译自《爱因斯坦论和平》163—164页。《反战斗争》、《我的世界观》和《思想和见解》中也收了此文，但后两者未注明出处，并且把标题改成《裁军问题》。

据《爱因斯坦论和平》编者按，关于这次讲话，爱因斯坦在当天的日记上这样写着："我也讲了话，可是天哪！简直没有一个共鸣的听众。这里的有产阶级总是把无论什么东西都当作解愁消闲的手段。人们绝不可弄错这些人所以对严肃事业感兴趣的真正动机。这是一个可悲的世界，在这个世界里居然让这样一批人当第一把手。"——编译者为了完成国家生活中这样一种极其深刻的变化，就需要巨大的道义上的努力和慎重地抛弃那些根深蒂固的传统。谁要是不愿意在冲突发生时让他的国家命运无条件地听任国际仲裁法庭的裁决，也不准备看到他的国家无保留地参加那些对这种裁决作出规定的条约，他就不是真正有决心要消除战争。这是一个不全则无的问题。

应当强调指出，以前许多保证和平的企图之所以失败，只是因为它们所寻求的是妥协的解决办法，而妥协是无法适应这项任务的。裁军和安全是不可分割的；它们必须同时到来。只有当一切国家都愿意服从国际权威的决定时，才能得到安全。

我们现在已到了历史上一个具有决定意义的十字路口。等待着我们作出决定的是，我们究竟应当寻求通向和平的道路，还是让人们继续走那条同我们的文明完全不相称的暴力老路。如果我们选择和平的道路，那么个人的自由和社会的安全就会在等待着我们；如果我们不这样做，那么，个人的奴役和社会的毁灭就会威胁着我们。我们将得到我们所应得的命运。

经济抵制[①]

以前几代的人给了我们高度发展的科学和技术，这是一份最宝贵的礼物，它使我们有可能生活得比以前无论哪一代人都要自由和美好。但是这份礼物也带来了从未有过的巨大危险，它威胁着我们的生存。

文明人类的命运比以往任何时候都更要依靠它所能产生的道义力量。因此，摆在我们这一代人面前的任务，肯定不比我们前几代所完成的任务容易。

必须供应的食品和消费品，能在比以前少得多的工作时间内生产出来。可是劳动和产品的分配问题却已变得困难得多了。我们大家都感觉到，经济力量的自由表演，个人对财产和权力无节制与无限度的追求，不再会自动导致一个比较好的解决这些问题的办法。为了防止宝贵的生产能力的浪费，并且不使大部分人民贫困和道德败坏，生产、劳动和分配都必须根据确定的计划组织起来。

---

① 这是爱因斯坦于1932年2月27日在美国帕萨迪纳对南加利福尼亚十一个大学的代表发表的关于国际问题的讲话。这里译自《思想和见解》93—95页，并参考了《反战斗争》57—59页。标题照《反战斗争》所用的。《思想和见解》编者按语中说这个讲话是“大约在1930年对德国一个学生和平团体讲的”，这显然不合事实，因为讲话中提到日本对中国的武装侵略，指的无疑是1931年的“九一八事变”。A.利夫编的《反战斗争》指出了这个讲话的正确的时间和地点。《我的世界观》和《思想和见解》中此文的标题是“对学生裁军会议的讲话”，看来也不妥当。——编译者

如果说无限制的、神圣不可侵犯的利己主义在经济生活中导致了悲惨的后果，那么，在国际关系中以它来作指导就更糟糕了。要是人们在不久将来找不出防止战争的办法，那么机械化的作战方法的发展将使人类生活变得无法忍受。为达到这样重要的目标，迄今所作的努力是十分不够的。

人们寻求用限制军备和约束战争行为的规定来减轻危险。但战争不是一种文质彬彬的游戏，参加的人都会老老实实地遵守规则。在生死搏斗的关头，规则和义务早已抛到九霄云外。只有绝对否定一切战争，才会有点效用。创立一个国际仲裁法庭是不够的。必须有条约来保证这个法庭的裁决将由一切国家的一致行动来使它生效。要是没有这种保证，各国绝不会有勇气认真地裁军。

比如，假定美国、英国、德国和法国政府坚决要求日本政府立即停止在中国的战争行动，否则就要对它进行全面的经济抵制。你们能设想有哪一个日本政府敢于承担责任使本国冒极大的风险去违抗这个命令吗？为什么每个人和每个国家想到他们的生存都有点不寒而栗呢？因为各自都在追逐自己可怜的眼前利益，而不肯使它服从整个集体的幸福和繁荣。

这就是为什么我一开头就要告诉你们，人类的命运在今天比以前任何时候都要更依靠它的道义力量。通向愉快幸福生活的道路，无论在哪里都是要经过权利的放弃和自我克制的。

要做这样的事，力量从何而来？只能来自这样的一些人，他们在年轻的时候，有机会通过学习来加强他们的意志，扩大他们的眼界。因此，我们老一辈的人正瞧着你们，希望你们尽一切可能的努力去达到我们未能达到的目标。

商业利益和战争[①]

你在信中讲的这一点是头等重要的。军火工业确实是威胁人类的最大危险之一。它是那个到处泛滥的国家主义背后潜在的邪恶势力。……

也许国有化会有某些好处。但是要准确规定国有化应当包括哪些工业是极其困难的。航空工业该不该包括在内？冶金工业和化学工业又该包括进多少？

关于军火工业和战争物资的出口问题，国际联盟曾忙了多年，想把这种可恶的贸易控制起来——但没有收到什么成效，这是我们大家都知道的。去年我问一个著名的美国外交家：为什么不用贸易抵制的办法迫使日本停止其武力政策[②]？他的回答是："这关系到我们的商业利益太大了。"对于仍然满足于这种说法的人，能有什么办法呢？

你认为让我出来讲几句话，在这方面就会得出什么结果吗？这是何等的幻想！在我不妨碍别人时，人们吹捧我。但当我朝着为他们所不喜欢的目标努力时，他们为了保护自己的利益，就立刻

① 这是爱因斯坦写给和平运动朋友的一封复信，最初发表在1934年出版的文集《我的世界观》上。从信中讲到的日本对中国的武装侵略看来，写信的时间大概在1932年。这里译自《思想和见解》109—110页。标题是我们加的。——编译者

② 指1931年9月18日开始的日本对中国的武装侵略。——编译者

翻过脸来对我辱骂和诽谤。至于那些袖手旁观的人，多半不敢出头露面。这是些胆小鬼！你有没有试验过你们同胞的政治勇气？大家默认的座右铭是“闲事莫管，闲话莫说”。你可以相信，我将尽力按照你所指的路线去做各种工作，但是不会像你所想象的那样能直接得到什么结果。

有没有一种犹太人的生命观?[①]

从哲学意义上来说,我认为并没有什么特殊的犹太人的观点。我觉得犹太教几乎只涉及人生的道德态度和对待生命的道德态度。我认为,与其说它是摩西《五经》[②]所规定的并为《犹太教法典》所解释的那些戒律的本质,倒不如说它是犹太民族中间所体现的对待生命的态度的本质。在我看来,摩西《五经》和《犹太教法典》都不过是对犹太人的生命观在古代是怎样占支配地位的最重要的见证。

这种生命观的本质,我认为就在于它对天地间万物的生命的肯定态度。个人的生命只有当它用来使一切有生命的东西都生活得更高尚、更优美时才有意义。生命是神圣的,也就是说它的价值最高,对于它,其他一切价值都是次一等的。把个人以外的生命视为神圣,就引起了对一切有灵性的东西的尊敬——这是犹太传统的一个突出的特征。

犹太教并不是一种信条:犹太人的上帝简直是对迷信的否定,是消除了迷信之后的幻想的结果 。它也是把道德戒律建立在恐惧上的一种尝试,一个可悲的和不光彩的尝试。但我认为犹太民

① 此文最初发表在1932年9月26日出版的《见解》(*Opinion*)杂志,2卷,7页。这里译自《思想和见解》185—187页。标题按照最初发表时所用的。——编译者

② 摩西《五经》(*Tarah*)即《圣经·旧约》中开头的五卷。——编译者

族的坚强的道德传统已在很大程度上摆脱了这种恐惧。同样很明显，“为上帝服务”也就等于“为生命服务”。犹太人中的最优秀者，特别是先知们和耶稣，就曾为此进行了不懈的斗争。

由此可见，犹太教绝不是一种先验的宗教；它所涉及的是我们在过着的生活，并且是在一定程度上能够掌握的生活，此外就没有别的。因此，我觉得，如果按照宗教这个词的公认意义，那就很难说它是一种宗教，特别是要求于犹太人的，不是“信仰”，而是超越个人意义上的生命的神圣化。

但是犹太人的传统也还包含着别的一些东西，这在《诗篇》[①]中有许多很优美的描述，那就是对这个世界的美丽庄严感到一种兴高采烈的喜悦和惊奇，而对这种美丽庄严，人还只能形成模糊的观念。这种喜悦是真正的科学研究从中汲取精神食粮的那种感情，但它似乎也表现在鸟类的歌声中。把这种感情附加在上帝观念上，就未免幼稚可笑。

我所描述的是否就是犹太教的突出标志呢？它是否还以别的名称在别处出现呢？就它的纯粹形式来说，在无论什么地方都是找不到的，甚至在犹太教中，也由于太拘泥于经文而把纯粹的教义搞模糊了。但我认为犹太教还是它的最纯粹和最有生命力的表现之一。这特别适合于生命神圣化这个基本原则。

具有特征性的是，在过神圣的安息日[②]时，连动物也明白地包括在戒律的范围内，这种要把一切有生命的东西都理想地团结起

① 《诗篇》(*Pealms*)是《圣经·旧约》的一部分，共计150篇。——编译者

② 犹太人的安息日是星期六。——编译者

来的感情多么强烈。至于坚持全人类的团结则表现得更加强烈了;社会主义的要求多半首先由犹太人提出来,这绝不是偶然的。

在犹太人当中,这种对生命的神圣感发展得多么强烈,伐耳特·拉特瑙(Walther Rathenau)一次同我谈话时说的一句话,可以很好地说明这一点。他说:“当一个犹太人说他要去打猎取乐时,那是说谎。”这再简单不过地表明了犹太人对生命的神圣感。

祝高尔基65岁生日的贺信[①]

我了解到正在为您的卓越的艺术创作生涯举行庆祝活动。我觉得应当趁此机会告诉您，由于世界上有了像您这样的人，我是多么感到高兴。第一流的艺术大师很少能够做到像您那样既是自己社会的公仆，又是改进人类命运的战士。祝愿您继续为提高人们的品德而工作，不管他们的政治组织可能采取怎样的形式。命运总是取决于个人所感觉的、所想要的和所做的是什么。这就是为什么有创造才能的人对人的教育作用，归根到底总是远远超过政治领袖。

---

① 这是爱因斯坦于1932年9月29日写给苏联作家玛克西姆·高尔基的信。这里译自《爱因斯坦论和平》204页，标题是我们加的。

高尔基(M. Горький)，苏联文学家，生于1868年3月28日，卒于1936年6月18日。——编译者

不回德国的声明[①]

只要我还能有所选择，我就只想生活在这样的国家里，这个国家中所实行的是：公民自由，宽容，以及在法律面前公民一律平等。公民自由意味着人们有用言语和文字表达其政治信念的自由；宽容意味着尊重别人的无论哪种可能有的信念。这些条件目前在德国都不存在。那些对国际谅解事业有特别重大贡献的人，在那里正受到迫害，其中就有一些是第一流的艺术家。

正像一个人受到压力时会得精神病一样，一个社会组织面临严重的难题时也同样会害病。不过，国家虽有困难，通常还是能继续存在下去。我希望比较健康的气氛不久会在德国得到恢复。我也希望将来像康德和歌德那样的德国伟大人物，不仅时常会被人纪念，而且也会在公共生活里，在人民的心坎里，以及通过对他们所矢忠的伟大原则的实际遵守，而永远受到尊敬。

---

① 这是爱因斯坦于1933年3月10日在美国西部帕萨迪纳向来访的记者发表的声明，公开抗议希特勒于1933年1月间在德国搞的法西斯政变。声明发表后他即起程回欧洲，在比利时逗留了将近半年。9月9日，因躲避德国特务谋杀，转移到英国。10月17日又到了美国。这个声明最初发表在1933年3月11日的《纽约世界电讯》(*New York World Telegram*)。这里译自《爱因斯坦论和平》211页。标题是我们加的。——编译者

给普鲁士科学院的信[①]

一

我从十分可靠的来源得知，科学院在一个官方声明[②]中说："阿耳伯特·爱因斯坦参与了美国和法国的恶意诽谤宣传活动。"

为此我声明：我从未参加过这种恶意诽谤宣传活动。而且我必须补充：我在任何地方都没有看见过任何这种诽谤活动。一般说，人们只满足于重复和评论德国政府负责人士的官方声明和命令，以及用经济方法来灭绝德国犹太人的计划。

我向报界发表过的声明所关涉到的是我打算辞去我在科学院中的职位，并且放弃我的普鲁士公民权；我所以要采取这些措施，是因为我不愿生活在个人享受不到法律上的平等，也享受不到言论和教学自由的国家里。

此外，我把德国目前的情况描述为群众中的一种精神错乱状态，而且还讲到了它的一些原因。

我曾写了一篇东西，允许"国际反对排犹主义同盟"用来呼吁

① 这是爱因斯坦于1933年4月间隐居在比利时的奥斯坦德(Ostende)附近的勒·柯克海滨(Le Coq-sur-mer)写给普鲁士科学院的两封信，抗议科学院对他的污蔑。第一封信写于4月5日，第二封信写于4月12日。这里译自《思想和见解》206—209页。——编译者

② 见本文附件一。——编译者

大家对它的支持，但这完全不是想给报纸用的，在那篇文章里，我也呼吁一切仍然对那些遭到危险的文明理想忠诚不渝的明达之士，尽最大力量来防止这种群众精神变态的进一步蔓延，这种精神变态在今天的德国已经显示出多么可怕的症状。

科学院在发表关于我的那份声明以前，要找到我的言论的正确文本，本来是很容易的事。德国报纸所转载的我的言论，故意歪曲原意；对于今天被钳制的舆论来说，这种情况实在也在意料之中。

我准备对我所发表过的每一个字负责。为了礼尚往来，我希望科学院把我的这份声明让它的各个院士都知道，也让德国的公众知道，因为我在他们面前受到了污蔑，尤其是因为科学院本身也在公众面前对我的污蔑插上了一手。

二

我收到了你们本月 7 日的信[①]，对信里你们所表示的心情深为遗憾。

关于事实方面，我只能答复如下：你们关于我的行为所讲的话，实际上不过是你们那篇早已发表了的声明的另一种形式，在那篇声明里，你们谴责我参加过反德国人民的恶意诽谤宣传活动。在前一封信里我已讲明，这种谴责只是一种污蔑。

你们又说道，要是我能为“德国人民”讲句把“好话”，就会在国外产生巨大影响。对此，我应当回答如下：要我去做像你们所建议的那种见证，就等于要我完全放弃我终生信守的关于正义和自由的见解。这样的见证不会像你们所估计的那样是为德国人民讲好

① 见本文附件二。——编译者

话;恰恰相反,它只会有利于这样一些人,这些人正在图谋损害那些曾使德国人民在文明世界里赢得一席光荣位置的观念和原则。要是在目前情况下作出这样的见证,我就是在促使道德败坏和一切现存文化价值的毁灭,哪怕这只是间接的。

正是为了这个理由,我觉得我不得不退出科学院,而你们的信只证明了我这样做是多么正确。

附一：
普鲁士科学院反爱因斯坦的声明①

普鲁士科学院从报纸上愤慨地获悉阿耳伯特·爱因斯坦参与了法国和美国的恶意诽谤宣传活动。它立即要求得到解释。在这期间，爱因斯坦又声称退出科学院，其理由是他不能在现政府下继续为普鲁士邦效劳。由于他是瑞士公民，似乎他也有意放弃普鲁士公民权，这个公民权是1913年他成为科学院的正式院士时附带取得的。

普鲁士科学院尤其为爱因斯坦在外国的煽动活动感到痛心，因为它和它的院士们始终觉得自己同普鲁士邦是最密切地联系在一起的，虽然严格避免一切政治党派活动，但他们始终强调并且永远忠于国家的思想。有鉴于此，对于爱因斯坦的离职，它没有理由感到惋惜。

① 这个声明发表于1933年4月1日，由普鲁士科学院终身秘书恩斯特·海曼(Ernst Heymann)签署。这里译自《思想和见解》205—206页。——编译者

附二：

普鲁士科学院给爱因斯坦的信[①]

一

作为现任的普鲁士科学院首席秘书，我敬奉告，我们已收到了您3月28日关于辞去您的科学院院士职务的通知。

科学院已在1933年3月31日的全体会议上注意到您的辞职。

科学院对事态的变化深表遗憾，而引起遗憾的是这样的事实：一位最高的科学权威，在德国人中间工作了很多年，并且多年以来担任我们科学院的院士，按理他应当对德国人的性格和德国人的思想习惯已很熟悉，但想不到他竟会选择这个时机去同国外这样一帮人结合起来，这帮人——部分地无疑是由于对实际情况和事件的无知——散播错误的观点和毫无根据的谣言，做了很多损害我们德国人民的事。对于一位曾经那么长期属于我们科学院的人，我们当然期望他——不管他本人在政治上同情什么——站到

① 第一封信发于1933年4月7日，由秘书冯·菲克尔(H. von Ficker)签署。第二封信发于4月11日，由秘书菲克尔和海曼联合签署。这两封信当时都是由荷兰莱顿大学教授埃伦菲斯特转给爱因斯坦的。这里译自《思想和见解》207—209页。——编译者

我们国家的保卫者这一边，来反对那些恣意污蔑它的大量谎言。在那有点卑鄙无耻又有点荒谬可笑的诽谤中伤的日子里，特别由您为德国人民讲句把好话，在国外本来就会产生巨大的影响。但相反，您所作的见证却被敌人利用了，他们不仅是德国现政府的敌人，而且也是德国人民的敌人。这件事的发生，对于我们来说，是一种痛苦的和可痛心的失望，它无疑要使我们不得不同您分手，即使我们没有收到您的辞职书，我们也只好这样考虑。

二

科学院愿意指出：它1933年4月1日的声明，不仅是根据德国报纸上的报道，而且主要是根据外国的特别是法国和比利时的报纸上的报道，而爱因斯坦先生对这些报道并未加以否认；况且在这以前，科学院还得到了他那份兜售很广的向“反对排犹主义同盟”发表的声明，在这篇声明里他悲叹德国已退化到远古时代的野蛮。再者，科学院断定爱因斯坦先生——据他自己的声明，他并未参加恶意诽谤宣传活动——至少没有抵制不公正的怀疑和诽谤，而按照科学院的意见，这正是他作为科学院的一个高级人员所应尽的义务。相反，爱因斯坦先生却偏偏在外国发表了那样的一些声明，这些声明出自一位有世界声望的人，必然会被敌人所利用和滥用，而这些人不仅是德国现政府的敌人，也是全体德国人民的敌人。

给巴伐利亚科学院的信[①]

我曾说明过我向普鲁士科学院辞职的理由是:在目前情况下,我既不愿做一个德国公民,也不愿保留任何从属于普鲁士教育部的职位。

这些理由本身不会引起我同巴伐利亚科学院断绝关系。但是如果我请求把我的名字从院士名单中除去,那是另有理由的。

科学院的首要责任是推进和保护一个国家的科学生活。可是就我所知,当并非很小的一部分德国学者、学生,以及一部分受过高等教育的专门人才,在德国被剥夺了一切就业和谋生机会的时候,德国的学术团体却袖手旁观,默不作声。我不愿属于任何一个这样行事的团体,即使它是在外界的压力之下才这样做的。

① 这是爱因斯坦于1933年4月21日给巴伐利亚科学院4月8日来信(见本文的附件)的回复。这里译自《思想和见解》210—211页。

巴伐利亚(Bavaria)是德国南部的一个邦。——编译者

附：

巴伐利亚科学院给爱因斯坦的信[①]

在您给普鲁士科学院的信中，您说德国的现状是您要辞职的理由。在几年以前曾选您为通讯院士的巴伐利亚科学院，也是一个德国的科学院，它同普鲁士科学院以及别的德国科学院都有密切的关系；因此，您的脱离普鲁士科学院，势必影响您同我们科学院的关系。

所以我们必须请问您：在经历了您自己同普鲁士科学院之间所发生的事情以后，您怎样看待您同我们科学院的关系。

① 这是慕尼黑的巴伐利亚科学院于1933年4月8日以院长名义给爱因斯坦的信。——编译者

科学家对政治问题不应当明哲保身

——1933年5月26日给冯·劳厄的信[①]

我不同意您的看法，以为科学家对政治问题——在较广泛的意义上来说就是人类事务——应当默不作声。德国的情况表明，这种克制会导致：不作任何抵抗就把领导权拱手让给那些盲目的和不负责任的人。这种克制岂不是缺乏责任心的表现？试问，要是乔尔达诺·布鲁诺、斯宾诺莎、伏尔泰和洪堡也都是这样想，这样行事，那么我们的处境会怎样呢？我对我所说过的话，没有一个字感到后悔，而且相信我的行动是在为人类服务。你以为我会因为不能在目前状况下留在你们的国家里而感到后悔吗？这对我来说是不可能的，即使他们让我过着养尊处优的生活。但是，我对您

---

① 这是爱因斯坦于1933年5月26日在英国牛津给麦克斯·冯·劳厄（Max von Laue）的信。这里译自《爱因斯坦论和平》218—219页。标题是我们加的。

爱因斯坦自希特勒上台后发表了一系列谴责纳粹暴行的言论，并宣布同德国脱离关系。他的挚友冯·劳厄写信劝他对政治问题要采取克制态度。爱因斯坦回信表示不同意。劳厄虽然没有像爱因斯坦那样在政治上公开谴责纳粹，但在学术上他始终旗帜鲜明地抵制纳粹的倒行逆施。他反对普鲁士科学院辞退爱因斯坦，公开为相对论辩护，阻止希特勒追随者斯塔克（J. Stark）当选为科学院院士。为此，爱因斯坦于1934年3月23日写信给劳厄说："亲爱的老同志：从你那边传来关于你的每一条消息多么使我高兴。事实上，我始终觉得并且了解，你不仅是一个思想家，而且也是一个高尚的人。"（见《科学传记词典》（*Dictionary of Scientific Biography*），纽约Scribner，第8卷，1973年，52页。）——编译者

和另外几位德国朋友的情谊给我的感觉依然是强烈的。我希望在一个比较愉快的时候我们将重新相会。

关于良心拒服兵役问题

——1933年7月14日给比利时国王阿耳伯特的信①

陛下：

良心拒服兵役者的问题，经常出现在我的心头。这是一个严重的问题，它远超过在我面前的这一特殊案件。

我已经表明，尽管我同反战运动有密切关系，我将不干预此事，其理由是：

1. 在由德国的事变所造成的目前的险恶情况下，比利时的武装力量只能看作是防御手段，而不是侵略工具。而且现在，这种防御力量时刻都是迫切需要的。

2. 如果有谁要干预这案年，他就不配享受你们国家的款待。

① 这是爱因斯坦于1933年7月14日给比利时国王阿耳伯特(L. C. M. M. Albert)的信。这里译自《爱因斯坦论和平》227—228页。标题是我们加的。

据《爱因斯坦论和平》的编者的说明，1933年6月爱因斯坦流亡在比利时的勒·柯克海滨(Le Coq-sur-mer)的时候，有位住在比利时的法国青年反战者纳翁(Alfred Nahon)请求他出面营救两位因拒服兵役而被关在布鲁塞尔监狱里的比利时青年。7月初，阿耳伯特即为此事同爱因斯坦晤谈。通过这次谈话，爱因斯坦根本改变了他过去一贯反对服兵役的态度。事后他写了这封信给阿耳伯特。

按：爱因斯坦同阿耳伯特本人及其妻子伊丽莎白王后，私人间有很好的友谊。阿耳伯特于1934年在登山时失事亡故。在这以后，爱因斯坦同伊丽莎白还是经常通信。——编译者但是我还是想冒昧地再讲几句。凡是因为宗教信仰和道义信念而不得不拒绝服兵役的人,都不应该当作罪犯来处理。至于他们这种拒服兵役,究竟是出于深挚的信念,还是并无那么高尚的动机,对于这个问题,也不应当允许任何人随便裁决。

在我看来,有一个比较严肃和比较有效的办法,可用来考验和利用这些人。应当给他们有机会选择更加繁重和更加危险的工作来代替服兵役。如果他们的信仰是足够深挚的,他们就会选择这种行动;而这种人也许永远不会很多。我想到下面这些工作是可以代替服兵役的:矿山的某些劳动,船上给锅炉加煤工作,在医院的传染病房或者精神病院的某科病房里做护理,以及其他各种类似性质的服役。

凡是自愿接受这种不给报酬的义务服役的人,总是具备出乎寻常的品德,确实应当受到重视,不仅是承认他是一个良心拒服兵役者。无疑地,他不应当被当作罪犯。如果比利时制定了这样一种法律,或者只要确立这样一种社会风尚,它就会成为走向真正人道主义的巨大进步。

致以诚挚的敬意!

阿耳伯特·爱因斯坦

1933年7月14日

要依靠武装力量来保卫自己

——1933 年 7 月 20 日给 A. 纳翁的信[①]

我要告诉您的,会使您大吃一惊。一直到最近,我们在欧洲的人还能认为个人反战足以构成对军国主义的一种有效反击。今天我们所面临的却是一种完全不同的情况。在欧洲的心脏有一个强大的德国,它显然正以一切可利用的手段推进战争,这给拉丁国家,尤其是比利时和法国造成了严重的危险,迫使它们不得不完全依靠自己的武装力量。就比利时来说,它是那么小的一个国家,无论如何不至于滥用它的武装部队;可是它迫切需要它的部队来誓死保卫它自己的生存。试设想一下,如果比利时被今天的德国占领了,事情会比 1914 年坏得多,而即使在那个时候,也已经是够糟的了。因此我必须坦白地告诉您:如果我是比利时人,在目前情况下,我不会拒绝服兵役,相反地,我会高高兴兴地参加这种服役,因为我相信,这样做我就是在为拯救欧洲的文明效了劳。

这并不意味着我放弃我以前所坚持的原则。我的最大希望莫

---

① 这是爱因斯坦于 1933 年 7 月 20 日写给在比利时的法国青年反战人士纳翁(Alfred Nahon)的信。纳翁曾请求爱因斯坦出面支持两个良心拒服兵役而坐牢的比利时人。这封信最初发表在《人类故乡》(*La Patrie humaine*),1933 年 8 月 18 日。这里译自《爱因斯坦论和平》229 页。标题是我们加的。——编译者

过于在不远的将来，拒绝服兵役重新成为一个为人类进步事业服务的有效方法。

请您的朋友们注意这封信，尤其是目前在监狱里的那两位。

只能以军事准备来对付纳粹德国

——1933年8月28日给"良心拒服兵役者同盟保卫委员会"法国秘书的回信[①]

几年以前，在给阿达马教授的信中[②]，我以下面这样一些话来替拒绝服兵役作辩护："我承认对于非洲某些黑人部落说来，拒绝战争会引起最严重的危险；但对于欧洲的文明国家，那就完全不同了。……"

自从我作了这个声明之后，我的观点并没有改变，但欧洲的情况改变了——它已经发展得很像非洲的情况了。只要德国坚持重新武装，并且系统地教训德国公民准备一场复仇战争，西欧各国不幸地就只好依靠军事的防御。的确，我甚至可以断言，如果它是审慎的，它们就不应当不武装起来而坐等别人攻击。……它们必须做好充分准备。

由于我像以往任何时候一样，在心底里厌恶暴力和军国主义，我说上面这些话是很不乐意的；但我不能对现实熟视无睹。

如果您能提出另外的办法可以使现在还是自由的各个国家能

---

① 爱因斯坦于1933年7月20日给纳翁的信发表以后，"良心拒服兵役者同盟保卫委员会"法国秘书写给爱因斯坦一封侮辱性的信。1933年8月28日他写了这样一封回信。这里译自《爱因斯坦论和平》230页。标题是我们加的。——编译者

② 见本书41—42页。——编译者

够保卫住它们自己，我当然愿意洗耳恭听。至于我，除非目前的危险局面被克服了，我想象不出在军事准备之外还有别的什么办法。但是，如果我们明白了确实没有别的办法，我们就应当老老实实地承认这一点。

文明和科学[①]

我很高兴，你们让我有机会作为一个人，一个善良的欧洲人和一个犹太人，向你们表达深挚的谢意。通过你们精心的救济计划，你们不仅对那些无辜遭受迫害的学者，而且对全人类、对科学都作出了伟大的贡献。你们证明了，你们和全体英国人民仍然忠诚于宽容和正义的传统；几个世纪以来，你们国家值得自豪地保持了这个传统。

正是在像我们今天到处都经历着的经济艰难的时代，我们才会认识到一个民族生气勃勃的道义力量的现实意义。我们希望，在未来的某一时候，当欧洲在政治上和经济上统一起来以后，历史学家作出的判断会说：在我们亲自经历的日子里，这个大陆的自由和荣誉是靠西欧各国拯救出来的；它们像中流砥柱，在严酷的时代里坚定地反对仇恨和压迫；它们成功地保卫着个人自由，这种自由

① 这是爱因斯坦为躲避德国纳粹特务的谋杀从比利时流亡到英国以后所作的公开演讲。这次演讲由英国“流亡者援助基金会”组织，于1933年10月3日在伦敦皇家阿耳伯特纪念厅(Royal Albert Hall)举行，听众有一万人。当时伦敦警察厅得到情报，知道有一个企图暗杀爱因斯坦的阴谋在进行，于是对会场作了严密戒备，但爱因斯坦在讲话时神态自如，仿佛不知有任何危险。这篇讲稿是初发表在1933年10月4日的伦敦《泰晤士报》和《纽约时报》上。《晚年集》中此文的标题是《科学和文明》，内容不全，编者说在此之前未曾发表过，显然不确。这里译自《爱因斯坦论和平》237—239页。标题是根据《泰晤士报》上最初所用的。——编译者

给我们带来了各种知识上的进展和发明，要是没有这种自由，凡是有自尊心的人都不会觉得还有活下去的价值。

要去裁判多年来把我也算作它的一个公民的那个国家的所作所为，这不可能是我的任务；在迫切需要行动的时候，甚至连试图去评价它的政策或许也是无益的。今天的关键问题是：我们怎样来拯救人类和它的文化遗产？怎样来保卫欧洲使它不遭受另一次灾难？

无可怀疑，目前的世界〔经济〕危机，以及由它所引起的痛苦和穷困，在很大程度上是今天我们所目睹的危险动乱的原因。在这样的时代里，不满产生仇恨，而仇恨又导致暴力行动、革命甚至战争。这样，我们就看到了困苦和灾难怎样招致新的困苦和灾难。

像二十年前的情况一样，处于领导地位的政治家们又要再一次担负起十分重大的责任。人们只能希望，在时间还不算太迟以前，他们将为欧洲订立一些其含义完全一清二楚的国际条约和保证，使一切国家都会认识到，任何战争冒险的企图全都是枉费心机的。不过，政治家的工作，只有当他们受到人民的诚挚的和坚决的意志支持时，才能获得成功。

我们所碰到的，不仅是保障和维持和平的技术问题，而且还有启蒙和教育的重要任务。如果我们要抵抗那些威胁学术自由和个人自由的势力，我们就应当清醒地意识到，自由本身正处在危险之中；我们应当体会到，我们的先辈通过艰苦斗争所赢得的自由，给了我们多大的恩惠。

要是没有这种自由，那就不会有莎士比亚、歌德、牛顿、法拉第、巴斯德和李斯特。人民群众就不会有像样的家庭生活，不会有铁路和无线电，不会有防治传染病的办法，不会有廉价书籍，不会有文化，不会有艺术的普遍享受。也就不会有把人从生产生活必需品所需要的苦役中解放出来的机器。要是没有这些自由，大多数人会过着被压迫和被奴役的生活，就像在古代亚洲的庞大专制帝国中所过的生活那样。只有在自由的社会中，人才能有所发明，并且创造出文化价值，使现代人生活得有意义。

没有疑问，目前的经济困难将会产生一些法律上的措施，使劳动的供求之间、生产与消费之间的调节，经常通过政府的控制来实现。但这些问题也必须由自由的人来解决。在寻求解决时，我们必须注意不要被驱使到一种会阻碍健康发展的奴役制度中去。①

我还想讲一讲我最近想起的一个主意，当我孤独地生活在乡间时，我注意到单调的清静生活怎样激起了创造性的心理活动。即使在现代社会里，也还有某些职业，要求人孤独地生活，而不需要付出很大的体力或者脑力劳动。我所想到的就是像看守灯塔或者灯塔船这类职业。难道不能让愿意思索科学问题，特别是带有数学或者哲学性质问题的青年人去从事这种职业吗？有这种抱负的青年，即使在他们一生最多产的时期，也很少有几个能有机会有一段时间不受干扰地专心致志于科学问题。一个青年人即使非常幸运地得了一种有一定期限的奖学金，他也总是被迫要尽快地得出确定的结论。这种压力，对于从事纯粹科学的学生只能是有害的。事实上，青年科学家参加了一种使他足以糊口的实际职业，情况就要好得多；当然，先得假定这种职业能使他有足够的时间和精

① 据《爱因斯坦论和平》编者按，原来的德文手稿中并无下面的三段，这三段话显然是爱因斯坦演讲时临时插进去的。——编译者

力去进行他的科学工作。

难道我们只能哀叹我们生活的时代是一个紧张、危险而匮乏的时代吗？我并不以为然。人，也像一切动物一样，本性是被动的。除非受到环境的刺激，他简直不愿费神去考虑他的状况，而往往像机器人那样机械地动作。我想我的年纪已经有资格来说，在我的幼年和青年时代，我是经历过这样一个阶段的。在那段时期，人们只想到个人生活的琐事，把头发向后梳得光光的，讲话和行动都力求同他们的同伴们一样。人们总是好不容易才会发觉隐藏在行为和言辞的习俗假面具后面的是些什么东西。这个假面具把真正的人掩盖了起来，就好像他是被棉花包裹着的那样。

今天却是多么不同呀！在这个暴风雨时代一阵阵通明彻亮的闪电中，人们能够看清楚赤裸裸的人和人的价值。每一个国家和每一个人现在都清楚地暴露出他的优点和弱点、他的志向和激情。在当前事变的冲击下，通常的行为就变成毫无意义了；习俗常规就像干枯的外壳一样脱落了。

人们在困苦中会觉悟到经济制度的不合理和需要有超国家的政治约束。只有遭到危险和社会动乱时，国家才会真正感到不得不采取进步性的政策；人们只能希望目前的危机会引导我们到一个更加美好的世界。

可是，除了这条颇为抽象的途径以外，我们绝不可忘记那些至高的和永久的价值，唯有它们，生活才有意义，我们应当尽可能把它们作为一份遗产传给我们的子孙，而这份遗产该比我们从自己的父母手里接受下来的那一份还要更加纯净、更加丰富。像你们所做的那种高尚的努力，将会有助于这个目标的实现。

教育和教育者

——给一位女青年的信[①]

你的手稿我读了大约十六页，使我感到高兴。这些手稿挺不错，有见地，真挚；它在每一点上都是独立自主的，但是有很典型的女人气，所谓女人气，我是说它发自个人怨恨，而且怨气十足。我在我的教师手下也受过类似的待遇；他们不喜欢我有独立性，当他们需要找助手的时候，总对我置之不理（可是我必须承认，与你相比，我过去就更不像一个模范学生）。但是不值得把我的学校生活写出来，更谈不上对任何人印出它或者实际上读到它我愿意担负什么责任。而且，一个人抱怨别人夺取显要的地位，又学他们的样子，他总是要出洋相的。

因此，抑制你的情绪吧，把你的手稿保留给你的子女看，为了使他们可以从中得到安慰——并且对他们的教师怎样告诉他们或者怎样评价他们都根本不在乎。

附带说一下，我来到普林斯顿只是搞研究工作，而不是教书的。总的说来，教育是太多了，在美国的学校中尤其如此。唯一合理的教学方法是做出榜样——要是实在没有办法，就惩一儆百。

---

① 这是爱因斯坦于1933年10月到美国以后不久给一位美国女青年的一封回信，最初发表在《我的世界观》上。这里译自《思想和见解》56—57页。——编译者

教育与世界和平[①]

美国由于它的地理位置，幸运地有这样一个环境，能够在学校里教导健全的和平主义。在美国，不存在外来侵略的严重危险，因此没有必要把军事训练的精神灌输给青年人。可是，对于和平教育的问题，如果只是感情用事，而不是从现实主义的立场出发来处理，那是有危险的。要是不充分了解这个问题的根本困难，就会一无所获。

美国青年首先应该了解，即使美国领土实际上未必有可能受到侵犯，但是美国还是随时都可能卷入国际纠纷中去。只要引证美国参加过世界大战，就足以证明这种理解的必要性了。

对美国安全的保证，和对其他国家一样，仅仅在于对世界和平问题有一个令人满意的解决。不可使青年人相信安全能够通过政治上的孤立来取得。相反地，倒是应该唤起青年人认真关心普遍和平问题。特别应该使青年人清楚地了解到，美国的政客们在世界大战结束时没有支持威尔逊总统的无偏见的计划，因而妨碍了国际联盟对于这个问题的解决，他们对此该负多么大的责任。

应该指出，只要还有强国不愿意放弃用军国主义的办法来获

① 这是爱因斯坦于1934年11月23日在“美国进步教育协会”(Progressive Education Association)的大会上的贺词。这里译自《思想和见解》57—58页。——编译者

得更为有利的世界地位，单是要求裁军是毫无用处的。而且，还应该向青年人解释，通过建立国际机构来保卫各个国家，如法国所支持的那些提案，是合理的。为了取得这种安全的保证，需要有共同防御侵略者的国际条约。这些条约是必要的，但是单靠条约本身是不够的。还要采取进一步的措施。防御性的军事手段应该国际化。要在这样一个广泛的规模上合并军队和调换驻地，使得驻扎在任何一个国家的军事力量不得因为那个国家的独自的目标而加以扣留。

国际团结一致的精神应该加强，应该同阻碍世界和平的沙文主义进行斗争。在学校里，历史课应该用来作为讲述人类**文明**进步的工具，而不应该用来灌输帝国主义势力和军事成功的理想。我的意见是，应该为了这个观点把威尔斯的《世界史纲》(H. G. Wells' *World History*)①介绍给学生。最后，和历史课一样，在地理课中，应该启发学生对于不同的民族的特性有一种深怀同情的理解，这种理解应该包括那些通常认为是“原始的”或“落后的”民族在内，这一点至少有间接的重要性。

① H. G. 威尔斯的《世界史纲》，原名是“*The Outline of History*”，1920 年出版，1931 年增订。抗日战争以前出过中译本，由梁思成等译，商务印书馆出版。——编译者

和平主义的重新审查[①]

阿林生先生以一种有礼貌的方式,把我置于被告席上。我对此感到高兴,因为它给了我一个很好的机会,来公开表述某些我觉得应当让大家知道的见解。

阿林生先生的指责,扼要而坦率地说来,是像这样的:"一两年以前你公开劝人家拒服兵役。而现在——尽管国际情况变得出乎意料的坏而且也更加尖锐——你却默不作声,更糟糕的是,你甚至撤销了你以前的声明。这是不是因为你的理解力,或者你的勇气,或者可能两者一起,在最近几年事变的压力下受到了挫折?如果不是,那么请毫不迟疑地向我们表明,你仍然是我们正直的兄弟。"

下面是我的回答。我深信这样的原则:只有组织超国家的仲裁法庭才能真正解决和平问题。这种组织与目前日内瓦的国际联盟不同,这个组织在它的权限范围之内拥有强制执行裁决的手段,它是一个具有常备军事设施和警察部队的国际法庭。这种信念,在戴维斯(Davies)勋爵写的《力量》(*Force*)一书(伦敦,Ernst Benn

① 1934年11月在芝加哥出版的小型杂志《政体》(*Polity*)月刊上有阿林生(Brent Dow Allinson)写的批评文章,题名"爱因斯坦,请你为欧洲和平发言",爱因斯坦写了这篇文章作为回答。这个回答发表在1935年1月号的《政体》月刊上。这里译自《爱因斯坦论和平》254—256页。《晚年集》中此文的标题是"关于服兵役",并删去了开头两段;在注明文章出处时,把该期的《政体》月刊出版时间误为1934年11月27日。——编译者

公司出版,1934年)里有卓越的陈述,凡是严肃认真地关心这个人类基本问题的人,我都向他大力推荐这本书。

从这一基本信念出发,凡是我认为能使人类更加接近超国家组织这一目标的任何办法,我都赞成。一直到几年前,具有勇敢和自我牺牲的人拒绝从军,就**曾经是**这样的一种办法。但是已不能再把它当作行动的方针来推荐了,至少对欧洲各国是如此。只要一些大国存在着具有类似性质的民主政府,只要这些大国中没有一个国家把它的将来计划建立在军事侵略政策之上,那么相当大量的公民拒服兵役,就很可能促使这些国家的政府,乐意赞同对国家之间的冲突进行国际仲裁。而且,拒绝服兵役容易使舆论受到真正和平主义的教育,并且使强迫服兵役的非伦理的和不道德的性质明显起来。在这样的情况下,拒服兵役构成了一种建设性的措施。

可是今天,应当认识到,某些强国已使它们的公民不可能采取独立的政治立场。这些国家,通过到处插手的军事组织,利用被它们奴役的报纸和集中控制的无线电广播,以及系统的教育,来散布虚假的消息,宣扬侵略的外交政策,把人民引入歧途。在那些国家里,拒绝服兵役对于那些有足够勇气采取这种态度的人,就意味着殉难和死亡。另一方面,在那些仍然尊重公民政治权利的国家里,拒服兵役很可能会削弱文明世界中的健康的那一部分对侵略的抵抗能力。因此,今天,没有一个有识之士是会支持拒服兵役这一方针的,至少在处于特别危险的欧洲不能这样做。在目前情况下,我不相信消极抵抗是一种建设性的政策,即使它是以最英勇的方式来进行的。不同的时代需要不同的手段,尽管最后的目标仍然保持不变。

这些就说明了为什么在目前的政治条件下，一个坚定不移的和平主义者必须找出一种不同于过去比较太平时期的方法来加强他的信心。他必须为和平国家之间的进一步紧密合作而努力，以便尽量使那些靠暴行和掠夺实行冒险政策的国家不能得逞。我特别想到的是，美国和英国之间深思熟虑的持久合作，如果有可能，还得加上法国和俄国。

可以认为，目前对和平的威胁，会有利于促进这种友好关系(*rapprochement*)，从而导致国际问题的和平解决。在目前的黑暗局势中，这是唯一的希望；凡是确实从正确的方向来影响舆论的一切努力，对于保卫和平都能作出重大的贡献。

纪念摩西·迈蒙尼第[①]

人们以一种和谐精神聚集一堂，隆重纪念一位生活和工作在七个世纪以前的人物，这种场面多少是有点庄严的。在一个激情和冲突比平常更容易掩盖住合理思维和公平正义的影响的时代，这种感觉就更加鲜明了。在日常生活的忙乱中，我们的眼界被欲望和激情蒙蔽起来了，在一切人反对一切人的斗争(*the struggle of all against all*)[②]喧嚣声中，几乎听不到理性和正义的声音。可是过去那个时代的动乱早已平息了，它所留下来的几乎就只是对于少数几个人的怀念，他们对于他们的同时代人，因而也对于后代人产生过决定性的和有良好效果的影响。迈蒙尼第就是这样的一个人。

---

① 这是爱因斯坦于1935年4月在纽约迈蒙尼第诞生800周年纪念会上的讲话，最初发表在1935年4月15日的《纽约时报》上。这里译自《晚年集》269—270页。标题是我们加的。

迈蒙尼第(Maimonides)又名摩西·本·迈蒙(Moses ben Maimom〔或 Maimun〕)，生于1135年3月30日，卒于1204年12月13日，西班牙犹太哲学家，主要著作有《指路明灯》。他把亚里士多德的著作广泛应用于犹太哲学，并且强调理性在认识中有决定性意义，因而遭到当时正统派的强烈反对，指责他"把《圣经》出卖给希腊人"。——编译者

② 这句话来源自17世纪英国哲学家霍布斯(T. Hobbes)。霍布斯认为：在人类建立国家之前的"自然状态"中，"人对人像狼一样"，彼此间为着私欲进行残酷的斗争，由此产生"一切人反对一切人的斗争"。——编译者

当条顿族的野蛮人破坏了欧洲古代文化以后，一种新的比较优秀的文化生活开始从两个源泉逐渐发展起来，这两个源泉就是犹太人的《圣经》和希腊人的哲学与艺术。不知什么缘故，它们没有在普遍的浩劫中被埋葬掉。把这两个彼此那么不同的源泉汇合起来，标志着我们目前这个文化新时代的开始，而且这种汇合，直接或间接地产生了构成我们今天生活的真正准则的一切内容。

迈蒙尼第就是这样的坚强人物之一，他们以自己的著作和本人的努力促成这种综合，从而为以后的发展铺平了道路。今天晚上我们的一些朋友将向我们讲这究竟是怎样发生的，他们的研究比起我要更加接近迈蒙尼第毕生事业和欧洲思想史的核心。

祝愿这个令人愉快的回忆时刻，会增强我们内心中对于我们所拥有的宝贵文化财富的热爱和尊重，它们是经过那么艰苦的斗争才得到的。那么，我们为保护这些宝贵财富而同当前的黑暗野蛮势力所进行的斗争必将取得胜利。

和平必须确保

——同 R. M. 巴特勒特的谈话[①]

……战争是要到来的。我怀疑战争在今年或者明年会爆发；舞台还没布置好。但是再有两三年的时间战争就会到来。德国正在迅速重新武装。恐惧的传染病正在横扫欧洲。英国如果在两年前采取坚定的立场反对德国重新武装是可以阻止这场灾难性的趋势的；但是它没有这样做。在纳粹德国，仍然有些知识分子反对军国主义政策，他们中间的大多数本来可以发表这种反对意见的，但都被放逐了或者被镇压了。当然，我现在已经离开德国两年，因此不能够准确地了解那里群众的思想感情。当然，许多受过 1914 年到 1918 年的苦难[②]的人是不要另一次战争的。但是有很多不安分的年轻人，他们是苦难情况下的受害者，正被现政权所利用。德国仍然是好战的，冲突是难以避免的。这个国家从 1870 年[③]起在精神上和道德上就已经日趋没落了。我在普鲁士科学院共事的许

① 这是爱因斯坦同美国作家巴特勒特(Robert Merrill Bartlett)的谈话记录摘要。原文发表在 1935 年 8 月的《观察画报》(*Survey Graphic*)杂志上。这里译自《爱因斯坦论和平》第 259—262 页。

本文中方括号里的话是巴特勒特向爱因斯坦提的问题，原文中的“他”字(指爱因斯坦)，译文中一律改为“你”。——编译者

② 指第一次世界大战中德国人民所遭受的苦难。——编译者

③ 指 1870 年普法战争中德国打败了法国。——编译者

多人，在世界大战以来民族主义风行的年代里就表现出品格不高。

〔你仍然相信个人对战争能进行有力的抵制吗？你仍然相信如果在一个国家里有百分之二的人民反对打仗，战争就能够防止吗？〕

鉴于我们目前所面临的情势，知识分子的这种抵制是不够的。在某种情况下，和平主义使自己失败了，今天德国的情况就是如此。任何抵制军事计划的人很快就会被整掉。

我们必须教育人民并且鼓动起群众的思想情绪，要求宣布战争为非法。我认为，在这个行动纲领中有两个要点：首先是创造超国家政权的思想。必须教育人们要根据全世界的利益来思考；每个国家必须通过国际合作让出一部分国家主权。如果我们要避免战争，我们就必须创建一个具有真正权力的国际法庭，使得侵略成为不可能。国际联盟和世界法庭都缺乏强制执行它们决定的权力。虽然这些组织机构现在也许不得人心，但其趋势是向着世界性组织的；这类组织机构是必不可少的。……军事训练和军备竞赛绝不能防止战争。……

其次，我们必须了解战争的经济根源。基本的困难在于人的自私自利的欲望，这些人把利润置之于人类利益之上。有些人拒不采纳开明的思想，他们心地褊狭，只要他们的利息有保证，他们就心满意足。由于这些人为了获得越来越多的财富而贪得无厌，我们遭受到经济上国家主义和战争的灾难。罗曼·罗兰认为只有社会革命才能结束战争体制，这个看法可能不是太错的。由于我不知道他目前对共产主义的确切见解是怎样的，我不能说我是否同意他的见解。但是，他抨击个人对财富的贪婪和国家对财富的争夺是必然引起战争的因素，这一见解无疑是正确的。至少我们必须争取在经济上有一个转变，那就是要对军火工业加以控制。……

这并不意味着我希望把生活归结为经济力量的相互作用，如某些人所做的那样。在所有必须应付的人的关系中，有一种持久不变的情绪因素。每个民族同任何别的民族往往有不同的感情，并且常常让自己的行为受偏见的控制。我们要认识到我们自己的偏见，并且学会去克服它们。……

〔我们究竟能否消灭战争?〕

是的，我相信能够消灭战争；事实上，我确信这样。我们的希望在于教育青年对于生活有一个比较明智的看法。……把美和手足之情带进生活里来，这是人的主要志向和最高幸福。这是会达到的，但不是通过恐惧，而是由于对人类天性中的最美好的东西的追求。

〔你认为谁是今天世界上最值得注意的领袖?〕

我怀疑自从托尔斯泰以后是否有一个对全世界有影响的真正道德领袖。托尔斯泰在许多方面仍然是我们这个时代的首要的先知。……今天没有一个人具有托尔斯泰那样深远的洞察力和道德力量。我非常钦佩甘地，但是我认为他的纲领中有两个弱点：虽然不抵抗是对付逆境的最聪明的办法，但是它只有在理想的条件下才可实行，在印度实行不抵抗主义来反对英国也许是行得通的，但是在今日的德国却不能用这种办法来反对纳粹。其次，甘地试图在现代文明中排除或者竭力减少机器生产，这是错误的。机器生产已经在这个世界上扎下根，它必须被采用。

〔你在同纳粹政府争论中已经作出了真正的牺牲，并且离开了

德国。你会不会再次采取同样的步骤?〕

我没有做出什么牺牲。我仅仅做了任何一个有思想的人在这种环境下应该做的事。……一个人不应当回避在某些重大的争论问题上采取坚定的立场。我认为我的行动没有什么值得称赞的;当时实在是没有别的路可走。

……对于我在这个友好国家里的新居以及普林斯顿的自由空气,我感到十分愉快。……有好多天,我一连几小时坐在我的书房里,前面放着一张纸。那时候我也许只写下几个某种小符号。……

希特勒怎样会上台的?[①]

在欧洲心脏所呈现的永远作为德国耻辱的景象,是悲惨的,也是荒诞的;它所反映的绝不是那个自命为文明的民族大家庭的光荣!

几个世纪以来,德国人民都受着学校教师和练兵军士的一脉相承的灌输训练。德国人在艰苦的工作中得到了锻炼,学会了不少东西,但他们也受到奴性服从、军事习性和野蛮残忍的训练。战后的魏玛共和国民主宪法,对于德国人民,正像巨人的衣服对于矮子那样,很不合身。当时发生的通货膨胀和萧条,使人人都生活在恐惧和紧张之中。

于是希特勒出现了。这个人智力有限,并且不适宜做任何有益的工作,他对于环境和天资比他好的一切人,都妒忌痛恨到极点。他出身中下层阶级,这只不过使他有足够的本阶级的自大狂,甚至去仇视正在为争取比较平等的水平而斗争的工人阶级。但是,在一切中间他最憎恨的,还是那同他永远无缘的文化和教育。凭着他的拼死冒险夺取权力的野心,他发现他的一些混乱的和渗透着仇恨的演讲,在那些处境和倾向同他自己相仿佛的人中间,博

---

① 这是爱因斯坦于1935年写的手稿,生前未曾发表过。这里译自《爱因斯坦论和平》263—264页。标题是我们加的。——编译者

得了狂热的欢呼。他在街头，在酒店里，找到这种人类的渣滓，并把他们组织在自己的周围。这就是他开始他的政治生涯的途径。

但是真正使得他取得领袖资格的，是他恶毒地仇视一切外国的东西，特别是歧视一个没有自卫力量的少数民族，那就是德国的犹太人。他们理智上的敏感使他感到不安，于是他就以某种借口，认为这种敏感是非德国的。

对这两个"敌人"的不断咒骂，使他赢得了群众的支持，对于这些群众，他许下了要给以光荣凯旋和黄金时代的诺言。他为了他自己的目的，狡猾地利用了几个世纪以来德国人对军事训练、命令、盲目服从和残忍的口味。于是他就成了"元首"(*Fuehrer*)。

金钱大量地流进了他的库房，这里面不少是来自有产阶级，他们把他看作是一个阻止人民的社会解放和经济解放的工具，这种解放在魏玛共和国时期已经开始了。他玩弄大战以前人们早已熟悉的、荒唐的、假爱国的漂亮词句来蛊惑人心；同时他又进行所谓"亚利安人"(*Aryan*)或者"北欧人"(*Nordic*)的种族优越性的欺骗宣传，这种优越性是反犹太主义分子为了达到他们阴险的目的而捏造出来的神话。他的混乱而反复无常的人格，使人们不知道他对自己不断叫嚷着的胡言乱语实际上会相信到什么程度。然而那些麇集在他周围的，也就是那些通过纳粹①浪潮浮到上层来的，却多半是些冷酷的专事嘲骂的人，他们完全明白他们的无耻手法都是些骗人的勾当。

① "纳粹"(*Nazi*)是希特勒搞的法西斯组织德国"民族社会党"(*Nationalsozialistische Partei*，一译"国家社会党")的党员，亦即所谓"民族社会主义分子"(*Nationalsozialist*)的简称。——编译者

群众政治上的成熟程度和革命

——1935年9月14日给一个加拿大青年的信①

你用共产主义宣传手册的语言来讲话，不过你所讲的话里面是有很多真理。至于我，我相信社会有稳步进步的可能性。你对资产阶级的刻画似乎有点老一套。……企业家阶级人数很少，以致在任何一个政治上成熟到适当程度的民主国家里，它就会不得不屈从于多数。真正的问题在于这种政治上的成熟是否能够达到。我坚持认为，归根到底，群众要是政治上达不到成熟，那也就没有什么办法了。你认为群众在政治上的成熟是革命的先决条件，我却以为，政治上成熟这一目标一旦实现了，革命也就不再是必要的了。

不错，科学家对社会政治问题一般显得很少有兴趣。其原因在于脑力劳动的不幸的专门化，这造成了一种对政治和人类问题的盲目无知。有思想的和有责任感的人们，应当通过一种耐心的政治启蒙过程来同这种坏事进行斗争，而这种启蒙作用也是反对法西斯主义和军国主义的唯一有效武器。一个社会，不论它的政治组织怎样，要不是保持着政治洞察力和真正的正义感，终究是不能保证它本身的健康的。

---

① 译自《爱因斯坦论和平》269—270页，标题是我们加的。这个加拿大青年当时政治上倾向进步，对爱因斯坦1933年以后反战态度的转变表示支持，同爱因斯坦通过几次信。——编译者

科学和社会[①]

科学对于人类事务的影响有两种方式。第一种方式是大家都熟悉的:科学直接地并且在更大程度上间接地生产出完全改变了人类生活的工具。第二种方式是教育性质的——它作用于心灵。尽管草率看来,这种方式好像不大明显,但至少同第一种方式一样锐利。

科学最突出的实际效果在于它使那些丰富生活的东西的发明成为可能,虽然这些东西同时也使生活复杂起来——比如蒸汽机、铁路、电力和电灯、电报、无线电、汽车、飞机、炸药等等的发明。此外,还必须加上生物学和医药在保护生命方面的成就,特别是镇痛药的生产和储藏食物的防腐方法。所有这些发明给予人类的最大实际利益,我看是在于它们使人从极端繁重的体力劳动中解放出来,而这种体力劳动曾经是勉强维持最低生活所必需的。如果我们现在可以宣称已经废除了苦役,那么我们就应当把它归功于科学的实际效果。

另一方面,技术——或者应用科学——却已使人类面临着十分严重的问题。人类的继续生存有赖于这些问题的妥善解决。这

① 此文最初发表在美国《科学》(*Science*)周刊1935—1936年冬季特刊上。这里译自1950年出版的爱因斯坦文集《晚年集》135—137页。——编译者

是创立一种社会制度和社会传统的问题，要是没有这种制度和传统，新的工具就无可避免地要带来最不幸的灾难。

机械化的生产手段在无组织的经济制度中已产生这样的结果：相当大的一部分人对于商品生产已经不再是必需的，因而被排除在经济循环过程之外。其直接后果是购买力降低，劳动力因激烈竞争而贬值，这就要引起了周期越来越短的商品生产严重瘫痪的危机。另一方面，生产资料的所有制问题带来了一种为我们政治制度传统的保卫者所无法与之抗衡的力量。人类为了适应这种新的环境而卷入了斗争——只要我们这一代显示出能够胜任这项任务，斗争就会带来真正的解放。

技术也使距离缩短了，并且创造出新的非常有效的破坏工具，这种工具掌握在要求无限制行动自由的国家的手里，就变成了对人类安全和生存的威胁。这种情况要求对我们这整个行星有一个唯一的司法和行政的权力机构，而这种中央政权的创立受到民族传统的拼命反对。这里我们也处在一种斗争之中，这种斗争的结局将决定我们大家的命运。

最后，通信工具——印刷文字的复制过程和无线电——同现代化武器结合在一起时，已有可能使肉体和灵魂都置于中央政权的束缚之下——这是人类危险的第三个来源。现代的暴政及其破坏作用，清楚地说明了我们还远未能为人类利益而有组织地来利用这些成就。这里的情况也需要一种国际的解决办法，但这种解决办法的心理基础还没有奠定。

现在让我们转到科学对于理智所产生的影响。在科学出现以前的时代，单凭思考是不可能得到全人类都会认为是确定的和必然的结果的，更不用说要使人相信自然界所发生的一切都是受着确定不易的规律支配的。原始的观察者所看到的自然规律的片断性，正好引起他对鬼神的信仰。因此，即使在今天，原始人还是生活在经常的恐惧之中，害怕超自然的和专横的力量会干扰他的命运。

科学的不朽的荣誉，在于它通过对人类心灵的作用，克服了人们在自己面前和在自然界面前的不安全感。在创造初等数学时，希腊人最早作出了一种思想体系。它的结论是谁也回避不了的。然后文艺复兴时代的科学家把系统的实验同数学方法结合起来。这种结合，使得人们有可能如此精密地表述自然规律，并且有可能如此确定地用经验来检验它们，结果使得自然科学中不再有意见的根本分歧的余地。从那个时候起，每一代都增加了知识和理解的遗产，而丝毫没有碰到过危及整个结构的危险。

一般公众对科学研究细节的了解也许只能达到一定的程度，但这至少能标示出这样一个重大的收获：相信人类的思维是可靠的，自然规律是普天之下皆准的。

时局、相对论及其他

——1936 年 2 月 16 日给贝索的信[①]

……这么长时间没去信是由于那个数学妖魔老在纠缠我，尽管我已白发苍苍，还是没有一刻轻松的时候。这样倒也好；因为，在我们这个时代，人类的事务从来没有这样令人不愉快，至于德国的蠢人就更不必说了。现在已经可以充分看出，温特勒（Winteler）教授究竟是怎样一位预见家。他很早就十分清楚地看透这个严峻的危险。我不再相信瑞士会在精神上遭受到严重的危险，只要经济上的贫困化不致拖得太长，而且不会变成慢性的话。此间〔指美国〕虽然有着丰富的天然财富，情况并不是那么美好。不过，我相信，在不至太晚以前，美国人会找到保障个人经济的道路*。人们远远不像欧洲那样，被僵硬的传统和阶级偏见弄得十分偏激，人们习惯于财产和地位的变化无常。

虽然统计物理学获得很大的成功，我还是觉得它只是一个过渡阶段，我希望能够确立一个真正令人满意的物质理论。我同时寄给你一篇短文，它就是这个理论的第一步[②]。中性的和带电的

① 译自《爱因斯坦-贝索通信集》308—309 页。由李澍泖同志译。标题是我们加的。——编者

② 《广义相对论中的粒子问题》（*The particle problem in the general theory of relativity*），同 H. 罗森（Rosen）合写，《物理学评论》，48 卷（1935 年），73—77 页。——原书编者

粒子，多少有点像空间中的空穴，以致度规场重又返回本身。空间被表述得似乎像一个双壳层。在以严格的中心对称为基础的施瓦兹希耳德(Schwarzschild)解中，粒子表现为 $I-\frac{2m}{r}$ 型的普通空间奇点。通过变换变数：$r-2m=u^2$，这个场在 u 空间中就变成正则的。如果 u 从 $-\infty$ 变到 $+\infty$，那么 r 从 $+\infty$ 变为 $r=2m$，然后又变回 $r=+\infty$。这样就可以得到黎曼所指的两“叶”(“*Blätter*”)，它们通过“桥”(*Brücke*)$r=2m$，即 $u=0$ 而连续地结合起来。有几分像在电学中那样。

我和一位年轻的同事(俄国犹太人)正在不间断地研究的一个课题，就是以此为基础来处理多体问题。① 我们已经克服了这个问题的最主要困难，这样，不久就可以看出情况究竟怎样。不管怎样，这是一个极为美妙的数学问题。

* “社会主义”这个词在这里是一种禁忌，但思想和改良的尝试都是朝着这个方向。

---

① 后来他们根据研究结果写成一篇论文，谈的不是多体，而是二体：《广义相对论中的二体问题》(*Two-body problem in general relativity theory*)，同 N. 罗森(Rosen)合写，《物理学评论》，49 卷(1936 年)，404—405 页。——原书编者

自　白[①]

一个人很难知道他自己的生活中什么是有意义的，当然也不应当以此去打扰别人。鱼对于它终生都在其中泳游的水又知道些什么呢？

苦和甜来自外界，坚强则来自内心，来自一个人的自我努力。我所做的绝大部分事情都是我自己的本性驱使我去做的。它居然会得到那么多的尊重和爱好，那是我深为不安的。仇恨之箭也曾向我射来；但它们永未射中我，因为，不知何故它们总是属于另一个世界，而我同那个世界一点关系也没有。

我总是生活在寂寞之中，这种寂寞在青年时使我感到痛苦，但在成年时却觉得其味无穷。

---

① 此文最初发表在乔治·许来伯(George Schreiber)编的《肖像和自白》(*Portraits and Self-Portraits*，波士顿 Houghton Mifflin 公司出版，1936 年)。这里译自《晚年集》第 5 页。——编译者

保卫言论自由[①]

我们今天来到这里，是为了保卫美国宪法所保证的言论自由，也是为了保卫教学的自由。同时我们希望引起脑力劳动者注意现在威胁着这些自由的巨大危险。

怎么可能会有这样的事呢？为什么这种危险的威胁会比过去更大呢？生产的集中使得生产资本集中到这个国家的少数人手里。这一小撮人以压倒一切的力量控制着对我们青年进行教育的机构，也控制着这个国家的大型报纸。同时，它还左右着政府。这本身就足以构成一种对这个国家知识分子的自由的严重威胁。但还有另一事实。这种经济的集中过程产生了一个以前所不知道的问题——一部分能够工作的人永远失业。为解决这个问题，联邦政府力图对经济过程加以系统的控制——也就是说，对供求这两种基本经济力量的所谓自由相互作用加以限制。[②]

但形势比人还强。这些统制经济的少数人，至今还自行其是，不对任何人负责，他们反对限制他们的自由行动，而这种限制却为全体人民的利益所需要。这一小撮人使用了各种已知的合法手段

---

① 这是爱因斯坦于1936年为美国大学教师的一个集会而准备的讲话稿。这个集会始终未开成，这篇讲稿最初发表在《晚年集》上。这里译自《晚年集》183—184页。标题是我们加的。——编译者

② 这就是罗斯福当选美国总统时宣布的克服经济危机的“新政”。——编译者

对这种限制进行抗拒。因此,我们用不着奇怪,他们对学校和报纸正使用他们那种压倒一切的影响,阻挠青年人搞清楚这个问题,而这个问题对于这个国家里生活的健全的、和平的发展是生死攸关的。

就是这个缘故,我们近来经常看到不顾同事们的反对而解聘称职的大学教师的事。这种做法在报上虽然有过报道,但报道得并不恰当。也是由于控制经济的这小撮人的压力,才有教师宣誓这种讨厌的制度,这也就意味着对教学自由的削弱。用不着我多说,教学自由以及书报上的言论自由是任何民族的健全和自然发展的基础。在这一点上,历史的教训——特别是最近的历史教训——实在是太清楚了。为维护和加强这些自由献出每一分力量,并且运用一切可能的影响,使舆论意识到现存的危险,这是每一个人应负的责任。

只有当我们巨大的经济问题通过民主方式解决了,这些困难才能得到解决;但是这种解决办法的基础必须由维护言论自由来作准备。而且这也是能够防止最严重的损害的唯一方法。

因此,让我们大家动员我们的力量。让我们不屈不挠地坚守着自己的岗位,免得以后这个国家的优秀知识分子会说:他们胆小怕死,不经过斗争就放弃了他们祖先传给他们的遗产——他们实在不配享有这份遗产。

知识分子和政治问题

——1936年4月20日给一个加拿大青年的信[①]

罗兰这本书[②]我已读了不少,但对它并没有发生真正的兴趣。此人抽象得出奇。在他看来,似乎文学会比生活本身更有意义。当然,他书中所说的许多话我几乎全部同意,但使我奇怪的是,这样一个老练的人竟还会相信,他能够通过他的宣言来影响事变的进程。

你对知识分子的控诉是有道理的。由于他们沉溺在抽象的问题中,他们大多数对人类最迫切的需要已经视而不见。这就说明了为什么他们一碰到政治问题,就要采取令人讨厌的最小阻力政策,完全躲避到他们所专心从事的特殊专业里面去。我自己就体会到,既要从事呕心沥血的脑力劳动,又要保持着做一个完整的人,那是多么困难呀。尽管如此,可是科学家,由于他们勤恳的劳动,在消除那种摧残人的偏见方面所作的贡献,比起政治领袖来还是要大些。我们不应当忘记,卡尔·马克思和列宁也都出身于知识分子,并且从知识分子那里吸取他们的力量。……

---

① 译自《爱因斯坦论和平》270页,标题是我们加的。这个加拿大青年就是1935年9月14日爱因斯坦给他写过信的那位,参见本书159页。——编译者

② 指罗曼·罗兰的《通过革命的和平》,这本书是通信者送给爱因斯坦的。当时罗曼·罗兰对爱因斯坦转变反战态度深为不满,认为爱因斯坦于1933年7月呼吁各国用武装备战来反对纳粹德国,会激起希特勒分子的杀人狂。他在1933年9月的日记中说:爱因斯坦的“经常的180度大转弯,犹豫不定和自相矛盾,比公开的敌人的顽固不化更要坏”。参见《爱因斯坦论和平》233页。——编译者

论　教　育[①]

在纪念的日子里，通常首先是追溯往事，尤其是要怀念那些由于发展文化生活而得到特殊荣誉的人们。这种对于我们先辈的亲切的纪念仪式确实是不可少的，尤其是因为这样一种对过去最美好事物的回忆适宜于鼓励今天的善良的人们去勇敢奋斗。但这种怀念应当由那些从青年时代起就同这个州联系在一起，并且熟悉它的过去的人来做；而不应当由一个像吉卜赛人[②]那样到处流浪把各种各样国家的经验兼收并蓄起来的人来做。

这样，就没有什么东西可留给我讲了，除了讲一些同空间和时间无关的，而过去和将来始终同教育事业联系在一起的问题。在作这一尝试时，我不能以权威自居，特别是因为各个时代的有才智的和善意的人们，都已讨论过教育这个问题，并且无疑已清楚地反复讲明了他们在这些问题上的见解。在教育学领域中，我是个半外行人，除却个人经验和个人信念以外，我的见解就别无基础。那么我究竟凭什么有胆量来大发议论呢？如果它真是一个科学的问

① 这是爱因斯坦于1936年10月15日在纽约州奥耳巴尼（Albany）纽约州立大学举行的“美国高等教育三百周年纪念会”上的讲话稿，最初发表在《学校和社会》（*School and Society*）杂志，44卷，589—592页上，题目叫“关于教育的一些想法”。这里译自《晚年集》31—37页，题目也是照《晚年集》的。——编译者

② 吉卜赛（Gipsy）是一个从亚洲迁徙到欧洲各国到处流浪的散居民族。——编译者

题，人们也许会被这样一些考虑弄得哑口无言了。

可是，对于能动的人类事务来说，情况是不同的。在这里，单靠真理的知识是不够的，相反，如果要不失掉这种知识，就必须以不断的努力来使它经常更新。它像一座矗立在沙漠上的大理石像，随时都有被流沙掩埋的危险。为了使这座石像永远照耀在阳光之下，必须挥手不停地为它工作。我也要出一臂之力。

学校向来是把传统的财富从一代传到下一代的最重要手段。与过去相比，这种情况更加适合于今天。由于经济生活现代化的发展，作为传统和教育的传递者的家庭已经削弱了。因此，比起以前来，人类社会的延续和健康，要在更高程度上依靠学校。

有时，人们把学校简单地看作是一种工具，靠它来把最大量的知识传授给成长中的一代。但这种看法是不正确的。知识是死的；而学校却要为活人服务。它应当发展青年人中那些有益于公共福利的品质和才能。但这并不是意味着个性应当消灭，而个人只变成像一只蜜蜂或蚂蚁那样仅仅是社会的一种工具。因为一个由没有个人独创性和个人志愿的规格统一的个人所组成的社会，将是一个没有发展可能的不幸的社会。相反地，学校的目标应当是培养有独立行动和独立思考的个人，不过他们要把为社会服务看作是自己人生的最高目的。就我所能判断的范围来说，英国学校制度是最接近于实现这种理想的。

但是人们应当怎样来努力达到这种理想呢？是不是要用道德说教来实现这个目标呢？完全不是。言辞是并且永远是空洞的，而且通向地狱的道路总是伴随着理想的空谈。但是人格绝不是靠所听到的和所说出的言语，而是靠劳动和行动来形成的。

因此，最重要的教育方法总是鼓励学生去实际行动。这对于初学的儿童第一次学写字是如此，对于大学里写博士学位论文也是如此，就是在简单地默记一首诗，写一篇作文，解释和翻译一段课文，解一道数学题目，或者进行体育运动锻炼，也都无不如此。

但是在每项成绩背后都有着一种推动力，它是成绩的基础，反过来，这种推动力也通过任务的完成而得到加强和滋养。在这里存在着非常大的差别，这种差别同学校的教育准则的关系极为重大。做同样的工作，它的出发点，可以是恐怖和强制，可以是追求威信和荣誉的好胜心，也可以是对于对象的诚挚的兴趣和追求真理与理解的愿望，因而也可以是每个健康儿童都具有的天赋的好奇心，只不过这种好奇心往往很早就衰退了。同样一件工作的完成，对于学生所产生的教育影响可以很不相同，这要看推动这项工作的主因究竟是怕受到损害的恐惧，是自私的欲望，还是对快乐和满足的追求。没有人会认为学校的管理和教师的态度对塑造学生的心理基础会没有影响。

我以为，对于学校来说，最坏的事是，主要靠恐吓、暴力和人为的权威这些办法来进行工作。这种做法摧残学生的健康的感情、诚实和自信；它制造出来的是顺从的人。这样的学校在德国和俄国成为惯例，那是没有什么可奇怪的。我知道在美国这个国家里，学校中不存在这种最坏的祸害；在瑞士，以及差不多在一切民主管理的国家里也都如此。要使学校不受到这种一切祸害中最坏的祸害的侵袭，那是比较简单的。教师使用的强制手段要尽可能地少，学生对教师的尊敬的唯一源泉在于教师的德和才。

第二项动机是好胜心，或者说得婉转点，是期望得到赞许和尊重，它根深蒂固地存在于人的本性中。要是没有这种精神刺激，人类合作就完全不可能；一个人希望得到它的同类赞许的愿望，肯定是社会对他的最大约束力之一。但在这种复杂的感情中，建设性的力量同破坏性的力量密切地交织在一起。想要得到赞许和表扬的愿望，本来是一种健康的动机；但如果要求别人承认自己比同伴或者同学更高明、更强，或者更有才智；那就容易在心理上产生唯我独尊的态度，这无论对个人和对社会都是有害的。因此，学校和教师必须防范使用那种容易产生个人野心的简单办法去引导学生从事辛勤的工作。

达尔文的生存竞争以及同它有关的选择的理论，被很多人引证来作为鼓励竞争精神的根据。有些人还以这样的办法试图伪科学地证明个人竞争这种破坏性经济斗争的必然性。但这是错误的，因为人在生存竞争中的力量全在于他是一个过着社会生活的动物。正像在一个蚂蚁窝里的个别蚂蚁之间的交战说不上什么是为生存所必需的，人类社会中各个成员之间的情况也是这样。

因此，人们应当防止向青年人鼓吹那种以习俗意义上的成功作为人生的目标。因为一个获得成功的人，从他的同胞那里所取得的，总是无可比拟地超过他对他们所作的贡献。然而看一个人的价值，应当看他贡献什么，而不应当看他取得什么。

在学校里和在生活中，工作的最重要动机是工作中的乐趣，是工作获得结果时的乐趣，以及对这个结果的社会价值的认识。启发并且加强青年人的这些心理力量，我看这该是学校的最重要任务。只有这样的心理基础才能导致一种愉快的愿望，去追求人的最高财产——知识和艺术技能。

要启发这种创造性的心理能力，当然不像使用强力或者唤起个人好胜心那样容易，但它是更有价值的。关键在于发展孩子对游戏的天真爱好和获得赞许的天真愿望，并且把孩子引向对于社会很重要的领域；这种教育主要是建立在希望得到有成效的活动能力和社会认可的愿望之上的。如果学校从这样的观点出发，工作很成功，那么它就会受到成长中的一代的高度尊敬，学校所规定的作业就会被当做一种礼物来领受。我知道有些儿童就对在学时间比对假期还要喜爱。

这样一种学校要求教师在他的本职工作上成为一种艺术家。为着要在学校中得到这种精神，我们能够做些什么呢？对于这个问题，正像无法使人永葆健康一样，并不存在包医百病的万灵丹。但是还有某些必要的条件是可以满足的。首先，教师应当在这样的学校里成长起来。其次，在选择教材和使用教学方法上，应当给教师以广泛的自由。因为强制和外界压力无疑也会扼杀他在安排他的工作时的乐趣。

如果你们是一直在用心地听取我的想法，有一件事也许你们会觉得奇怪。我所讲的完全是，依照我的见解，应当以怎样的精神来教导青少年。但是我既没有讲到课程设置，也没有讲到教学方法。究竟应当以文科为主，还是应当以理科专业教育为主呢？

对这个问题，我的回答是：照我的见解，这一切都是次要的。如果青年人通过体操和走路训练了他的肌肉和体力的耐劳性，以后他就会适合任何体力劳动。思想的训练以及智力和手艺方面的技能锻炼也类似这样。因此，有个才子讲得不错，他对教育下这样一个定义："如果一个人忘掉了他在学校里所学到的每一样东西，那么留下来的就是教育。”就由于这个理由，对于古典文史教育的拥护者同注重自然科学教育的人之间的抗争，我一点也不想偏袒哪一方。

另一方面，我也要反对认为学校必须直接教授那些在以后生活中要直接用到的专业知识和技能这种观点。生活所要求的东西太多种多样了，不大可能允许学校采取这样的专门训练。除开这一点，我还认为应当反对把个人当作死的工具来对待。学校的目标始终应当是：青年人在离开学校时，是作为一个和谐的人，而不是作为一个专家。照我的见解，在某种意义上，即使对技术学校来说，这也是正确的，尽管技术学校的学生将要从事的是一种完全确定的专门职业。发展独立思考和独立判断的一般能力，应当始终放在首位，而不应当把获得专业知识放在首位。如果一个人掌握了他的学科的基础理论，并且学会了独立地思考和工作，他必定会找到他自己的道路，而且比起那种主要以获得细节知识为其培训内容的人来，他一定会更好地适应进步和变化。

最后，我要再一次强调一下，这里所讲的虽然多少带点绝对肯定的样子，却并不要求它比一个人的个人见解具有更多的意义，这种见解所根据的只不过是他自己在做学生和当教师时所积累起来的个人经验而已。

支持西班牙人民的反法西斯斗争[1]

我首先要大声疾呼，为拯救在西班牙的自由，必须采取强有力的行动，我看这是一切真正的民主主义者义不容辞的责任。即使西班牙政府和西班牙人民没有表现出如此可歌可泣的大无畏精神和英雄气概，这种责任也还是应当存在。要是在西班牙丧失了政治自由，那就会严重危及在人权诞生地法国的政治自由。祝愿你们能够唤醒民众积极支持西班牙人民。……我衷心祝愿你们在这一正义的和意义深远的事业中取得成功。

---

① 这是爱因斯坦于 1937 年 4 月 18 日给纽约支援西班牙民主政府群众大会的电报，发表在 1937 年 4 月 19 日的《纽约时报》上，这里译自《爱因斯坦论和平》274 页。标题是我们加的。

二十世纪 30 年代初，随着资本主义世界空前的经济危机的爆发，法西斯势力像瘟疫一样在各国蔓延开来。为了同世界范围的猖獗的法西斯势力进行斗争，1935 年 7 月共产国际第七次大会号召各国人民建立广泛的反法西斯统一战线，争取成立反法西斯的人民阵线政府。1936 年 2 月，西班牙人民首先成立了人民阵线政府。4 月，法国也成立了人民阵线政府。德国和意大利法西斯政府把西班牙民主政府看作是眼中钉，于 1936 年 7 月策动军阀佛朗哥进行武装叛乱。这场由德、意军队直接插手的西班牙内战一直延续到 1939 年 3 月马德里陷落为止。当时世界各国进步人民激于义愤，纷纷组织志愿的国际纵队，开赴西班牙，参加马德里保卫战。纽约人民也于 1937 年 4 月 18 日举行了支援西班牙共和国的群众大会，参加的有 3500 人，爱因斯坦因病未能出席，由别人在大会上宣读了这份电报。在大会上讲话的有德国作家托马斯·曼(Thomas Mann)等。会上还进行了募捐，准备组织医疗队到西班牙前线服务。加拿大医师白求恩(Norman Bethune，1889—1939)就在这以前五个月到了马德里，坚持在那里战斗到 1938 年来中国为止。——编译者

道德衰败[①]

一切宗教、艺术和科学都是同一株树的各个分枝。所有这些志向都是为着使人类的生活趋于高尚，把它从单纯的生理上的生存的境界提高，并且把个人导向自由。我们较古老的大学都是从教会学校发展起来，这绝非偶然。教会和大学——就它们执行其真正的职责来说——都是为了使个人高尚。他们企图通过扩大道德上和文化上的谅解以及拒绝使用暴力来完成这一伟大任务。

教会的同非教会的文化机构在十九世纪就失去了本质上的一致性，而产生了无意义的敌对性。至于为发展文化而努力，却从来没有任何疑问。谁也不怀疑这个目标的神圣性。争论的只是途径问题。

最近几十年来，政治上和经济上的冲突及其错综复杂的关系，给我们带来了很大的危险，这些危险连上世纪最沮丧的悲观主义者也是梦想不到的。[②]《圣经》上关于人类行为的训喻，当时不论有无宗教信仰的人都承认是对个人和社会的不言而喻的要求。一个人如果不承认追求客观真理和知识是人的最高的和永恒的目

---

① 这是爱因斯坦于1937年10月为基督教青年会创建日所作的贺词，最初发表在《纽约时报》1937年10月11日。这里译自《晚年集》9—10页。——编译者

② 这是指法西斯势力在德、意、日三国攫取了政权以后，第二次世界大战爆发前夕的形势。——编译者

标，他就会不受人重视。

可是今天，我们不得不带着恐惧的心情承认，文明人类生存的这些支柱已失去了它们的坚固性。一些曾经占有一席崇高位置的民族向暴君们低头了，这些暴君肆无忌惮地公开宣称：凡是适合我们需要的就是公理！为真理而追求真理是不许可的，也是不可容忍的。专横的统治、压迫，对个人、信仰和公众的迫害，在那些国家里公开进行着，被认为是理所当然的，或者是无可避免的。

世界的其余部分对这些道德衰败的症状也已逐渐习以为常了。人们丧失了反对不义和维护正义的起码反应——这种反应，归根结底是防止人类不至于堕落到野蛮状态的唯一保障。我深信，热烈追求正义和真理的热忱，其为改善人类的状况所作的贡献，要胜过政治上的权谋术数，后者终究只会引起普遍的不信任。谁会怀疑摩西是一位比马基雅弗利更好的人类领袖呢？①

世界大战期间，有人想使一位荷兰大科学家②相信，在人类历史中，强权胜过公理。他回答说："我不能否定你的主张的正确性，但是我是知道，我绝不愿意生活在这样的世界里！"

让我们都像这个人一样地去思想，去认识，去行动，绝不接受

① 摩西(Moses)是公元前14世纪的犹太民族的领袖。马基雅弗利(Niccolò Machiavelli，1469—1527)是意大利的政治活动家和作家，主张铁腕政治和权术政治。他所著的《君主论》(*Il Principe*)鼓吹：为了夺取和巩固政权，应该完全摒弃道德，要凭机智，采取纯粹的权谋术数。为了达到政治目的，可以不择手段，收买、背叛、暗杀之类的方法都是正当的。这本书被一切搞阴谋诡计的政治野心家、阴谋家奉为经典，特别是20世纪30年代随着法西斯的浪潮曾经风行一时。——编译者

② 指洛伦兹(H. A. Lorentz)，参见本文集第一卷775页。——编译者

致命的妥协。为了保卫公理和人的尊严而不得不战斗的时候，我们绝不逃避战斗。要是我们这样做了，我们不久就将回到那种允许我们享有人性的态度。

我们对犹太复国主义的责任[①]

自从泰塔斯[②]征服耶路撒冷以来，犹太人共同体很少经历到一个时期比现在所遭受的压迫更大。真的，从某些方面来说，我们这个时代甚至比过去更不幸，因为今天移民的可能性比过去更为有限。

然而，不管多么不幸，不管在生活中带来的损失有多大，我们还是要在这个时代继续生存下去。像我们这样一个共同体，纯粹是由传统的原因而形成的，外部的压力只能使它更加巩固，因为今天每一个犹太人都感到，做一个犹太人，不论对他自己的共同体，还是对人类，都负有庄严的责任。归根结底说来，做一个犹太人，首先就意味着承认并在实践中遵循《圣经》上所规定的在人道方面的那些原则——要是没有这些原则，人们的健康愉快的共同体就不能存在。

由于我们关心巴勒斯坦的发展，今天我们聚集在一起。在这

---

① 摘自爱因斯坦在1938年4月17日在纽约市的康莫多旅馆（Commodore Hotel），由美国"全国工人支援巴勒斯坦委员会"举办的"第三次塞德节"（*Third Seder*）（"塞德节"是纪念古代犹太人从埃及出走的宗教节日）的庆祝会上的发言。这个发言发表在1938年4月28日在华盛顿出版的《新巴勒斯坦》（*New Pelestine*）上。这里译自《思想和见解》188—190页。——编译者

② 泰塔斯（Titus，公元39—81年），罗马皇帝，于公元70年征服并毁灭了耶路撒冷。——编译者

个时刻，有一件事必须首先予以重视：全体犹太人都该大大感激犹太复国主义的恩义。犹太复国主义运动在犹太人中恢复了共同体意识。这种共同体意识所实现的生产事业超过任何人们能期待的。遍及全世界的自我牺牲的犹太人都作出了贡献的，在巴勒斯坦的这种生产事业，把我们很大一批兄弟从极其悲惨的困境中拯救出来。特别是，它已经有可能把我们不算少的一批青年引向愉快的创造性的劳动生活①。

现在我们时代的致命的疾病——为盲目的仇恨所支持的夸大的民族主义——把我们在巴勒斯坦的工作带到一个最困难的境地。白天在地里种的庄稼必须在夜里武装保护以防范狂热迷信的阿拉伯不法之徒。一切经济生活都朝不保夕。事业精神消沉，而且已经出现了某种程度的失业（用美国的标准来衡量则不算严重）。

我们在巴勒斯坦的兄弟们团结一致和互相信任来对付这些困难，这是值得我们钦佩的。那些有职业的人自愿作出贡献，使失业者能够摆脱困境。大家情绪高涨，相信理性和安宁终将获胜。谁都知道，骚乱是那些不但想把我们陷入困境，特别是想把英国陷入困境有直接利害关系的人有意挑动起来的。谁都知道，只要取消外国津贴，匪徒的活动就会停止。

不过，我们在其他各国的兄弟绝不落后于那些在巴勒斯坦的兄弟们。他们也没有失去勇气，而是果断地和坚决地支持共同的事业。这是用不着说的。

① 参见本书64页正文和脚注②。——编译者

只是在分治问题上我还要讲一点个人的意见。我非常愿意看到同阿拉伯人在和平共处的基础上达成公平合理的协议，而不希望创立一个犹太国。除了实际的考虑以外，我所认识到的犹太民族的本性是同犹太国的思想相抵触的，而不管它的边界、军队和世俗权力多么有节制。我怕从内部损害犹太民族——特别是由我们自己的行列里发展起来的一种狭隘的民族主义所造成的损害——会持续下去，甚至在没有犹太国的时候，我们就已经不得不同这种狭隘的民族主义进行坚决的斗争。我们已经不再是马卡比①时代的犹太人了。回到政治意义上的国家，就等于离开我们共同体的精神，这种精神应归功于我们先哲的天才。如果外界的需要竟然迫使我们背上这种"国家"包袱，就只好让我们用机智和耐心去背上它吧。

还要讲一点关于整个世界目前的心理状态，这也是同我们犹太人的命运有关的。排犹运动常常是少数谋取私利者欺骗人民所使用的最廉价的手段。在这种欺骗上建立起来并且靠恐怖来维持的暴政不可避免地要被它自身所产生的毒害所毁灭。因为，日积月累的非正义行为的压力，使得人心中的道义力量加强了，这种力量会使公众生活得到解放并清除它的污泥浊水。祝愿我们的共同体由于它所遭受的苦难和所做的工作对于那些解放的力量的释放会有所贡献。

---

① 此处"马卡比"(Maccabee)系指"马卡比兹"(Maccabees 或 Maccabaeus)。按，马卡比兹是犹太爱国主义者家族，他们在公元前 175—前 164 年举行起义，把犹太民族从叙利亚的统治下解放出来，建立了一个祭司王朝。公元前 63 年，罗马帝国统帅庞培(Pompey)攻占了耶路撒冷，此后两千年，直到 1948 年成立以色列以前，犹太民族再没有建立过一个独立的国家。——编译者

道德和感情[①]

通过外界和内省的经验，我们大家都知道，我们的有意识的行动都是来自我们的愿望和我们的恐惧。直觉告诉我们，对于别人和对于高等动物也都是如此。我们都力图避开痛苦和死亡，而寻求安乐。我们的行动都受冲动所支配！而这些冲动加以有机的组合，使得我们的行动通常总是适合于保存我们自己和保存我们的种族。欲望、喜爱、痛苦、恐惧等这些内在力量，支配着各个人的自我保存的本能。同时，作为社会的人，在同别人的关系中，我们被同情、骄傲、仇恨、追求权力、怜悯等等这样的感情所激动。所有这些不容易用文字描述的原始冲动，都是人类行动的原动力。如果这些强有力的原始力量不再在我们内心扰动，那么所有这些行动就会停止下来。

尽管我们的行为似乎同高等动物大不相同，但是它们的原始本能却同我们的原始本能都很相像。最显著的差别在于，人的活动中起着重要作用的是比较强的想象力和思维的能力，以及辅助这些能力的语言和其他符号工具。思想是人的组织因素，它贯穿在作为起因的原始本能和作为结果而产生的行动这二者之间。这

---

① 这是爱因斯坦于1938年6月6日在美国斯沃思莫尔学院(Swarthmore College)学位授予典礼上的讲话。这里译自《晚年集》15—20页。——编译者

样，为原始本能服务的想象和理智就进入我们的生活之中。但是它们的参与，使得我们的行动不只是为我们本能的直接要求服务。通过它们，原始本能也就同那些离得更远的目的联系起来。本能把思想带进行动中来，思想又激起居间的行动，这些行动为同样与最后目的有关的感情所鼓励。经过多次重复，这种过程使观念和信仰获得并保持非常有效的力量，即使在给它们那种力量的目的早已被遗忘以后也仍然能保持下去。在对象已经完全失去它们原有的实际意义时，仍然存在着依附于这些对象的那种假借的强烈感情，在这种反常的情况中间，我们值得提一提拜物教。

我所说的这种过程，在日常生活中也还是起着非常重要的作用。确实无疑的是，由于这种过程——它可以说是感情和思想的一种净化——人们才有他们所能有的那些最微妙的、最高尚的乐趣；对艺术创造和思维的逻辑秩序的美的乐趣。

就我所能看到的来说，有一种考虑处于一切道德说教的开端。如果人们作为个人屈从于他们原始本能的命令，只为他们自身的利益而逃避痛苦、寻求满足，那么他们得到的全部结果，总起来必然是一种不安全的、恐怖的和混乱的痛苦状态。如果在这以外，他们从个人主义的，即自私自利观点出发来运用他们的才智，并且按照自由自在的幸福生活的幻想来建立他们的生活，情况也不会更好些。同别的原始本能和冲动比较起来，喜爱、怜悯和友谊这些感情是太脆弱也太狭隘了，不足以引导人类社会达到一种还可过得去的状态。

随便考虑一下，这问题的解决十分简单，它似乎总是同那些过去圣贤的教导所产生的回音同一个曲调：一切人都应当使他们的行为遵循着同样的原则；遵循这些原则，就应当给大家带来最大可能的安全和满足，以及最小可能的痛苦。

当然，这种一般性的要求太笼统了，以致我们不能有把握地由此引申出那些指导个人行动的特殊规则来。固然，这些特殊规则必然要随着环境的变化而变化。假如这就是妨碍那种美好的想法得以实现的主要困难，那么人类几千年来的命运一定会比过去和现在的实际情况不知道要幸福多少倍。这样，人就不会互相残杀，互相折磨，用暴力和欺诈去剥削别人。

使一切时代的圣贤束手无策的真正困难，倒是在于：怎样能使我们的教导工作在人的感情生活中变得这样有力，使它的影响能顶得住个人的原始精神力量的压迫？我们当然不知道过去的圣贤是否真正自觉地以这样的形式向自己提出过这个问题；但是我们是知道他们曾经如何努力去解决这一问题。

在人类远远还未成熟以前，也就是还没有面临这样一种普遍的道德态度以前很久，对于生活中危险的恐惧，使得人类想象出种种具有人性的鬼神来，这些鬼神在物理上人是觉察不到的，但是它们有本领使出令人生畏的或者令人欢迎的各种自然力。他们所相信的那些到处支配着他们的想象的鬼神，是他们按照自己的形象在头脑里制造出来的，但是它们却被赋有超人的本领。这些鬼神就是上帝这一观念的原始形式。这种信仰最初来自那些充满在人的日常生活中的恐惧，相信这种鬼神的存在和它们有超凡的本领，这对于人类及其行为曾经产生过我们难以想象的巨大影响。因此，毫不奇怪，那些着手建立一种对所有的人都一律适用的道德观念的人，都把这种观念同宗教密切结合起来。至于这些道德要求对于所有的人都是同样的，这一事实也许同人类从多神教进到一神教的宗教文化的发展有很大关系。

因此，普遍的道德观念由于同宗教结合起来就获得了最初的精神力量。但在另一种意义上，这种密切结合却是道德观念的致命伤。一神教在不同的民族和不同的人群中间有不同的形式。尽管这些差别绝不是根本性的，可是不久它们就比共同的本质更为人们所重视。因此，宗教时常引起了敌对和冲突，而不是用普遍的道德观念使人类团结起来。

随后，自然科学成长起来了，它给思想和实际生活以巨大影响，并且在近代进一步削弱了各族人民的宗教感情。因果的和客观的思想方式——虽然它不一定同宗教活动相矛盾——使得多数人不大有可能加深宗教感情。而由于宗教同道德之间传统的密切联系，在最近一百年左右，又带来了道德思想和道德感情的严重削弱。照我看来，这就是我们这个时代的政治方式的日趋野蛮化的主要原因。再加上新的技术方法的惊人效率，这种野蛮化已成为文明世界可怕的威胁。

不用说，宗教为实现道德原则而努力，这是人们所高兴的。但是道德训示不单是同教会和宗教有关，而且是全人类最宝贵的遗产。试从这种观点来考查一下报刊或学校的状况以及它们的竞争方法！在那里，支配一切的是对效率和发迹的崇拜，而不是同人类社会道德目的有关的事和人的价值。此外，还必须加上由无情的经济斗争所造成的道德败坏。但是，在宗教范围之外有意识地培养道德感，也会有好处，那就是可以引导人们把社会问题看成是为达到美好生活而愉快服务的许多机会。因为从一个单纯的人的观点来看，道德行为并不意味着仅仅严格要求放弃某些生活享受的欲望，而是对全人类更加幸福的命运的善意的关怀。

这种概念意味着有一个高于一切的要求，那就是，每个人都应当有机会来发展他的潜在天赋。只有这样，个人才会得到他所应得的满足；而且也只有这样，社会才会达到它最大的繁荣。因为凡是真正伟大的并且激动人心的东西，都是由能够自由地劳动的个人创造出来的。只有为了生存安全的需要，限制才是合理的。

这种概念还导出了另一件事——我们不仅要容忍个人之间和集体之间的差别，而且确实还应当欢迎这些差别，把它们看作是我们生活的丰富多彩的表现。这是一切真正宽容的实质；要是没有这种最广泛意义上的宽容，就谈不上真正的道德。

按以上简略阐明的意义来说，道德并不是一种僵化不变的体系。它不过是一种立场、观点，据此，生活中所出现的一切问题都能够而且应当给以判断。它是一项永无终结的任务，它始终指导着我们的判断，鼓舞着我们的行动。你们能不能设想真正具有这种理想的人对下面这些情况会感到满意：

要是他从他的同胞那里得到的物质和服务方面的报酬大大超过大多数人曾经得到的，他能心安理得吗？

要是他的国家由于感到自身的军事安全暂时不成问题就对创立一个安全和正义的超国家制度这种雄心壮志表示敬而远之，他能对此无动于衷吗？

当世界上其他地方无辜人民受到残酷的迫害，被剥夺权利，甚至被屠杀时，他能袖手旁观，甚至漠不关心吗？

提出这些问题，就是回答这些问题！

在美国商人最吃香

——1938 年 8 月 8 日给贝索的信[①]

〔上略〕

关于你的侄子[②]，我觉得情况是这样：在美国，只有那些亲自到来的人才有办法。各大学都已人满，而且还排犹。但是，有耐心，运气好，有人事关系的话，有时也会得到位置。风度才华在这里很少有人欣赏。尤其是商人成了这个国家的圣人。我的意思是说，一种新式的袜带比一种新颖的哲学理论更吃香。不过，我在这里还是很高兴的，很少有人宁愿回到更加精明狡猾的欧洲去。我知道，你对意大利怀有根深蒂固的偏爱，如同大多数德国犹太人对德国那样。这种感情上的偏爱，其根源应当追溯到我们渴望在这个动荡不定的地球上有一个安稳的家，而我们已成为骗人的幻想的牺牲品：认为非犹太人有这样的家，而我们却没有。但是，我认为，要是一个有理性的人在家里不能够畅所欲言，这样的家就算不了一个家。有一个娶了犹太女子的德国法学家，一个非犹太人，在这里好不容易才勉强维持生活，当我问他是不是思念故乡时，他回

---

① 译自《爱因斯坦-贝索通信集》321—322 页。由李澍泖同志译。标题是我们加的。——编者

② 贝索于 1938 年 5 月 19 日写信给爱因斯坦，请爱因斯坦为他的侄子图奇（Tucci）在美国找工作。——编者

答我说:“可是,我不是犹太人呀!”这个人懂得这个道理。

给你的侄子在这里找一个适当的位置,我大概帮不了多少忙。我虽然鼎鼎大名,但是离群索居,几乎没有什么人事关系,有的就是一大堆信件,这些信件大部分不能不是有来无回的。尽管如此,我的推荐也许还能建立一种信任的气氛。

在科学上,我正经历一个很有意思的时期。你知道,我从来不相信物理学能够以本质上是统计学的那些东西为基础,尽管量子论已获成功。经过二十年徒劳无功的探索以后,我终于在今年找到一个有前途的场论。它符合卡卢查(Kaluza)关于电场本质的思想。论文印好后,我将寄给你。

我一直在同两三个比较年轻的人一起工作,他们替我做些计算工作。显然,岁月是不饶人的,我在工作上也不能不有所克制。

我相信,欧洲政治上的破产将会继道德沦丧而来。这在很多方面同一千五百年以前的情况相似。还不明白,为什么文明总是从它内部往外烂。也许长期的、有秩序的生活破坏了那种把一个社会维持下去的心理力量。

给五千年后子孙的信[①]

我们这个时代产生了许多天才人物，他们的发明可以使我们的生活舒适得多。我们早已利用机器的力量横渡海洋，并且利用机械力量可以使人类从各种辛苦繁重的体力劳动中最后解放出来。我们学会了飞行，我们用电磁波从地球的一个角落方便地同另一角落互通信息。

但是，商品的生产和分配却完全是无组织的。人人都生活在恐惧的阴影里，生怕失业，遭受悲惨的贫困。而且，生活在不同的国家里的人民还不时互相残杀。由于这些原因，所有的人一想到将来，都不得不提心吊胆和极端痛苦。所有这一切，都是由于群众的才智和品格，较之那些对社会产生真正价值的少数人的才智和品格来，是无比的低下。

我相信后代会以一种自豪的心情和正当的优越感来读这封信。

---

① 1938年10月在纽约东北郊预计于1939年春季开幕的世界展览会工地上，把一些纪念品装在一只坚固的金属封包里，埋在地下，准备等五千年后（即公元6939年）让后代子孙把它掘出来打开。爱因斯坦这封信也封在里面。这封信最初发表在1938年9月16日的《纽约时报》上，《晚年集》、《思想和见解》和《爱因斯坦论和平》都收录。这里主要根据《爱因斯坦论和平》284—285页译出。但该书编者说这封信写于1939年夏天，显然不确。《晚年集》编者说写于1938年8月10日，该较可靠；但却说在《晚年集》出版（1950年）以前从未发表过，显然也不确。标题是我们加的。——编译者

张伯伦是什么东西?

——1938年10月10日给贝索的信[①]

〔上略〕

你信任英国人,甚至张伯伦吗?[②] *O sancta simpl* 〔*icita*〕!(多么虔诚的无知啊!)[③]他牺牲东欧而希望希特勒向俄国发泄他的怒火。但是,我们将会看到,在这里诡计绝不会有多大成果。他在法国把左派挤到角落里,而把另一些人捧上台,这些人奉行的金科玉律是:"宁愿要希特勒,也不要赤党分子。"毁灭西班牙的政策已经清楚地说明了这一点。现在,他在最后关头挽救了希特勒,一面把爱好和平的桂冠戴在头上,一面又驱使法国去出卖捷克人。

---

① 译自《爱因斯坦-贝索通信集》330—331页。由李澍泖同志译。标题是我们加的。——编者

② 1938年9月29日,贝索在给爱因斯坦的信中称赞了慕尼黑事件的策划者张伯伦。他写道:"现在,四大国正在聚会……其中有一个人,大概是历来在政界举足轻重的人们当中可以算得上最纯粹的人。"为此,爱因斯坦写了这封回信,批评了他。——编者

③ 这是杰罗姆(Jérôme)受火刑时说的一句名言。杰罗姆1365年生于布拉格,是中欧最早的宗教改革领袖之一。他同胡斯(Johann Hus,1370—1415)都热烈宣传英国宗教改革家威克利夫(John Wiclif,1324—1384)的主张。胡斯于1414年被诱骗出席康斯坦斯(Constance)宗教会议,会议上被捕。1415年4月杰罗姆去康斯坦斯,企图为狱中的胡斯辩护,未果,他本人也就被捕。胡斯于1415年7月6日被处火刑,杰罗姆也于1416年5月30日被处火刑。当他被绑在火刑桩上、脚下燃起柴火时,有一个老年妇女把一根柴火添到他脚下的柴堆上,他淡然地说了一句:"多么虔诚的无知啊!"——编者

他做得如此巧妙，把大多数人骗了，连你也骗了（可惜）。他唯一担心的是，怕希特勒垮台，这种担心曾使他做了几次屈辱性的飞行[①]。对于欧洲的前途，我不再看重。美国有力地参与了扼杀西班牙的行动。因为，实际上统治着这里的是金钱和对布尔什维克的恐惧感，尤其是有产者为自己的特权所怀有的担心。要是我没有什么研究工作可做，我就不想活下去了。无论如何，人现在已经老了，作为一个个人，就不必再去想远一点的未来，这倒也好。

我把我们最近的文章[②]寄给你，对于它的进一步发展我寄以很大的希望。我一如既往地坚信，把自然规律加以几率化，从更深邃的观点看来，是个歧途，尽管统计法获得了实际上的成功。从这篇文章你还根本看不出这件工作的物理含义。但是，它的纯逻辑性一定会使你高兴，而从物理本身的观点来看，是否能从中做出什么东西来，那是另一件事。

你将退休，我为你高兴。你长时间地拉着那辆无聊乏味的破车，它却哪儿都去不了。在你的晚年，你可以多多思索。柏拉图就曾经希望，在他那个特权阶级里，凡是年过半百的人都能这样。

〔下略〕

① 指当年张伯伦来往于伦敦和慕尼黑之间。——编者

② 指的是爱因斯坦同 P. G. 柏格曼（Bergmann）合写的论文《卡鲁查电学理论的推广》（*Generalization of Kaluza's theory of electricity*），发表在《数学杂志》，39 卷（1938 年），683—701 页。——编者

他们为什么要仇视犹太人?[1]

我想先给你们讲一个古代寓言,但稍微改动了一下——借用这个寓言可以轮廓鲜明地勾勒出政治上排犹主义的主要动机:

牧童对马说:"你是脚踩在地上的最高贵的走兽。你应当过着无忧无虑的幸福生活;要不是因为那奸诈的雄鹿,你的幸福确实该是完满的。但他从小就把腿锻炼得比你还敏捷。他的更快的脚步使他能比你先跑到水坑。他和他的同类到处把水喝光了,而你和你的小驹只落得无水解渴。跟我住在一起吧!我的才智和指导将把你和你的同类从凄惨和屈辱的状况中解救出来。"

出于对雄鹿的嫉妒和憎恨,马就盲目地同意了。他让牧童把笼头套在自己头上。从此他就失去了自由,成为牧童的奴隶。

在这个寓言里,马代表人民,牧童代表企图绝对统治人民的阶级或帮派;另一方面,雄鹿代表犹太人。

我会听到你们说:"这是一个最不像样的寓言!没有一种动物会愚蠢得像你的寓言中的马那样。"但让我们再稍加思索。马受了口渴的苦痛,每当他看到敏捷的雄鹿跑得比他快时,他的虚荣心就被刺痛。你们这些不知道这种苦痛和烦恼的人,也许难以理解憎

---

① 此文最初发表在1938年11月26日出版的纽约《柯里尔杂志》(*Collier's Magazine*)上。这里译自《晚年集》245—253页和《思想和见解》191—194页。——编译者

恨和盲目性会驱使马行动得那样鲁莽、轻率、容易受骗。但是马确实容易成为这种诱惑下的牺牲者，因为他以前的苦难为他犯这样的愚蠢错误准备了条件。下面的格言里有很多真理：要作公正的和明智的忠告——对别人！——是容易的，但要使自己公正而明智地行动却很困难。我可以完全有把握地告诉你们：我们大家常常在扮演着像马这样的悲剧角色，而且还有一再受到诱骗的危险。

这个寓言所讲的情况，在个人和民族的生活中一再出现。简单地说，我们可以认为它是这样的一种手法：把对某个人或某群人的憎恶和仇恨转移到另一个或另一群无力自卫的人的身上。但是为什么寓言中雄鹿这个角色时常要落到犹太人的身上呢？为什么犹太人会那么经常引起群众的仇恨呢？主要是因为几乎一切国家里有犹太人，而且因为他们到处都分散得太稀疏，以致无法防御猛烈的攻击。

不久以前的几个例子可以证明这一点：在十九世纪末，俄罗斯人民被他们政府的暴政所激怒。外交上的愚蠢失策又进一步激起了他们的愤慨，一直达到就要爆发的程度。就在这一发千钧之际，俄国的统治者为了转移视线，煽动群众对犹太人的仇恨和暴行。自从俄国政府把危险的 1905 年革命淹没在血泊之中以后，这种策略就被反复运用——而这种奸诈的手段帮助了这一可恨的政权维持到世界大战快结束的时候。

当德国人在他们的统治阶级所策划的世界大战失败了以后，就立即责备犹太人，说他们首先煽起战争，然后又使战争失败。过了些时候，这种企图得逞了。对犹太人的仇视，不仅保护了特权阶级，而且使得无耻横暴的一小撮能够把德国人民置于完全奴役的状态之中。

在历史进程中，加给犹太人的罪名层出不穷——这些罪名无非是要为那些加在他们身上的暴行找根据。捏造他们曾在井里放毒。胡说他们为了宗教仪式而屠杀儿童。虚伪地指控他们有一个计划企图在经济上统治和剥削全人类。写出伪科学的书污辱他们是劣等的、危险的种族。说他们为了自私的目的而煽起战争和革命。把他们说成既是危险的改革者，又是真正进步的敌人。控告他们在同化的伪装下渗入国民生活中来篡改民族文化。同时，还非难他们顽固不化，以致不可能适应任何社会生活。

加给他们的罪名几乎是无法想象，罪名的捏造者一直知道这些罪名都不是真实的，但它们却一再影响着群众。在不稳定和混乱的时期，群众倾向于仇恨和残暴；而在和平时期，人性的这些特征只是偷偷地流露出来。

直到这里，我所讲的还只是对犹太人的暴行和压迫——而没有说到作为一种心理现象和社会现象的排犹主义本身，这种现象即使在不发生反对犹太人的非常行动的时候和环境中，也是存在着的。在这种意义上，它可叫做潜在的排犹主义。它的基础是什么呢？我认为，在一定的意义上，人们实际上可以把它看作是民族生活中的一种正常表现。

在一个国家里，任何集团的成员之间的联系，比他们同其他居民之间的联系是要更紧密些。因此，只要这些集团仍然保持着差别，国家的内部就永远免不了有摩擦。我认为，全体人民的完全一律，即使可以做到，也不是值得向往的。由于共同的信念和宗旨，相同的兴趣，在任何社会里都会产生集团，每一集团在某种意义上总是作为一个整体而行动的。在这些集团之间总会有摩擦——这同个人之间存在着嫌恶和竞争一样。

这种集团的必要性，在政治领域里，对于政治党派的形成也许最容易看得出来。要是没有党派，任何国家公民的政治兴趣势必要衰弱下去。也就不会有自由交换意见的讲坛。个人会被孤立，而不可能表明他的信念。而且，只有通过那些具有同样倾向和同样目的的人的相互鼓励和相互批评，政治信念才能成熟并增长起来；而政治同我们文化生活的其他任何领域没有什么两样。比如，大家都承认，在宗教热情很强烈的时代，会产生不同的教派，它们的竞争普遍促进宗教生活的成长。另一方面，大家都清楚，集中——即消灭独立的集团——在科学和艺术上会导致片面性和僵化，因为这种集中压制了，甚至禁止了不同意见和研究方向的任何竞争。

犹太人究竟是什么样的人？

集团的形成在人类致力的一切领域里都有着生气勃勃的影响，这也许主要是由于不同的集团所代表的信念和宗旨之间的斗争所引起的。犹太人也以自己的明确特征形成了这样一种集团，而扰犹主义也无非是在非犹太人中间由犹太人集团所引起的一种敌对态度。这是一种正常的社会反应。要不是因为它产生了政治上的辱骂，它绝不会获得这样一个专门的称呼。

犹太人集团的特征是什么？首先，犹太人是什么样的人？关于这个问题，没有什么便当的答案。最明显的答案会是：犹太人是具有犹太人的信仰的人。这种答案的肤浅性用一个简单的比喻就可一语道破。让我们问：蜗牛是什么？同上面答案相类似的一个回答可以是：蜗牛是一种栖息在蜗牛壳里的动物。这个答案不是完全不正确；当然也不是完备的；因为蜗牛壳恰巧只是蜗牛的物质产品之一。同样，犹太人的信仰也只是犹太共同体的特征产物之一。此外，大家都知道，蜗牛去掉它的壳仍旧是蜗牛。一个放弃了他的信仰（从这个词的表面意义来说）的犹太人，情况也是一样。他依旧是一个犹太人。

每当人们试图解释一个集团的本质特征时，这种困难总会出现。

几千年来使犹太人联结在一起，而且今天还在联结着他们的纽带，首先是社会正义的民主理想，以及一切人中间的互助和宽容的理想。甚至在犹太人最古老的宗教经文里，就已浸透了这些社会理想，这些理想强烈地影响了基督教和伊斯兰教，并且对大部分人类的社会结构都有良好的影响。这里还应当提到每星期休息一天的规定——这对全人类是一个意味深长的福祉。像摩西、斯宾诺莎和卡尔·马克思这样一些人物，尽管他们并不一样，但他们都为社会正义的理想而生活、而自我牺牲；而引导他们走上这条荆棘丛生的道路的，正是他们祖先的传统。犹太人在慈善事业领域里的独特成就，也出自同一来源。

犹太传统的第二个特征是高度尊重各种形式的理智的追求和精神的努力。我深信，犹太人对知识（就最广泛意义来说）进步所作的贡献，完全出于这种对理智努力的高度尊重。鉴于他们人数较少，而且在他们前进道路上经常受到来自一切方面的外界的许多阻碍，他们所作的贡献之广理应受到一切正直的人的赞扬。我深信，这不是什么天赋独厚，而是由于犹太人对理智成就的尊重，造成了一种气氛，特别有利于发展可能存在的各种才干。同时，他们还有一种强有力的批判精神，能防止对人间任何权威的盲目服从。

这里我只限于举出这两个我认为是最根本的传统特征。事情不论大小，都同样体现出这些标准和理想。这种传统由父母传给子女，也浸染了朋友之间的谈话和判断，充满在宗教的经典里，并且给这个集团的公共生活以其特有的烙印。我认为犹太人性格的本质就是这些独特的理想。这些理想只能不完全地体现在这个集团里——表现在它实际的日常生活中——这是很自然的事。可是，要想对一个集团的根本特征给以简单明了的表示，办法总是对它的理想进行描述。

压迫是一种刺激

在前面，我把全体犹太人设想为一种具有共同传统的共同体，但无论朋友和敌人却常断言：犹太人代表一个种族，他们特有的行为是由那些世代相传的**遗传**的固有品质所造成的。这种见解由于几千年来犹太人主要是在他们内部通婚这一事实得到论据的分量。这样一种习俗确实可以**保住**一个纯一的种族，如果这种纯一性本来就存在的话；但如果原来就是一个种族上的混合体，它就不能**制造出**种族的纯一性。然而犹太人无疑是一个混杂的种族，正像我们文明国家里一切别的集团一样。诚实的人类学家都同意这一点;相反的说法全都是政治宣传,因之必须予以驳斥。

犹太人集团之所以兴旺,也许不只是靠着它自己的传统,而且还靠着它在世界上老是受着压迫和敌视。它能继续生存好几千年,其中一个主要原因无疑就在这里。

前面我们简单刻画其特征的犹太人集团,约有一千六百万人——不到全人类总数的百分之一,或者大约为今天波兰人口的一半。作为政治因素,他们的意义是微不足道的。他们几乎散布在全世界,而且没有组织成为一个整体——这意味着他们在任何方面都不可能有一致行动。

谁要是仅仅根据犹太人的敌人所说的来构成犹太人的形象,那么他就会得出结论,认为犹太人代表着一种世界势力。初看起来,这似乎是完全荒谬的;但我认为,这里面却有一定的意义。作为一个集团,犹太人也许没有什么力量,但他们各个成员的成就加在一起,却处处都是显著而可观的,即使这些成就是在种种阻碍之下才取得。由于洋溢在这一集团里的精神把那些潜藏在个人中的力量激发了起来,使得各个人被鼓励去从事自我牺牲的工作。

因此,那些有理由不愿意看到群众的启蒙的人,就会来仇恨犹太人。他们害怕理智上独立的人的影响,比害怕世界上别的任何东西都要厉害。在这一点上,我看到了今天德国猖狂地对犹太人野蛮仇视的根本原因。在纳粹这个集团看来,犹太人不仅是一种工具,可用来转移人民对他们自己,即对压迫者的愤懑;他们还认为犹太人是一种不能同化的元素,不能强使它无批判地接受教条,因此——只要它还存在着——他们的权威就会受到威胁,因为它坚持对人民群众的启蒙。

在纳粹篡夺了政治以后不久,就上演了隆重的焚书仪式;这件事足以令人信服地证明上述看法已接触到了问题的核心。这种从政治观点看来是无意义的举动,只能理解为一种感情的自动爆发。正因为如此,我觉得它比许多具有更重大的目的和实际上更重要的举动,都更能说明问题。

在政治学和社会科学领域里,对推广得太远的概括,产生了一种合理的不信任感。当思想受到这种概括的控制太大的时候,对特殊的因果关系就容易引起错误的解释,对事件的实际的复杂性会作出不公正的判断。可是另一方面,放弃概括,就意味着完全放弃了解。为了这个理由,我相信人们不妨而且也必须冒着风险去进行概括,只要他们对它的不确定性保持着清醒的头脑。根据这种精神,我才愿意尽可能谨慎地来表述我对排犹主义的看法,这种看法是从一个带普遍性的观点来考虑的。

在政治生活中,我看到有两种相反的倾向在起着作用,它们一直在相互斗争着。第一种是乐观的倾向,它来自这样的信仰:个人和集团的创造力的自由扩展,本质上能导致一个令人满意的社会状态。它认识到需要一个在个人和集团之上的中央权力,但承认这种权力只起着组织和调节的作用。第二种是悲观的倾向,它假定个人和集团的自由相互作用导致社会的破坏;因此它企图把社会的基础完全放在权威、盲目服从和强迫之上。实际上这种倾向只在一定限度内才是悲观的:因为对于那些掌握权力和权威的人,以及想要成为这样的人来说,它倒是乐观的。这第二种倾向的信徒是自由集团的敌人,也是独立思考教育的敌人。而且他们是政治上排犹主义的贩运者。

在美国这里，大家都在口头上支持第一种乐观倾向。不过，第二种倾向还是有强烈的表现。它到处出现，尽管大部分场合下它把真相隐蔽起来。它的目的是由少数人通过控制生产手段的迂回道路，在政治上和精神上来统治人民。它的倡导者已在试图利用排犹主义以及对别的各种集团的敌视这一武器。今后他们还会重复这种企图。但由于人民有健全的政治本能，到目前为止，所有这些企图都已告失败。

这种情况在将来仍会继续下去，只要我们坚持这样一条准则：谨防谄媚者，尤其是当他们来鼓动仇恨的时候。

关于民主和学术自由问题[①]

问：科学家怎样能够保证研究的自由和使他的研究成果的应用有益于社会呢？

答：研究自由和研究结果在社会上能否有益地应用，要取决于政治因素。这就解释了为什么科学家不能以专家的身份，而只能以公民的身份来发挥他们的影响。它也进一步解释了为什么科学家为了自由地进行科学研究，有义务在政治上积极起来。他们应当有勇气同时作为教育者和政论家，明确地表明他们那些来之不易的政治和经济方面的信念。通过组织和集体的行动，他们应当尽力保护他们自己和社会，不使言论自由和教学自由受到任何侵犯，并且他们应当在这方面永远保持警惕。

问：对于那些违反《独立宣言》[②]和《人权法案》[③]的字义和精神的种族歧视、宗教歧视，以及别种形式的歧视，科学家和教育家应该怎样同心协力来同他们进行斗争？学校怎样才能最好地担负起作为民主堡垒所应负的责任？

---

① 这是爱因斯坦于1939年2月初写的答复"纪念林肯诞辰保卫民主和学术自由委员会"所提的问题。它最初发表在《纽约时报》1939年2月6日第19页上。这里译自《爱因斯坦论和平》283—284页。标题是我们加的。——编译者

② 《独立宣言》是美洲的英国殖民地人民开始进行反英的独立革命战争的第二年(1776年)宣布的，它宣告各殖民地脱离英国，自己建立独立国家。——编译者

③ 《人权法案》是1791年通过的美国宪法第一至第十条修正案。——编译者

答:学术自由和保护种族上与宗教上的少数,构成民主的基础。使这条真理有充沛的生命力,并且认清个人权利不可侵犯的重大意义,是教育的最重要的任务。教师负有很大的责任,因为他有很多可以作出有效行动的机会。没有特殊的方法能保证在这些重要问题上取得胜利。比一般的知识和理解更为重要的,是理智的气氛和教师本人树立的榜样。

问:政府怎样才能最有效地来帮助科学和文化的扩展?

答:政府能够而且应当保护所有的教师不受任何经济压迫,这种经济压迫会影响他们的思考。它应当关怀出版好的、廉价的书籍,并且广泛地鼓励支持普及教育。它还应当使那些经济困难的学生有可能获得同他的才能相适应的智力训练和专业训练。最后,学校制度不应当让集权的中央当局来管理,因为这样容易造成强制性的服从;同时也应当尽可能地不依靠私人资本。

厄运的十年

——《我的世界观》续篇[①]

重读我在将近十年前所写的那篇短文[②],我得到了两个奇特的相反的印象。我当时所写的,在实质上似乎始终还是正确的;但是,一切又似乎非常遥远和陌生了。这怎么可能呢?在这十年当中,是世界已经起了那么深刻的变化呢?还是仅仅因为我多活了十年,因而用一种改变了的灰暗的眼光来看待每件事情呢?在人类历史中,十年时间算得了什么?比起这段短暂的时间来,难道不应当把一切决定人类生活的力量都看作是不变的吗?是不是我的判断力容易发生错误,以致在这十年中我身体的生理变化会那么深刻地影响我的人生观呢?我觉得,这些理由显然都不足以解释我对待一般人生问题的感情变化。这种奇特变化的原因也不能在我自己的外界环境里找到;因为我知道,在我的思想和感情中,外界的环境总只是起着次要作用。

不,这里必定有完全不同的另一种东西。在这十年中,我对文明人类社会的稳定性的信心,甚至对它的生存能力的信心已大大

---

① 这是爱因斯坦 1939 年写的《我的世界观》一文的续篇,最初发表在费迪曼(C. Fadiman)编的《我信仰》(*I Believe*,1939 年纽约 Simon & Schuster 出版)一书中。这里译自《爱因斯坦论和平》280—282 页和《晚年集》6—8 页。——编译者

② 指作者在 1930 年写的《我的世界观》一文,见本书 55—59 页。——编译者

消失了。人们感觉到，不仅人类文化遗产受到威胁，而且人们愿意不惜任何代价加以保护的一切东西，它们的价值都被贬得太低了。

固然，头脑清醒的人总是深切地体会到人生是一种冒险，生命永远必须从死亡中去夺取。有些危险是外来的：人会从楼上跌下来而折断颈骨，会不是由于自己的过错而失掉生计，会无辜被判罪，还会被诽谤所毁灭。生活在人类社会中就意味着各种各样的危险；但这些危险在性质上都是无规律的，都是受着偶然性的支配的。个人为其一份子的人类社会，作为整体来看似乎是稳定的。而用审美的和道德的理想来衡量，它无疑是不完美的。但是整个说来，人们对它还是感到亲切的，除了各种各样的意外事件，人们在那里也还是感到比较安全。人们接受它的各种内在的品质，就像呼吸空气一样的自然。甚至道德标准、志向和习俗的道理也都理所当然地被认为是一切文明人类所共有的不可侵犯的遗产。

不错，第一次世界大战已经动摇了这种安全感。生命的神圣性消失了，个人不再能做他所愿做的事和到他所喜欢去的地方去。说谎被尊为政治工具。然而，战争一般人还认为是一种外来的事件，只有一部分是，或者完全不是人的有意识和有计划的行动的结果。它被认为是对人类正常生活的一种外来的干扰，并且被普遍认为是不幸的、罪恶的。关系到人类的目的和价值①的安全感，大部分仍然毫不动摇地保存着。

政治事件尖锐地标志着随后的发展，但是，这些政治事件却没有它们的那个不易为人所理解的社会-心理背景那样影响深远。

---

① 这里的“价值”(*values*)是指社会准则和道德标准。——编译者

首先是一个短暂而有希望的前进步骤，表征它的是通过威尔逊的宏伟的倡议而创立国际联盟，并且建立了国家之间的集体安全制度。然后是法西斯国家的形成，伴随着它的是一系列的撕毁条约，侵犯个人和侵犯军事上较弱国家的赤裸裸的暴行。集体安全制度就像纸房子一样倒塌下来——这种倒坍的后果，甚至到今天还是无法估量的。这表明了有关国家中的领导集团的软弱无能和缺乏责任心，也表明了那些表面上还未受损害的民主国家的领导集团目光短浅的自私心理，这种私心使它们无法作任何有力的还击。

事情的发展甚至比有最深洞察力的悲观主义者所敢预言的还要坏。在欧洲，在莱茵河以东，知识分子的自由活动实际上已不再存在，人民忍受着那些夺得政权的匪徒的恐怖统治，青年人受着系统的谎言的毒化。政治冒险家的虚假成功愚弄了世界的其余部分；到处显得这一代人缺乏气魄和力量，而以前几代人就是靠着这种气魄和力量，才能够在痛苦的斗争和巨大的牺牲中赢得人类的政治自由和个人自由。

意识到事态的这种情况，我目前生活的每时每刻都笼罩着阴影，而在十年以前这种意识并没有占据我的思想。正因为如此，当我重读当年所写的东西，我不禁百感交集，慨叹无尽。

但是我也知道，从整个来看，人类是改变得很小的，尽管各个时代流行的观念使得人类在不同时代有着非常不同的表现，也尽管一定时代的事件会像现在这样使得人类受到不可想象的痛苦。除了在历史书中留下可怜的几页，来向后代的青年简单地描述他们祖先的愚蠢，此外，将不会再留下什么了。

目 标①

在十九世纪以及再前一个世纪的一部分年代里，曾经广泛地认为知识与信仰之间有着不可调和的矛盾。那时，先进人物之间流行着这样的见解：这个时代应当是知识日益代替信仰的时代；不以知识为根据的信仰就是迷信，因此必须加以反对。根据这种想法，教育的唯一职能就是打开通向思考和知识的道路，而学校，作为人民教育的主要机关，应当专门为这个目的服务。

人们大概很难找到——如果毕竟有的话——用这样粗鲁的形式表达出来的理性论观点；因为任何明智的人都会立即看出，这样来陈述见解是多么片面呀。但是，如果人们想在头脑里弄清问题的实质，不妨把观点赤裸裸地全都讲出来。

的确，信念最好能由经验和明晰的思想来支持。在这一点上，人们必须毫无保留地同意极端理性论者的想法。但是他们这种想法的弱点在于，那些为我们的行为和判断所必需的并且起决定作用的信念，不是单靠沿着这条坚实的科学道路就能够找到的。

因为科学方法所能告诉我们的，不过是各种事实是怎样相互

① 这是爱因斯坦于1939年5月19日在普林斯顿神学院为“美国全国神学院联合会东北区会议”上的讲话，当时只是以油印形式流传着。第一次正式发表在1950年出版的文集《晚年集》中，但标题改为“科学和宗教（之一）”。这里译自《思想和见解》41—44页，标题则照最初所用的。——编译者

联系、相互制约的。而想要获得这种客观知识的志向，则是人们能有的一种最高尚的志向，你们一定不会怀疑我要贬低人们在这个领域里的成就和英勇的斗争。但同样明白的是，关于"**是**什么"这类知识，并不能打开直接通向"**应当是**什么"的大门。人们可能有关于"**是**什么"的最明晰最完备的知识，但还不能由此导出我们人类所向往的**目标**应当是什么。客观知识为我们达到某些目的提供了有力的工具，但是终极目标本身和要达到它的渴望却必须来自另一个源泉。应当认为只有确立了这样的目标及其相应的价值，我们的生存和我们的活动才能获得意义，这一点几乎已经没有加以论证的必要。关于真理的知识本身是了不起的，可是它却很少能起指导作用，它甚至不能证明向往这种真理知识的志向是正当的和有价值的。因此，我们在这里碰到了关于我们生活的纯理性想法的极限。

但是不应当认为理智的思考在目标和伦理判断的形成中不起作用。当人们认识到，为要达到一个目的就要用到一定的手段，那时，手段本身也就成为一种目的。理智使我们弄清楚手段与目的的相互关系。但只凭思考，我们还领会不到那些终极的和基本的目的。弄清楚这些基本目的和基本价值，并且使它们在个人的感情生活中牢靠地建立起来，我以为这正是宗教在人类社会生活中所必须履行的最重要的职能。如果有人问，这种基本目的的根据是从哪里来的？既然它们不能单凭理性来陈述和加以证明，那么，人们就只好这样回答：它们是作为影响个人的行为、志向和判断的强有力的传统而存在于一个健康的社会中；它们是作为一种有生命力的东西存在于那里，没有必要为它们的生存去寻找根据。它们不是通过证明，而是通过启示，通过有影响人物的作用而存在的。人们绝不可企图证明它们，而只能简单地、明白地感觉到它们的本性。

我们的志向和判断的最高原则是犹太教-基督教的传统给予我们的。这是一个非常崇高的目标，就我们的微弱能力而论，要完全达到它还差得很远，但是它却为我们的志向和价值提供了可靠的基础。如果人们从它的宗教形式中把这个目标抽了出来，而只看它属于纯粹人性的一面，那么，也许可以把它叙述为：个人的自由而有责任心的发展，使他得以在为全人类的服务中自由地、愉快地贡献出他的力量。

在这里，没有余地要把国家和阶级奉为神圣，更不用说要把个人奉为神圣了。难道我们不是像宗教所说的那样，都是一个父亲的孩子吗？的确，按照这种理想的精神，我们甚至也不应当把人类作为一个抽象的整体而奉为神圣。只有个人才赋有灵魂。个人的崇高的天命是服务，而不是统治，也不是以别的任何方式把自己强加于别人。

如果人们是看实质而不是看形式，那么这些话也可以拿来表述基本的民主立场。真正的民主主义者也像那种具有我们所理解的意义上的宗教信仰者一样，很少是崇拜他的国家的。

那么，在这一切方面，教育和学校的职能究竟是什么？它们应当帮助青年人在这样一种精神状态中成长，使他感到这些基本原则对他来说就好像他所呼吸的空气一样。单凭教导是不能做到这一点的。

如果人们清醒地看到这些高尚的原则，并且把它们同我们这个时代的生活和精神作比较，那么大家都会看得清楚，文明的人类目前正处在严重的危险中。在极权主义国家里，实际是统治者自己在极力破坏这种人道精神。在受威胁较少的地区里，则是国家主义、不宽容，以及用经济手段对个人的压迫，在威胁着要扼杀这些最宝贵的传统。

但在有思想的人中间，对这种危险的严重性已有所认识，并且在多方寻求应付这种危险的方法——国内和国际政治领域里的、法制领域里的，以及一般组织领域里的方法。这样的努力无疑是非常需要的。但是古代人所知道的一些事，似乎被我们忘掉了。一切方法的背后如果没有一种生气勃勃的精神，它们到头来都不过是笨拙的工具。但是如果渴望达到这个目标的念头是强烈地活跃在我们的心里，那么我们就不会缺少干劲去寻找达到这个目标并且把它化为行动的方法。

为建议研制原子弹给罗斯福总统的信[①]

阁下：

我从费米(E. Fermi)和西拉德(L. Szilard)的手稿里，知道了他们的最近工作，使我预料到在不久的将来铀元素会变成一种重要的新能源。这一情况的某些方面似乎需要加以密切注意，如有必要，政府方面还应迅速采取行动。因此，我相信我有责任请您注意下列事实和建议。

最近四个月来，通过约里奥(Joliot)在法国的工作以及费米和西拉德在美国的工作，已经有几分把握地知道，在大量的铀中建立起原子核的链式反应会成为可能，由此，会产生出巨大的能量和大量像镭一样的元素。现在看来，几乎可以肯定，这件事在不久的将来就能做到。

这种新现象也可用来制造炸弹，并且能够想象——尽管还很不确定——由此可以制造出极有威力的新型炸弹来。只要一个这种类型的炸弹，用船运出去，并且使之在港口爆炸，很可能就会把

---

① 爱因斯坦于1939年7月间接受匈牙利物理学家西拉德的建议，考虑给罗斯福写这样一封信。当时爱因斯坦自己用德文起了个草稿。8月2日，西拉德把自己根据爱因斯坦草稿的内容改写的两份英文信稿交给爱因斯坦，爱因斯坦选了这份较短的信稿，签上自己的名字发出。这封信全文最初发表在1946年12月由“原子科学家非常委员会”(1945年5月成立，爱因斯坦任主席)出版的小册子《宗旨》(*A Statement of Purpose*)上。这里译自《爱因斯坦论和平》294—296页。标题是我们加的。——编译者

整个港口连同它周围的一部分地区一起毁掉。但是要在空中运送这种炸弹,很可能会太重。

美国只有一些数量不多而品位很低的铀矿。加拿大和以前的捷克斯洛伐克都有很好的铀矿,而最重要的铀资源是在比利时属地刚果。

鉴于这种情况,您会认为在政府同那批在美国做链式反应工作的物理学家之间有一种经常的接触是可取的。要做到这一点,一个可行的办法是,由您把这任务委托给一个您信得过的人,他不妨以非官方的资格来担任这项工作。他的任务可以有以下几方面:

a) 联系政府各部,经常告诉它们进一步发展的情况,并且提出政府行动的建议,特别要注意为美国取得铀矿供应的问题。

b) 设法加速实验工作。目前实验工作是在大学实验室的预算限度之内进行的。发果需要这项资金,可通过他同那些愿意为这一事业作出贡献的私人进行接触,或者还可以由取得那些具有必要装备的工厂实验室的合作来解决。

我了解到德国实际上已经停止出售由它接管的捷克斯洛伐克铀矿出产的铀。它之所以采取这种先发制人的行动,只要从德国外交部副部长的儿子冯·魏茨泽克(Von Weizsacker)参加柏林威廉皇帝研究所工作这一事实,也许就可以得到解释,这个研究所目前正在重复着美国关于铀的某些工作。

您的诚实的

A. 爱因斯坦

1939 年 8 月 2 日

自由和科学[①]

我知道，要对基本价值的判断进行争论，是一件没有希望的事。比如，如果有人赞成把人类从地球上消灭掉作为一个目标，人们就不能从纯理性的立场来驳倒这种观点。但是如果有某些目标和价值是大家一致同意的，人们就能够合理地来议论达到这些目的的手段。现在，让我们来指出两个目标，凡是读到这篇东西的人大概都会完全同意的。

1. 为维持全部人类的生活和健康所必需的资料应当由总劳动量中尽可能少的部分来生产。

2. 满足物质上的需要，固然是美满的生活所不可缺少的先决条件，但只做到这一点还是不够的。为了得到满足，人还必须有可能根据他们个人的特点和能力来发展他们理智上的和艺术上的才能。

其中第一个目标是要求增进一切有关自然规律和社会过程规律的知识，也就是要促进一切科学工作。因为科学工作是一个自然的整体，它的各个部分彼此相互支持着，固然支持的方式还没有

---

① 此文最初发表在1940年出版的安新(R. N. Anshen)编的文集《自由，它的意义》(*Freedom, Its Meaning*，纽约 Harcourt, Brace 公司出版)上。这里译自《思想和见解》31—32页。标题是照原来所用的。《思想和见解》和《晚年集》中此文的标题为“论自由”。——编译者

人能预料到。但是科学进步的先决条件是不受限制地交换一切结果和意见的可能性——在一切脑力劳动领域里的言论自由和教学自由。我所理解的自由是这样的一种社会条件：一个人不会因为他发表了关于知识的一般和特殊问题的意见和主张而遭受危险或者严重的损害。交换的自由是发展和推广科学知识所不可缺少的；这件事有很大的实际意义。首先它必须由法律来保障。但单单靠法律还不能保证发表的自由；为了使每个人都能表白他的观点而无不利的后果，在全体人民中必须有一种宽容的精神。这种外在的自由的理想是永远不能完全达到的，但如果要使科学思想、哲学和一般为创造性思想得到尽可能快的进步，那就必须始终不懈地去争取这种自由。

如果要保证第二个目标，也就是要使一切个人的精神发展成为可能，那么就必须有第二种外在的自由。人不应当为着获得生活必需品而工作到既没有时间也没有精力去从事个人的活动的程度。而没有这第二种外在的自由，发表的自由对他就毫无用处。如果合理的分工问题得到解决，技术的进步就会提供这种自由的可能性。

科学的发展，以及一般的创造性精神活动的发展，还需要另一种自由，这可以称为内心的自由。这种精神上的自由在于思想上不受权威和社会偏见的束缚，也不受一般违背哲理的常规和习惯的束缚。这种内心的自由是大自然难得赋予的一种礼物，也是值得个人追求的一个目标。但社会也能做很多事来促进它实现，至少不该去干涉它的发展。比如学校可以通过权威的影响和强加给青年人过重的精神负担来干涉内心自由的发展；而另一方面，学校也可以由鼓励独立思考来支持这种自由。只有不断地、自觉地争取外在的自由和内心的自由,精神上的发展和完善才有可能,由此,人类的物质生活和精神生活才有可能得到改进。

科学和宗教[①]

要我们对什么是科学得出一致的理解，实际上并不困难。科学就是一种历史悠久的努力，力图用系统的思维，把这个世界中可感知的现象尽可能彻底地联系起来。说得大胆一点，它是这样一种企图：要通过构思过程，后验（*posterior*）[②]地来重建存在。但我要是问自己，宗教是什么，我可就不能那么容易回答了。即使我找到了一个可能在这个特殊时刻使我满意的答案，可是我仍然相信，我绝不可能在任何情况下都会使所有对这个问题做过认真考虑的人哪怕在很小程度上表示同意。

因此，我想先不去问宗教是什么，而宁愿问，一个我认为是信仰宗教的人，他的志向有哪些特征：在我看来，一个人受了宗教感化，他就是已经尽他的最大可能从自私欲望的镣铐中解放了出来，而全神贯注在那些因其超越个人的价值而为他所坚持的思想、感情和志向。我认为重要的在于这种超越个人的内涵的力量，在于对它超过一切的深远意义的信念的深度，而不在于是否曾经企图

---

① 这是爱因斯坦于1940年9月间在美国"科学、哲学和宗教同民主生活方式的关系讨论会"第一届会议上所作的发言，讲稿最初发表在该讨论会所出版的文集《科学、哲学和宗教》(*Science, Philosophy and Religion*，纽约，1941年出版)上。这里译自《思想和见解》44—49页。——编译者

② "后验"是指从结果或经验事实推出原因或原理，同"先验"相对立。——编译者

把这种内涵同神联系起来，因为要不然，佛陀和斯宾诺莎就不能算是宗教人物了。所以，说一个信仰宗教的人是虔诚的，意思是说，他并不怀疑那些超越个人的目的和目标的庄严和崇高；而这些目的和目标是既不需要也不可能有理性基础的。但是它们的存在同他自己的存在是同样必然的，是同样实实在在的。在这个意义上，宗教是人类长期的事业，它要使人类清醒地、全面地意识到这些价值和目标，并且不断地加强和扩大它们的影响。如果人们根据这些定义来理解宗教和科学，那么它们之间就显得不可能有什么冲突了。因为科学只能断言"**是**什么"，而不能断言"**应当是**什么"，可是在它的范围之外，一切种类的价值判断仍是必要的。而与此相反，宗教只涉及对人类思想和行动的评价：它不能够有根据地谈到各种事实以及它们之间的关系。依照这种解释，过去宗教同科学之间人所共知的冲突则应当完全归咎于对上述情况的误解。

比如，当宗教团体坚持《圣经》上所记载的一切话都是绝对真理的时候，就引起了冲突。这意味着宗教方面对科学领域的干涉；教会反对伽利略和达尔文学说的斗争就是属于这一类。另一方面，科学的代表人物也常常根据科学方法试图对价值和目的作出根本性的判断，这样，他们就把自己置于同宗教对立的地位。这些冲突全都来源于可悲的错误。

然而，尽管宗教领域和科学领域本身彼此是界线分明的，可是两者之间还是存在着牢固的相互关系和依存性。虽然宗教可以决定目标，但它还是从最广义的科学学到了用什么样的手段可以达到它自己所建立起来的目标。可是科学只能由那些全心全意追求真理和向往理解事物的人来创造。然而这种感情的源泉却来自宗教领域。同样属于这个源泉的是这样一种信仰：相信那些对于现存世界有效的规律能够是合乎理性的，也就是说可以由理性来理解的。我不能设想一位真正科学家会没有这样深挚的信仰。这情况可以用这样一个形象来比喻：科学没有宗教就像瘸子，宗教没有科学就像瞎子。

虽然我在上面曾经断言宗教同科学之间实在不可能存在什么正当的冲突，但我还是必须在一个重要地方再一次对这个断言作一点保留，那就是关于历史上宗教的实际内容。这种保留必然同上帝的概念有关。在人类精神进化的幼年时期，人的幻想按照人自己的样子创造出了各种神来，而这些神则被认为通过它们意志的作用在决定着，或者无论如何在影响着这个现象世界。人们企求借助于巫术和祈祷来改变这些神的意向，使其有利于他们自己。现在宗教教义中的上帝观念是古老的神的概念的一种升华。比如，人们用各种祈祷来恳求所信奉的神明的援助，以求得满足他们的愿望，这一类事实就说明了这种上帝观念的拟人论的特征。

肯定不会有人否认，这个认为有一个全能、公正和大慈大悲的人格化了的上帝存在的观念，能给人以安慰、帮助和引导；因为这个观念比较简单，它也容易被最不开化的心灵所接受。但是另一方面，这种观念本身有它致命的弱点，这是有史以来就被苦痛地感觉到了的。这就是，如果这个神是全能的，那么每一件事，包括每一个人的行动，每一个人的思想，以及每一个人的感情和志向也都应当是神的作品；怎么可能设想在这样全能的神面前，还认为人们要对自己的行动和思想负责呢？在作出赏罚时，神会在一定程度上对它自己作出评判。怎么能够把这样的事同神所具有的仁慈和公正结合起来呢?

今天宗教领域同科学领域之间的冲突的主要来源在于人格化了的上帝这个概念。科学的目的是建立那些能决定物体和事件在时间和空间上相互关系的普遍规律。对于自然界的这些规律或者定律,要求——而不是要证明——它们具有绝对的普遍有效性。这主要是一种纲领,而对于这种纲领在原则上是可以完成的信仰,只是建立在部分成功的基础上的。但是大概不会有谁能否认这些部分的成功,而把它们归之于人类的自我欺骗。至于我们能够根据这些定律很精密和很确定地预测一定范围内的现象在时间上的变化情况,这个事实已经深深地扎根于现代人的意识之中,即使他对这些定律的内容也许还了解得很少。他只要考查一下这样的例子就行了:太阳系中行星的运动可以根据少数几条简单的定律,事先非常准确地计算出来。同样,尽管精确程度有所不同,但还是可能事先算出电动机、输电系统,或者无线电装置的运转方式,甚至在处理比这些还要新的事物时也是这样。

显然,当一个复杂现象中起作用的因子数目太大时,科学方法在多数情况下就无能为力了。人们只要想起天气就可知道,对于天气,甚至要作几天的预测也不可能。但没有谁会怀疑,我们这里所碰到的是这样一种因果联系,它的起因成分大体上我们是知道的。这个领域里的现象之所以在精确预测的范围之外,是因为起作用的因素的庞杂,而不是因为自然界中没有什么秩序可言。

关于生物领域里的规律性,我们所洞察到的还很不深刻,但至少也已足以使人感觉到它是受着确定的必然性的支配的。人们只要想一想遗传中有规律的秩序,以及毒物(比如酒精)对生物行为的影响就可明白。这里所缺少的仍然是对那些具有广泛普遍性的联系的了解，而不是秩序知识的本身。

一个人愈是深刻感受到一切事件都有安排好的规律性，他就愈是坚定地深信：除了这种安排好的规律性，再没有余地可让那些本性不同的原因存在。对他来说，无论是人的支配还是神的支配，都不能作为自然界事件的一个独立原因而存在着。固然，主张有一个能干涉自然界事件的人格化的上帝这种教义，绝不会被科学真正**驳倒**，因为这种教义总是能够躲进科学知识尚未插足的一些领域里去的。

但我确信：宗教代表人物的这种行为，不仅是不足取的，而且也是可悲的。因为一种不能在光天化日之下而只能在黑暗中站得住脚的教义，由于它对人类进步有着数不清的害处，必然会失去它对人类的影响。在为美德而斗争中，宗教导师们应当有魄力放弃那个人格化的上帝的教义，也就是放弃过去曾把那么大的权力交给教士手里的那个恐惧和希望的源泉。在他们的劳动中，他们应当利用那些能够在人类自己的身上培养出来的**善**、**真**和**美**的力量。不错，这是一个比较困难的任务，然而却是一个价值无比的任务。[①] 在宗教导师们完成了上述的净化过程以后，他们必定会高兴地认识到：真正的宗教已被科学知识提高了境界，而且意义也更加深远了。

如果要使人类尽可能从自私自利的要求、欲望和恐惧的奴役

---

① 这种思想令人信服地表现在赫贝特·萨缪尔(Herbert Samuel)的书《信仰和行动》(*Belief and Action*)中。——原注

中解放出来是宗教的目标之一，那么科学推理还能够从另一角度来帮助宗教。固然科学的目标是在发现规律，使人们能用以把各种事实联系起来，并且能预测这些事实，但这不是它唯一的目的。它还试图把所发现的联系归结为数目尽可能少的几个彼此独立的概念元素。正是在这种把各种各样东西合理地统一起来的努力中，它取得了最伟大的成就，尽管也正是这种企图使它冒着会成为妄想的牺牲品的最大危险。但凡是曾经在这个领域里胜利前进中有过深切经验的人，对存在中所显示出来的合理性，都会感到深挚的崇敬。通过理解，他从个人的愿望和欲望的枷锁中完全解放出来，从而对体现于存在之中的理性的庄严抱着谦恭的态度，而这种庄严的理性由于其极度的深奥，对人来说，是可望而不可即的。但是从宗教这个词的最高意义来说，我认为这种态度就是宗教的态度。因此我以为科学不仅替宗教的冲动清洗了它的拟人论的渣滓，而且也帮助我们对生活的理解能达到宗教的精神境界。

在我看来，人类精神愈是向前进化，就愈可以肯定地说，通向真正宗教感情的道路，不是对生和死的恐惧，也不是盲目信仰，而是对理性知识的追求。从这个意义上来说，我相信，一个教士如果愿意公正地对待他的崇高的教育使命，他就必须成为一个导师。

感谢并支援苏联的抗德战争[①]

我认为这是一个极为重要的机会。作为赞成人类进步的朋友，作为美国人，并且不是最不重要的，也作为犹太人，我们所最热烈关怀的，是要尽我们最大的力量来支援俄国人民为自由而进行斗争。

让我们一开头就讲清楚。多年来，关于俄国人民和他们的政府的努力与成就，我们的报刊都在欺骗我们。但今天，人人都知道，俄国以像我们自己国家一样的热情，推动了并且还继续在推动着科学的进步。而且，它在战争中的行动已显示出它在一切工业和技术领域里的伟大成就。从不发达的基础开始，过去二十五年中它那非常惊人的发展速度，实在是史无前例的。但如果只提到那些主要由于改善了组织而取得的成就，那还是十分不公正的。我们必须特别强调这样的事实：俄国政府曾经比任何其他大国更加真诚而不含糊地努力促进国际安全。直到战争爆发前不久，它的外交政策始终如一地指向这个目标，实际上，直到捷克斯洛伐克

① 美国"犹太人支援俄国战争公会"(The Jewish Council for Russian War Relief)于1942年10月25日举行宴会向爱因斯坦表示敬意。爱因斯坦因身体不适未能应邀参加，但他还是从普林斯顿他的家里通过电话作了这样一篇热情洋溢的演讲。这篇讲稿曾摘要发表在1942年10月26日的《纽约时报》上。这里译自《爱因斯坦论和平》322—324页。标题是我们加的。——编译者

被出卖的日子里，别的大国已经粗暴地把它排斥于欧洲协作之外，它还是信守这一外交政策。这样，它就被迫同德国签订那不幸的条约；因为到那时，要使德国武力转向进攻东方的企图已很明显了。俄国不同于西方大国，它支持西班牙的合法政府，对捷克斯洛伐克提供援助，并且从未犯过加强德国和日本冒险家力量的罪恶。总之，不能谴责俄国在外交政策方面有不忠实的行为。因此，在设计有效的超国家安全规划中，指望它有力的和真诚的合作，似乎是合理的，当然，这要以它在别的强国中也遇到同等程度的认真态度和好意为条件。

现在来评论俄国的国内事务。无可否认在它的政治范围内存在着严厉的强制政策。这也许部分是由于为粉碎旧统治阶级的权力，保卫国家免受外国的侵略，并把深深扎根于过去的传统中的政治上无经验和文化上落后的人民，改造成一个为生产劳动而充分组织起来的民族所必需的。我不敢对这些困难问题贸然作出判断；但是，在俄罗斯人民团结一致反抗外来的强大敌人中，在每个人无限地牺牲自己利益和忘我的模范行为中，我看到了他们为保卫胜利果实的坚强意志和普遍愿望的明证。我们也应当记住，为个人取得经济保障所作的成就，以及为公共福利而利用国家的生产力，都必然会使个人自由蒙受某些必要的牺牲，而自由除非伴有一定程度上的经济保障，否则就不会有什么意义。

然后让我们来看看俄国在哺育它的人民的文化生活方面的惊人成就。最好的书被大量发行，并且被热情地阅读着和学习着；可是这个国家直到二十五年以前，文化教育还是只限于极少数特权者手里。这样一些革命性的变化，甚至连想象它也是困难的。

最后，让我讲一下对于我们犹太人特别重要的事情。在俄国，一切民族和文化团体的平等不仅是名义上的，而且实际上已付诸实践。“平等的目标，平等的权利，以及平等的社会义务”，已经不是一句空洞的口号，而是在日常生活中体现了的实践。

关于俄国今天的情况就讲那么多。现在让我们简略地考查一下它对于美国和西方各强国的重要意义。假定它像几乎全部欧洲大陆那样也屈服于德国蛮子，那么这对英国和美国的局面将会产生什么样的影响呢？我深信用不着什么想象也可以体会到，我们的处境将会非常不妙。事实上，我相信，要是没有俄国，德国警犬就会早已达到了他们的目的，或者很快就会达到目的。

因此，我们用我们一切可能的办法，以最大限度的物质资源来援助俄国，那不过是为了自卫。而且，完全撇开这个自私的利益来说，我们和我们的子子孙孙也都该对俄国人民大大地感恩，感激他们承受了如此巨大的损失和痛苦。如果我们还希望保持我们作为人的自尊心，我们就必须在我们一生的每时每刻都意识到他们的伟大牺牲。

让我们就由此行动起来吧！

人类生活的目标①

我们的时代为其在人的理智发展中所取得的进步而自豪。对真理和知识的追求并为之奋斗，是人的最高品质之一——尽管把这种自豪感喊得最响的却往往是那些努力最小的人。当然，我们一定要注意，切不可把理智奉为我们的上帝；它固然有强有力的身躯，但却没有人性。它不能领导，而只能服务；而且它挑选它的领导人是马马虎虎的。这种特征反映在它的祭司即知识分子的品质中。理智对于方法和工具有敏锐的眼光，但对于目的和价值却是盲目的。这种致命的盲目性从老年人传给青年人，而今天连累了整个一代，那就没有什么可奇怪的了。

我们的犹太祖先，即先知者，以及中国古代圣贤了解到并且宣告：使我们人类生活定型的最重要因素是树立并使人民接受一个目标。这个目标就是一个自由幸福的人类公社，要求人们通过内心不断的努力奋斗，把自己从反社会性的和破坏性的本能的遗传中解放出来。在这种努力中，理智能够成为最有力的辅助。理智努力的成果，加上这种奋斗本身，同艺术家的创造性活动结合起来，就给生活提供了内容和意义。

① 这是爱因斯坦于1943年4月11日为“犹太团结呼吁”所作的广播讲话。这里译自《晚年集》260—261页。——编译者

但是今天我们这个世界中，人的原始的激情盛行，比以前任何时候都更加放肆。我们犹太人，在无论哪里都是很小的少数民族，没有办法用武力来保卫自己，比起世界上任何别的民族来，经受了更大得多的最残酷的苦难，甚至要被完全灭绝。向我们倾泻的怨恨所根据的事实是，我们高举了和谐合作的理想，并且在我们民族最优秀人物的言论和行动中把它表现出来。

关于脑力劳动者的组织[①]

脑力劳动者为了保护他们自己的经济利益，并在一般政治领域里能起某些影响，自己建立起一个组织，我认为这是重要的，确实也是迫切需要的。

就保护经济利益来说，工人阶级可作为我们的榜样。工人在保卫他们社会上的经济地位方面，至少已取得了某些成就。我们可以向他们学习怎样解决组织的问题。我们也可以从他们那里学习到，对于一个已组织起来的团体，最严重的威胁就是削弱力量的内部纠纷和分裂，那是我们应当尽力避免的。一旦发生分裂，各派开始互相争吵起来，结果统一行动就更加困难了。

我们也能从工人的经验里学习到：如果我们只限于为直接的经济目标斗争，而排除政治目的和政治工作，那么我们的利益就得不到充分的保护。在这方面，甚至我国的工人也还是刚开始行动起来。生产不断集中的趋势，迫使经济斗争同政治斗争愈来愈密切地交织在一起，而政治因素将比以前得到更加重大的意义。与

① 这是爱因斯坦于1944年5月底为“全国战时会议”(National Wartime Conference)准备的书面意见。这次会议是由美国“全国科学、专门职业、艺术和白领组织协会”组织的，1944年6月2—3日在纽约召开。这份意见书曾摘要发表在1944年5月29日的《纽约时报》上，全文最初发表在《晚年集》上。但《晚年集》把写作时间误为1945年。这里译自《爱因斯坦论和平》325—327页。——编译者

此同时，脑力劳动者由于缺少组织，在专制和剥削势力面前，他们比任何其他职业团体的成员都更少保障。

脑力劳动者不仅应当为他们自己的利益，也应当为全社会的利益团结起来。知识分子之间缺少组织，部分地说明了这个集团的才智和经验一般还很少用于政治的目的。可以说，在过去，左右政治决策的，几乎完全是政治野心和追求经济利益的欲望，而不是专门知识和以客观思考为根据的判断。

因此，一个以宣传和教育来影响舆论的脑力劳动者的组织，将对整个社会有极大的意义。比如，这种组织的一个应有的任务将是保卫学术自由，要是没有这种自由，民主社会的健康发展是不可能的。

在目前这个时候，脑力劳动者组织的一个特别重要的任务是为建立一种超国家的政治力量而斗争，以保护各个国家来对付可能发生的新的侵略战争。但我认为，为国际政府着手草拟一个详细计划，还不是我们最迫切的任务；如果人民的大多数有了坚定的决心要建立一个保证国际安全的组织，那么给这种组织定出适当的技术性的规定倒不是一个太困难的问题。多数人所缺少的是这样一个以清晰的思考为根据的信念：如果想要永远避免像我们现在所目睹的灾难，这种超国家组织就是唯一的手段。因此，我认为脑力劳动者组织在这个历史性的时刻所能做的最重要的工作，应该是传播有关这个问题的知识。只有大力追求这些目标，这里所说的这个组织才能增强内部力量并且影响舆论。

哲学家和政治

——1944 年 6 月 7 日给 B. 克罗齐的信[①]

我从一位有幸能见到您的美国士兵那里获悉，他自作主张，不把我托他带的那封信交给您。使我感到欣慰的是，想到您目前必定在为一些无比重大的问题而操心。我深信，您是满怀希望您美丽的祖国不久将从国内外的万恶的压迫者的统治下解放出来。我衷心希望，在这个普遍混乱时期，您会满意地发现自己有可能为您的祖国出力，因为您是举国一致信任的少数无党派人士之一。要是这成为可能，而且我们敬爱的柏拉图能够亲眼看到您这样做，他会真正感到高兴；在他死后的许多世纪中，像柏拉图所希望的由一些开明的哲学家来管理国家的那种情况很少出现过。在所有这些年代里，他无疑会得意地而不是真正满意地看到了，他的关于政治制度循环出现的预言一再证明是正确的。

---

① 这封信最初发表在 1944 年意大利巴里出版的意大利文小册子《克罗齐通信集》(*Lettera a B. Croce e Rispostal del Croce*, Laterza, Bari, 1944)上。这里译自《爱因斯坦论和平》327 页。标题是我们加的。

本尼德托·克罗齐(Benedetto Croce, 1866—1952)，意大利哲学家、历史学家、文学评论家和政治活动家。他的哲学观点主要是新黑格尔主义，同时混杂了康德、马赫、柏格森的东西。墨索里尼攫取意大利政权后，他于 1925 年起草了一个反法西斯知识分子宣言，1926 年被撤职，但墨索里尼一直不敢禁止他所编辑的杂志和所写的著作的出版。1943 年盟军在意大利登陆后，他重建了自由党，并担任主席。1944 年参加意大利政府，任不管部部长。但不久就退出政治舞台，从事历史研究。——编译者理性和哲学虽然看来不大可能在不久的将来会成为人们的向导，但它们一如既往仍将是出类拔萃的少数人最珍爱的安身立命之所。这少数人组成了唯一的真正的贤人集团①，这个集团既不压迫人，也不引起人的妒忌；事实上，除了那些实际上也是属于这一集团的人以外，一般人甚至还认识不到有这样一个贤人集团。在别的集团里，今人同古人之间的联系都没有那么有生命力。〔在这个集团里，〕今天活着的人对于过去许多世纪中那些伙伴感到像朋友一样亲切，这些古人的著作永远不会失去它们的魅力，不会失去它们的中肯和它们亲切的通情达理的品质。而最后，任何一个真正属于这个贤人集团的人，别人可以把他消灭掉，但永远无法触怒他！

① “贤人集团”(*aristocracy*)，也可译作“贵族”，爱因斯坦这段话来源于柏拉图的《理想国》。柏拉图把他的那种所谓合乎自然和理性的理想制度称为“贵族政治”。他说：“一个建立在自然原则之上的国家，其所以整个说来是有智慧的，乃是由于它的最少的一类人和它自己的最小的一部分，乃是由于领导和统治它的那一部分人所具有的知识。并且我们还可以看到唯有这种知识才配称为智慧，而照自然的规定能够具有这种知识的人，乃是最少数的人。”(参见《西方古典哲学原著选辑：古希腊罗马哲学》，商务印书馆1961年版，223—224页。)这种最少数的特选人物就是哲学家，因此他认为：“除非哲学家变成了我们国家中的国王，或者我们叫做国王或统治者的那些人能够用严肃认真的态度去研究哲学，使得哲学和政治这两件事情能够结合起来，而把那些现在只搞政治而不研究哲学或者只研究哲学而不搞政治的人排斥出去，否则我们的国家就永远不会得到安宁，全人类也不会免于灾难。”(同上书，231页)柏拉图这种“理想国”，克罗齐认为是行不通的，是违背历史潮流的。克罗齐于1944年7月28日给爱因斯坦的回信中说：“这种建立在理性上并且受哲学家统治的理想国，不但没有被采纳过，而且实际上也为现代哲学思想所排斥。”(见《爱因斯坦论和平》328页。)——编译者

关于科学和政治问题答客问[①]

问:科学的进展已经使我们不可能再回到孤立主义的旧世界,回到一个分裂的世界。为努力求得世界合作,科学家能够发挥他们的影响的最好办法或主要办法是什么?

答:在我看来,科学家公开支持建立一个配备有常设工作人员和常备军事力量的超国家权力机构,这是他们为达到国际安全所能作出的最好贡献。一旦认识到,要是没有外界的强大压力,没有一个大国看来会愿意在外交事务中放弃它的任何一部分主权,那么由一大批杰出的知识分子发表这类性质的集体宣言,就更加必要了。

问:在某些地方好像还持有这样的看法,认为一个真正的或者"纯粹的"科学家不应当关心政治问题。你愿意对这种看法加以评论吗?

答:我认为每个公民都有责任尽其所能来表明他的政治观点。如果有才智的和有能力的公民忽视这种责任,那么健康的民主政治就不可能成功。

问:物理学和数学的进步同社会的进步之间如果有关系,您看

---

① 这是爱因斯坦于1944年6月17日对《自由世界》(*Free World*)杂志上发表的"科学和世界合作"论集所提问题的答复。这里译自《爱因斯坦论和平》330—331页。标题是我们加的。——编译者

这是什么样的关系？

答：物理学和数学在两个截然不同的方面对社会有重大影响。首先，它们有助于促进技术的发展。其次，像一切高尚的文化成就一样，它们可用来作为一种有效的武器，以防止人们屈从于一种使人意志消沉的物欲主义的危险，而这种物欲主义又转过来会导致无节制的利己主义的统治。

问：应当采取什么样的教育措施来消除纳粹思想灌输的后果，并使德国人民转到民主道路上来？

答：要消灭德国人，或者让他们继续受压，两者都是可能的；但要在可预见的将来，教育他们沿着民主的路线去思想和行动，却没有可能。

致华沙犹太区战斗英雄[①]

在同德国这帮有组织的杀人犯作斗争中，他们是作为犹太民族的成员去战斗和牺牲的。对于我们，这种牺牲加强了我们之间的团结，加强了一切国家的犹太人之间的团结。我们要在苦难中，在争取实现更美好的人类社会的奋斗中，努力团结一致，我们的先知已经那么清楚而有力地把这样的社会作为目标在我们面前树立起来。

德国人作为整个的民族，是要对这些大规模屠杀负责的，并且必须作为一个民族而受到惩罚，如果世界上还有正义，如果各国的集体责任感还没有从地球上完全死灭的话。站在纳粹党的背后的，是德国人民，在希特勒已经在他的书中和演讲中把他的可耻意图说得一清二楚而没有一点可能发生误解之后，他们把他选举出来。德国人是唯一没有做过任何认真的抵抗来保护无辜的受害者的民族。当他们全面溃败，开始悲叹其命运的时候，我们必须不让自己再受欺骗，而应当牢记住：他们曾经存心利用别人的人性，来为他们最近的并且是最严重的反人性的罪行作准备。

---

① 此文最初发表在1944年纽约出版的《波兰犹太协会公报》（*Bulletin of the Society of Polish Jews*）上。这里译自《晚年集》265页和《思想和见解》212—213页。——编译者

要原子战争还是要和平[①]

原子能的释放并没有产生新的问题。它只不过使得一个现存的问题更加迫切地需要解决。人们可以说，它是在量上而不是在质上影响了我们。只要各个主权国家具有很大的权力，战争就不可避免。这并不意味着人们能够知道战争会在什么时候到来，而只是意味着战争一定会到来。这甚至在原子弹制成之前也是正确的。所改变的只是战争的破坏性。

我不相信文明会因在战争中使用了原子弹而毁灭掉。也许地球上有三分之二的人会死亡。但还会留下足够有思想的人和足够的书籍能使我们从头开始重建文明。[②]

我不认为原子弹的秘密应当交给联合国组织。我也不认为应当把它交给苏联。这两种做法都好比一个资本家想同别人合伙办企业，一开始就把他的钱的一半分给了那个人。那个人在得到钱后可能去开办另一个同他竞争的企业，而实际需要的则是那个人的合作。原子弹的秘密应当移交给一个世界政府，而美国应当马

① 这是爱因斯坦于1945年秋天在普林斯顿向美国广播公司时事评论员斯温(Raymond Gram Swing)发表的谈话。谈话的记录稿最初发表在美国波斯顿出版的《大西洋月刊》(*Atlantic Monthly*)1945年11月号中。这里译自《爱因斯坦论和平》347—351页和《晚年集》185—190页，但主要以前者为根据。——编译者

② 《爱因斯坦论和平》删去了整个这一段。——编译者

上宣布它愿意这样做。这样一个世界政府应当由美国、苏联和英国来建立,因为只有这三个大国才拥有强大的军事力量。这三个国家应当把它们的全部军事力量移交给这个世界政府。只有三个国家拥有强大军事力量这个事实,应当使建立世界政府更加容易,而不是更加困难。

既然美国和英国保有原子弹的秘密,而苏联没有,那么它们就应当邀请苏联为所倡议的世界政府进行准备,并且提出一份宪章的初稿。这会有助于消除俄国人的不信任,他们之所以有这种感觉,是因为他们知道,对原子弹保守秘密,主要就是为了不让他们得到它。显然,初稿不是最后的定稿,但是应当使俄国人感觉到,世界政府将会保证他们的安全。

如果这份宪章由一位美国人、一位英国人和一位苏联人共同协商议就,那该是明智的办法。当然,他们必须有顾问,但这些顾问只能起咨询的作用。我相信三个人就可以准备出一份为所有强国都能接受的实际可行的宪章。要是由六个、七个,或者更多的人来做,那就说不定就会失败。在三大强国起草了宪章,并且采纳了它之后,就应当邀请较小的国家来参加世界政府。它们也应当有不参加的自由,尽管它们应该感到,在世界政府之外一样可以完全放心,但是我相信,它们终于会乐意参加的。它们自然应当有权提出建议来修改三大国所起草的宪章。但是,不管那些较小的国家是不是决定参加,三大国应当继续干下去,把世界政府组织起来。

这样的世界政府应当有权裁决一切军事问题,除此以外,它只需要再有一种权力。那就是它要有权干预这样一些国家,在这些国家里，少数人压迫多数人，从而造成一种会导致战争的不稳定状况。例如，对于今天在阿根廷和西班牙存在的情况就应当加以处理。必须取消不干涉这个概念，因为在一定情况下放弃不干涉，是维护和平分内的事。

世界政府不应当拖延到三大国国内都存在着同样自由状态的时候才去建立。固然在苏联国内是少数人在统治着，但我不相信那个国家的内部状况会构成对世界和平的威胁。人们必须记住，俄国人民并没有悠久的政治教育传统；改善俄国的国内状况，必须由少数人来实现，因为多数人还不可能这样做。如果我生为一个俄国人，我相信我能够使自己适应这种局势。

在建立一个对军事有垄断权的世界政府时，应当没有必要去改变三大国的内部结构。起草宪章的三个人应当不管他们国家结构的不同而设计出共同合作的道路。

难道我不怕世界政府会变成一种暴力统治吗？我当然怕。但我更害怕再来一次战争。任何政府在某种程度上都必然是一种祸害。但是世界政府比起更大得多的战争祸害来，还是要好一点，尤其是从战争的破坏性已经加剧的情况来看，情况更是如此。如果这样的世界政府不是通过国家之间达成协议的步骤建立起来，我相信它无论如何还是会出现的，并且将以一种更加危险得多的形式出现；因为一次或者多次战争的唯一结果，只能是出现一个强国以其压倒一切的军事霸权来统治和支配世界的其余部分。

现在我们有了原子弹的秘密，我们不可失去它，如果我们把它交给了联合国组织或者交给了苏联，我们就干了冒险的事。但是我们必须尽快使大家明白，我们保守原子弹的秘密，不是为了保住我们的实力，而是希望通过世界政府来确立和平，我们要竭尽全力来使这种世界政府建立起来。

我了解有些人赞成以世界政府作为最后目标，但对于它的建立却偏向于采取渐进的办法。在希望最后达到这终极目标时采取一次迈一步的小步走的办法，麻烦的是，当他们采取这种做法时，我们继续保存着原子弹，这就无法使那些没有原子弹的人相信我们的最后意图。这本身就造成了恐惧和猜忌，使得敌对国家之间的关系恶化到危险的程度。这就是为什么有些人在倡议每次采取一个步骤时，满以为他们是在接近世界和平，但他们实际所做的，只能是通过他们的缓慢步伐促进可能爆发的战争。没有时间可供我们在这条道路上浪费。如果要防止战争，就必须立刻行动起来。

况且，我们也不能很长久地保住原子弹的秘密。我知道有这样一种议论，认为没有别的国家能有足够的钱花在发展原子弹上，因此我们保险可以长期保住这个秘密。但是，用花多少钱来估量事物，这是在美国常见的一种错误。别的国家，只要它们有原料和人力，并且想把这些用在发展原子能的工作上，它们就能够同样做到；人和物资，以及使用它们的决心，就是所需要的一切，而钱则不是必需的。

我不认为我自己是释放原子能之父。在这方面，我所起的作用是非常间接的。事实上，我未曾预见到原子能会在我活着的时候就得到释放。我只相信这在理论上是可能的。由于偶然发现了链式反应，它才成为实际，而这发现不是我所能预料到的。它是哈恩(O. Hahn)在柏林发现的,①起初他自己还错误地解释了他的发现。提出正确解释的是丽赛·迈特内(Lise Meitner),她从德国逃了出来,②把这消息告诉了尼耳斯·玻尔。

照我的见解,原子科学的伟大纪元不是像组织大的合股公司那样把科学组织起来就可得到保证的。人们能够把已经作出的发现的应用组织起来,但不能把发现的本身组织起来。只有自由的个人才能作出发现。但是可以有这样一种组织,在那里,科学家的自由和适当的工作条件能得到保证。比如,美国大学里的教授就应当减轻他们的教学负担,使他们能有较多的研究时间。你能设想一个科学家组织能作出查理士·达尔文那样的发现吗?

我也不相信美国巨大的私人公司是适合时代需要的。如果有一位客人从别的行星来到这个国家,当他发现这个国家里居然允许私人公司掌握那么大的权力,却不要它们承担相应的义务,他难道不会觉得奇怪吗?我说这番话,是为了强调我的这样一个信念:美国政府应当继续控制原子能,这倒不是因为社会主义一定是可取的,而是因为原子能是由政府发展起来的;要把人民的这份财产

① 这里的谈话记录显然有错。哈恩当初(1938年12月)发现的是铀核的裂变,不是链式反应。铀核裂变的链式反应是1939年初由约里奥-居里(Frédéric JoliotCurie)、费米(E. Fermi)和西拉德(L. Szilard)分别独立发现的。——编译者

② 这里的谈话记录也不确切。事实上,当时迈特内是在瑞典,不是刚从德国逃出。按迈特内是半犹太血统,1938年7月就已离开德国,在斯德哥尔摩诺贝尔物理研究所工作。把哈恩发现铀核裂变的消息从柏林带到瑞典的是迈特内的外甥弗里许(O. R. Frisch)。他们对裂变现象作出了正确的解释,并且把这一情况告诉了正在美国访问的玻尔。——编译者

转交给任何私人，或者任何私人集团，那都是不可想象的。至于社会主义，除非它的国际性已发展到能产生一个控制一切军事力量的世界政府的程度，否则，它甚至比资本主义还更容易导致战争，因为它代表权力的更大集中。

至于什么时候原子能可用于和平的、建设性的目的，还不可能作出任何估计。我们现在所知道的只是如何利用相当大量的铀。小量铀的应用，比如说用于开动汽车或者飞机，目前还远不可能，也不能预料什么时候才会做到。毫无疑问，这个目标是会达到的，但没有人能说在什么时候达到，也没有人能预料，到什么时候可用那些比铀更常见的原料来产生原子能。这种原料大概会是一些原子量较大的重元素，这些元素由于比较不稳定而较为稀少。这些原料经过放射性蜕变后也许大部分已经消失了。因此，尽管原子能的释放可能是，而且无疑将是人类的一大恩惠，但这个恩惠暂时还不会成为现实。

我自己没有解释的才能，无法使大多数人都能够了解目前人类所面临的问题的迫切性。因此，我要推荐一位有这种解释才能的人：埃梅利·雷韦斯，他的《和平的解剖》(*The Anatomy of Peace*)这本关于战争和需要世界政府问题的书，是有才气的，清晰，简洁和有动力的(*dynamic*，如果我可以用这生涩的名词的话)。①

既然我预见不到在不久的将来原子能会判明是一种恩惠，所

① 雷韦斯(Emery Reves，1904—1981)，英国著作家、发行人。原籍匈牙利，1926年以研究W.拉特瑙的经济著作获得政治经济学博士学位。1930年创办国际性的合作通讯社和出版社，在反法西斯斗争的宣传中有一定影响。1940年入英国籍。《和平的解剖》出版于1945年6月，继1942年出版的《民主宣言》，以宣传世界政府为宗旨。——编译者

以我必须说,在目前它是一种威胁。这也许是件好事。它可以迫使人类把秩序带到国际事务中去,而要是没有恐怖的压力,这种秩序无疑是不会出现的。

战争是赢得了，但和平却还没有[①]

物理学家们发现他们自己所处的地位同阿尔夫雷德·诺贝尔(Alfred Nobel)没有什么两样。阿尔夫雷德·诺贝尔发明了一种当时从未有过的最猛烈的炸药，一种超级的破坏工具。为了对此赎罪，也为了良心上的宽慰，他设置奖金来促进和平和实现和平。今天，参加过研制这种历史上最可怕、最危险的武器的物理学家，不说是犯罪，也是被同样的责任感所烦恼。而且我们不能不一再地发出警告，我们不能也不应当放松我们的努力，来唤醒世界各国人民，尤其是他们的政府，使他们明白，他们肯定会惹起不可言喻的灾难，除非他们改变彼此相处的态度并且认识到他们有责任来规划安全的未来。我们之所以曾经帮助创造这种新武器，是为了预防人类的敌人比我们先得到它；要是按照纳粹的精神状态，让他们占先，就意味着难以想象的破坏，以及对全世界其他各国人民的奴役。我们所以把这种武器交到美国和英国人民的手里，因为我们把他们看作是全人类的信托者，是和平自由的战士。但到目前为止，我们既没有和平的保证，也没有《大西洋宪章》所许诺的任何

---

① 这是爱因斯坦于1945年12月10日在纽约诺贝尔纪念宴会上的讲话，讲稿是由他的朋友、历史学家卡勒尔(Erich Kahler)根据他想要讲的内容起草的。讲稿全文最初发表在《纽约时报》1945年12月11日。这里译自《晚年集》200—203页、《思想和见解》115—117页和《爱因斯坦论和平》355—356页(不全)。——编译者

自由的保证。[①] 战争是赢得了，但和平却还没有。在战时团结一致的大国，现在却在解决和平的办法上分手了。世界被许诺有免于恐惧的自由；但事实上战争结束后恐惧却大大增加。世界被许诺有不虞匮乏的自由；但世界上大部分地区却面临饥馑，而另一部分人则养尊处优。各国人民被许诺获得解放和正义；但是我们已经看到，并且现在还在看到这样悲惨的景象：以"解放"自居的军队向那些要求独立和社会平等的人民开火，而用武装力量来支持那些国家里最能为既得利益服务的政党和个人。领土问题和权力之争，尽管已是陈腐了的东西，但仍然压倒了共同幸福和正义的基本要求。让我比较详细地讲一个实例，那是关于我自己的民族，即犹太人的情况，它不过是普遍情况的一种症状。

只要纳粹的暴行仅仅是，或者主要是迫害犹太人，世界上其余的国家都袖手旁观，有的甚至还同公开犯罪的第三帝国[②]政府签订条约和协议。后来，当希特勒就要占领罗马尼亚和匈牙利的时候，那时马达内克和奥斯维辛[③]已在盟军手里，而毒气室的杀人方法全世界都已熟知，但一切营救罗马尼亚[④]和匈牙利犹太人的努

---

① 《大西洋宪章》是1941年8月14日由美国总统罗斯福和英国首相丘吉尔共同宣布的。宪章提出著名的"四大自由"：言论和出版自由，信仰自由，不虞匮乏的自由，免于恐惧的自由。——编译者

② 即纳粹统治时期（1933—1945年）的德国。——编译者

③ 马达内克（Maidanek）是波兰南部卢布林东南郊的一个小镇，奥斯维辛（Oswiecim）是波兰南部克拉科夫西面的一个市镇，第二次世界大战期间纳粹在这两处分别设立了大规模的集中营。据纳粹战犯供认，单在奥斯维辛一处，就杀害了40万名从匈牙利运出来的犹太人。——编译者

④ 当时纳粹在罗马尼亚部分地区已搜捕出11万名犹太人，准备把他们"干掉"。——编译者

力都落了空，原因是英国政府拒绝犹太移民去巴勒斯坦，并且没有一个国家愿意收容那些被遗弃了的人民。听任他们像在被占领国里的兄弟姐妹一样遭到杀害。

我们永不忘记斯堪的那维亚各国、荷兰、瑞士这些小国的英勇行为，也永不忘记欧洲被占领地区的许多个人的英勇行为，他们尽全力来保护犹太人的生命。我们忘记不了苏联的人道的态度，当纳粹向波兰进军的时候，苏联是唯一向几十万犹太人敞开大门的大国。但是在经过这一切未加阻止而已经发生的事情之后，今天又是怎么样的呢？在欧洲，领土正在被分配，丝毫不因未考虑到有关人民的愿望而感到不安，只剩下战前人口的五分之一的欧洲残存的犹太人，仍旧不准进入他们在巴勒斯坦的避难所，听任他们饥寒交迫并继续遭到敌视。甚至今天，还没有一个国家愿意或者能够给他们一块地方，让他们在那里平安无虑地生活。他们中很多人仍旧被盟军拘留在条件恶劣的集中营里，这一事实足以证明情况的可耻和令人绝望，借口民主原则，不准这些人进入巴勒斯坦，但实际上，西方大国支持白皮书的禁令，只不过是屈从于五个土地大而人口不足的阿拉伯国家的威胁和外部压力。当英国外交大臣对总数少得可怜的欧洲犹太人说，他们应当留在欧洲，因为那里需要他们的天才，另一方面他又劝告他们排队时不要站在队伍的前头，以免惹起新的仇恨和迫害。这是十足的讽刺。唉！我怕他们实在没有别的办法；同六百万死难同胞一起，他们大大地违反了自己的意志，被推到队伍的前头，推到纳粹牺牲者队伍的前头去了。

我们战后世界的景象是不光明的。就我们这些物理学家来说，我们既不是政客，而且也绝不愿意干预政治。但我们知道一些为政客所不知道的事。而且我们觉得有责任明确告诉那些负责的人，并且提醒他们：没有侥幸避免危险的出路；前面没有时间让我们慢吞吞地前进，而把必要的改变推到遥遥无期的未来；也没有时间让我们做讨价还价的谈判。形势要求我们勇敢的行动，要求根本改变我们的整个态度，改变全部政治概念。但愿那种促使阿尔夫雷德·诺贝尔设置巨额奖金的精神，那种人与人之间的信任和信赖的精神、宽大和友好的精神，在那些决定我们命运的人的心里会占优势。要不然，人类文明将在劫难逃。

不要受德国人的眼泪运动所愚弄

——1945 年 12 月 30 日给 J. 弗朗克的信[①]

我对德国人在第一次世界大战后所表演的眼泪运动至今记忆犹新，也就不会再受它的重演所愚弄了。德国人按照一个精心编造出来的计划屠杀了几百万公民。要是他们也杀了您，几滴鳄鱼的泪无疑也会流出来的。在他们中间，少数正直的人改变不了整个局面。从我所收到的来自那边的几封信，以及从某些可靠人士所提供的消息，我估计德国人没有一点认罪或者懊悔的感觉。……亲爱的弗朗克，不要把您自己陷进这个肮脏的泥坑吧！他们会先滥用您

---

① 译自《爱因斯坦论和平》367 页。标题是我们加的。

据《爱因斯坦论和平》编者按，第二次世界大战结束后不久，流亡在美国的德国物理学家詹姆斯·弗朗克(James Franck)和另外几个在美国的德国流亡者准备发表一个呼吁，要美国人民注意当时盟军在德国所实行的政策的灾难性后果，认为它会"在欧洲中心造成一个在精神上和物质上都退化的国家，而这是会危害世界的和平重建的"。爱因斯坦看到这个呼吁的草稿后，于 1945 年 12 月 6 日给以如下的答复："我当然不能赞同盟军目前在德国所做的一切，但我坚决深信：为了使德国工业生产力在很多年内不能恢复，这样做是绝对必要的。它并不足以破坏德国目前的生产能力；必须使德国人今后对原料资源不能享有独立的支配权，这些资源最近一个世纪以来使他们变得那么危险。""我不赞成报复，但却赞成这样一种政策，它能够最有把握地不让德国人重新具有侵略的可能性；这种保证绝不是通过道义上的劝说所能达到的。""万一你们要把这个呼吁发出去，那我就不得不尽全力去反对它。"于是 J. 弗朗克又写信给爱因斯坦，恳求他改变态度。爱因斯坦于 1945 年 12 月 30 日以更加坚决的态度写了这样一封回信。——编译者

的善意，然后嘲笑您上当。如果我无法劝阻您，那么就我来说，当然是不愿参与这件事的。只要一有机会，我就要公开反对这个呼吁。

黑人问题[①]

我是作为一个在美国同你们一起生活只有十年多一点的人来写这篇文章的。我写这篇文章的态度是严肃的,并且带有警告之意。许多读者会问:“对于那些只同我们有关而新来的人不应当过问的事,他有什么权利来说三道四呢?”

我不认为这样的立场是站得住脚的。在一种环境里长大的人会认为许多事都是理所当然的。相反,一个人在成年以后来到这个国家里,对于每样特殊的和有特征性的事都会有敏锐的眼光。我相信他应当把他所看到的和感觉到的直率地讲出来 ,因为这样做,他也许可以证明他是有用的。

使一个新来的人马上就热爱这个国家的,是人民中间的民主特性。我不想在这里多谈论这个国家的民主政体,虽然这是应当给以高度赞扬的。我想到的是个人之间的关系,以及他们对待别人所持的态度。

在美国,人人都确实感到自己作为个人的价值。没有谁在别人或者别的阶级面前低声下气。即使财产上有很大差别,即使少数人有特殊的权力,也无损于人们的这种健康的自信,以及对同胞

① 此文最初发表在1946年1月在纽约出版的《壮观》(*Pageant*)月刊中。这里译自《晚年集》132—134页。——编译者

们的尊严的自然尊重。

但是美国的社会景象有一个污点。他们的平等感和人的尊严感主要只限于白人。即使在白人中间也还是有偏见的，对于这一点，作为一个犹太人，我是清楚地意识到的；但是这些偏见，同“白人”对他们的肤色较深的同胞，特别是对黑人的态度相比，简直是微不足道。我愈觉得自己是一个美国人①，这种情况就愈使我痛苦。我只有把它说出来，才能摆脱同谋犯的心情。

许多诚实的人会这样回答我：“我们对待黑人的态度，是一些不愉快的经验的结果，这些经验是我们在这个国家里同黑人一起共同生活中得到的。他们在智力上、在责任感和可信赖的程度上都不如我们。”

我坚定地深信，凡是相信这番话的人，都是中了一种致命的错误见解的毒。你们的祖先用暴力把这些黑人从他们的家乡拖了出来；在白人追求财富和享乐时，他们却受着残酷的压迫和剥削，被贬为奴隶。现代歧视黑人的偏见，就是希望保持这种不光彩的状况所产生的结果。

古代希腊人也有奴隶。他们不是黑人，而是战争中俘虏来的白人。那就说不上什么种族区别了。可是，希腊伟大哲学家之一亚里士多德却宣称，奴隶是下等人，压制他们和剥夺他们的自由是公正的。很明显，他陷入了传统的偏见，尽管他有非凡的才智，他还是未能摆脱这种偏见。

我们待人接物的态度，大部分取决于我们在童年时代无意识

① 爱因斯坦于1940年取得美国国籍。——编译者

地从周围环境吸取来的见解和感情。换句话说，除了遗传的天赋和品质以外，是传统使我们成为现在这个样子的。但我们极少意识到，同传统的强有力的影响相比，我们的自觉的思想对于我们行为和信念的影响竟是那么微弱。

轻视传统是愚蠢的，但是如果要使人的关系不断地得到改善，那么，随着我们的自觉性的提高和智力的增长，我们就应当开始控制传统，并且对传统采取批判态度。我们应当努力去认识，在我们所接受的传统中，哪些是损害我们的命运和尊严的——从而相应地塑造我们的生活。

我相信，凡是彻底认真地努力思考问题的人，都会立即承认这种歧视黑人的传统偏见是多么不光彩和多么可悲。

但是有善良意志的人又该怎样同这种根深蒂固的偏见作斗争呢？他也应当有勇气用文字和行动来树立榜样，并且应当注意使他们的孩子不要受到这种种族偏见的影响。

我不相信有什么办法能很快地治好这深入膏肓的痼疾。但是，在达到这个目标以前，对于一个正直的和善良的人来说，没有比认识到他是在全心全意地为这一正义事业服务更使他感到满意的了。

美国科学家应当
拒绝政府的不义要求

——给拟议中的美国“全国科学家会议”的信[①]

不幸,我不能出席你们的会议。身体不适迫使我只能做些在家里能够进行的活动。

我衷心感到欣慰,大多数科学家完全意识到他们作为学者和世界公民的责任;他们并没有成为那种到处泛滥的威胁着我们和我们子孙的未来的歇斯底里的牺牲品。

我们不应当允许对科学工作的发表和传播有任何限制;这对于社会文化的发展非常有害。当美国应当承担起建立国际安全的领导责任时,军国主义和帝国主义毒害的威胁,使得它的政治态度发生了不好的变化,了解到这一点,实在令人毛骨悚然。

谁被用来作为所有这些策略打击目标的潜在敌人呢?谁被认为是在美国人民中间制造这种恐惧来迫使他们不得不接受永久性的军事奴役呢?答案是:那都是俄国。然而到目前为止,俄国一直是探求国际安全的领头人,并且是国际联盟的最忠实的支持者。

我们看到,这里起着作用的不是美国人民的情绪;确切地说,

---

① 这是爱因斯坦为原定在1946年1月10—12日召开的美国“全国科学家会议”起草的贺信。由于这个会议实际上并未开成,这封信也就从未付邮。这里译自《爱因斯坦论和平》342—343页。标题是我们加的。——编译者

它所反映的不过是少数权势者的意志，他们运用其经济力量来控制政治生活机关。这一小撮人并不真正害怕俄国的实际军事行动。他们所害怕的倒不如说是强大俄国的道义影响，因为这会间接地从根本上破坏从而危及他们的社会地位。

如果政府一定要继续坚持这条致命的路线，那么我们科学家就应当拒绝听从它的那些不义的要求，即使它有合法机构做靠山。有一种不成文的法律，那是我们自己良心上的法律，它比任何可以在华盛顿制定出来的法案都要更加有束缚力得多。当然，我们还有这样两件最后的武器：不合作和罢工。

我们有理由谴责德国知识分子，因为他们无条件地屈从于那个要不得的政府的控制。他们犯了罪，给他们惩罚，那是正确的，即使他们自称他们是法律上被迫去干的。我对我们自己的知识分子下决心避免类似的罪恶是抱有希望的；他们到现在为止所采取的态度证明我这种希望是有根据的。

对战争起因的看法①

……我不相信很多战争的起因是由于人们感到自己的国家或者自己的阶级受到了不公正的对待。事实上，我不怀疑战争的起因是深深地埋藏在人类本性中的。人们可以不夸大地说，战争是原始人生活中的一种正常的活动。……为战争辩护而提出的种种借口，只不过是用来煽动那些不是很好战的人们的作战意志而已。

战争倾向是人类本性的一部分，正像河水要时常泛滥是它本性的一部分一样；并且也正像需要用人为的办法来防止洪水那样，人类也必须采取人为的办法来防止战争。以超国家法律为根据的超国家权力是避免战争的唯一手段。敏感的人认为是“正义”的东西绝不总是一样的。我相信一条法律要为人们所遵守，只有当受影响的人民从自己长期发展起来的传统来看，认为它所根据的原则是可以接受的时候，才有可能。但那种被认为是可以接受的原则总是要随着时间的进展而受到很大的修改。比如，我们今天觉得奴隶制是极端不公正的，然而古代希腊多数高尚的人却都认为奴隶制度是公正的。我相信每个时代的人民都应当尽力去做出他们认为是“公正”的事……

① 这是爱因斯坦于1946年2月间写的给别人一封回信的摘要。那个来信者曾任美国陆军高级军官，他写了一封非常长的信给爱因斯坦。这里译自《爱因斯坦论和平》369—370页。标题是我们加的。——编译者

我深信一个防止战争的政策是迫切需要的,我们不能等到确定了是否可以一劳永逸地解决什么是“正义”的问题以后,才去考虑它。

巴勒斯坦问题是英国“分而治之”政策的恶果

——1946年4月21日给贝索的信[①]

我很久没去信，扪心有愧，自己也觉得难以容忍。这只是由于科学问题这个魔鬼几乎一刻空闲的时间也不给我留下，以致我因为致力于解决数学上的困难连最后几颗牙都咬掉了。

你寄给我的那篇文章相当翔实地反映了我在华盛顿巴勒斯坦委员会上的发言。如果你知道，英国人为了实施他们那个屡试不爽的“分而治之”的原则，而耍弄了多么奸诈的手段，你就不会对于我的尖锐的控诉感到那样惊奇，看来你是颇为惊奇的。我的发言以完全可靠的消息为依据，而且比那篇文章所报道的要准确得多。

如果你不时看到我的名字同政治事件联系在一起，请你不要以为我在这方面花很多时间，因为在政治这个不毛之地上浪费很多气力原是可悲的。但是，有时候也只能这样做，例如，有时候就必须向公众说明建立世界政府的必要性，如果没有这样的政府，人类最美好的东西要不了几年就会全部沦丧。人们在青年时代对有权有势者所怀有的某种程度的尊敬已经所剩无几。奥克森舍纳

① 译自《爱因斯坦-贝索通信集》376—377页。由李澍泖同志译。标题是我们加的。——编者

(Oxenstierna)①的名言:"我的孩子,你不会相信,治理这个世界所用的智慧竟是这样地少。"黑格尔也说过:"我们从历史所能吸取的教训是,各国人民并没有从历史吸取教训。"这两句话很透彻地表达了事情的实况,而且对任何时代都适用。

玛雅正在收拾行李,准备回国,②我们在一起读了希罗多德(Herodot),亚里士多德(Aristotle),罗素的哲学史,以及其他许多有趣的书。我身体还相当好,虽然这副老骨头已经相当清楚地表明,它不久就会完全散掉,因为已经到岁数了。

---

① 约翰·加布里尔·奥克森舍纳(Johan Gabriel Oxenstierna,1750—1818),瑞典诗人。——编者

② 玛雅(Maja),是爱因斯坦的妹妹。她于1939年从意大利到美国看望他哥哥,1946年4月曾准备回意大利,但在5月因中风而瘫痪,未能成行。直至1951年6月去世,她都生活在普林斯顿。——编者

走向世界政府[①]

在同芝加哥大学三个学生的一次谈话中我得到了很深的印象。它使我了解到,在这个国家的年轻的一代中,的确有一种责任感和主动性在起着作用。这些学生充分了解到他们这一代的命运将在最近几年内被决定。他们决心尽一切努力来影响事件的进程。

形势究竟怎么样呢?技术和军用武器的发展所造成的结果,等于我们这个行星某种程度的缩小。国家之间的经济交往使得世界各国比过去任何时候都更要相互依赖。现在可用的进攻性的武器在突然的总毁灭中不会给地球留下一块净土。我们要活下去的唯一希望就在于创立一个能够运用司法裁决来解决各个国家之间的冲突的世界政府。这种裁决必须以一个为各国政府都赞成的措辞精确的宪章为根据。只有世界政府才可以动用进攻性的武器。任何个人或国家,如果不同意把一切军事力量都集中由超国家权力机构掌握,也不放弃以武力作为反对别国以保护自己利益的手

---

① 这是爱因斯坦于1946年5月29日通过无线电向在芝加哥举行的“争取世界联邦政府学生大会”(the Rally of Students for Federal World Government)所作的广播演讲。讲稿最初发表在1946年5月30日的《纽约时报》上。《晚年集》收了这篇讲稿,但编者说以前从未发表过,又说广播的日期是1946年5月24日,显然都不确。这里译自《爱因斯坦论和平》379—380页。——编译者

段，那么就不能认为是爱好和平的。

在第二次世界大战结束后的这个第一年中，政治的发展显然没有使我们更接近这些目标。现在的联合国宪章并没有提供为实现真正国际安全所必需的法律条文或军事力量。它也没有考虑到今天世界上力量平衡的实际状态。实际力量今天是集中在少数国家手里。可以毫不夸张地说，这个决定性的问题的解决完全取决于美国同俄国之间达成有远见的协议。如果这种协议达成了，单凭这两个强国就能够劝导别的一切国家，为了达到普遍军事安全的需要，在一定程度上放弃它们的主权。

许多人说，在目前情况下，美国同苏联之间要达成基本协议是不可能的。要是美国战后确曾朝着这个方向做过认真的努力，这种断语是可以站得住脚的。但我觉得美国所做过的事恰恰与之相反：不顾俄国的抗议而让法西斯阿根廷进入联合国，这是不明智的。而且在看不见有军事威胁的时候，没有必要继续生产越来越多的原子弹，并在军事上每年耗费120亿美元。反对把的里雅斯特归于南斯拉夫也是没有任何意义的，南斯拉夫是以前的盟国，它确实需要这个海港，而这个港口对于意大利这个以前的敌国实际上并没有多大经济意义。① 没有必要再进一步列举全部细节，用以说明联合国在减轻俄国的不信任上什么也没有做。事实上，我们倒做了很多助长这种不信任的事，最近几十年来的许多事件造成这种不信任是极其明白的。

① 《晚年集》中没有关于的里雅斯特这一句，却多了如下一句："也没有必要迟迟不执行反对弗朗哥西班牙的策略。"——编译者

持久和平不会来自各国的继续相互威胁，只有通过诚恳的努力而创造出来的相互信任才会出现。人们应当假定：为人类在这个行星上实现合宜的生活条件的愿望，以及对那种无法形容的毁灭的恐惧，会使那些处于负责地位上的人更聪明些和更冷静些。但我的青年朋友们，你们不能等待这种情况的出现。你们应当努力激励年轻的一代去坚持有远见的和平政策。如果你们那样做了，那么你们不仅为你们自己获得有效的保护；你们还会比你们以前任何一代的人更多地得到国家和后代子孙的感谢。

为黑人问题给杜鲁门总统的信[①]

我全心全意地赞同这个代表团的目标，深信绝大多数美国人民都要求每一个公民应当有不受暴行侵害的保证。要得到这种保证，该是我们这一代最迫切的任务之一。要克服法律上种种障碍的办法总是有的，只要有着为这种正义事业而服务的坚定意志。

① 1946年9月22日为林肯颁布第一个"黑奴解放令"八十四周年纪念，"美国废除私刑十字军"组织发起一次运动，并派出一个代表团去见杜鲁门总统。爱因斯坦完全支持这一运动，并写了这封信请代表团转交给杜鲁门。这里译自《爱因斯坦论和平》389—390页。标题是我们加的。——编译者

纪念卡尔·冯·奥西厄茨基[①]

只有在第一次世界大战以后生活在德国的人，才能够充分了解到一个像奥西厄茨基这样的人所必须参加的斗争是多么艰苦。奥西厄茨基知道，战败并没有使他的同胞在暴行和战争的传统上有所改变。他也知道，他的同胞由于战败的残酷经验和长期战争使道德败坏的影响而变得冷酷无情，要向他们宣传明智和正义，那是多么困难，多么吃力不讨好，也是多么危险的事。由于他们的盲目，他们对他报之以仇恨和迫害，并且以慢性的毁灭来折磨他；可是，他们要是相信了他，并且按照他的精神行事，那就意味着他们自己得救和整个世界得救，而他们还是这样做了。

诺贝尔基金会把崇高的荣誉赠给这位谦逊的殉道者，并且决

---

① 这是爱因斯坦于1946年12月10日在诺贝尔基金会举办的纪念奥西厄茨基的宴会上的讲话。讲稿发表在1950年出版的文集《晚年集》241页上。这里译自《爱因斯坦论和平》397—398页。标题是我们加的。

奥西厄茨基(Karl von Ossietzky,1889—1938)，德国的政论家和记者。第一次世界大战前，他即反对德国沙文主义，宣传和平主义，后来成为积极的反法西斯主义者。魏玛共和国时期，他在自己主编的《世界论坛》(*Die Weltbühne*)周刊上揭露了德国国防军头子秘密重整军备的准备工作，被控叛国，1931年11月被判处徒刑18个月。1932年12月大赦中被释放。希特勒上台后，他拒绝逃亡国外，并继续出版《世界论坛》。1933年2月他即被关进集中营，1938年5月4日因患肺结核死于狱中。1934年，爱因斯坦即向人提议把诺贝尔和平奖金赠与在狱中的奥西厄茨基，他为此费尽心机，到处奔走活动，受到过不少冷眼。但几经波折后，诺贝尔奖金委员会终于决定把1936年的和平奖金赠与奥西厄茨基。——编译者

定要对他和他的工作继续进行纪念，这是诺贝尔基金会永垂不朽的荣誉。他的工作，对于今天的人类来说，仍然完全有其比较深远的意义，因为他与之斗争的那种最有害的妄想，并没有为最近这次战争的结果所消除掉。放弃以武力来解决人类问题，这是他那时的任务，也是今天的任务。

为原子科学家非常委员会筹募教育基金的信[①]

通过原子能的解放，我们这一代已经给世界带来了自从史前人类发现了火以后最大的革命力量。这种宇宙的基本威力不能装进狭隘的国家主义这一陈腐的概念里。因为没有秘密可保，也没有防御可能；除非通过全世界人民觉醒了的理解和坚持，就没有控制原子能的可能。

我们科学家认识到我们有不可逃避的责任，把原子能的简单事实和它的社会后果告知我们的同胞。这里存在着我们唯一的安全和我们唯一的希望：我们相信有知识的公民都会为生活而不是为死亡去行动。

〔下略〕

---

① 这是爱因斯坦于1947年2—3月间为“原子科学家非常委员会”(Emergency Committee of Atomic Scientists)筹募百万美元教育基金所发出的信。这个委员会系1946年5月成立，1949年以后停止活动，1951年11月宣布解散，但它所创办的《原子科学家通报》(*Bulletin of the Atomic Scientists*)至今还继续在出版。爱因斯坦始终是这个委员会的主席。这封信译自《爱因斯坦论和平》403—404页，标题是我们加的。——编译者

军国主义精神①

我们的情况中决定性的因素似乎是所讨论的这个问题不能作为孤立的问题来处理。开头，人们会主张，今天的学术和研究机关应当愈来愈多地接受政府补助金的支持，因为有种种理由表明，私人的财力适应不了〔科学研究〕任务；但这是否意味着为了研究的目的，就有理由允许军队方面来支配那些征自纳税人的经费呢？无疑，明智的人会对这问题给以否定的回答。最有利地分配这些经费的这项困难任务，显然应当交给这样的人，他们的素养和经验证明他们是熟悉科学和学术的。

如果明事理的人还是坚持要通过军事机关来分配大部分研究经费，那么这种态度只能从下面的事实来找到根据：文化准则(*values*)已附属于全面的政治考虑。因此，我们必须把我们的注意力放在这种根本的政治态度及其根源和有关的问题上。这样我们就可理解到，所讨论的这个问题只不过是很多问题中的一个，只有从一个比较开阔的眼界去看，才能对它作出充分的估价和恰当

---

① 本文最初发表在1947年夏季在纽约出版的《美国学者》(*The American Scholar*)季刊上。这里译自《爱因斯坦论和平》422—424页。

《美国学者》1947年春季号里有一篇伊利诺伊大学的利得诺(Louis N. Ridenour)写的文章，题名《美国科学受军队方面的支持是一种危险吗？》，文章中肯定说没有什么危险，而只有很大的好处。1947年夏季号的《美国学者》就这问题展开了争论。爱因斯坦写了这篇文章驳斥利得诺。——编译者

的判断。

我们所讲的这种态度在美国还是有点新鲜的。它是在两次世界大战的影响下产生的,在战争时期,一切物资都是按照军事的目的集中起来,于是就滋长了一种支配一切的军国主义精神,由于突然的胜利,这种精神也就进一步得到加强。在这种精神背后的根本事实是,“赤裸裸的霸权”——这是伯特兰·罗素巧妙地创造出来的名词——终于在国际关系中比其他因素起更大得多的作用。德国人的精神状态也受到过同样的变化,他们特别是因俾斯麦的成功而败坏了的;事实上,不到一百年,它就把德国人完全毁了。

我必须承认,战后美国的外交政策时常不禁使我回忆起威廉二世统治下的德国的外交政策。我知道别人也已独立地认识到这种苦痛的类比。

军国主义精神的特征是只重视物质因素,如原子弹、战略基地、各式各样的武器、原料资源等等,而同时把人本身、他的思想和志向看作是非常不重要的。军国主义精神在理论上的态度有点像马克思主义,二者都把人缩小为只是一种“能力”或“人力”。在这种思想影响下,通常决定人的志向的那些目标就完全不见了。为了弥补这个空隙,军国主义精神就把占有“赤裸裸的霸权”作为目标的本身。这无疑是一个会使人上当的最离奇的妄想。

今天,军国主义精神的存在,比过去任何时候都更危险;因为可以供侵略国利用的武器要比防御的武器威力强得多。这一事实不可避免地会产生一种导致预防性战争的思想。由于这些发展所造成的普遍不安全,公民的政治权利正在所谓国家利益的托词下受到牺牲。各种各样的政治迫害和政府干涉,比如对教学、研究和报纸的官方控制等等，看来是不可避免的了，因而也遇不到人民群众的抵抗，而这种抵抗本来是可以用来保护人民的。一切传统的社会准则都在改变，凡是对于军国主义空想的目标没有明显用处的东西都被看作是下等的。

照我看来，除了一种以达到超国家基础上的安全为目的的，有远见的、诚实的和勇敢的政策以外，没有一条可摆脱目前这种困境的出路。让我们希望，当这个国家还有机会做领导的时候，我们会找到足够的有骨气的人愿意循着这个方向来掌握国家的航程。如果找到了他们，那么像今天所讨论的这类问题也就不再存在了。

为大战中牺牲的烈士纪念碑所拟的题词①

我们忍受痛苦而死，为的是使你们能够自由，使和平和正义能够胜利。你们，活着的人们，千万不要忘记由于我们的牺牲而加给你们的责任。

① 这是爱因斯坦于 1947 年 5 月为"美国纪念碑建造工会"拟的大战中牺牲的烈士纪念碑的题词，但从未被采用过。这里译自《爱因斯坦论和平》408 页。标题是我们加的。——编译者

要原子战争还是要和平(续篇)[①]

自从制成了第一颗原子弹之后,在使世界免于战争威胁而更加安全这一方面并未做出什么,但在增加战争破坏性方面却做了不少。我不能从任何第一手知识来讲原子弹的发展情况,因为我不在这个领域里工作;但是干这一行的人已说得够多了,他们指出,威力更大的原子弹已经造出来了。当然,人们可以想到,原子弹有可能造得更大得多,它能造成前所未有的巨大破坏范围。而且还可能广泛使用放射性气体,这种气体散布在广大地区上,会在不毁坏建筑物的情况下造成严重伤亡。

在推测现代战争技术时,还必须考虑到原子弹以外的其他各种可能性。不过我怀疑,比如细菌战所产生的危险是不是可以同原子战争相比拟。我也不认为人们需要考虑会有这样的危险,以为链式反应会被引发得强大到足以毁灭这个行星的一部分或其全部。我不考虑这种可能性,因为要是这样的链式反应能由人造的原子爆炸来产生,那么它早就会由于那些不断射到地面上来的宇

---

① 这是爱因斯坦于 1947 年秋天同斯温(Raymond Swing)所作的第二次谈话记录(第一次在 1945 年秋,见本书 233—239 页)。其英文本最初发表在 1947 年 11 月号的《大西洋月刊》(*Atlantic Monthly*)上,德文本则发表在 1947 年 12 月 12 日出版的《建设》(*Aufbau*)杂志上,内容稍有修改。这里译自《爱因斯坦论和平》431—440 页,同时也参考了《晚年集》190—199 页。——编译者

宙线的作用而发生了。

但用不着设想地球会像新星那样由于星体爆炸而毁灭,就可以充分了解在增长着的原子战争的危险,并且认识到另一次战争如不加以防止,那么它所造成的破坏的规模,很可能是前所未有的,也是现在实际上无法想象的,而现存的文明能够残留下来的也就不会很多了。

在原子世纪的开头两年,可以看到另一种现象。尽管公众对原子战争的恐怖性有所警惕,但对它并未做出些什么,而且在思想意识上对现存的危险大大丧失了警惕性。这可能是因为人们觉得,那种危险反正是不能避免的,或者一切可能的预防办法都已经用尽了,那就不如干脆把它忘掉为好。要是美国已把它的工业分散开,并且疏散了它的城市,那么人们忘掉他们所面临的危险,也许是合理的。① 我应当插上一句,这个国家实际上没有采取这样的防备措施,也许倒是一件好事;因为要是这样做了,反而会增加原子战争的可能性,因为这会使别的国家相信,我们听任原子战争,并且在为它作准备。但另一方面,对于避免战争,什么也没有做;而做得很多的,倒是在使原子战争变得比1945年已发生过的更加可怕。所以,看不见目前的巨大危险,那是无可原谅的。

让我再重复一遍,自从原子弹制成以后,在避免战争方面一事无成。尽管美国向联合国提出过超国家管理原子能的建议,但它所做的只是提出了一个附有条件的建议,而这些条件苏联断然不予接受。这样,就有了把失败归咎于俄国人的可能。

① 《爱因斯坦论和平》中删去了这一句。——编译者

但在责备俄国人时，美国人不应忘记这样的事实：他们自己并没有正式声明在达到超国家管理之前不使用原子弹作为战争武器；而且如果达不到超国家管理，他们还会继续拒绝作这样的声明。这样就增长了别国的恐惧，它们相信，只要别国不接受美国所提出的超国家管理的条件，美国人就会把原子弹看作是他们军火库里的一种合法的武器。

美国人也许会确信他们不要发动侵略战争或预防性战争的决心，因此，也许没有必要来公开宣布他们不会再次首先使用原子弹。但是这个国家曾受到严肃的劝告，要它声明不使用原子弹——那就是宣布使用原子弹是非法的——而它却不愿意这样做，除非是美国提出的超国家管理的条件被接受了。

我相信这样的政策是错误的。我了解到，拒绝声明不使用原子弹，也许有某些军事上的利益，那就是以为美国手中有了原子弹，就可以抑制别的国家发动一场战争，因为在战争中美国可能使用原子弹。但是得之东隅，失之桑榆。因为要是实行了这样的政策，那就更少有可能来达成关于原子能进行超国家管理的协议了。如果只有美国一国拥有原子弹，那倒也许不会造成军事上的不利；一旦别的国家也能制造大量原子弹，而由于没有国际协议，美国就要受到非常大的损失，因为它有集中的工业和高度发展的城市生活这些弱点。

在垄断原子弹的同时，又拒绝宣布它为非法，这使这个国家还受到另一方面的害处：那就是证明它未能回到战争的伦理标准上来，而这种标准在最近一次大战以前是被正式承认了的。不应当忘记，这个国家的制造原子弹，原来是作为一种预防手段，以防备万一德国人在战争结束以前会发现并且使用它。轰炸非军事中心的措施是由德国人开始而后来为日本人所采用的。盟军给以同样的还击,——而且结果还要更加有力,——他们这样做,在道义上是正当的。可是现在,在没有任何挑衅,也没有任何理由要把它作为报复或者复仇之用的情况下,美国却拒绝宣布原子弹为非法(除非在受到原子弹进攻时作为报复之用),那是因为它把占有原子弹作为政治资本。这就很难说是正当的了。

我不是说美国不应当制造和储存原子弹,因为我相信它必须这样做;由于它本身有了原子弹,它就必定能够制止别的国家发动原子进攻。但制止原子进攻应当是储存原子弹的唯一目的。同样,我认为,只要联合国一旦有了武装力量和它自己的武器,就应当拥有原子弹。但它之所以应当拥有原子弹,也仅仅是为了制止侵略者,或者是为了预防捣乱国家发动原子进攻。联合国应当同美国或者任何别的国家一样不主动地使用原子弹。要保持原子弹的储备,而又不肯答应绝不首先使用它,那是利用占有原子弹以达到政治上的目的。可能美国是希望用这种态度来吓唬苏联,迫使它接受原子能的超国家管理。但是制造这样的恐吓,只会加剧现在的敌对行为,并且增长战争的危险。我有这样的看法:美国的政策把达到原子能超国家管理的真正好处置之不顾。

我们已从战争中挣脱出来,在战争时期,我们不得不接受敌人的那种低得可耻的伦理标准。但是现在,我们却感觉不到要从敌人的这个标准中解放出来,自由地恢复人类生命的尊严和非战斗人员的安全,而事实上,我们却反而把上次大战中敌人所造成的低标准作为我们自己的标准。因此,我们正在走向另一次战争,而这次战争的伦理标准将由我们自己的行动来降低。

公众也许还未充分认识到，在未来的任何战争中，原子弹将被大量利用。由上次战争结束前爆炸的三颗原子弹所产生的巨大破坏，就可估量出原子弹所造成的危险。公众也许还未能理解到，就战争中所受的损害来说，原子弹已成为一种能用来进攻的最经济的破坏手段。要是爆发另一次战争，原子弹就会数量很多而且价钱也比较便宜。除非在美国的政治和军事领袖之间，以及在公众自己方面，不使用原子弹决心大大超过今天所能见得到的那样，原子战争将是难以避免的。除非美国人终于认识到，由于他们有受原子进攻的弱点，他们之有原子弹，并不是使他们更强大了，而是使他们变得更虚弱了；否则他们在成功湖[①]或者在同俄国的关系上，大概是不会以促进谅解的精神来指导他们的政策的。

但我的意思也不是说，美国未能宣布使用原子弹为非法（除非为了报复），是它所以没有同苏联就原子控制问题达成协议的唯一障碍。因为俄国人已经讲得很明白，他们将竭尽全力阻止超国家政府的成立。他们不仅在原子能范围内拒绝超国家政府，而且在原则上就强烈地拒绝它。这样，任何一个可用来联合成为有限的世界政府的建议，都事先被他们一脚踢开了。

葛罗米柯先生说得对，美国关于原子武器的建议，其实质就是说，国家的独立主权是不相容于原子时代的。他宣称，苏联不能接受这种论点。他们所提出种种的理由都是暧昧的，因为这些理由显然都是一种托词。但事实似乎是苏联的领袖们相信：在超国家

① 成功湖（Lake Success）在纽约，是联合国总部的所在地。——编译者

政体的组织内,他们不能保住苏联国家的社会结构;而苏联政府是决心要保住它现在的社会结构的。由于那种结构本性而握有大权的俄国领袖们,会尽全力来阻止那个要控制原子能或者别的什么东西的超国家政体的建立。①

俄国人的理由有一部分也许是正确的,那就是在超国家政体的组织里要维持他们现在的社会结构确实有困难,尽管他们早晚总会理解到,参加这样的政体比起留在一个法治世界的外面要好得多。但在目前,看来他们只是受着他们的恐惧心理所推动,而人们也必须承认,美国不仅在原子能方面,而且还在别的许多方面正在大大地制造这种恐惧。的确,指导这个国家的对苏政策的,好像是这样的信念:在一切外交工具中,恐吓是最主要的。

可是,不能因为俄国人正在竭力阻止建立一个超国家的安全体系而别国人就不应当试图去创建它。上面已经指出,俄国人用一种强有力的和直率的方式来阻挡他们所不愿见其发生的事;但当这样的事一旦发生了,他们是能够变通而适应它的。所以,美国和别的大国最好不要造成这样的情况,使俄国人有权否决任何创建超国家安全体系的尝试。这样,他们在着手创建时还是可以抱有一线希望:一旦俄国人看到他们不能阻止这样一种政体,他们就会参加进来。

到目前为止,美国表现出它对于苏联的安全问题是漠不关心的。美国所关心的只是它自己的安全,这是各主权国家之间争夺权力斗争的特征。但是人们事先无法知道,如果美国人民迫使其

① 《爱因斯坦论和平》中删去了这一句。——编译者

领袖们在国际关系中采取一种法治的政策，来代替目前的无政府主义政策，俄国的恐惧会受到怎么样的影响。在法治世界里，俄国的安全也等于我们自己的安全；要是美国人民全心全意地拥护这个概念——这在民主制度下应当是可能的——在俄国的思想中就会引起一种不可思议的变化。

目前，俄国人没有理由可以相信美国人民实际上是不支持备战政策的，而他们把这种政策当作是有意的讹诈政策。如果能使俄国人相信，美国人确实在热诚地渴望以唯一能够维持和平的办法，即通过法治的超国家政体的办法来保护和平；那么，这无疑就会有助于使俄国人改变那种把美国的准备和意图看作是威胁他们安全的估计。要等到美国能向苏联提出一个为觉醒了的美国公众所支持的真诚的、令人信服的建议时，人们才有资格希望俄国给以合理的回答。

也许俄国人最初的回答是拒绝这种法治世界。但是如果过了一段时间以后，俄国人明白了这样的世界没有他们也能够建立起来，而且他们自己的安全也会因他们参加这个新组织而加强，那么他们的想法必然会改变过来。

我赞成邀请俄国人参加那个有权提供安全的世界政府，而要是他们不愿意参加，那么就着手建立不包括他们在内的超国家安全组织。但我要立即承认，我认为这样的做法是危险的。如果还是这样做了，那就必须完全讲明白，这个新政体并不是一个反对俄国的联盟。它必须是这样一个组织：由于它是集合而成的性质，势将大大减少战争的可能性。它的利益比任何一个单独的国家都要复杂多样，所以不大会诉诸侵略战争或者预防性战争。同样，它比任何一个单独的国家都要大,因而也就比较强。它在地理上是非常辽阔的,因此要用军事手段来摧毁它也就比较困难。它将致力于超国家的安全,因此它将反对国家至上的概念,这种概念正是煽起战争的强烈因素。

如果超国家政体没有俄国参加就建立起来了,它为和平的服务将取决于它在行使其职责中所用的手腕和所表现的诚意。希望俄国参加这个组织的愿望应当在任何时候都是毫不含糊的,并且应当时常加以强调。必须使俄国和所有组成这个组织的国家都明白:当一个国家决定不参加时,它不会受到什么惩罚。如果俄国开始时没有参加,那么必须向它保证:当它决定参加时,它会受到欢迎。那些创建这个组织的人必须懂得,他们建立这个组织的最后目的,是要得到俄国的参加。

这些意见不免有些抽象,也不容易概括出这种局部性的世界政府为了引导俄国参加所必须采取的那些特殊的政策。但是要使它会参加,有两个先决条件似乎是很明显的:这个新组织必须没有任何军事秘密;而且,在起草、讨论和正式通过它的宪章时,以及在决定它的政策时,俄国都必须有派遣观察员出席这个组织每一次会议的自由。这就会摧毁那个在世界上制造了那么多猜疑的秘密大工厂。

有军事头脑的人,听到要建议创立一个不保守任何军事秘密的政体,也许要大吃一惊。他所受的教育使他相信:如果重要的情报不保密,就有可能引起一个好战的国家产生征服全球的企图。(至于所谓原子弹的"秘密",我认为俄国通过它自己的努力,在短时间内是能够制造出这种武器的。)我承认,不保守军事秘密是有点冒险的。但是如果有足够数量的国家共同使用它的资源，它们就能抗得住这样的风险，因为它们的安全会得到大大的增强。由于消除了恐惧、猜疑和不信任，我们就能以更大的自信来这样做。以各个国家无限制的独立主权为基础的、由不断增加的战争威胁所造成的全世界的紧张局势，将为在超国家组织所创造的和平气氛中不断增长的信任所代替。到头来，这种发展可能会使俄国人民非常信服，以致他们的领袖们对待西方的态度将变得柔和起来。

依照我的见解，超国家安全体系的成员资格不应当以任何一个任意的民主准则为根据。但有一个要求是不可缺少的：超国家组织——代表大会或者委员会——的代表必须在每一个成员国里由人民自己通过秘密投票选举出来。因此，所选出的代表将代表人民而不代表各个政府，这样会增强这组织的和平性质。

要求适合另一种民主准则，我认为是不妥当的。民主制度和民主准则都是历史发展的产物，而在享有这种制度的国家里，也时常会在一定程度上不了解这一点。要根据任意准则来作决定，只会使现存的西方制度与苏联制度之间的意识形态的差别更加尖锐起来。

但是现在把世界推向战争的，并不是意识形态的差别。毫无疑问，如果西方一切国家都实行社会主义，但同时保持它们国家的独立主权，那么仍然十分可能，东西方之间争夺权力的冲突还会继续存在下去。目前流行着的那种对不同经济制度所表露出来的激情，我认为并不十分合理。究竟美国的经济生活应当像现在那样由比较少数的个人来支配，还是这些人应当服从国家的管理，这个问题也许是很重要的，但其重要性还没有大到足以证明在这个问题上所激起的一切情绪都是正当的。

我希望看到所有一起组成这个超国家安全体系的国家,共同来组织它们的军事力量,而只为自己保留一些地区性的警察部队。那时,我希望看到这些军队掺合起来,并且分配到各个国家,正像以前奥匈帝国的联队那样来编制和使用。那时受到了高度评价的是,为了使出生于一个地区的士兵和军官能更好地为帝国的目的服务,不让他们专门驻扎在他们自己的省份里,以免受到地方的和种族的偏见的影响。

我希望看到这个超国家政体的权力只限于保证安全的范围之内,虽然我不敢说是否可能做到。以往的经验表明,在这以外再让它有一点管理经济事务的权力,也许是可取的;因为在现代条件下,经济的发展能够引起全国性的紧急事变,会导致资本主义国家间的暴力冲突。但我宁愿看到全部的组织的职能都要受制于安全的任务。① 我希望看到联合国能发展成为这种超国家的政体,以便在谋求和平方面能保持它的连续性。

我充分认识到,不管有没有俄国参加,在建立世界政府时都会有巨大困难。我充分觉察到它所要冒的风险。既然我不认为一个国家在参加了超国家组织之后又可以允许它退出去,那么就有一个可能爆发内战的危险。但我也相信世界政府是无可避免的;所剩下来的问题是:要用怎么样的代价来实现它?我相信,即使有另一次世界大战,它也是会出现的;但是如果它是在这样的一次战争之后出现的,那么它将是一个由胜利者建立起来的,倚恃他的军事

---

① 《爱因斯坦论和平》中删去了这一句。——编译者

力量，因而也是靠着人类的永久军事化而建立起来的世界政府。

可是我也相信，世界政府能够通过协议和通过说服的力量建立起来，这样的代价是很低的。但是单单诉诸理性，还得不到足够的力量来建立世界政府。共产主义制度在东方的力量的一个源泉，在于它在某些方面带有宗教的特征，而且它激励起一种类似于宗教的情绪。争取“法治基础上的和平”运动，除非聚集起一种宗教运动的力量和热情，否则就很难有成功的希望。那些对人类的道德教育负有责任的人，面临着一项重大的任务，并且有一个挑战的机会。我认为原子科学家已经相信，他们不能单用逻辑来唤起美国人民认清原子时代的真理。必须加上深挚的感情力量，这也就是宗教的基本成分。希望不仅是教堂，而且学校、大学和主要舆论机构都能在这方面很好地尽到它们独特的责任。

给联合国大会的公开信[①]

我们陷进了这样一种处境:每个国家的每个公民,他的孩子以及他的日常工作,都受到可怕的不安全所造成的威胁,这种不安全今天正笼罩着我们这个世界。技术发展的进步并没有增进人类的安全和幸福。由于我们解决国际组织问题的无能,实际上它助长了各种危险,这些危险在威胁着和平,也威胁着人类的生存。

会聚在第二届联合国大会中的五十五个国家的政府代表,无疑会认识到这样的事实:过去两年中——自从战胜轴心国[②]以来——无论在防止战争,或者在像原子能的控制,以及重建战争破坏地区的经济合作等特殊方面的协议,都没有取得显著进展。

不能把这些失败归咎于联合国。因为没有一个国际组织所具有的力量能比宪章规定给它的权力更大,或者能比它的成员国所属望于它的还更有力量。事实上,联合国是一个极为重要而且极其有用的机构,只要全世界的人民和政府都能了解到,它不过是一个走向最终目标的过渡性组织,而最终目标是建立一个超国家的权力,要授予以足够的立法权和行政权来维护和平。目前的绝境

---

① 此信最初发表在《联合国世界》(*United Nations World*)1947 年 10 月号和《纽约时报》1947 年 9 月 23 日上。这里译自《爱因斯坦论和平》440—443 页。——编译者

② 指二十世纪三十年代结成反共联盟的三个法西斯国家:德国、意大利、日本。——编译者

在于没有一个能胜任的、可靠的超国家的权力。因此,一切政府的负责领袖都不得不从万一要发生战争这样的假定来考虑他们的行动。为这种假定所策动的每一个步骤都会助长普遍的恐惧和普遍的不信任,并且会使最后的灾难加速来临。无论一个国家的军备怎样强,都创造不出它的军事安全,也保卫不了和平。

除非修改国家主权传统概念,否则,要得到关于原子能的国际控制和管理的全面协议,或者关于普遍裁军的全面协议,是绝不可能的。因为,只要原子能和军备还被认为是国家安全的要害,就没有一个国家会拿出比用于国际谈判的空话更多的东西来。安全是不可分割的。只有在普遍得到法律上和执行中的必要保证时,安全才能实现,这样,军事安全也就不再是任何一个单独国家的问题了。要么准备战争,要么准备建立一个以法律和秩序为基础的世界社会,中间不可能有妥协的道路。

每个公民都必须下定决心。如果接受了战争这个前提,那就只好听任在像奥地利和朝鲜那样的战略地区保持着军队,把军队开到希腊和保加利亚去;用一切的办法来积累铀的储备;普遍的军事训练;对公民自由的逐步限制。尤其是,他必须忍受军事保密的后果,而这是我们这个时代最严重的灾难之一,也是文化进步的最大障碍之一。

相反地,如果每个公民都认识到,在这原子时代,安全与和平的唯一保证是超国家政府的不断发展,那么他就会尽一切力量来加强联合国。我认为世界上每一个有理性的和敢于负责的公民都必须知道他应当如何抉择。

可是整个世界还处在一个恶性循环中而无所适从,因为联合国中的各个大国要在这一点上下决心，似乎是不可能的。东方和西方集团都在疯狂地企图加强他们各自的实力地位。普遍军事训练，俄国军队驻扎东欧，美国控制着太平洋上的各个岛屿，以至荷兰、英国和法国的顽固的殖民政策，保守原子秘密和军事秘密——所有这一切都是人们早已熟悉的为争夺地位而进行欺诈的组成部分。

对联合国来说，以勇敢的决策来加强它的道义上的威信的时机已经来到。首先，联合国大会的权力必须扩大，使安全理事会以及联合国的另外一切机构都服从于它。只要大会同安全理事会之间还存在着权力的冲突，整个制度的有效性必然仍要受到损害。

其次，联合国的代表产生办法应当大大加以修改。目前由政府委派代表的办法并没有留给被委派者任何真正的自由。而且，由政府选派的办法不能使全世界人民感觉到代表的产生是公平的、按比例的。如果代表是由人民直接选举的，联合国的道义上的威信就会大大增强。要是代表们都对每个选民负责，他们就会有更多的信守自己良心的自由。这样，我们就能期望代表中政治家多一些、外交家少一些。

第三，联合国大会应当在整个危急的过渡时期中一直继续开会。由于工作持续不断，大会就能执行两项重大任务：首先，它能够取得建立超国家秩序的主动权；其次，它能够在一切和平受到威胁的危险地区（就像当前存在于希腊边境的那样）采取迅速而有效的措施。

鉴于这些崇高的任务，大会不应当把它的权力托付给安全理事会，尤其是当这个机构因否决权的规定等缺点而瘫痪的时候。

作为一个唯一能够勇敢地、坚决地实施其主动权的机构，联合国应当以最大的速度行动起来，打好创建一个真正的世界政府的基础，为国际安全创造必要的条件。

当然会有反对的意见。但是如果作出了一个能提供真正安全的公平提案，苏联——它常常表现为世界政府这一观念的主要反对者——就绝不会一定要继续反对。即使假定俄国现在反对世界政府这一观念，一旦它相信世界政府终究是要建立的，它的整个态度自然就会有所改变。到那时，它只会坚持法律面前的平等这个必要的保证，这是为了避免它像在目前安全理事会中那样长期处于少数的地位。

然而我们还是有必要假定：尽管尽了一切努力，俄国及其盟国仍然会觉得它们留在这样的世界政府外面是适当的。在那种情况下——而且只有在以最大的诚意为取得俄国及其盟国的合作而尽了一切努力之后——别的国家应当单独行动起来。最为重要的是要使这个局部性的世界政府非常强大，它至少得包括全世界主要工业和经济地区的三分之二。这个局部性世界政府本身如此强大，它就有可能放弃军事保密以及其他一切由于不安全而采取的措施。

这样一个局部性世界政府一开头就应当表明：它的门是向任何非成员国——特别是俄国——始终敞开着的，以便它们在完全平等的基础上参加进来。我认为局部性世界政府在它的一切会议和制宪会议中都应当容许非成员国政府的观察员列席。

为要达到最后目的——那是一个联合的世界，而不是两个敌对的世界——这样一个局部性世界政府绝不应当作为一种联盟来反对世界的其余部分。走向世界政府的唯一真正步骤就是世界政府本身。

在世界政府里，不同组织部分之间的意识形态的差别不会产生严重的后果。我深信，目前美国同苏联之间的纠纷主要不是由于意识形态的差别。当然，这些意识形态的差别是助长早已很严重的紧张局势的一个因素。但我深信，即使美国和俄国都是资本主义国家——或者都是共产主义国家，或者都是君主制国家——他们之间的竞争、利害冲突和妒忌，也会造成紧张局势，像今天这两个国家之间所存在的紧张局势一样。

现在的联合国和最终建立的世界政府都必须服务于一个目的——保证全人类的安全、安宁和幸福。

为世界政府问题答苏联科学家[1]

我的四位俄国同事在《新时代》杂志上发表一封公开信，对我作了善意的抨击。我赞赏他们所作的努力，更加赞赏他们如此率直、坦白地表明他们的观点。要在人类事务中理智地行动，只有作这样的努力才有可能，那就是努力充分了解对方的思想、动机和忧虑，做到设身处地从对方的角度去观察世界。一切善良的人都应当尽可能献出力量来增进这种相互了解。我想要求我的俄国同事以及别的任何读者，也本着这种精神来接受下面这个对他们那封信的答复。作这个答复的人，是诚恳地在寻求一个可行的解决办法，而不幻想他自己知道了“真理”，或者知道了所要遵循的“正确道路”。如果下面的观点我说得有点武断，那不过是为了要求得明确和简单。

尽管你们那封信主要是对非社会主义的外国的攻击，特别是对美国的攻击，但我相信，在这种攻势的后面隐藏着一种防御的精神状态，它构成了一种几乎是无限制的孤立主义。这种要躲避进孤立主义的愿望是不难理解的，只要人们了解最近三十年来俄国所受到外国加给它的损害——德寇入侵对平民的有计划的大屠

---

① 这封信写于 1947 年 12 月，发表在《原子科学家通报》1948 年 2 月号中。这里译自《爱因斯坦论和平》449—455 页。苏联科学家的信见附件。——编译者

杀，内战时期外国的干涉，西方报纸所导演的系统的诽谤运动，西方把希特勒当作一个对俄国作战的工具来扶植。无论这种要求孤立的愿望是怎样可以理解，但是终将证明，它所构成的政策，对俄国的害处并不见得比对别的一切国家小；这一点以后我还要讲到。

你们对我抨击的主要目标在于我支持“世界政府”。我想在讨论这一重要问题之前，先讲几句关于社会主义同资本主义的对抗问题；因为你们把这种对抗看得很重的态度，似乎完全支配着你们关于国际问题的观点。客观地考查一下，这个社会-经济问题好像是这样的：技术发展已导致了经济机构的不断集中。这种发展也造成了一些广泛工业化的国家的经济权力集中到比较少数人手里。在资本主义国家里，这些人不需要向全体人民说明他们的行动；但在社会主义国家里，他们正像那些行使政治权力的人一样，尽着人民公仆的职责，必须向全体人民说明他们的行动。

我同意你们这样的看法：只要社会主义的管理部门至少还保持着哪怕是不彻底的适当管理标准，社会主义经济所有的优点就肯定足以抵消它的缺点。无疑，这样的一天总会到来，那时一切国家（只要这样的国家仍然存在）都会感谢俄国，因为它是不顾极端艰巨的困难为社会主义计划经济的实际可行性作出了证明的第一个国家。我也相信，事实将会证明，资本主义（也许我们应当说是私营企业制度）是没有能力制止失业的，由于技术的进步，失业问题还会日益严重起来；它也没有能力使生产同人民的购买力保持健康的平衡。

另一方面，我们还是不应当错误地把一切现存的社会和政治的祸害都归咎于资本主义，也不应当错误地假定，只要建立起社会主义就足以医治人类的一切社会和政治的痼疾。这样一种信仰所必然有的危险，首先在于它鼓励“忠实信徒”的狂热的褊狭性，从而把一种可行的社会组织形式变成了一种像教会那样的东西，把一切不归属于它的人都污蔑为叛逆或者是为非作歹的坏分子。一旦到了这种地步，谅解“非忠实信徒”的行为和信念的能力也就完全丧失了。我深信你们从历史上一定知道，那些坚持这样一类顽固信仰的人，曾经使人类遭受了多少不必要的痛苦。

任何政府只要在它内部带有向暴政蜕化的倾向，它本身就成了一种祸害。但除了为数很少的无政府主义者以外，我们中间的每一个人都深信，没有政府，任何文明的社会形态也就不可能存在。在健全的国家中，人民的意志同政府之间有一种动态平衡，可以防止政府向暴政蜕化。如果在一个国家中，政府不仅有权掌握武装力量，而且还掌握了教育和情报的每一条渠道和每一个公民的经济生活，那么很明显，在这个国家中，上述那种蜕化的危险就更加严重。我之所以要这样说，只不过为了表明：这样的社会主义，不能认为是解决一切社会问题的办法，而只能看作是一种能够容纳这类解决办法的框架。

你们在信里所表露的一般态度中，最使我感到诧异的是：你们在经济领域里是那么强烈地反对无政府状态，但在国际政治领域里却又以同样的激情来拥护无政府状态，即拥护无限制的主权。削减各个国家主权的建议，在你们看来，本身就应当受到谴责，是一种对天赋权利的侵犯。而且，你们还想证明，在这削减主权观念的背后，美国隐藏着它的这样一种意图：想要不必通过战争而取得对世界其余部分的经济统治和剥削。你们用你们的方式来分析这个政府从战争结束以来的某些行动。企图以此来为这种控诉进行辩护。你们企图证明，联合国大会只不过是美国操纵的，因而也就是美国资本家操纵的一出木偶戏。

这样的论据给我的印象好像是一种神话；它们是不能令人信服的。但是这些论据却表明了我们两国知识分子之间隔阂很深，这种隔阂是彼此间一种不幸的、人为的隔绝状态所造成的结果。如果自由交换个人意见得到鼓励，并且成为可能，那么知识分子也许比其他任何人都更能够帮助两国之间创造一种相互谅解的气氛。这样的气氛是有效发展政治合作的一个先决条件。既然我们暂时好像要依靠“公开信”这样的麻烦办法，那么我就想扼要地讲一下我对你们那些论据的反应。

谁也不会否认，经济的寡头统治对我们公共生活的一切部门都有非常强有力的影响。但这种影响也不应当被估计得过高。弗兰克林·德拉诺·罗斯福(Franklin Delano Roosevelt)尽管受到这些强有力集团的拼命反对，还是当选了总统，并且还重新当选了三次；而这是在必须作出有重大后果的决定的时刻发生的。

至于战后美国政府的政策，我既不愿意，也没有资格去为他们辩护或者解释。但不能否认，美国政府关于原子武器的一些建议，至少表明了一种想要创立超国家安全组织的企图。如果说它们是不能接受的，那么它们至少也为真正解决国际安全问题提供了一个讨论的基础。其实倒是苏联政府半否定半拖拉的态度，使得这个国家①里善良的人们很难像他们原来所希望的那样，运用他们

① 指美国。——编译者

的政治影响来反对“战争贩子”。关于美国对联合国大会的影响，我要说的是：照我看来，它不仅是由于美国的经济实力和军事实力，也是由于美国同联合国在寻求真正解决安全问题上的努力。

至于有争论的否决权问题，我相信，所以会有要取消它或者使它不起作用的企图，主要不是由于美国有什么特殊行动，而是由于苏联在使用否决特权的做法。

现在让我来讲你们所提的那个意见，说美国政策的目的是在于对别国进行经济统治和剥削。既然要确切地谈论目的和意图是件毫无把握的事，我们还不如来考查所涉及的客观因素。美国很幸运能在本国生产足够数量的一切重要工业品和粮食，而且几乎拥有一切重要原料资源。但由于它对“自由企业”的顽固信仰，美国不能做到使人民的购买力同全国的生产能力保持平衡。同样由于这些理由，失业经常有达到威胁程度的危险。

由于这些情况，美国不得不特别着重它的出口贸易。要是没有这种贸易，它就不能保持它的生产设备得到充分利用。如果出口货是以大致相等的价值的进口货来平衡，这种情况本来不会有什么坏处。那时，对外国的剥削就在于进口货的劳动价值大大超过出口货的劳动价值。可是美国却正竭尽全力来避免这样来发展进口，因为几乎每一种进口都会使美国的一部分生产设备闲置起来。

这就是为什么外国没有能力偿付美国出口商品的缘故；结果，这样的偿付只能靠着把物资运给美国，或者向它提供服务。要是做不到这一点，外国就必须为偿付它们的进口而输出黄金，这就说明了为什么全世界大部分的黄金都会流到美国来了。总的来说，黄金不能有别的用处，除了用来购买外国商品，而由于上面已经讲过的理由，这是行不通的。这一大批黄金被储藏起来，还要小心翼翼严加保护以防盗窃，它就成了一座歌颂政府的明智和经济科学成就的纪念碑！我刚才所说的这些理由，使我难以非常认真地看待所谓美国剥削全世界的说法。

可是刚才所叙述的这种情况还是有它的严重的政治后果的一面。由于上述理由，美国不得不把它的部分产品运到国外去。这些出口是通过美国给外国的贷款来供给资金的。的确难以想象，这些贷款怎么能还得清。所以从一切实际效果来看，它们不应当看作是贷款，只能看作是一种在强权政治舞台上可以作为工具来使用的馈赠。鉴于现存的情况，并鉴于我们对人类的了解，我坦白承认，这表现出一种真正的危险。不过，我们已经陷入了这样的一种国际事务状态：人类智慧的每一种发明和每一种有用的物品往往都成为一种武器，从而也就都成了对人类的一种危险。难道这不是事实吗？

这个问题把我带到了最重要的事情上来，除此以外，别的一切事情实在都显得无足轻重了。我们大家都知道，强权政治迟早总要引起战争，而在目前情况下，战争就意味着人类生命财产的毁灭，毁灭的规模将远远超过历史上曾经出现过的。

难道我们的激情和我们因袭的习惯果真不可避免地使我们注定要相互彻底毁灭而不剩下一点值得保存下来的东西吗？比起我们大家都面临着的客观危险来，在我们离奇的通信中所接触到的一切的争论和意见分歧难道都不是微不足道的吗？难道我们不应当尽一切力量来消除这个同样在威胁着一切国家的危险吗？

如果我们死抱住无限制的国家主权这种概念和习惯不肯放，那就只能意味着每个国家都保有使用武力来达到自己目的的权力。在这样的情况下，每个国家都不得不感觉到它必须为可能发生的战争而作准备，这意味着每个国家都必须全力以赴来取得对其他任何国家的军事优势。这个目的终于会愈来愈支配我们的整个公共生活，并且在战争灾难实际上还远未临到我们头上以前，就已毒害了我们青年的心灵。只要我们还保留着一丝一毫清醒的理性和人性，我们就不应当对此容忍。

仅仅由于这些考虑，我才拥护“世界政府”这一观念，一点也没留心别人在为同一目的操劳时会想起什么。我之所以要拥护世界政府，是因为我深信没有别的道路可能消除这个一直在威胁着人类的最可怕的危险。要避免总毁灭这个目标，应当具有超过其他任何目标的优先权。

我肯定你们会深信，这封信是我以最严肃和最诚恳的心情写成的；我相信你们也会以同样的精神来接受它。

附：

爱因斯坦博士的错误想法

——瓦维洛夫、弗鲁姆金、约飞和谢苗诺夫的公开信①

著名物理学家阿耳伯特·爱因斯坦之所以出名，不仅是由于他的科学发现；近年来，他非常注意社会和政治问题。他通过无线电作演讲，在报刊上写文章。他参加许多公共组织。他一再大声疾呼对纳粹蛮子发出抗议。他是持久和平的拥护者，发表过演讲反对新战争的威胁，反对那些军国主义者企图把美国科学完全置于其控制之下的野心。

苏联科学家和苏联广大人民，对于激励这位科学家进行这些活动的人道主义精神表示赞赏，尽管他的立场并不总是像可期望的那样贯彻一致和轮廓鲜明。但在爱因斯坦新近发表的某些言论中，有些看法在我们看来，不仅是错误的，而且对于爱因斯坦如此热心赞助的和平事业肯定也是有害的。

---

① 苏联四个科学家的这封公开信最初发表在1947年11月26日莫斯科出版的英文杂志《新时代》(*New Times*)周刊上，芝加哥出版的《原子科学家通报》1948年2月号曾转载。这里译自《爱因斯坦论和平》443—449页。

当时瓦维洛夫(С. И. Вавилов)任苏联科学院院长，弗鲁姆金(А. Н. Фрумкин)任苏联科学院胶体电化学研究所所长，约飞(А. Ф. Иоффе)任物理化学研究所所长，谢苗诺夫(Н. Н. Семёнов)任化学物理研究所所长。——编译者我们觉得有责任引起大家注意这一点，以便澄清这样一个非常重要的问题：究竟该怎样最有效地来为和平而工作？对于爱因斯坦博士最近所倡议的“世界政府”这一观念正是应当根据这种观点来加以考查的。

在这个观念的创议者的各色各样的伙伴中间，除去那些借以来掩护其无限制扩张的不折不扣的帝国主义分子以外，在资本主义国家里还有很大一批知识分子，他们为这个观念的煞似有理的表面所迷惑，而没有了解其真实含义。这些和平主义者和有自由主义思想的人，相信“世界政府”是包治世界罪恶的万灵丹，是持久和平的监护人。

“世界政府”的拥护者广泛使用那个表面上像是激进的论据，说在这个原子时代，国家的主权是一种过去时代的遗物，像比利时代表斯巴克（Spaak）在联合国大会上所说的，是一种“过时了的”，甚至是“反动的”观念。很难想象还有什么主张会比这离开真理更远的了。

首先，“世界政府”和“超国家”这两个观念绝不是原子时代的产物。它们的历史要悠久得多。比如在成立国际联盟时，它们就已经被提出来讨论过。

其次，这些观念在现代绝不是进步的。它们所反映的是这样的事实：统治工业大国的垄断资本家觉得他们自己的国界太狭小了。他们要囊括全世界的市场，囊括全世界的原料资源和囊括全世界的投资场所。由于他们在政治事务和行政事务上的统治地位，这些大国的垄断势力在他们争夺势力范围的斗争中，在从经济上和政治上征服别国的勾当中，能够运用政权机器，使他们在别的国家里也像在自己国家里一样自由自在地充当主子。

我们从自己国家的过去经验中，很明白这一点。在沙皇统治下的俄国，由于它那一味顺从资本家利益的反动政体，由于它的廉价的劳动力和丰富的自然资源，成了一块使外国资本家馋涎欲滴的肥肉。法国、英国、比利时和德国的商行在我们国家里贪馋得像饿鹰一样，赚得在他们自己国家里想象不到的利润。他们用勒索性的贷款把沙皇俄国拴缚在资本主义西方的镣铐上。靠着从外国银行得来的资金的支持，沙皇政府残酷地镇压革命运动，阻碍着俄国科学和文化的发展，并且煽动起对犹太人的有组织的大屠杀。

伟大的十月社会主义革命粉碎了那些在经济上和政治上使我国依附于世界垄断资本的锁链。苏维埃政府使我国第一次成为真正自由与独立的国家，以历史上从未见过的速度推动我国社会主义经济、技术、科学和文化的进步，并且把我国变成国际和平和国际安全的一个可靠的堡垒。在内战中，在反对帝国主义国家集团干涉的斗争中，在反对纳粹侵略的伟大战场上，我们的人民都曾为维护他们的国家的独立而战斗。

而现在，"世界超国家"的创议者却要我们自愿地为"世界政府"而放弃这种独立，这不过是垄断资本家为了夺取世界霸权而打出的漂亮招牌而已。

向我们提出那样的要求，显然完全是荒谬的。而且不仅对苏联来说这种要求是荒唐可笑的。第二次世界大战以后，许多国家胜利地摆脱了压迫和奴役的帝国主义体系。这些国家的人民正在努力巩固他们的经济和政治的独立地位，排除外国势力对他们国内事务的干涉。此外，殖民地和附属国的民族独立运动的迅速开展，唤醒了亿万人民的民族意识，他们不愿再继续处于被奴役的状态了。

帝国主义国家的垄断资本家现已失去了许多可供剥削的地盘，而且还可能有丧失更多东西的危险。这些垄断资本家非常讨厌国家独立，对那些在国家独立上已摆脱了他们控制的民族，他们正在进行着最大限度的剥夺，并且全力阻止殖民地的真正解放。为了这个目的，帝国主义分子就在军事、政治、经济和思想各方面的斗争中玩弄各种各样的诡计。

正是按照这种社会命令，帝国主义理论家就拼命污蔑国家主权这一观念。他们使用的方法之一是鼓吹虚伪的"世界国家"的计划，借口说什么这会废除帝国主义、战争和民族仇恨，保证普遍法律的胜利，如此等等。

争夺世界霸权的帝国主义势力的掠夺欲望，于是就用一个貌似进步的观念的外衣伪装起来，而这种观念正好投合了资本主义国家某些知识分子——科学家、作家以及别的人——的兴趣。

爱因斯坦博士在9月间给联合国各国代表团的一封公开信里，提出了一个限制国家主权的新方案。他提出这样的劝告：联合国大会要加以改造，使它成为一个永久起作用的世界议会，而赋有比安全理事会还要强大的权力。至于安全理事会，爱因斯坦（重复着美国外交仆从们一天到晚在讲的话）宣称，它已被否决权搞得瘫痪了。联合国大会依照爱因斯坦博士的计划改造后，将具有最后决定权，因而大国一致的原则也就被抛弃了。

爱因斯坦建议联合国的代表应当由普选产生，而不要像现在这样由他们的政府指派。初看来，这个建议好像是进步的，甚至是激进的。实际上,它一点儿也不会改进现状。

让我们来想象一下,选举对这种“世界议会”实际上意味着什么。

人类的大部分仍然生活在殖民地和附属国里,这些国家受着少数帝国主义强国的总督、军队以及财政和工业垄断资本家的统治。在这些国家里“普选”,实际上就意味着由殖民政府和军事当局指派代表。人们不必到远处去找例子,只要回忆一下在希腊上演的公民投票的滑稽剧就行了,这出戏是由保皇党-法西斯统治者在英国刺刀保护下演出的。

在那些形式上存在着普选制的国家里,情况也不见得会美妙多少。在资产阶级民主国家里,资本在统治着,它使用千百种花招诡计,使普选和投票自由变成一出闹剧。爱因斯坦一定知道,美国上届国会选举时,只有39%的选民去投票;他一定知道,千百万黑人在南方各州实际上被剥夺了选举权,或者通过并不少见的私刑的威胁,被迫给他们最凶恶的敌人投票,极端反动的并且仇视黑人的上届参议员比耳玻(Bilbo)就是这样当选的。

人头税,特殊的甄别,以及另外许多诡计,都用来剥夺千百万移民、季节工人和贫苦农民的选举权。我们且不提那广泛流行的收买选票的诡计,听命于百万富翁而影响群众的有力工具反动报刊的作用,等等。

这一切都表明了,像爱因斯坦所建议的世界议会的普选,在资本主义世界的现有条件下究竟等于什么。它的成分不会比联合国大会目前的成分要好些。它总是歪曲反映群众的真实情绪和群众对持久和平的要求与希望。

我们都知道，在联合国大会和各委员会中，美国代表团有一套随它摆布的合法表决机器，那是由于联合国中占压倒多数的成员国都依靠着美国，它们不得不采取适应华盛顿需要的外交政策。例如许多拉丁美洲国家，都是农业单一作物制的国家，它们的产品价格是由美国垄断资本家决定的，它们的手脚也就被美国垄断资本家束缚住了。情况既然如此，在美国代表团的压力下，联合国大会里出现了一种听从其实际主子的命令进行表决的机械多数，就不足为奇了。

有时，美国外交为了实现某些策略，发觉与其通过国务院，还不如在联合国的旗帜下来进行。声名狼藉的巴尔干委员会，或者指派到朝鲜去观察选举的那个委员会，都是明证。美国代表团正在强行通过一种“小型大会”的计划，来实际代替有着大国一致的原则——这个原则证明是妨碍实现帝国主义阴谋的一个障碍——的安全理事会，其目的就是要把联合国变成〔美国〕国务院的一个部门。

爱因斯坦的建议会导致同样的结果，因此，它绝不会促进持久和平和国际合作；对于那些已建立起自己的政权来防止外国资本掠取其惯常暴利和国家来说，这个建议只会在它们受到进攻时，起着掩护进攻的作用。它会助长美帝国主义的肆无忌惮的扩张，并且使那些坚决维护自己的独立的国家在思想上解除武装。

由于命运的嘲弄，爱因斯坦实际上已成为和平和国际合作的最凶恶敌人的阴谋和野心的支持者了。他在这个方向上已走得那么远，以致他在公开信中竟预先宣告：如果苏联拒绝参加他的新奇组织，那么，别的国家应当完全有权不管苏联而继续干下去，同时开着门等待苏联最后作为一个成员，或者作为一个“观察员”参加这个组织。

这个建议在实质上同美帝国主义的率直拥护者的那些建议很少有什么差别，尽管爱因斯坦博士实际上同他们也许是很疏远的。那些建议的要点和实质是：如果联合国不能改造成为美国政策的武器，不能成为掩护帝国主义的阴谋和计划的帷幕，那么就应当把它解散，而另立一个没有苏联和新民主主义国家参加的新的“国际”组织来代替它。

难道爱因斯坦博士认识不到这些计划会致命地戕害国际安全和国际合作吗？

我们认为爱因斯坦博士已走上一条错误和危险的道路；他在一个存在着不同的社会、政治和经济制度的世界里追逐“世界政府”的幻景。当然，没有理由说不同的社会和经济结构的国家不应当在经济上和政治上合作，只要这些差别是被认真对待的。但是爱因斯坦所倡议的这种政治奇想，却有利于真诚的国际合作和持久和平的不共戴天的仇敌。他建议联合国的成员国采取的路线，不会导致更大的国际安全，而只会导致新的国际纠纷。它只会对垄断资本家有利，对他们来说，新的国际纠纷将会提供获得更多的军火合同和更多的利润的希望。

作为一位著名科学家，也作为一位不遗余力推进和平事业而热心公益的人，爱因斯坦是受到我们高度尊敬的；正因为如此，我们认为有责任完全坦率地说出自己的意见，而丝毫用不着外交辞令的修饰。

反对美国实行普遍军事训练的声明①

我认为，只有在不久的将来存在着敌人侵犯美国领土的威胁时，实行强迫的军事训练才是必要的和正当的。我深信事实上并不存在这种威胁。

我还深信，普遍军事训练会损害我们自己国家的幸福和安全，也会损害世界上其他国家的幸福和安全；我的理由如下：

（一）它只会加速军备竞赛，使美国同苏联之间关系更加紧张，并且进一步加剧战争的危险。

（二）它会伤害这个国家的民主精神，并且加强和巩固军人的影响，而这种影响已经强大到了很危险的程度。

（三）它会把一个沉重的但非必要的经济负担强加于国家，因为它把我们的大部分生产力和人力都转到非生产性的渠道中去了。

（四）它不可避免地会在人民中间产生军国主义精神，而这种精神在过去已经使许多国家的命运变得多么悲惨。

---

① 这是爱因斯坦于1948年3月18日写给美国参议院兵役委员会主席的信。这里译自《爱因斯坦论和平》466—467页。标题是我们加的。

据《爱因斯坦论和平》编者按，在这以前不久，爱因斯坦曾同另外20位美国著名人士发表联合声明，抗议美国政府实行普遍军事训练。这个声明题为《军国主义和文明》，发表在美国“全国反征兵协会”于1948年1月出版的小册子《美国的军国主义化》（*The Militarization of America*）上，作为这本小册子的序言。——编译者

宗教与科学不可和解吗?[①]

宗教与科学之间真正存在着不可克服的矛盾吗?宗教能被科学代替吗?多少世纪以来对这两个问题的回答曾引起不少的争论,事实上还引起了残酷的斗争。但照我自己的见解,无可怀疑的是,对这两个问题作冷静的思考只能得出否定的答案。可是使答案复杂化的是:虽然大多数人对于"科学"的意义是什么,容易取得一致的意见,但是对"宗教"的意义的看法却多半是各不相同的。

对于科学,就我们的目的来说,不妨把它定义为"寻求我们感觉经验之间规律性关系的有条理的思想"。科学直接产生知识,间接产生行动的手段。如果事先建立了确定的目标,它就导致有条理的行动。至于建立目标和作出对价值的陈述则超出了它的作用的范围。科学从它掌握因果关系这一点来说,固然可以就各种目标和价值是否相容作出重要的结论,但是关于目标和价值的独立的基本定义,仍然是在科学所能及的范围之外。

至于宗教,则相反,大家一致认为:它所涉及的是目标和价值,并且一般地也涉及人类思想和行动的感情基础,只要这些不是为

① 这是爱因斯坦给纽约"自由牧师俱乐部"的回信,发表在《基督教纪录报》(*The Christian Register*)127卷(1948年),6月号,19页。这里译自《思想和见解》49—52页。——编译者

人类的不可改变的遗传下来的本性所预先决定了的。宗教关系到人对整个自然界的态度,关系到个人生活和社会生活理想的建立,也关系到人的相互关系。宗教企图达到这些理想,它所用的办法是对传统施以教育的影响,并且发展和传布某些容易被接受的思想和故事(史诗和神话),这些思想和故事都适宜于按照公认的理想来影响价值和行动。

正是宗教传统的这种神秘的内容,或者更确切些说,这种象征性的内容,可能会同科学发生冲突。只要宗教的这套观念包含着它对那些原来属于科学领域的论题所作的一成不变的教条式陈述,这种冲突就一定会发生。因此,为了保存真正的宗教,最重要的是要避免在那些对实现宗教的目的实际上并非真正必要的问题上引起冲突。

当我们考查一下各种现存的宗教,撇开它们的神话,而只看它们的基本实质时,我就觉得它们彼此之间,并不存在根本的区别,像"相对主义"或者传统理论的倡导者所要我们相信的那样。这本来是没有什么可奇怪的。因为一个受宗教支持的民族的道德态度,总是以保护和促进集体及其个人的心智健全和精力充沛为其目的,否则,这个集体必然要趋于灭亡。一个以虚伪、诽谤、欺诈和谋杀为光荣的民族,一定是不可能维持很久的。

但是在碰到了特殊的情况时,要明确地决定什么是值得想望的,什么是应当戒绝的,倒不是一件容易的事,正像我们很难决定,成为一幅好的绘画或者一首好的乐曲的究竟是什么一样。这些东西用直觉去感觉也许要比用理性去理解更加容易一点。同样地,人类道德上的伟大导师,在某种意义上也可以说是生活艺术中的艺术天才。在那些直接出自保护生命和免除不必要苦痛的动机而提出来的最基本的箴言以外，还有一些别的箴言，虽然从外表来看还不能同那些基本箴言相提并论，但我们还是要给它们以很大的重视。比如说，在为了达到真理和接近真理就必须在工作上和幸福上作出很大的牺牲时，还应不应当无条件地去追求真理呢？有很多这样的问题，它们从理性的立场看来是不容易回答的，或者是根本无法回答的。然而我还是不认为所谓“相对主义”的观点是正确的，即使在对待比较难以捉摸的道德问题的决定时也如此。

即使是从这些最基本的宗教要求的观点来考查今天文明人类的实际生活状况，人们对自己所看到的东西也必定会深深感到苦痛的失望。虽然宗教规定在个人之间和团体之间都应当兄弟般地相亲相爱，但实际景象倒更像一个战场，而不像一个管弦乐队。在经济生活和政治生活中，到处都是以牺牲自己的同胞来无情地追逐名利为指导原则。这种竞争精神甚至流行在学校里，它毁灭了人类友爱和合作的一切感情，把成就看作不是来自对生产性和思想性工作的热爱，而是来自个人的野心和对被排挤的畏惧。

有些悲观主义者认为这种状况是扎根于人类本性中的；提出这种观点的人是真正宗教的敌人，因为他们由此暗示宗教的教义是乌托邦的理想，不配用来指导人类的事务。但是关于某些所谓原始文化的社会形式的研究，似乎已足以证明这种失败主义的观点是完全站不住脚的。谁要是关心这个在宗教本身的研究中具有决定意义的问题，不妨去读一下鲁思·本尼迪克特

(Ruth Benedict)[1]的《文化的形式》(*Patterns of Culture*)这本书中关于普韦布洛印第安人[2]的描写。在最困难的生活条件下,这个部落显然完成了艰巨的任务,把它的人民从竞争精神的灾难中解救了出来,并且在部落里培养了一种有节制的、合作的生活方式,在那里没有外界压力,也没有任何剥夺幸福的行为。

这里提出的对宗教的解释,意味着科学对宗教态度的一种依存关系,在我们这个物欲主义占优势的时代,这种关系真是太容易被忽视了。固然科学的结果是同宗教的或者道德的考虑完全无关的,但是那些我们认为在科学上有伟大创造成就的人,全都浸染着真正的宗教的信念,他们相信我们这个宇宙是完美的,并且是能够使追求知识的理性努力有所感受的。如果这种信念不是一种有强烈感情的信念,如果那些寻求知识的人未曾受过斯宾诺莎的**对神的理智的爱**(*Amor Dei Intellectualis*)的激励,那么他们就很难会有那种不屈不挠的献身精神,而只有这种精神才能使人达到他的最高的成就。

---

① 鲁思·本尼迪克特(1887—1948),美国女人类学家。她著的《文化的形式》,是人类学、社会学、心理学和哲学综合研究的结果,1934年出版。她于1946年出版的《菊花和军刀:日本文化的形式》(*The Chrysanthemum and the Sword: Patterns of Japanese Culture*)一书对战后美国对日政策的制定有重大影响。——编译者

② "普韦布洛"(Pueblo)是西班牙语"村落"的译音,这里是指以农村公社形式定居的从事农业的印第安部落,以区别于那些比较不开化的流动的印第安人部落。他们居住在砖坯或石块砌成的公屋里,过的是原始共产主义生活。目前主要分布在美国新墨西哥州格兰德河(Rio Grande)两岸。——编译者

坚决反对美国准备进行预防性战争的阴谋[①]

由于我不能亲自参加你们的重要讨论，我想用这个简短的声明来表达我的观点。

你们聚集一堂，是因为我们大家都为最近事态的发展感到莫大的忧虑。当我们的国家被引向同苏联进行既不必要但又是灾难性的冲突时，我们绝不能袖手旁观。

美国同苏联之间并没有什么了不起的问题，会使两国的冲突成为不可避免的。即使由于地震或者自然界某种类似的偶然事故

---

① 这是爱因斯坦送给1948年6月5日在纽约召开的反对预防性战争的小型讨论会的书面发言。这里译自《爱因斯坦论和平》485—486页。标题是我们加的。所谓“预防性战争”(*preventive war*)，实质上就是先发制人的侵略战争。

1947年底，美国和英国的一批政客公开谈论对苏联进行所谓“预防性”战争的可能性问题，企图在苏联还未掌握核武器之前就用核战争来制服它。他们美其名为“预防战”，一时也就成为美国广泛议论的中心问题。爱因斯坦对此极感焦虑，1948年4月1日他写信给美国著名的天文学家夏普莱(Harlow Shapley)说：“我相信，这该是我国第一流知识分子的责任，要对美国公众发出强烈呼吁，在还未采取不可改变的措施之前，在事态的进程还不是无可挽回之前，对走向预防性战争的发展，应当动员强大力量来加以反对。依我的意见，这种呼吁只有用强有力的反击形式才能生效。”夏普莱即根据爱因斯坦的建议开展了活动。在夏普莱的主持下，1948年6月5日至6日在纽约举行了一次小型的讨论会，出席的有各方面的代表数十人。6月17日又在纽约举行二千人的群众大会，爱因斯坦从家里(普林斯顿)通过电话向大会作了讲话。6月30日又举行了各个组织的代表会，会上几乎一致地通过了一封给美国总统和国务卿的信，这封信的内容大体上同爱因斯坦这个书面发言一致。——编译者

把这两个国家完全隔绝开来，它们仍然能够很好地继续存在下去。这就是为什么它们应当有可能通过谈判达成一个临时协议(*modus vivendi*)的理由。只要做到这一点，通向永久解决安全和平问题的道路就不会再被阻塞了。

一直到不久以前，我还假定苏联对于外国干涉的忧虑是当前国际紧张局势的主要源泉。可是这种看法似乎不再能站得住脚了，因为我们的政府——在最近几星期内就有过两次——粗暴地拒绝了苏联提出的，希望为取得两国之间的谅解而进行直接谈判的建议。

我们政府的这种态度，似乎清楚地表明我们目前的政策会导致同苏联的破裂，会导致一场预防性战争，尽管这还没有得到公开的承认。对纳粹德国和日本的军事胜利，使得军人对于我们的政治生活产生了过分的影响，并且加强了那种危害我国民主制度和世界和平的军事姿态。这种危险由于我们深信享有暂时的军事优势而进一步加重了。

可是美国人民的民主传统仍然存在，因为他们还是普遍要求和平解决国际问题的。当时间还来得及的时候，我们有责任使我们人民的政治意志产生影响和效果。我希望你们的集会将有助于找出一个有效的办法，来动员舆论关心和平这一最重要的政治问题。

给国际知识界和平大会的贺信①

今天，我们作为许多国家的知识分子和学者，肩负着深远的历史责任在这里开会。我们有充分的理由感谢法国和波兰的同行们，由于他们的创议，我们聚集在这里，为了一个重大的目的：运用明智之士的影响促进全世界的和平和安全。这是一个古老的问题，柏拉图作为最早的一批人之一，曾为此艰苦奋斗：运用理性和谨慎去解决人类的问题，而不受人类祖先所遗传下来的那种本能和冲动的摆布。

痛苦的经验使我们懂得，理智的思考对于解决我们社会生活的问题是不够的。透彻的研究和锐利的科学工作，对人类往往具有悲剧的含义。一方面，它们所产生的发明把人从精疲力竭的体

---

① 这封信最初公开发表在1948年8月29日的《纽约时报》和1948年8月号的《原子科学家公报》上。这里译自《爱因斯坦论和平》493—496页。标题是我们加的。

这封贺信原来是准备在1948年8月25日于波兰弗罗茨瓦夫（Wroclaw）召开的"国际知识界和平大会"上宣读的。出席这个大会的有45个国家500位科学家、文学家、艺术家和音乐家。爱因斯坦也接受了邀请，但未能亲自出席，而委托他的朋友奥托·那坦（Otto Nathan）在大会上宣读这封信。大会负责人不同意其中关于建议建立超国家组织的那几段话，请求那坦作些修改，或者干脆统统删掉。那坦拒绝这个请求，结果，这封信未能在大会上宣读。但大会负责人在事先未征求爱因斯坦本人或那坦意见的情况下，在大会上正式宣读了爱因斯坦于1948年7月6日给大会的"法国-波兰组织委员会"的一封短信。当美国新闻记者带着这封在弗罗茨瓦夫宣读的短信去访问爱因斯坦时，爱因斯坦发现并非他原来要在大会上宣读的贺信，认为"这种做法对于创造相互信任的气氛是无益的"。于是他就把原来这封贺信的副本交给报刊发表。——编译者

力劳动中解放出来，使生活更加舒适而富裕；另一方面，给人的生活带来严重的不安，使人成为技术环境的奴隶，而最大的灾难是为自己创造了大规模毁灭的手段。这实在是难以忍受的令人心碎的悲剧。

无论悲剧如何令人心碎，也许更可悲的是：人类产生了许多在科学技术领域里有如此光辉成就的学者，对于许多困扰我们的政治冲突和经济动乱却没有能力找到适当的解决办法。无疑地，国内的和国际的经济利益对抗是今天世界上存在着危险的和威胁性的局势的主要原因。人类还没有建立起能够保证世界各国之间和平共处的政治和经济的组织形式，在建立能够消除战争的可能性和永远废除大规模毁灭性武器的制度方面也没有获得成功。

我们这些科学家，促使那些毁灭的方法变得更加可怕和更加有效，已经是我们可悲的命运。必须考虑，把尽我们的力量制止这些武器用于野蛮的目的作为自己的庄严的和神圣的责任，而这些武器正是为了这个野蛮的目的而发明的。对于我们来说，难道还会有什么更重要的任务？难道还会有什么更使我们关心的社会目标？这就是为什么这次大会具有如此重大的使命的原因。我们聚集到这里来互相商量。我们必须建造把世界各国联系起来的精神的和科学的桥梁。我们必须克服由国界造成的可怕的障碍。

在较小的社会单位中，人们在尽量缩小反社会性的统治权方面取得了一些进展，比如在城市范围内的生活就是如此，甚至在个别国家内部的生活在某种程度上也是如此。在这样的社会内，传统和教育具有节制的作用，使居住在那里的人民之间产生了互相忍让的关系。但是国家之间的关系还完全处于无政府状态中。我不相信人类几千年来在这方面有任何真正的进步。国家之间频繁的冲突的解决，仍然诉诸野蛮的武力，诉诸战争。永无止境地贪求更大势力的欲望，不论在任何地点、任何时候，只要在物质条件上有了可能，就要从侵略上找出路。

贯穿在各个时代国际事务中的这种无政府状态，已经使人类遭受到无法形容的苦难和摧残；这种状况一再阻碍人的进步，妨碍他们的身心的发展。在某些时候，它几乎毁灭了整片地区。

使国家经常备战的要求对于人民的生活还引起了其他的反应。近几百年来每个国家控制它的人民的权力不断地增加了——在这方面，那些聪明使用权力的国家也不亚于残暴专制的国家。主要由于现代工业的集中和统一管理，国家在它的公民中间维持和平和秩序的职责就变得日益复杂和广泛了。为了保护它的人民不受外来侵略，一个现代国家就需要建立一个强大的和不断扩大的军事机构。此外，国家还要考虑必须对它的公民进行有关战争可能性的教育。这种“教育”不只是败坏了青年人的心灵和精神，而且对成年人的心理也产生有害的影响。没有一个国家能完全免于这种腐蚀。这种腐蚀甚至渗入了那些并不怀有公开侵略意图的国家的公民中间。在这种情况下，国家已经变成一种新式的偶像，很少有人能够逃脱它的有煽动性的力量。

然而，备战教育只不过是一种自欺欺人的妄想。近年来技术的发展已经产生了一个完全新的军事形势。可怕的武器已经发明出来了，能够在几秒钟之内毁灭大量人口和广大地区。既然科学还没有发现防御这些武器的方法，现代国家就无法为其公民充分准备安全的条件。

那么,我们将怎样才能得救呢?

只有使一个超国家组织单独掌握生产和持有这些武器的时候,人类才能从这种不可想象的破坏和无限制的毁灭中得到保护。可是,在目前情况下,不能想象国家会把这样的权力交给超国家组织,除非这个组织有法律上的权力和责任去解决过去曾经导致战争的那种争端。在这样一种制度下面,各个国家的职责将是或多或少地集中于处理内部事务;而且在各个国家之间的相互关系方面,它们将只处理那些不会导致危及国际安全的争端和问题。

不幸的是,还没有迹象表明各国政府已经认识到人类今日所处的局势迫使我们不能不采取革命性的措施。我们现在所处的形势是过去所无法比拟的,因此不可能生搬硬套那些在过去也许已经是足够应付的方法和措施。我们必须使我们的思想革命化,使我们的行动革命化,并且必须有勇气使全世界的国家与国家之间的关系来一个革命化。昨天的陈词滥调,今日不再有用,明天无疑地更将是无可挽回地过时了。使全世界的人都清楚认识到这个问题,这是知识分子必须担负起来的最重要的和最关系重大的社会任务。他们是否有足够的勇气克服他们本国的束缚,来启发全世界的人民以最彻底的方式改变其根深蒂固的国家传统呢?

巨大的努力是必不可少的。如果现在失败了,超国家组织以后还是会建立起来的,不过到那时,超国家组织就只好建立在世界的大部分地区被摧毁的废墟之上。但愿废除当前国际无政府状态不必由一次自作自受的世界性灾难来实现,这种灾难的规模是我们无法想象的。时间是太短促了,我们要行动,就必须立即行动起来。

答《且尼记录》问[1]

问:您觉得为我们造出原子弹的科学家在道义上应当对原子弹所造成的破坏负责吗?

答:不。物理学的进步使科学发现有可能用到技术和军事目的上去,这的确产生巨大的危险。可是,与其说责任是在那些对科学进步有贡献的人,还不如说是在那些使用这些新发现的人——与其说在于科学家,不如说在于政治家!

问:您觉得美国的种族偏见只是世界性冲突的一种症状吗?

答:种族偏见不幸已成为美国的一种传统,它无批判地从一代传到下一代。唯一的补救办法是启蒙和教育。这是所有正直的人都应当参与的一种缓慢而费劲的过程。

问:解决社会问题是否也像科学思考一样,能用数学作为工具吗?

答:数学是社会科学的一个有用工具。但在实际解决社会问题时,目的和意图是决定的因素。

---

① 《且尼记录》(*Cheyney Record*)是美国东部宾夕法尼亚州且尼(Cheyney)镇一个黑人学校"州立且尼师范学院"的学生刊物。爱因斯坦于1948年10月回答他们所提的五个问题。据《爱因斯坦论和平》的编者注,《且尼记录》在1949年2月发表了爱因斯坦的答复,但只发表其中三个问题。这里译自《爱因斯坦论和平》502页。标题是我们加的。——编译者

问:您觉得民主一定能解决社会问题吗?

答:民主,就其狭义而言,也就是从纯粹政治的意义来看,已由于那些掌握经济和政治权力的人占有捏造舆论的工具为他们自己的阶级利益服务而受到损害。政府的民主形式本身并不能自动地解决问题;但它为那些问题的解决提供了有用的框架。一切最后都取决于公民的政治品质和道德品质。

问:您觉得欧洲联邦会解决战争问题吗?

答:欧洲联邦的创设,在经济上和政治上都是必要的。至于它是否有助于稳定国际和平,那就难以预料了。我与其相信它不能,还不如相信它能。

同战后德国的关系问题

——1949 年 1 月 28 日给奥托·哈恩的信[①]

使我感到痛苦的是，我必须对您说“不”，而在那些罪恶的年代里，您是仍然保持正直不阿并且尽了自己能及之力的少数人之一，可是我还是不得不对您这样说。德国人的罪恶，真是记载在所谓

---

① 译自《爱因斯坦论和平》577 页。标题是我们加的。

1948 年底，德国物理学家奥托·哈恩(Otto Hahn)写信给爱因斯坦，请他担任德国“麦克斯·普朗克学会”的国外会员。这个学会的前身叫“威廉皇帝学会”(Kaiser-Wilhelm-Gesellschaft)，爱因斯坦曾担任这个学会的物理研究所的第一任所长(1914—1933 年)；1946 年改名为“麦克斯·普朗克学会”，由奥托·哈恩任主席(1946—1960 年)，他希望爱因斯坦同这个学会恢复关系，但遭到了断然的拒绝。早在 1946 年，索末菲(A. Sommerfeld)就曾写信给爱因斯坦，打算恢复他在德国学术界的地位，准备使他同巴伐利亚科学院恢复关系。爱因斯坦于 1946 年 12 月 14 日给索末菲的回信中说：“自从德国人在欧洲到处屠杀我的犹太同胞以后，我就再也不愿同德国人一道工作了，也不愿同比较无辜的科学院发生关系。但个别的少数人是例外，他们在可能范围内仍然保持坚定的反纳粹的态度。得知您是在这些人之中，我很高兴。”(见《阿耳伯特·爱因斯坦-阿诺耳德·索末菲通信集》(*Albert Einstein / Arnold Sommerfeld Briefwechsel*)，1948 年施伐本图书公司版，121 页。)也就在这个时候，维也纳“和平科学委员会”邀请爱因斯坦担任名誉主席，他于 1946 年 12 月 20 日给以这样的回信：“我觉得完全不可能参加无论哪一种德国人的组织，因为德国人在欧洲到处屠杀了我的犹太兄弟，而无论在道义上还是在物质上都没有作过一点哪怕是最微小的努力，使少数残生者得以恢复正常生活。”(见《爱因斯坦论和平》368 页。)根据这个理由，第二次世界大战后，他拒绝德国人以任何集体的名义对他的邀请和赠与荣誉。被他拒绝的这种赠与计有：“德国世界政府协会”的名誉会员(1948 年 3 月)，他的出生地乌耳姆(Ulm)市的名誉市民(1949 年 2 月)，西柏林市的名誉市民(1952 年 12 月)，“国际反兵役组织”德国地区的名誉会员(1953 年 2 月)，等等。——编译者

文明国家的历史中的最令人深恶痛绝的罪恶。德国知识分子——作为一个集体来看——他们的行为并不见得比暴徒好多少。而且甚至到现在，还看不出有任何悔改的表现，也看不出有真正想丝毫弥补大屠杀后果的任何愿望。鉴于这些情况，对于参加任何代表德国公共生活的无论哪一种活动，我都感到无可抑制的厌恶。我确信您会了解我的立场，并且会明白这件事同我始终享有的我们之间的私人关系毫不相干。

为什么要社会主义?①

一个既不是专门研究经济问题和社会问题的人,却要对社会主义这个题目发表意见,这是否适当呢?从一些理由来看,我相信是适当的。

首先让我们从科学知识的观点来考查这个问题。天文学同经济学好像并没有什么根本的方法论上的差别:这两个领域里的科学家都企图发现对一类范围有限的现象普遍适用的规律,尽可能地弄清楚这些现象的相互关系。但实际上,这种方法论上的差别还是存在的。在经济领域里,由于所观察到的经济现象时常要受到许多很难分别开来估计的因素的影响,使得要发现普遍规律就很困难了。此外,从人类历史上所谓文明时期开始以来所积累下来的经验——正如大家都知道的——在很大程度上绝不是完全由经济性质的原因所影响和制约的。比如,历史上多数大国都靠征服别的国家而得以存在。征服的民族在法律上和经济上自封为被征服国家的特权阶级。他们夺取土地所有权的垄断,并且从自己的队伍里派出教士。教士控制了教育,使社会的阶级分化成为永久的制度,并且创立一套价值体系(*a system of values*),从此以后

① 此文最初发表在《每月评论》(*Monthly Review*)的创刊号上。这个刊物自称是"独立的社会主义者的刊物",1949 年 5 月创刊于纽约。这里译自《晚年集》123—131 页和《思想和见解》151—158 页。——编译者

人民在他们的社会行为中就在很大程度上不自觉地遵守着这套价值体系。

但是历史的传统可以说是昨天的事；无论在哪里，我们实在都还没有克服索尔斯坦·凡布伦（Thorstein Veblen）①所说的人类发展的“掠夺阶段”（*the predatory phase*）。可观察到的经济事实都属于这个阶段，甚至我们能从这些事实推导出来的规律，也不能用到别的阶段上去。既然社会主义的真正目的就是要克服并且超过人类发展的掠夺阶段，所以处于目前状况下的经济科学就不能说明未来的社会主义社会。

其次，指引社会主义方向的是一个社会-伦理目的。可是，科学不能创造目的，更不用说把目的灌输给人们；科学至多只能为达到某些目的提供手段。但目的本身却是由那些具有崇高伦理理想的人构想出来的，只要这些目的不是死胎，而是有生命的，并且是生命力充沛的，它们就会被许多人所采纳并且向前发展，这些人半不自觉地决定着社会缓慢的进化。

由于这些理由，在涉及人类的问题时，我们就应当注意不要过高地估计科学和科学方法；我们也不应当认为只有专家才有权利对影响社会组织问题发表意见。

前些时候以来，曾有过无数这样的论调，说人类社会正经历着一种危机，它的稳定性已遭到严重的损害。这种情况的特征是：个人对于他所属的集体，不论大小，都漠不关心，甚至有敌对情绪。

① 索尔斯坦·凡布伦（1857—1929），美国经济学家、作家和教师，长期任美国《政治经济学》杂志编辑。他是技治主义的创导人之一。——编译者

为了说明我所讲的意思，让我在此讲一件我亲身经历的事。不久前，我同一位有才智的并且是好脾气的人讨论下一次战争的威胁，我认为下次战争会严重危害人类的生存，我说，只有超国家的组织才能防止那种危险，我那位客人却无动于衷，而且冷言冷语地对我说："您为什么要那样强烈地反对人类的绝灭呢？"

我深信，在短短一个世纪以前，还不会有人那么轻率地讲出这样的话。说这话的人，他曾努力想达到自己内心的平衡，但无结果，并且多少已失去了成功的希望。这表示了在这些日子里多少人所遭受到的痛苦的寂寞和孤独。它的原因究竟是什么？难道真没有出路吗？

提出这样一些问题是容易的，但却难以给它们作出有任何把握的回答。不过我还是要尽力去试试看，尽管我非常明白，我们的感情和努力时常是有矛盾的、模糊不清的，不能用简易的公式把它们表述出来。

人既是孤独的人，同时却又是社会的人。作为孤独的人，他企图保卫自己的生存和那些同他最亲近的人的生存，企图满足他个人的欲望，并且发展他天赋的才能。作为社会的人，他企图得到他的同胞的赏识和好感，同他们共享欢乐，在他们悲痛时给以安慰，并且改善他们的生活条件。只是因为存在着这些多种多样的、时常相互冲突的努力，才能说明一个人所独有的性格，而且这些努力的特殊结合就决定了个人所能达到的内心平衡的程度，以及他对社会福祉所能作出贡献的程度。这两种倾向的相对强度很可能主要取决于遗传。但他最后表现出来的个性，它的形成主要取决于人在发展中所处的环境，取决于他所成长于其中的社会的结构，取决于那个社会的传统，也取决于社会对各种特殊行为的评价。对于个人来说，“社会”这个抽象概念意味着他对同时代人以及以前所有各代人的直接关系和间接关系的总和。个人是能够自己进行思考、感觉、奋斗和工作的；但在他的肉体、理智和感情的生活中，他是那样地依靠着社会，以至在社会组织以外，就不可能想起他，也不可能理解他。是“社会”供给人以粮食、衣服、住宅、劳动工具、语言、思想形式和大部分的思想内容；通过过去和现在亿万人的劳动和成就，他的生活才有可能，而这亿万人全都隐藏在“社会”这两个小小字眼的背后。

因此，个人对社会的依赖，显然是自然界的一个不能抹杀的事实——蚂蚁和蜜蜂也正是那样。可是，蚂蚁和蜜蜂的整个生活过程，甚至在最微小的细节上也都是由遗传下来的不变的本能所决定着的，而人类的社会形式和相互关系却是非常不固定的，容易改变的。记忆力、重新组合的能力、口头交谈的才能，已在人类中间造成了一种不听命于生物学上的必然性的可能发展。这种发展表现在传统、制度和组织中；表现在文学中；表现在科学和工程成就中；表现在艺术作品中。这也就解释了，为什么在某种意义上说来人能够通过自己的行动来影响生活，为什么自觉的思考和愿望能够在这种过程中起着作用。

人在出生时，通过遗传已得到了一种生物学上的素质，我们应当把它看作是固定的和不变的，这种素质包括那些作为人类特征的自然冲动。此外，在他的一生中，他也得到一种文化上的素质，这是他从社会中通过交往以及其他许多类型的影响而取得的。这种文化上的素质，随着时间的流逝而起变化，它在很大程度上决定着个人同社会之间的关系。近代人类学通过所谓原始文化的比较研究告诉我们:随着主要的文化形式和社会中占优势的组织类型的不同,人类的社会行为可以相差很大。那些企图改善人类命运的人就可以以此为根据,建立起他们的希望:人类**不是**由于他们的生物学的素质而注定要互相毁灭的,或者要听任那残酷的、自作自受的命运来摆布的。

如果我们问自己,社会结构和人的文化面貌应当怎样改变才能尽量使人类生活感到满意,那么,我们应当经常意识到,有些条件我们是无法改变的。如前面所提到的,人的生物学本性实际上是不会变化的。此外,最近几个世纪来技术和人口的发展所创造的一些条件,也已扎下根来。在定居人口比较密集的地区,要为他们继续生存生产必需的物品,极细的分工和高度集中的生产设备都是绝对必要的。个人或者相当小的集团完全自给自足的时代——回顾起来,它似乎多么地有田园风味呀——已一去不复返了。只要稍微夸张一点,不妨说:人类甚至在目前就已经组成了一个生产和消费的行星公社。

现在可以扼要地说明我们时代的危机的本质究竟是什么。在我看来,这个问题牵涉到个人对社会的关系。现在的个人比以往都更加意识到他对社会的依赖性。但他并没有体会到这种依赖性是一份可靠的财产,是一条有机的纽带,是一种保护的力量,反而把它看作是对他的天赋权利的一种威胁,甚至是对他的经济生活的一种威胁。而且他在社会里的地位总是这样,以致他性格中的唯我倾向总是在加强,而他本来就比较微弱的社会倾向却逐渐在衰退。所有的人,不论他们的社会地位如何,全都蒙受这种衰退过程。他们不自觉地做了自己的唯我论的俘虏,他们感到忧虑不安、孤单寂寞,并且丧失了天真、单纯和淳朴的生活乐趣。人只有献身于社会,才能找出那实际上是短暂而有风险的生命的意义。

照我的见解,今天存在着的资本主义社会里经济的无政府状态是这种祸害的真正根源。我们看到在我们面前一个庞大的工商业界,它的成员彼此在不断地拼命剥夺他们集体劳动的果实,这种剥夺不是通过暴力,整个来说,而是严格按照法定的条例去进行的。在这方面,重要的在于认识到生产手段——那就是生产消费资料以及附加的生产资料所必需的全部生产能力——可以合法地是,而且大部分已经是个人的私有财产。

为了简便起见,我在下面的讨论中,将把所有那些不占有生产手段的人统统叫做"工人"——虽然这并不完全符合于这名词的习惯用法。生产手段的占有者有条件来购买工人的劳动力。工人使用生产手段生产新商品,而这些商品就成为资本家的财产。这个过程的关键是在工人所生产的东西同他所得的报酬(两者都用实际的价值来计量)之间的关系。在劳动合同是"自由"的情况下,决定工人的收入的,不是他所生产的商品的实际价值,而是他生活的最低需要,以及资本实对劳动力的需求同就业竞争的工人数目的关系。甚至在理论上,工人的报酬也不是由他的产品的价值来决定的;了解到这一点,是很关紧要的。

私人资本趋向于集中到少数人的手里,这部分是由于资本家之间的竞争,部分是由于技术上的发展和不断增长的分工促使更大生产单位的形成,从而牺牲了较小的生产单位。这些发展的结果造成私人资本的寡头政治,它的巨大权力甚至连民主组织起来的国家也无法有效地加以控制。事实的确如此,因为立法机关的成员是由政党选出来的,而这些政党要不是大部分经费是由私人资本家提供的,也是在其他方面受他们影响的,他们实际上把选民同立法机关隔离开来了。结果是,人民的代表事实上不充分保护人民中无特权的那一部分人的利益。此外,在目前的条件下,私人资本家还必然直接或间接地控制信息的主要来源(报纸、广播电台、教育)。因此,一个公民要达到客观的结论,并且理智地运用他的政治权利,那是极其困难的,在多数场合下实在也完全不可能。

因此在以资本的私人所有制为基础的经济中,最常见的情况是以两条主要原则作为其特征:第一,生产手段(资本)是私人所有的,所有者以他们认为是最恰当的方式来处置它们;第二,劳动合同是自由的。当然在这个意义上的**纯粹**的资本主义社会这种东西是不存在的。尤其应当注意到,通过长期艰苦的政治斗争,对于某些行业的工人来说,他们已取得了形式上多少有点改善的"自由劳动合同"。但从整个看来,今天的经济同"纯粹的"资本主义并没有多大差别。

经营生产是为了利润,而不是为了使用。并没有这样的规定:凡是有能力并且愿意工作的人总有就业机会。"失业大军"几乎一直存在着。工人经常受到失业的威胁。既然失业的和报酬微薄的工人提供不出有利可图的市场,消费品的生产就受到限制,结果造成巨大的经济困难。技术的进步经常产生的是更多的失业,而不是使劳动负担普遍有所减轻。追逐利润,加上资本家之间的竞争,使资本的积累和利用不稳定,从而导致日益严重的不景气。无限制的竞争导致劳动力的莫大浪费,也导致个人社会意识的消沉;这我在前面已提到过了。

这种对个人的摧残,我认为是资本主义的最大祸害。我们整个教育制度都蒙受其害。人们还把夸张的竞争姿态教给学生,训练他们对好胜喜功的崇拜,以作为他们未来生涯的一种准备。

我深信,要消灭这些严重祸害,只有**一条**道路,那就是建立社会主义经济,同时配上一套以社会目标为方向的教育制度。在这样一种经济制度里,生产手段归社会本身所有,并且有计划地加以利用。计划经济按社会的需要而调节生产,它应当把工作分配给一切能工作的人,并且应当保障每一个人,无论男女老幼,都能生活。对个人的教育,除了要发挥他本人天赋的才能,还应当努力发展他对整个人类的责任感,以代替我们目前这个社会中对权力和名利的赞扬。

然而应当记住,计划经济还不就是社会主义。计划经济本身还可能伴随着对个人的完全奴役。社会主义的建成,需要解决这样一些极端困难的社会-政治问题:鉴于政治权力和经济权力的高度集中,怎样才有可能防止行政人员变成权力无限和傲慢自负呢?怎样能够使个人的权利得到保障,同时对于行政权力能够确保有一种民主的平衡力量呢?

关于防止战争的问题

——1949 年 12 月 29 日给 J. 阿达马的信[①]

用不着向你保证，不管用不用原子弹，关于战争问题，〔一向〕是我最关心的。的确，这是一切国际组织最重要的奋斗目标。不过我必须告诉你，我不相信“和平自由战士”所提议的办法会有一点成功的可能性。

只要安全是想通过国家的备战来寻求，大概不会有一个国家会放弃任何看来使它有希望在战争中取得胜利的武器。在我看来，只有放弃一切国家的军事防卫，安全才能达到。

不幸，既然美国和苏联双方彼此都坚持顽固不化的态度，我们就不能指望它们中间有哪一方会开始采取任何建设性的和平行动。只有军事上弱小的那些国家方面的集体努力，才有一点成功的可能。我将乐于在这方面尽我微薄的能力，并在我可能做到的范围内征集志同道合的伙伴。

---

① 译自《爱因斯坦论和平》516 页。标题是我们加的。

据《爱因斯坦论和平》编者按，法国数学家 J. 阿达马(Jacques Hadamard)写信给爱因斯坦，请求他支持法国一个叫做“和平自由战士”的运动所发起的一个呼吁，这个呼吁要求法国议会宣布原子弹是非法的，并且要求联合国下令销毁原子弹。同时声称，凡是用原子战争来威胁世界的人都应该认为是战争罪犯。爱因斯坦用法文写了这封回信。——编译者如果军事上弱小的国家通力合作,就能够对这两个主要对手施加压力,使它们接受联合国的调解,并保证无保留地服从联合国的决议,由此而和平解决它们的争端。

潘迪特·尼赫鲁(Pandit Nehru)访问美国期间,公开宣布印度在任何情况下都不同任何一方结盟,他是有足够勇敢和果断的。印度的经济情况的不稳定,肯定不亚于欧洲各国。印度甘冒这一危险,欧洲各国无疑也能够冒同样的危险。

以色列的犹太人[①]

巩固我们犹太人在以色列用惊人的精力和无比的自我牺牲精神所完成的事业，无疑地具有压倒一切的重要性。当我们想起这群为数不多的精力充沛和有思想的人们所完成的全部事业，我们就充满了喜悦和钦佩的心情，但愿这种喜悦和钦佩能给我们以力量，去接受当前形势所要我们担负起的重大责任。

当我们评价这种成就时，可不要看不见为这些成就所服务的事业：援救散居在各地而处于危险中的我们的兄弟，在以色列把他们团结起来；创建一种共同体，使它尽可能密切遵守我们犹太人在漫长的历史进程中所形成的道德理想。

这些理想之一是和平，它建立在谅解和自我克制的基础上，而不是建立在暴力的基础上。如果我们怀着这种理想，我们的欢乐就会带上几分忧虑，因为我们现在同阿拉伯人的关系离这个理想还是相去甚远。要是没有别人干扰，允许我们制定出同我们邻人的关系，那么很可能我们就已经实现了这个理想。因为我们需要和平，而且我们认识到我们将来的发展也有赖于和平。

这远不是我们的过错，也不是我们邻人的过错，而是委任统

① 这是爱因斯坦于1949年11月27日为“犹太人团结呼吁”(*the United Jewish Appeal*)所作的广播。广播稿发表在1950年出版的《晚年集》上。这里译自《思想和见解》200—202页。——编译者

治国①不让我们实现一个统一的巴勒斯坦，使犹太人和阿拉伯人在那里都处于平等地位自由生活在和平之中。如果一个民族统治其他一些民族，就像英国曾经对巴勒斯坦的委任统治那样的，它就必不可免地要奉行臭名昭著的“分而治之”的诡计。用坦率的话来说，这就是：在被统治的人们中间制造不和，使他们不至于团结起来以摆脱加在他们身上的枷锁。不错，枷锁已经丢掉，但是纠纷的种子却已经结出果实，这对今后一个时期仍然会造成损害——我们希望这个时间不会太长。

巴勒斯坦的犹太人并不是为他们自己取得政治独立而斗争，而是为在许多国家里连生存都处于危险中的犹太人取得自由移民的权利而斗争；也为了所有的那些渴望在自己人中间生活的人获得自由移民的权利而斗争。可以毫不夸大地说，他们的斗争可能付出的代价在历史上也许是无与伦比的。

我且不说在与人数远远占优势的对手进行斗争时生命财产所受到的损失，也不说从事筋疲力尽的辛苦劳动是干旱荒芜土地上那些拓荒者的命运。我现在想到的是，在这种境遇下生活的居民，为了在十八个月内接纳比这个国家的犹太人居民总数的三分之一还要多的移民的流入②所必须作出的额外的牺牲。要知道这件事的意义，你只设想一下美国犹太人的一个可以与之比拟的功绩就

① 指英国。1922年国际联盟决议由英国委任统治巴勒斯坦，原则上同意1917年11月英国外交大臣贝尔福(A. Balfour)发表的支持犹太复国主义的宣言。——编译者

② 1948年5月14日以色列成立时，犹太人总数为67万。从那时起到1948年年底，犹太移民达10万；1949年移民数为24万，1950年为17万，1951年为17万。——编译者

可以明白了。让我们假设向美国移民没有法律的限制;再想象这个国家的犹太人自愿在一年半的时间内从其他国家接收一百万以上犹太人移民,并照顾他们的生活,使他们并入这个国家的经济之中。做好这件事是一个了不起的成就,但比起以色列的兄弟们的成就仍然相差很远。因为美国是一个辽阔、富饶的国家,人口稀少,生活水平高,又有高度发展的生产力,小小的犹太人的巴勒斯坦是无法相比的,巴勒斯坦的居民即使没有大规模移民的额外负担,也已经是过着困苦和俭朴的生活,而且还受到敌人攻击的威胁。想到了这种出自兄弟情谊的自愿行动,对以色列的犹太人来说,就意味着穷困和个人牺牲。

在以色列的犹太共同体的经济实力不足以成功地完成这样一个巨大的事业。因为三十多万〔移民〕中的十万人从 1948 年 5 月起就已移居到以色列,而他们没有房子住或者没有工作做。他们必须集中在临时搭成的帐篷里,这种情况对我们大家说来都是耻辱。

绝不应当由于这个国家①的犹太人没有给以充分和及时的援助而使这个壮丽的事业遭到失败。我想,这里是一份已经赠与给全体犹太人的珍贵的礼物:积极参与这一了不起的工作的时机。

① 指美国。——编译者

科学定律和伦理定律

——P. 弗兰克《相对论——一个丰富多彩的真理》序①

科学所研究的是那些被认为是独立于研究者个人而存在的关系。这也适用于把人本身作为研究对象的科学。科学陈述的对象还可以是我们自己创造出来的概念,像在数学中就是那样。我们不一定要假设这种概念是同外在世界里的任何客体相对应的。但是,一切科学陈述和科学定律都有一个共同的特征:它们是"真的或者假的"(适当的或者不适当的)。粗略地说来,我们对它们的反应是"是"或者"否"。

科学的思维方式还有另一个特征。它为建立它的贯彻一致的体系所用到的概念是不表达什么感情的。对于科学家,只有"存在",而没有什么愿望,没有什么价值,没有善,没有恶;也没有什么目标。只要我们逗留在科学本身的领域里,我们就绝不会碰到像"你不可说谎"这样一类的句子。追求真理的科学家,他内心受到像清教徒一样的那种约束:他不能任性或感情用事。附带地说,这个特点是慢慢发展起来的,而且是现代西方思想所特有的。

---

① 这是爱因斯坦为菲利普·弗兰克(Philipp Frank):《相对论——一个丰富多彩的真理》(*Relativity—A Richer Truth*,波斯顿 Beacon 出版公司,1950 年)一书所写的序言。这里译自该书 v—viii 页。标题照《晚年集》中所用的。——编译者

由此看来,好像逻辑思维与伦理毫不相干。关于事实和关系的科学陈述,固然不能产生伦理的准则,但是逻辑思维和经验知识却能够使伦理准则合乎理性,并且连贯一致。如果我们能对某些基本的伦理命题取得一致,那么,只要最初的前提叙述得足够严谨,别的伦理命题就都能由它们推导出来。这样的伦理前提在伦理学中的作用,正像公理在数学中的作用一样。

这就是为什么我们根本不会觉得提出"为什么我们不该说谎"这类问题是无意义的。我们所以觉得这类问题是有意义的,是因为在所有这类问题的讨论中,某些伦理前提被默认为是理所当然的。于是,只要我们成功地把这条伦理准则追溯到这些基本前提,我们就感到满意。在关于说谎这个例子中,这种追溯的过程也许是这样的:说谎破坏了对别人的讲话的信任。而没有这种信任,社会合作就不可能,或者至少很困难。但是要使人类生活成为可能,并且过得去,这样的合作就是不可缺少的。这意味着,从"你不可说谎"这条准则可追溯到这样的要求:"人类的生活应当受到保护"和"苦痛和悲伤应当尽可能减少"。

但这些伦理公理的根源是什么呢?它们是不是任意的?它们是不是只是以权威为根据而建立起来的?它们是不是来自人们的经验并且间接地受着这些经验的制约呢?

从纯逻辑看来,一切公理都是任意的,伦理公理也如此。但是从心理学的和遗传学的观点看来,它们绝不是任意的。它们是从我们天生的避免苦痛和灭亡的倾向,也是从个人所积累起来的对于他人行为的感情反应推导出来的。

只有由有灵感的人所体现的人类的道德天才,才有幸能提出应用如此广泛而且根基如此扎实的一些伦理公理，以至人们会把它们作为在他们大量个人感情经验方面打好基础的东西而接受下来。伦理公理的建立和考验与科学的公理并无很大区别。真理是经得住经验的考验的。(*Die Wahrheit liegt in der Bewährung.*)

为美国制造氢弹而发表的电视讲话[①]

我要感谢您，罗斯福夫人，使我有机会来表达我对这个最重大的政治问题的信念。

相信通过一个国家规模的军备可能达到安全，在目前军事技术的状态下，这种信念是一种灾难性的幻想。在美国，由于它首先制成了原子弹，这件事加强了这种幻想。这就是为什么人们会相信这个国家能够取得永久性的和决定性的军事优势，希望这种军事优势会威慑住任何潜在的敌人，并由此导致我们和全世界所热烈追求的安全。最近五年来我们所遵循的原则，简单地说就是：不惜任何代价，用优势的军事实力来获得安全。

这种技术上的和心理上的倾向，在军事政策中已产生了无可避免的后果。同外交政策有关的每一行动都完全受支配于这样的一种考虑：为了万一战争爆发时能对敌人占绝对优势，我们应当怎么办？现成的答案是：在美国国外，我们必须在地球上一切可能的

① 1950 年 1 月 31 日美国总统杜鲁门宣布美国将以全力来制造氢弹，引起美国正直科学家的强烈反对。罗斯福夫人（Eleanor Roosevelt）特为此组织了一系列电视讲话，爱因斯坦应邀于 1950 年 2 月 13 日发表了这篇讲话。这篇讲话稿刊载在当日的《纽约邮报》（*New York Post*）和《纽约时报》上。这里译自《爱因斯坦论和平》520—522 页。标题是我们加的。《思想和见解》中此文的标题是“国家的安全”。——编译者

战略要地建立军事基地，同时武装我们潜在的盟国，加强它们的经济力量。在美国国内，巨大的财政权力正集中到军人手里；青年正受着军事训练；公民的忠诚，尤其是文职公务人员的忠诚，受着权力日益扩大的警察的严密监视。有独立政治思想的人被折磨着。公众受着无线电广播、报纸、学校的诡谲的思想灌输。在军事秘密的压力下，公开报道的范围愈来愈缩小。

原来是作为预防性措施而引起的美国同苏联之间的军备竞赛，已显得带有歇斯底里的成分。双方都以急如星火的速度，在保密的堡垒后面在完成大规模的破坏手段。而现在公众又被告知，制造氢弹是新的目标，并且大概将会完成。总统一本正经地宣布，要向这个目标加速发展。如果这种努力果然成功了，那么大气的放射性毒化，以及随之而来的地球上一切生命的灭绝，都将是在技术上可能达到的范围之内。这种发展的可怕的方面，在于它的显然是不可变易的特征。每一步都好像是前面所跨出一步的无可避免的后果。而在尽头，显现得再清楚也没有了，那就是普遍的灭绝。

难道没有出路可使人走出他自己制造的这条死胡同吗？我们大家，特别是美国和苏联的决策人物，必须了解到，尽管我们已打败了外部的敌人，但是我们竟然还未能从战争情绪中解放出来。只要我们所采取的每一步骤都是着眼于将来可能发生的冲突，我们就永远不会有真正的和平，尤其是因为事情已经是很清楚，这样的战争会招致普遍灭绝。所以，一切政治行动的指导思想应当是：在当前的形势下，我们怎样才能促成一切国家之间的和平共处？第一个目标必须是消除相互的恐惧和不信任。不仅是废弃大规模的破坏性武器，还要郑重宣告废弃武力政策，这些无疑都是必要的。但是只有在同时建立起超国家的裁判和执行机构，使它有权去解决同各国安全直接有关的问题，这种废弃才会生效。哪怕只有一些国家宣告他们愿为实现这种“局部性的世界政府”而忠诚合作，也会大大减轻急迫的战争危险。

归根到底，人们的和平共处，首先是靠相互信任，其次才靠像法庭和警察这类组织。这一点对于国家，也像对于个人一样是正确的。而信任的基础是一种诚恳的互让关系。

国际管制行不行呢？固然，作为一种治安措施，它可能是有用的，但不能把它当作首要的因素。无论怎样，不去过分估计它的重要性，也许是明智的。只要想起美国禁酒的例子，就会使人踌躇起来。

对于俄国十月革命与知识分子关系的看法

——1950 年 3 月 16 日给 S. 胡克的信①

我曾努力去了解俄国革命为什么会成为一件必然的事。在当时俄国的一般情况下，我相信只有坚定的少数人承担的革命才能够取得胜利。一个关心人民幸福的俄国人，在当时存在着的条件下，自然会同这些少数人合作，并且顺从他们，因为要不然，就不能达到这次革命的直接目标。对于一个独立的人来说，这确实需要**暂时**地、痛苦地放弃他的个人自由。但我相信，作这种暂时的牺牲，我自己会认为是我的责任，会把它看作是害处较少的。可是这不应当理解为我赞成苏联政府在知识问题和艺术问题上所采取的直接和间接的干预政策。我认为这种干预是应该反对的，是有害的，甚至是荒谬的。我也相信政治权力的集中和个人自由的限制不应当超过一定的界限，这界限是根据外部安全、国内稳定和计划经济的需要所作的考虑而定出来的。一个局外人难以得当地评价别国的现状和需要。不管怎样，苏维埃制度在教育、公共卫生、社

① 译自《爱因斯坦论和平》532—533 页。标题是我们加的。

西德尼·胡克(Sidney Hook)是纽约大学哲学教授，写信指责爱因斯坦，说他在二十世纪三十年代对待苏联的态度同战后的态度是自相矛盾的。爱因斯坦在收到胡克的信的当天，就写了这样一封回信。——编译者

会福利和经济领域里的成就无疑都是伟大的,而全体人民已从这些成就里得到了很大益处。

国家和个人良心

——1950年7月19日给美国“科学的社会责任协会”的信[①]

一个人，如果政府指示他去做的事，或者社会期望他采取的态度，他自己的良心认为是错误的，那么他该怎么办，这实在是一个老问题。很容易这样说：对于在不可抗拒的强迫下所做的事，个人是不能负责的，因为他完全依赖于他生活在其中的社会，所以必须受它支配。但这种推理的表述方式本身就说明了这样的概念同我们的正义感矛盾到了怎么样的程度。

虽然外界的强迫在一定程度上能够影响一个人的责任感，但绝不可能完全摧毁它。在纽伦堡审判[②]中，这种立场实际上被公认为自明的。我们目前制度中存在着的道德标准，以及我们一般的法律和习俗，都是各个时代的无数个人为表达他们认为正义的东西所作的努力积累起来的结果。制度要是得不到个人责任感的

---

① 这是爱因斯坦于1950年7月19日写给美国新成立的科学工作者团体“科学的社会责任协会”(The Society for Social Responsibility in Science)的公开信，发表在《科学》周刊(*Science*)112卷760页上(1950年12月22日出版)。这里译自《爱因斯坦论和平》525—526页。标题照《思想和见解》中所用的。——编译者

② 第二次世界大战后，参加过对德、日、意法西斯作战过的盟国在德国南部的纽伦堡(Nürnberg，英译 Nuremberg)组织国际军事法庭来审判纳粹战争罪犯，同时在日本东京设立远东国际军事法庭，来审判日本战争罪犯。——编译者

支持，从道义的意义上来说，它是无能为力的。这就是为什么任何唤起和加强这种责任感的努力，都成为对人类的重要贡献。

在我们这个时代，科学家和工程师担负着特别沉重的道义责任，因为发展大规模破坏性的战争手段有赖于他们的工作和活动。所以我觉得“科学社会责任协会”的成立正适合实际需要。通过它，对于科学家所面临的各种客观问题进行讨论，每个人就比较容易澄清他自己的思想，得出他自己该怎样去行动的结论。此外，对于那些每逢按照自己的良心去行动处境就发生困难的人，这种相互帮助就更是非常必要的了。

社会主义和国际安全问题

——1950年6月12日给一个手工业工人的信[①]

关于世界政府，不幸，我们没有时间等待了。除非我们能够在不久的将来消除彼此对军事侵略的恐惧，否则我们注定要遭到灭亡。而且，无论我多么相信社会主义的必要性，它还是解决不了国际安全问题。相反，社会主义在一个民主国家里必然引起政治权力的高度集中；而社会主义官僚想搞侵略行为的倾向不见得比现在的私人经济势力的代表人物要小。关于和平和社会主义问题，在社会主义者的圈子里，我碰到了许多我认为是无根据的乐观想法。

---

① 译自《爱因斯坦论和平》533页。标题是我们加的。

据《爱因斯坦论和平》编者按，美国马萨诸塞(Massachusetts)州一位自称是“未受过教育的”手工业工人写信给爱因斯坦，批评他对建立世界政府的可能性毫无根据地表示乐观。而在他本人看来，只有在人民群众充分了解了世界政府时，这种形式的政府才会产生。他觉得，这种情况只有在社会主义条件下才能出现；因此，只要美国目前的政治和经济制度保持不变，关于世界政府的一切努力都是徒劳的。爱因斯坦在回信中说，他对这些意见，以及对他十多年以前关于群众的智力和性格的一些声明所作的批评，都深感兴趣。他认为这个批评是“相当公正的”，然后他在信中写了下面这个部分。——编译者

科学家的道义责任

——1950 年 10 月给“意大利科学促进会”的贺信[①]

首先让我对你们邀请我参加你们这次会议的盛情表示最诚挚的感谢。要是健康允许，我是应当乐意接受这次邀请的。情况既然如此，我就只好远隔重洋从家里给你们写这样一封简短的贺信。这样做时，我并不幻想我有什么竟然会扩大你们的见识或者增加你们的理解的话要说。可是，我们是生活在一个内外都那么严重不安的时代，它的特征就是缺乏明确的目标，因此，仅仅表白一下我们的信念也会是有益的，尽管这些信念也像一切价值判断一样，都是不能由逻辑演绎来证明的。

马上出现了这样的问题：追求真理——或者比较谨慎地说，我们通过构造性的逻辑思维去理解可认识的宇宙的那种努力——是不是应该成为我们工作的独立目标？或者说，追求真理是不是应该服从某些别的目标，比如服从一些“实用上的”考虑？这个问题

① “意大利科学促进会”(Scietà Italiana per il Progresso de la Scienze)于 1950 年 10 月在卢加(Lucca)举行第 42 次会议，爱因斯坦写了这封贺信。这封信最初发表在“联合国教育、科学及文化组织”(UNESCO)在巴黎出版的刊物《科学和技术的影响》(*Impact of Science and Technology*)第一卷(1950 年)3—4 期，104—105 页。德文原文最初发表在柏林《物理学报》(*Physikalische Blätter*)，1952 年第 2 期。这里译自《爱因斯坦论和平》534—537 页。——编译者

不能根据逻辑来作出决定。可是，不管我们的决定是怎样做出的，只要它是出自深挚的、不可动摇的信念，它就会对我们思想上和道义上的判断产生很大的影响。那么就让我来表白一下：我认为，为求得更深广的见识和理解而斗争，是这样一些独立目标之一，要是没有这些目标，一个有思想的人对待生活就不会有积极自觉的态度。

我们为求得更深广的理解所作的努力，其本质就在于：人一方面企图包罗大量的、各种各样的人类经验；而另一方面，他又总是在追求基本假定中的简单和经济。鉴于我们的科学知识处于原始状态，相信这两个目标能够并列存在，那只是一个属于信仰的问题。但要是没有这种信仰，我就不能对知识的独立价值有如此强烈和坚定的信念。

从事科学工作的人的这种态度，在某种意义上来说是一种宗教的态度，对他们的整个人格也有一定的影响。因为，除了科学工作者从积累的经验和逻辑的规律所获得的知识以外，在理论上就不存在任何可以把自己的决定和论述宣布为"真理"的权威。这就导致了个人的自相矛盾的情况，他尽他的一切力量去研究客观的事物，但从社会的观点来看，他却由此而发展成为一个极端个人主义者；至少在原则上，这种个人主义者除了相信他自己的判断以外，什么也不相信。因此十分有可能来作出这样的断言：智力活动的个人主义与对科学知识的渴望，在历史上是同时出现的，而且直到现在仍然是形影不离。

也许有人会认为，这里所讲的这样的科学家，只不过是一种抽象，就像古典经济学中的经济人（*Homo oeconomicus*）①那样，在这个世界上实际上是不存在的。可是，照我看来，要是这样的科学家在很多世纪中实际上都不曾存在过，那么，像我们今天所知道的这种科学，就既不可能出现，也不可能保持其蓬勃的生气。

当然，并不是每一个学过使用那些直接或间接地看来像“科学的”工具和方法的人，都能算是我的心目中的科学家。在我讲到科学家时，我只是指那些科学精神状态真正是生气勃勃的人。

那么，今天的科学家对当前社会的态度又是怎样的呢？显然，使他感到相当自豪的是，科学家的工作，由于实质上淘汰了手工劳动，已经帮助人类彻底改变了经济生活。但另一方面，科学家又感到苦恼，那是因为他的工作已经落到那些盲目行使政治权力的人手里，使他的科学劳动成果竟成为对人类生存的一种威胁。他又意识到，因他的工作而成为可能的那些技术方法，已经使经济权力，从而也使政治权力集中在少数人手里，这些人终于完全支配了那些日益显得涣散的群众的生活。更严重的是，经济和政治权力集中到愈来愈少的人手里，不仅使科学家经济上依附于人，而且也从精神上威胁着他的独立；对科学家在理智上和心理上施加影响的种种狡诈伎俩，会阻碍真正独立人格的发展。

因此，正如我们能够耳闻目睹的，科学家遭到一种真正是悲惨的命运。在他真心诚意地企图达到思想明晰和内心独立时，通过他的纯然是超乎常人的努力，结果却制造出了那些不仅会奴役他，

① “经济人”是以亚当·斯密（Adam Smith）为代表的古典经济学中的一个抽象概念，这种人既没有个性，也没有任何别的动机，只是追求着经济利益，按照经济原则进行活动。——编译者

而且还会从内心上毁灭他的工具，由于那些挥舞政治权力的人的压制，他不得不噤若寒蝉。当他是一名士兵时，他就要被迫去牺牲自己的生命和消灭别人的生命，尽管他确信这种牺牲是荒谬愚蠢的。他十分明白：普遍的毁灭不可避免，因为历史的发展已经导致经济、政治和军事的全部权力都集中到国家政权手里。他也认识到，只有创立一个以法律为根据的超国家制度来消灭兽性的暴力手段，人类才能得救。可是科学家却已倒退到这样程度，他居然把国家政权强加给他的奴役当作不可避免的命运接受下来，他甚至自甘堕落到这种地步，竟然驯服地献出自己的才能，去帮助完成那些注定要造成人类普遍毁灭的工具。

难道科学家真的无法逃脱这种命运吗？难道他真的必须容忍和遭受所有这些侮辱吗？科学家通过他的内心自由，通过他的思想和工作的独立性所唤醒的那个时代，那个曾经使科学家有机会对他的同胞进行启蒙并且丰富他们生活的时代，难道真的就一去不复返了吗？当他把他的工作放在一个过于理智的基础上时，他岂不是忘记了作为一个科学家的责任和尊严吗？我的回答是：一个天生自由和严谨的人固然可以被消灭，但是这样的人绝不可能被奴役，或者被当作一个盲目的工具听任使唤。

如果今天的科学家能够有时间和勇气来诚恳地、批判地考虑自己的处境和所面临的任务，并且由此相应地行动起来，那么，要求公正地并且妥善地解决目前危险的国际局势的可能性就会大大增加。

伦理教育的需要①

我觉得需要在你们“伦理教育协会”举行庆祝纪念的时候，向你们寄上贺词并致意。的确，现在并不是我们能够对这75年来在伦理方面辛勤努力所取得的成就感到满意的时候。因为人们很难断言，人类生活的道德面貌，总的来说是比1876年更令人满意。

那时候流行的观点是，认为从可查明的科学事实范围内所得到的启发，以及对于偏见和迷信的征服，就可以希望得到一切。所有这一切当然是重要的，值得最高尚的人去作出最大的努力。在这一方面，这75年来已经有了很多成就，并且通过文学和戏剧作了传播。但是清除障碍本身并没有使社会生活和个人生活高尚起来。因为除了这种消极的结果以外，还有一种积极的要使我们的共同生活合乎伦理-道德结构的志向和努力，它具有压倒一切的重要性。这里没有一种科学能帮我们的忙。我确实相信：在我们的教育中，往往只是为着实用和实际的目的，过分强调单纯智育的态度，已经直接导致对伦理价值的损害。我想得比较多的还不是技术进步使人类所直接面临的危险，而是“务实”的思想习惯所造成的人类相互体谅的窒息，这种思想习惯好像致命的严霜一样压在

---

① 这是爱因斯坦于1951年1月给在纽约举行的“伦理教育协会”(Ethical Culture Society)成立75周年纪念会的贺信，最初发表在1951年1月6日的《纽约时报》上。这里译自《思想和见解》53—54页。——编译者

人类的关系之上。

要在道德和审美方面求得满足，这个目标对于艺术工作，要比对于科学工作更为接近。当然，对我们同胞的**了解**是重要的。但这种了解只有在得到忧乐与共的同情心支持时才能有好结果。在宗教清洗掉迷信成分之后，它所留下来的就是培养道德行为的这种最重要的源泉。在这个意义上，宗教构成了教育的一个重要部分，但对于宗教，教育却考虑得太少了，就连仅有的那一点考虑也还是很不系统的。

当前世界政治上所处的可怕的困境，同我们的文明疏忽了这一方面的罪过有很大关系。要是没有"伦理教育"，人类就不会得救。

美国扩军备战政策是世界和平的严重障碍

——1951 年 1 月 5 日给 E. 拉比诺维奇的信[①]

我不是一个像您所称呼的虔诚的和平主义者。而且，我认为人们宁愿起来战斗，不愿让别人屠杀而不还手。在希特勒德国的情况下，人们的选择就是这样。[②] 我也不赞成单方面的裁军。我所拥护的是在超国家控制下的武装的和平。

但我要说，我认为美国目前的政策，同俄国相比，已经成为世界和平更加严重的障碍。当前的战场是在朝鲜，而不是在阿拉斯加。同美国相比，俄国受到严重得多的威胁，这是人所共知的。我觉得难以理解的是，为什么这里的人民会接受这样的神话，以为我们是处在危险之中。我只能假定这是因为他们缺乏政治经验的缘

---

① 译自《爱因斯坦论和平》553 页。标题是我们加的。

据《爱因斯坦论和平》编者按，尤金·拉比诺维奇(Eugene Rabinowitch)系美国《原子科学家通报》主编。自从 1949 年"原子科学家非常委员会"停止活动以后，包括爱因斯坦在内的许多科学家对《原子科学家通报》是否应当继续出版表示怀疑；而且爱因斯坦发现有一期《通报》里大谈"民防工作"问题，很不满，认为这是放弃了该刊物原先的反战宗旨。于是拉比诺维奇写信给爱因斯坦，同他讨论这问题，并且请他写篇代表和平主义观点的文章。爱因斯坦就写了这封回信给他。——编译者

② 这是指爱因斯坦自己在 1933 年 7 月以后对法西斯所采取的坚决斗争的立场。——编译者

故。政府[①]的政策显然是导向预防性战争，而同时又有一个与之相配合的企图，要使人们看起来好像苏联是侵略者。

我不打算写您所建议的那种文章；我相信在目前受污染了的空气中，对理性的呼吁完全无济于事。到头来，人们所得到的总是他们所应该得到的东西。

① 指美国政府。——编译者

支持美国青年拒服兵役的斗争[①]

这里我们碰到的是良心同法律冲突的老问题。在纽伦堡审判时，各国政府曾采取这样的立场：不道德的行为不能借口它们是奉政府的命令干出来的而求得宽赦。究竟什么是不道德的行为，这只能由个人自己的判断和良心来确定。认为道德规则应当放在现行法律之上，这种态度同人民一般的是非感是非常一致的。

每当一个人由于他道德上的信念而不服从法律时，政府就会认为他是一个违犯法律而必须惩处的反叛分子。因此，在这种情况下，这样的人如向那些其职责就是执行现行法律的官吏呼吁，那是没有什么意义的。

良心拒服兵役的人是革命者。在决定不服从法律时，他是在为改善社会这个最重要的事业牺牲自己的个人利益。在有决定性意义的问题上，这样做往往是使社会进步的唯一办法；尤其是当现有力量的对比上不容许有效地利用正常的合法政治组织时，就更加是这样。正是在这个意义上，美国宪法的制订者特别承认人民有革命的权利。

---

① 这是爱因斯坦于1951年3月20日给一个住在美国的德国青年流亡者内耳豪斯(G. Nellhaus)的信。内耳豪斯曾写信请他注意美国堪萨斯(Kansas)有个青年叫米切内(Robert Michener)的因拒服兵役而被判徒刑十年。爱因斯坦就写了这样一封回信。这里译自《爱因斯坦论和平》542—543页。标题是我们加的。——编译者

不用暴力的革命，是甘地用以使印度获得解放的方法。我相信，要在超国家的基础上解决世界和平问题，只有广泛地使用甘地的方法。

群众的激情和战争

——1951年6月8日给一个布鲁克林人的信[1]

很明显，对于人民实际上是怎样行动的，你一无所知。他们总是受激情的支配，而这些激情中间主要的又是仇恨和鼠目寸光的自私自利。你认为我们所面临的一切艰难困苦都完全要由少数政治领袖来负责，而群众感兴趣的全都是好的和合理的东西。不错，虽然总的说来，人民是害怕战争的，但由于他们天生的心理结构，他们会很容易被驱使去冒无论哪种危险。我的同事们曾经试图通过教育上的努力来避免这种可能来临的灾难。[2] 可是这种努力并无成效。那些宣传反对所谓外来敌人的人，却赢得了群众的支持。政治上的愚昧已经泛滥成灾，甚至连通情达理的人也会觉得难以发现使他们回到明智的外交政策去的道路。要是人民真像你们想象的那样，他们就会拒绝服兵役。但这种苗头一点也看不出来。

---

① 这是爱因斯坦于1951年6月8日给美国纽约市布鲁克林(Brooklyn)一个人的一封长信的一部分。这里译自《爱因斯坦论和平》556—557页。标题是我们加的。

据《爱因斯坦论和平》编者按，在这以后不久，于1951年7月25日，爱因斯坦写了一封信给当时在爱尔兰都柏林任教的薛定谔(E. Schrödinger)，说从来没有像现在这样在“那个大戏台”上表演得如此蹩脚的演员；即使他们漫天索高价，连最大的白痴也还能看得出这种表演是不精彩的。——编译者

② 这是指1946年成立的“原子科学家非常委员会”的工作。——编译者

艺术和政治

——1951 年 8 月 13 日给画家西・列温的信①

您以艺术为手段为反对战争倾向所作的努力，我发觉这是一个非常有现实意义的功绩。无论是事实的描述还是理智的讨论，其心理效果都抵不上真正的艺术。

常听人说，艺术不应当被用来为政治或者其他实际目的服务。我绝不能同意这种观点。要把某种特殊类型的政治思想或政治词句强加给艺术家，固然是绝对错误的和令人厌恶的；但是艺术家自己的强烈的感情倾向却常常产生出真正伟大的艺术作品。人们只要想起斯威夫特(Swift)②的《格列佛游记》(*Gulliver's Travels*)和

---

① 译自《爱因斯坦论和平》558 页。标题是我们加的。

据《爱因斯坦论和平》编者注，西・列温(Si Lewen)是纽约的画家，他把自己的一本反战画册寄给爱因斯坦，爱因斯坦就回他这封信。列温这本画册一直到 1957 年才在纽约由比特纳公司(H. Bittner Co.)出版，题为《示威游行》(*The Parade*)。——编译者

② 斯威夫特(Jonathan Swift，1667—1745)，英国讽刺作家，生于爱尔兰，青年时代参加过爱尔兰人民反抗英国统治的民族解放斗争。所著的长篇小说《格列佛游记》，写于 1726 年，暴露了英国社会的不合理现象，讽刺了英国统治集团的腐败，是英国讽刺文学中的第一部杰作。——编译者

多米埃(Daumier)[①]暴露他那个时代法国政治腐败的不朽的绘画就行了。我们这个时代正需要您和您这样的作品。

① 多米埃(Honorè Daumier,1808—1879),法国画家,画过许多讽刺法国统治集团的漫画和反映劳动人民生活的石版画。1832年曾以漫画讽刺法国国王路易-菲力普(Louis-Philippe),坐了6个月的牢。他的素描和油画也都具有充沛的生命力。——编译者

文化总是世界和解的一个基础[①]

为了理解《世界人权宣言》(*Universal Declaration of Human Rights*)的全部意义,就要充分弄明白联合国及其从属机构"联合国教育、科学及文化组织"诞生时特殊的世界形势。过去半个世纪中战争频繁以及由此造成的混乱,使每个人都清楚认识到这样的事实:鉴于目前技术成就的水平,各个国家的安全只能依靠超国家的措施和机构。只有建立世界联邦,才能避免一场必然会引起全面毁灭的冲突,这是已经得到广泛承认了的。

作为国际秩序发展的一个良好的开端,联合国建立起来了。事实上,这个机构不过是一个由各国政府派出的代表所组成的组织,它的成员并不是能代表各个不同国家的人民并且只受自己的信念指导的独立个人。而且,联合国的决议对任何国家的政府都没有约束力;也不存在任何能够实际执行这些决议的具体措施。

联合国的实际效力由于不准某些国家参加而受到进一步削弱;把这些国家排斥在外,这就严重地损害了这个组织的超国家性质。然而,正是国际问题被放到光天化日之下进行讨论这一事实,就提供了和平解决冲突的可能性。仅仅这种超国家论坛的存在,

---

① 此文发表在1951年12月号的《"联合国教科文组织"信使报》(*UNESCO Courier*)中。这里译自《爱因斯坦论和平》560—562页。——编译者

就会有助于使全世界人民习惯于这样一种思潮：要保护国家利益，必须通过谈判，而不是诉诸武力。

我认为这种心理的教育的效果，是联合国最有价值的特点。世界联邦必须以人要有一种新型的忠诚为前提，必须有一种并不截然限于各自国境内的责任感。这种忠诚要真正有成效，在纯粹政治问题之外，还必须包括更多的东西；必须补充以不同文化团体之间的相互了解以及文化和经济方面的相互援助。

只有用这种办法才能重建起信任感，这种信任感已经丧失在战争的心理痕迹之中，而代之以军国主义和强权政治的褊狭政策。要是没有成员国之间的相互谅解和相互信任，就不可能有保障各国集体安全的有效制度。

联合国所增设“联合国教育、科学及文化组织”，就在于追求文化方面的这些目标。在摆脱强权政治所造成的瘫痪影响方面，它已经比联合国取得了更大的成功。鉴于健康的国际关系只能来源于具有健康的见解并且享有几分独立性的各国人民，联合国精心起草了一个《世界人权宣言》，这个宣言已于1948年12月10日由联合国大会正式通过。这个宣言规定了许多具有普遍约束力的条款，用以保护个人，防止他在经济上受到剥削，保护他的发展，并且保证他在社会中能够自由地从事他所爱好的事业。

应该欢迎的是，这个组织公开宣称它的一个重大目标，是要在联合国所有的会员国中间传播这些条款。因此，“联合国教育、科学及文化组织”已经开始庆祝这个宣言诞生三周年的活动，以期这些基本的宏愿受到广泛的注意，为恢复这个世界的政治健康打下基础。

这个不得不以严格的法律文件形式写成的宣言，会引起几乎是无休止的争论。这样一个文件不可能考虑到一切不同国家中生活条件的悬殊。而且无可避免的，文件的个别条款还得容许各种不同的解释。但是，这个宣言总的精神是明白无误的，而且似乎完全适合于作为未来的决议和行动普遍承认的基础。

对这些条款给以形式上的承认是一回事，不管变化多端的情况会出现多少艰难险阻而始终把它们作为行动指南却又是另一回事——这一事实，无偏见的观察者从宗教组织的历史中就会触目惊心地看到。只有当联合国本身用它的决议和行动来证明它确实是体现了这个宣言的精神时，这个宣言才能发生有效的影响。

论古典文学[①]

有的人只看看报纸，最多也不过再读一些当代作家的书，这种人，在我看来，正像一个极端近视而又不屑戴眼镜的人。他完全依从他那个时代的偏见和风尚，因为他从来看不见也听不到别的任何东西。一个人要是单凭自己来进行思考，而得不到别人的思想和经验的激发，那么即使在最好的情况下，他所想的也不会有什么价值，一定是单调无味的。

一个世纪里，具有清澈的思想风格和优美的鉴赏力的启蒙者，为数很少。他们遗留下来的著作，是人类一份最宝贵的财产。我们要感谢古代的少数作家，全靠他们，中世纪的人才能够从那种曾使生活黑暗了不只五百年的迷信和无知中逐渐摆脱出来。

没有什么还会有比克服现代派的势利俗气更要紧的了。

---

① 此文最初发表在1952年2月29日苏黎世出版的《青年商人》月刊(*Der Jungkaufmann*)27卷，4期，73页。这里译自《思想和见解》64—65页。——编译者

保证人类的未来[①]

原子核链式反应的发现,正像火柴的发明一样,不一定会导致人类的毁灭。但是我们必须竭尽全力来防范它的滥用。在技术发展的现阶段,只有一个具有足够强大的执行权力的超国家组织才能保护我们。只有当我们理解到了这一事实时,我们才会乐于为保证人类的未来而作出必要的牺牲。如果这目标终于达不到,那么我们每个人都应当有责任。最大的危险在于每个人都袖手旁观坐等别人行动。

凡是有知识的人都会高度赞赏我们这个世纪的科学成就,即使是只随便看一下科学在工业上的应用,也会有此感觉。可是如果记住科学的基本问题,对于它新近的成就就不会估计过高。这正像坐在火车里一样。要是我们只观察靠近轨道的东西,我们似乎是在急速地向前奔驰。但当我们注视到远处的山脉时,景色似乎就变化得非常慢。科学的基本问题也正是这样。

照我的见解,谈论"我们的生活方式",或俄国的生活方式,都没有什么意思。在这两种情况中,我们说的都只是一堆传统的习

① 这是爱因斯坦于1952年为加拿大"教育周"(3月2—8日)所写的贺信。原文最初发表在1953年版的《我的世界观》(*Mein Weltbild*,苏黎世 Europa 出版社)中。这里译自《爱因斯坦论和平》(563页,缺最后一段)和《思想和见解》65—66页。——编译者

惯，而它们都不成为一个有机的整体。无疑，比较恰当的倒是提出这样的问题：哪一种制度和传统对人有害，哪一种对人有利？哪一种会使生活比较幸福，哪一种会增加生活的忧患？我们则应当尽力采用那看来是最好的一种，而不管它目前是在我们这里实行的，还是在世界别处实行的。

现在讲教师的工资问题。在健康的社会里，任何有益的活动所得到的报酬都应当使人能过一种像样的生活。从事任何有价值的社会活动，都可得到内心的满足；但是内心的满足不能当作工资。教师不能用他的内心的满足来填饱他的孩子们的肚子。

为制造原子弹问题给日本《改造》杂志的声明[①]

在原子弹的制造方面，我所参与的就只一件事：我签署了一封给罗斯福总统的信。在那封信中我强调有必要进行大规模的实验，来实现原子弹的制造。[②]

我完全明白，如果这些实验证明是成功了，那该是威胁人类的可怕的危险。可是我却感到非采取这一步骤不可，因为〔当时〕看来很可能德国人也会抱着完全成功的希望在同一问题上进行工

---

① 日本《改造》杂志主编于1952年9月15日写信给爱因斯坦，向他提出如下四个问题：

"1.您看到那些显示原子弹毁灭性后果的照相时引起怎样的反应？"

"2.对于作为一种人类毁灭工具的原子弹，您有何想法？"

"3.大家都预料，下次世界大战将是一场原子战争。这难道不是意味着人类的毁灭吗？"

"4.尽管您完全明白原子弹的可怕的破坏力，可是您为什么还要参与原子弹的制造？"

爱因斯坦收到信后，于1952年9月20日立即回复这样一个声明。他在回信中声称，他只对他的德文原文负责，而不对任何日文译本负责。这里译自《爱因斯坦论和平》584页。标题是我们加的。——编译者

② 英国传记作家克拉克(Ronald W. Clark)查阅了有关档案材料，发现爱因斯坦在1939年签署了给罗斯福总统的信后，同美国负责研究和制造原子弹的机构还是有过接触，他也曾做过一些建议，不过研制计划的具体内容并没有让他知道。参见克拉克所著的《爱因斯坦传》(*Einstein, the Life and Times*)，纽约世界出版公司，1971年英文版，562—573页。——编译者

作。我看，我那时只能这样做，再无其他可以选择的余地，**尽管我始终是一个虔诚的和平主义者。**

我认为，在战争中杀人并不比通常的谋杀更好些；但是只要各国没有决心通过共同行动来消除战争，并且以现行法律为根据，通过和平协商，来寻求解决它们的争执和保护它们利益的办法，它们就会继续认为有必要为战争作准备。它们由于害怕自己可能在普遍军备竞赛中落后，就会感到不得不去制造哪怕是最可恶的武器。这样一条途径只能导致战争，而今天的战争就意味着人类的同归于尽。

因此，去反对制造某些**特殊的**武器，那是无济于事的；唯一解决的办法是消除战争和战争的威胁。这是我们奋斗的目标。我们必须下决心抵制一切违反这个目标的活动。这对于任何一个意识到自己是隶属于社会的个人来说，是一个严峻的要求；但不是一个根本无法实现的要求。

甘地，我们时代这个最伟大的政治天才，已经指出了该走的道路。他证明，人一旦发现了正确的道路，就能作出多大的牺牲。他为印度的解放所做的工作就生动地证明了这样的事实：由百折不挠的信念所支持的人的意志，比那些似乎是无敌的物质力量有更强大的威力。

文化衰落的症状[①]

正像在一切文化生活领域里一样，自由而无拘束地交换意见和交换科学研究的结果，是科学健康发展所必需的。我认为没有丝毫可以怀疑的是：这个国家里政治当局的干涉已大大损害了知识的自由交换。到目前为止，科学工作首先受到损害，但在一切工业部门中马上也会感觉到。

政治力量侵入我国的科学生活，特别明显的是不允许美国学者出国和不允许外国科学家来我国访问。就一个大国来说，这种无聊的小动作，只不过是一种更根本得多的疾病的一个表面症状。

干涉口头上和文字上交换科学成果的自由，由一个庞大的警察机构所支持的普遍的政治不信任，人们惶惶不可终日，竭力避免任何可能会引起嫌疑从而会威胁他们经济生活的事——所有这些现象都不过是症状，尽管它们已足以显示出疾病的严重性。

依我的看法，这种疾病本身起源于这样一种态度，这种态度是在两次世界大战期间得来的，并且已发展到完全支配了我们——这种态度就是相信：为保证万一发生战争时能取胜，在和平时期我们就必须组织我们的全部生活和工作，因为强大的敌人不仅威胁

① 此文最初发表在《原子科学家通报》1952 年 10 月出版的"美国签证政策和外国科学家"专号上(第 8 卷第 7 期)。这里译自《爱因斯坦论和平》568—569 页。标题是按照《思想和见解》上的。——编译者

着我们的自由，也威胁着我们的生存。

这种态度可以用来解释我们刚才描绘为“症状”的一切不愉快的事实。这种态度在美国的军事预算中有着最显著的表现，如不加以纠正，它必然会导致战争和大规模的破坏。

只有克服了对扩军备战政策的这种迷恋，我们才能把注意力集中于我们所面临的实际政治问题：努力去发现我们怎样才能作出最好的贡献，使得在这个不断缩小的地球上能生活得比较安全，因而也能比较过得去。

要不是我们能够战胜疾病本身，我们就不能使自己摆脱疾病的许多症状。

培养独立思考的教育[1]

用专业知识教育人是不够的。通过专业教育，他可以成为一种有用的机器，但是不能成为一个和谐发展的人。要使学生对价值[2]有所理解并且产生热烈的感情，那是最基本的。他必须获得对美和道德上的善有鲜明的辨别力。否则，他——连同他的专业知识——就更像一只受过很好训练的狗，而不像一个和谐发展的人。为了获得对别人和对集体的适当关系，他必须学习去了解人们的动机、他们的幻想和他们的疾苦。

这些宝贵的东西，是通过同教育者亲身接触，而不是——至少主要的不是——通过教科书传授给年青一代的。本来构成文化和保存文化的正是这个。当我把“人文学科”(*the humanities*)作为重要的东西推荐给大家的时候，我心里想的就是这个，而不是历史和哲学领域里十分枯燥的专门知识。

过分强调竞争制度，以及依据直接用途而过早专门化，这就会扼杀包括专业知识在内的一切文化生活所依存的那种精神。

使青年人发展批判的独立思考，对于有价值的教育也是生命

---

① 这是爱因斯坦应《纽约时报》教育编辑请求而写的声明，发表在 1952 年 10 月 5 日的《纽约时报》(*New York Times*)上。这里译自《思想和见解》66—67 页。——编译者

② 即社会伦理准则。——编译者

攸关的，由于太多和太杂的学科（学分制）造成的青年人的过重负担，大大地危害了这种独立思考的发展。负担过重必导致肤浅。教育应当使所提供的东西让学生作为一种宝贵的礼物来领受，而不是作为一种艰苦的任务要他去负担。

我不是绝对的和平主义者

——给日本篠原正瑛的两封信

一①

从一个绝对的，即无条件的和平主义者的观点来看，你的责备是对的。但是在我给《改造》杂志的信中并没有说我是一个**绝对的**和平主义者，而是说我始终是一个**虔诚的**和平主义者。虽然我是一个虔诚的和平主义者，但在有些情况下我认为使用武力还是适当的——那就是碰到了这样一个敌人，他无条件地一心要消灭我和我的民族。除此以外的一切情况下，用武力来解决各国之间的冲突，我认为是错误的和有害的。

---

① 这是爱因斯坦于1953年2月22日给日本篠原正瑛(Seiei Shinohara)的第一封信。这里译自《爱因斯坦论和平》585—586页。标题是我们加的。

据《爱因斯坦论和平》编者按，篠原正瑛是爱因斯坦1952年9月29日给《改造》杂志声明(见本书306页)的日文译者，对爱因斯坦这个声明感到不满，于1953年1月5日写信给爱因斯坦，问他：既然认为自己是一个"绝对"和平主义者，怎么有可能在1939年给罗斯福总统写那样的信？写这封信是一个令人遗憾的错误，绝不可再犯。要是让甘地处在他的地位，绝不会干这种事。篠原正瑛转述了一位日本朋友的一种看法，认为爱因斯坦的行为之所以自相矛盾，不仅是由于他怕德国人会有可能制造类似的原子弹，而且也由于他是一个犹太人，对纳粹的报复情绪有意无意地左右着他。信中还反映了在日本的一些美国记者的一种说法，说什么"美国持有甚至使用原子弹，是同世界和平的精神相容的"。因为他们认为美国是真正要和平的，而苏联现在同当时的纳粹一样。爱因斯坦在回信中驳斥了这种说法。——编译者这就是为什么我认为在对付纳粹德国的情况下使用武力是必要的也是合理的。至于俄国，那完全是另一回事。在目前美国同苏联的冲突中，究竟是哪一个国家威胁另一国家的生存，是远没有搞清楚的——实际上，究竟是否真的存在这样一种威胁，也还是值得怀疑的。在这样的情况下，我深信：任何一方的挑衅态度都是没有道理的，因此，别的任何国家在这场冲突中都没有权利去充当一名帮手的角色。印度的态度我以为是一种模范；①我认为，日本的每一个真正的和平主义者都应当去充分欣赏印度的立场，并且应当把它作为日本的一个榜样。

二②

我是一个**虔诚的**(*entschiedener*)和平主义者，而不是一个**绝对的**和平主义者；这就是说我反对在任何情况下使用武力，除非碰

---

① 这是指二十世纪五十年代初印度所标榜的在两大阵营之间的和平中立的态度。但不久情况就发生了变化。——编译者

② 译自《爱因斯坦论和平》589页。写信日期是1953年6月23日。

据《爱因斯坦论和平》编者按，篠原正瑛对爱因斯坦上述1953年2月22日信中关于和平主义的解释深为不满，于1953年6月18日再给爱因斯坦去信，尖锐指出：要不是“绝对的”和平主义，那算什么“虔诚的”和平主义者？希特勒毕竟也深信自己是希望和平的。遗憾的是，爱因斯坦所支持的用来反对德国的原子弹，事实上是投在广岛和长崎的和平人民的头上，而不是投在德国人的头上。何况当时的日本用不着受到原子弹的威慑，就已经确实具备了不得不投降的条件。尽管美国人民矢口否认，实际上他们显然是把日本人作为他们的原子弹的试验品。而现在看来，美国公民也正在无可奈何地放弃他们自己的自由。爱因斯坦看到篠原正瑛这封信后，在指责他支持用原子弹来反德国这句话的旁边写了一个“不！”关于美国公民放弃自由问题，他加了一个旁注，要篠原正瑛注意刚在几天以前(6月12日)发表的他写给W.弗劳恩格拉斯的信(见本书365—366页)。在篠原正瑛一页信的背面，他于6月12日写下这样的回信。——编译者

到了一个**实质上**以消灭生命**为目的**的敌人。我始终谴责对日本使用原子弹。可是,要阻止这个关系重大的决定,我完全是无能为力的,对于这个决定,我没有什么责任,正像你对于日本人在朝鲜和中国的所作所为不负什么责任一样。

我从来没有说过我会赞成对德国人使用原子弹。我的确相信,我们必须防止希特勒统治下的德国万一会**单独**占有这种武器的可能性。在当时,这是真正的危险。

我不仅反对同俄国打仗,也反对一切战争——但带有上述的保留。

你要试图形成对别人及其行动的意见,只能以充分了解到的情况为根据!

又 及

给莱奥·贝克的献词[①]

我要致以敬意的这个人，一生乐于助人，不知恐惧为何物，逞强好斗与怨恨愤懑都同他格格不入。这是伟大道义领袖的素质，由于这种素质，他们能使人类在其自作自受的苦难中得到安慰。

企图兼有智慧和权力，极少能获得成功，即使成功，也不过是昙花一现。

人通常不愿以为别人是聪明的——除非那是一个敌人。

很少有人能心平气和地表达同他们社会环境所形成的偏见有所不同的见解。大多数人甚至不能形成这样的见解。

蠢人的多数在一切时候都是无敌的，并且总能坐操胜券。不过，他们的暴虐行为的恐怖，由于他们缺少一致性而有所缓和。

① 这是爱因斯坦为祝贺莱奥·贝克(Leo Baeck)80岁生日的献词。原文发表在1953年5月出版的两卷本的庆祝莱奥·贝克80岁寿辰的文集上。这里译自《思想和见解》27—28页。

莱奥·贝克1873年5月23日生于波兰，犹太人，是德国著名宗教历史学家，1942年被纳粹放逐，后居住在伦敦，1956年11月2日去世。——编译者要成为羊群中的一个纯洁无瑕的分子，必须首先是一只羊。

能够在一个人的脑袋里永远和平共处的对立和矛盾，使得一切政治上的乐观主义者和悲观主义者的体系都成为虚妄。

谁要是把自己标榜为**真理**和**知识**领域里的裁判官，他就会被神的笑声所覆灭。

观察和理解的乐趣，是大自然的最优美的礼物。

为捍卫公民权利，必须准备坐牢

——1953 年 5 月 16 日给 W. 弗劳恩格拉斯的信①

亲爱的弗劳恩格拉斯先生：

感谢您的来信。我说的“偏僻领域”是指物理学的理论基础。②

我国知识分子所面临的问题是非常严重的。反动政客在公众眼前虚晃着一种外来的危险，借此来引起他们怀疑一切理智的努

---

① 这封信最初发表在 1953 年 6 月 12 日的《纽约时报》上。这里译自《爱因斯坦论和平》546—547 页。标题是我们加的。原信手迹见本书卷首。

据《爱因斯坦论和平》的编者注：《纽约时报》发表此信时，曾根据弗劳恩格拉斯的请求，将第四段开头中有关“第五条修正案”这些字样删掉了。

弗劳恩格拉斯（William Frauenglass）是纽约布鲁克林（Brooklyn）的一位教师，受到美国众议院“非美活动委员会”的传讯（要审问他的政治信仰、所参加的秘密的和政治性的团体等），于是写信给爱因斯坦，请教他该怎样对待这件事。爱因斯坦这封回信当时在美国引起了巨大的反响，它成为美国正直知识分子反对麦卡锡主义迫害的一个战斗号角。“麦卡锡主义”是 1950—1954 年间在美国猖獗一时的“恐苏”、“恐共”歇斯底里，其主要策划者为参议员麦卡锡（J. R. McCarthy，1908—1957）。他领导所谓“抵制共产党渗透美国政府机构的活动”，制造了大量冤案和人人自危的恐惧。1954 年 12 月参议院终于通过决议，谴责他的行为“违反参议院的传统”。——编译者

② 1953 年 5 月 4 日爱因斯坦作了一次简短的广播，在那次广播里他说自己是个“不可救药的异己分子”，而他的独立思想是在一个还没有为美国国会的什么委员会过问到的“偏僻领域”里。弗劳恩格拉斯在给爱因斯坦的原信中曾引用了这两句话。——编译者

力。到目前为止，这伙人是得逞了，现在开始来禁止教学自由，对于一切不肯证明自己是顺从的人，就剥夺他们的职位，也就是说要饿死他们。

为了反对这种罪恶，只居少数的知识分子应当怎么办呢？老实说，我看只有照甘地所主张的那种不合作的革命方法去办。每一个受到委员会①传讯的知识分子都应当拒绝作证，也就是说，他必须准备坐牢和准备经济破产，总之，他必须准备为他的祖国的文明幸福的利益而牺牲他的个人幸福。

但这种拒绝作证的依据，不应当是大家所熟知的那种遁词，即援引《第五条修正案》②以免自己可能受到牵连；而所依据的应当是这样的主张：无辜的公民屈服于这种审问是可耻的，而这种审问是违反《宪法》精神的。

如果有足够多的人下决心采取这种严肃的步骤，他们就会得到胜利。否则，我国知识分子所应当得到的，绝不会比那个为他们准备着的奴役好多少。

您的真诚的

A. 爱因斯坦

1953 年 5 月 16 日

这封信没有必要当作是“机密”的。

又 及

---

① 指美国众议院的“非美活动调查委员会”。——编译者

② 指美国宪法的《第五条修正案》。这条修正案中规定：“在任何刑事案件中不得强迫自证其罪。”据此，证人可以拒绝就任何有可能使自己被判罪的问题作证。——编译者

给 W.弗劳恩格拉斯信的反响

一　1953 年 6 月 26 日给罗素的信[①]

您给《纽约时报》那封义正词严的信，是对高尚事业的一个伟大贡献。这个国家的一切知识分子，以至最年轻的学生，全都受到威胁。事实上，除了您，还没有一位“名人”出来，向政客们正在卖力干的这些荒唐事作实际的挑战。由于他们已成功地使群众相信俄国人和美国共产党人危及国家的安全，这些政客就以为自己是非常有权力的了。他们所散布的谎言愈露骨，他们觉得要那些被引到错误方向上去的居民来重选他们也就愈有把握了。这也解释了为什么艾森豪威尔不敢减免罗森堡(Rosenberg)夫妇[②]的死刑，尽管他完全知道判处他们死刑会多么损害美国在国外的声誉。

---

① 爱因斯坦给 W.弗劳恩格拉斯的信 1953 年 6 月 12 日在《纽约时报》发表后，第二天《纽约时报》发表评论，责备爱因斯坦，说他对弗劳恩格拉斯的劝告是“最不明智的”，而认为公民总得服从法律，不管法律是好是坏。伯特兰·罗素不满这个评论，在 1953 年 6 月 26 日的《纽约时报》上发表了一封信，驳斥了这种论点。爱因斯坦看到报后，当天给罗素写了这封信。这里译自《爱因斯坦论和平》550—551 页。——编译者

② 罗森堡夫妇是美国和平运动的积极分子，1953 年 6 月 19 日以“原子间谍案”被处死刑。参见本文集第一卷 762 页的脚注②。——编译者

二 1953年6月30日给卡尔·塞利希的信①

所有重要的报纸都以多少带一点礼貌的否定语调来评论我的那封信，这是意料中的事，因为它们全都是主要依靠着广告过日子的。我接到了大量信件，其中多数表示热烈赞成，少数提出了严厉批评。只有几封信试图对论据作谨慎的估量。总的说来，我还是得到了这样的印象：我的那封信对澄清政治空气多少有点帮助，而且我希望它会如此继续下去。

---

① 译自《爱因斯坦论和平》547—550页。按：卡尔·塞利希(Carl Seelig)是瑞士的传记作家，他编过一本爱因斯坦的文集《我的世界观》(*Mein Weltbild*，是1934年版的《我的世界观》的增订本，1953年在瑞士苏黎世出版)和一本传记《阿耳伯特·爱因斯坦文献传记》(*Albert Einstein—Eine dokumentarische Biographie*，1954年在苏黎世出版)。——编译者

原子爆炸的后果

——1953 年 7 月 4 日给瑞士一位老年妇女的信[①]

我确信人的缺乏理性是许多祸害的根源，但不是您所举的那些自然灾害的原因。这并不意味着我要宽恕原子弹的生产。

您的第二个问题是比较难以回答的。我相信人类已经有力量或者不久就会有力量，用放射性物质来彻底毒化大气层，使陆地上一切植物和动物的生命同归于尽。但我还是十分乐观地相信，人类通过建立世界政府，大概早晚会避免这种毁灭。

这是我们这个时代的特征：您、我和别的许多人都认为这些灾难是无可忍受的，主要的原因在于它们也会熄灭艺术的纯真声音。人类对于无尽止进步的信心，仅在五十年以前还是那么广泛地流传着，现在却好像已经完全消失了。但我还是敢于希望，这种信心总有一天会复活起来。

---

① 这是爱因斯坦于 1953 年 7 月 4 日写的给瑞士一个老年妇女的复信。这个妇女向爱因斯坦提出两个问题：(1)近几年来全世界到处出现极恶劣的天气是不是由于原子爆炸的缘故？(2)由于企图要尽可能把原子弹造得更有威力，我们这一代人有没有使保护我们这个行星的大气层遭到破坏的危险呢？这里译自《爱因斯坦论和平》592—593 页。标题是我们加的。——编译者

人　权[1]

今天你们开会专心致力于人权问题。你们已作出决定，要在会上发奖给我。我听到这个决定时，是有点伤感的。一个组织不能选出一个更适合接受这种荣誉的人，那是多么不幸呀！

在长期生活中，我把我的全部精力都用在追求对物理实在的结构稍微深入一点的了解。我从来没有做过系统努力去改善人类的命运，去同不义和暴政作斗争，或者去改进人类关系的传统形式。我所做的仅仅是：在长时期内，我对社会上那些我认为是非常恶劣的和不幸的情况公开发表了意见，对它们沉默就会使我觉得是在犯同谋罪。近年来这样的事例确是愈来愈多了，但那肯定不是我的过错。[2]

人权的存在和有效性不是从天上掉下来的。[3] 是那些历史上有见识的人设想出人在相互对待的行为方面的理想，并以此教导给人们；也是他们发展了最令人向往的社会结构的基本思想。这些从历史经验中和对美与和谐的热望中得出来的同样理想和信

---

① 这是爱因斯坦于 1953 年 12 月 5 日写给芝加哥律师“十诫会”的信，但直到 1954 年 2 月 20 日才在这个组织的集会上宣读。这封信最初发表在《十诫会刊》(*Decalogue Journal*)上，这里译自《爱因斯坦论和平》600—601 页。——编译者

② 《十诫会刊》和《思想和见解》中的译文少了这一整句。——编译者

③ “从天上掉下来的”原文是“*written in the stars*”，直译是：“用星星写成的”。——编译者

念，在理论上通常是容易为人们接受的，但是在人的兽性本能的压力下，这些思想信念又总是被人们所践踏。历史中充满了争取人权的斗争，这是无休止的斗争，它的最后胜利老是在躲开我们。但要是厌倦这种斗争，就意味着要引起社会的毁灭。

今天当我们讲到人权时，我们实质上是指：保护个人，反对别人或政府对他的任意侵犯；要求工作并要求从工作中取得适当报酬的权利；讨论和教学的自由；个人适当参与组织政府的权利。尽管这些权利现今在理论上已得到了承认，但事实上，它们却比过去任何时候都受到更大的摧残。这是利用合法的奸诈策略而造成的。

可是有一种人权，尽管它不常被提到，却似乎注定要成为非常重要的，那就是：个人有权利和义务不参与他认为是错误的或者有害的活动。其中最重要的是拒绝服兵役。我知道有这样的情况：具有非凡道德力量的正直的人，正是由于这个缘故而同国家机关发生了冲突。对德国战犯的纽伦堡审判默认了这样一条原则：犯罪行为不能以执行政府的命令为借口而获得赦免；认为应以良心来代替法律的权威。

在我们自己的时代，斗争主要是为了争取政治信仰和讨论的自由，以及研究和教学的自由。对共产主义的恐惧所导致的政策，已使我国受到其余文明人类的嘲笑。对于那些为了获取政治利益而竭力制造恐共病的贪婪权力的政客们，我们还能容忍多久呢？今天的人有时好像已经丧失幽默感到了这样程度，以致法国人所讲的“嘲笑可以杀人”（*Ridicule kills*）这句话已经失效了。

为保卫学术自由和公民权利而斗争

——75 岁生日对“保卫公民自由非常委员会”的答复①

问:学术自由的根本性质是什么?为什么它对于追求真理是必需的?

答:我所理解的学术自由是,一个人有探求真理以及发表和讲授他认为正确的东西的权利。这种权利也包含着一种义务;一个人不应当隐瞒他已认识到是正确的东西的任何部分。显然,对学术自由的任何限制都会抑制知识的传播,从而也会妨碍合理的判断和合理的行动。

问:您看现在威胁着学术自由的是什么?

答:从下面事实一定可以看出我们这个时代学术自由所受到的威胁:借口我们的国家遭到所谓外来的危险,教学和相互交换意

① 这是爱因斯坦于 1954 年 3 月对“保卫公民自由非常委员会”所提出的五个问题的答复,最初发表在 1954 年 3 月 14 日的《纽约时报》上。这里译自《爱因斯坦论和平》551—552 页。标题是我们加的。

按:“保卫公民自由非常委员会”(the Emergency Civil Liberties Committee)于 1954 年 3 月 13 日(爱因斯坦 75 岁生日的前夕)在普林斯顿举行了一个关于“学术自由的意义”的集会,会前向爱因斯坦提出了这样五个问题,并且准备向他献花。爱因斯坦没出席这次集会,也拒绝接受献花,但用书面回答了这些问题,并且在回信上写着:“你们可以在最后一个政治迫害事件平息以后带花到我家里来,但不要在这以前来。”——编译者

见的自由、出版和使用其他传播工具的自由，都受到侵犯或阻挠。而这是靠着制造出使人们觉得自己的经济受到威胁的一些条件来实现的。结果，愈来愈多的人避免自由发表意见，甚至在他们私人社交生活中都是如此。这是一种危及民主政治生存的局势。

问：您认为目前在保卫像我们的《人权法案》中所规定的传统自由方面，公民的特殊责任是什么？

答：《宪法》的力量全在于每个公民保卫它的决心。只有当每个公民都认识到他有义务为保卫宪法作出自己的贡献时，宪法上的权利才有保障。因此，保卫宪法，人人有责，谁也不应当逃避这种义务，哪怕他自己和家庭都可能遭到危险和威胁。

问：您认为民主社会中，一个知识分子的特殊义务是什么？

答：在原则上，每个公民对于保卫本国宪法上的自由都应当有同等的责任。但是就“知识分子”这个词的最广泛意义来说，他则负有更大的责任，因为，由于他受过特殊的训练，他对舆论的形成能够发挥特别强大的影响。这就可以解释为什么那些力求把我们引向独裁政治的人们特别热衷于要恫吓知识分子，并封住他的嘴。因此，在当前这样的环境下，知识分子认识到自己对社会所负的特殊责任，也就更加重要了。这应当包括拒绝同侵犯宪法上的个人权利的任何措施合作。在这种违宪的措施中，特别要提到的是对公民的私生活和政治关系的一切侦讯。无论谁要是同这种审讯合作，他就成为一个违犯《宪法》或者破坏《宪法》的罪犯的帮凶。

问：您认为帮助政治审讯的受难者最好的办法是什么？

答：为了保卫公民权利，最主要的是给在这种审讯中拒绝作证的一切受难者，以及一切因这种审讯而遭到破产或者损害的人以援助。尤其是必须为他们提供辩护律师，并且替他们寻找工作。

不愿做美国科学家，宁愿做管子工或小贩

——答《记者》杂志问[①]

你们问我，对于你们那些有关美国科学家处境的文章有什么意见。我不想去分析这个问题，而只想用一句简短的话来表达我的心情：如果我重新是个青年人，并且要决定怎样去谋生，那么，我绝不想做什么科学家、学者或教师。为了希望求得在目前环境下还可得到的那一点独立性，我宁愿做一个管子工，或者做一个沿街叫卖的小贩。

① 本文最初发表在1954年11月18日出版的《记者》(*The Reporter*)杂志上。这里译自《爱因斯坦论和平》613页。标题是我们加的。

爱因斯坦这篇短文发表后，在美国知识分子中引起了强烈的反应，多数报纸被迫开展讨论知识分子的自由问题。有趣的是，美国"管子业工会"居然通过决议，授予爱因斯坦荣誉会员的称号。——编译者

美国的新殖民主义

——1955 年 1 月 2 日给伊丽莎白的信[①]

亲爱的王后：

您的电报表明了你们这一行业所特有的美德——准时。不仅如此，它还表达了一种人情的温暖，这种温暖在我们这个机械化时代严重地被忽视了。每当我读到关于您的公开活动的消息时，我总感觉到您的这种品质。这必定需要有很大的勇气和独立性，特别是对一位处于您这样的地位，行动自由受到特殊限制的人来说，更是如此。

当我观察今天的人类时，最使我惊奇的，莫过于人们对政治事态发展的健忘。昨天是纽伦堡审判，今天却全力去重新武装德国。如果寻找某种解释，我不得不认为这是因为我的最后的祖国为谋取自己的利益已经发明了一种新的殖民主义，这种殖民主义没有老欧洲的殖民主义那么显眼。它通过美国资本向国外投资，使得那些国家牢牢地依赖美国，从而达到对别国的控制。谁要是反对

---

① 这是爱因斯坦于 1955 年 1 月 2 日写给比利时王后伊丽莎白(Elizabeth，1876—1965)的新年贺电的回信。这里译自《爱因斯坦论和平》615—616 页。标题是我们加的。

伊丽莎白是比利时国王阿耳伯特(Albert)的妻子，阿耳伯特于 1934 年因登山失事身死。他们两夫妻同爱因斯坦私人情谊很好。伊丽莎白曾于 1961 年 9—10 月访问中国。——编译者

这种政策或者与它有关的一切，就会被当作美国的敌人来对待。正是在这样的总形势下，我很想了解一下今天欧洲，包括英国在内的政策。我比较相信这些政策并不是一种有计划的行动过程的结果，而是客观条件所形成的自然后果。

当人们深究一下过去一些幻想家和思想家的著作时，这类思想大概就会出现在心中。我特别着迷于李希腾伯①的著作。我虽然已经有这么大年岁，但这个人还是始终使我深受感动。我不知道有谁像他那样地对事物审察入微。

在这个新年里，我想说的就是这些。谨致最热忱的问候和最亲切的祝愿。

您的

A.爱因斯坦

1955年1月2日

① 李希腾伯(Georg Christoph Lichtenberg，1742—1799)，是18世纪德国物理学家和作家，曾任哥廷根大学物理教授，对改良起电机有过贡献。爱因斯坦在1955年3月11日给伊丽莎白的信中特地对他作这样的介绍：他是“一位带有一点真正天才的怪人，这种天才可从他的一些不朽的思想片断中看出来。在他的一些比较长的作品中，《从地球给月亮的信》是特别可爱的。关于后者有那么一个小故事：问：太阳和月亮哪一个比较有用？答：当然是月亮；它在天空非常黑暗的时候发光，而太阳总只是在天很亮时才发光。”(见《爱因斯坦论和平》620页。)值得注意的是，费尔巴哈对李希腾伯也很推崇。(参见费尔巴哈：《宗教的本质》，人民出版社1953年版，68页。)李希腾伯的哲学思想是接近斯宾诺莎的。——编译者

以色列所应采取的政策[①]

对于东西方国家之间的敌对关系,我们[②]必须采取中立的政策。采取中立的立场,不仅对缓和整个世界的冲突会有适当的贡献,而且同时也有助于我们同阿拉伯世界各国政府之间发展健康的睦邻关系。

我们的政策的最重要方面,应当是始终如一地表明我们这样的愿望:确认生活在我们中间的阿拉伯公民的完全平等,并且体谅他们目前处境的内在困难。如果我们实行了这种政策,我们就会赢得忠诚的公民,而且我们还会逐渐地但是肯定地改进我们同阿拉伯世界的关系。在这方面,基布兹运动(*Kibbutz movement*)[③]是卓越的范例。我们对待阿拉伯这个少数民族的态度,将为我们作为一个民族的道德标准提供真正的考验。

---

① 这是爱因斯坦于1955年1月4日写给在以色列的"犹太代办处"(Jewish Agency)的重要成员池维·卢黎厄(Zvi Lurie)的信。这里译自《爱因斯坦论和平》638页。标题是我们加的。

按:1952年11月以色列第一任总统魏兹曼(C. Weizmann)死后,以色列政府曾请爱因斯坦继任总统,爱因斯坦断然拒绝。——编译者

② 指以色列。——编译者

③ "基布兹运动"是1904—1914年间俄国犹太人为逃避沙皇的大屠杀迁徙到巴勒斯坦在居留地建立起来的集体化农庄,简称为"*Kibbutzim*"或"*Kvutzot*",它类似于"公社"。参见本书51—52页的《劳动的巴勒斯坦》一文及其脚注。到1955年,以色列全国40万农业人口中,有20%参加了"基布兹",它们的产量占全国农业总产量的40%。——编译者

法律和良心[1]

关于基本道德品行问题,"正规的学校教育"起不了多大作用,因为在这个领域里不可能作出对全体公民都有约束力的基本决定。

最高法院法官道格拉斯是以一个法官的资格来作出他的决定的。我料想他所坚持的是这样的立场:国家能够并且也必须强迫它的公民(即生活在它的国境内的人)尊重它的法律,但是国家却不能强迫外籍公民(即侨民)也这样做。

相反地,我却只是以一个人的资格来作出这种性质的决定。我相信个人应当根据他的良心行事,即使这种行动势必要触犯国家的法律。我相信他应当这样做,即使他明明知道他会被当局判罪,他也应当如此。

这种态度最符合于我自己的道德感。但在一定程度上,我的态度也能由下面这样一个客观的根据证明是正确的:盲目服从那些我们认为是不道德的国家法律,只会妨碍为改革这些不道德的法律而进行的斗争。

---

① 这是爱因斯坦于 1955 年 2 月 21 日写给美国宾夕法尼亚州费拉得尔斐亚市(Philadelphia)一个人的回信。这里译自《爱因斯坦论和平》618 页。标题是我们加的。

据《爱因斯坦论和平》编者按,这个费拉得尔斐亚人写信给爱因斯坦,说美国最高法院的法官道格拉斯(William O. Douglas)发表一个声明,反对爱因斯坦经常强调的一个原则:人的良心比现行法律有更高的权威——这也就是纽伦堡审判所承认的原则。那个人说,自己是一个"普通公民,没有受过正规的学校教育",搞不清这个困难问题,因而写信请求爱因斯坦予以解答。——编译者

为防止可能来临的厄运出点力

——1955 年 2 月 28 日给 J. 伊萨克的信[①]

我以很大的兴趣读了您这本有启发性的小册子，以及随同这篇关于我们人类历史的论文寄来的这封坦率的信。

人们无可避免地感到，应当为防止可能来临的厄运出点力。做这种事看来您可能比我更有作为；因为我是生活在两个政治热病主要中心中的一个。事情已经到了这样的地步：能够进行平心静气谈话的人，所剩已经寥寥无几。恐惧、仇恨和微不足道的个人利害关系支配着每一个人的行动，驱使各个国家和人民（也包括科学家）走向最后的灾难。人们再也分不清究竟谁是主使者，谁是胁从者。实际上每个人都明白，要是没有超国家基础上的可靠的和平，就只有同归于尽，二者必居其一。可是人们甚至有了一点机会可以按照这种认识去行动时，他们却无所作为；他们全都是这种社会压力的受害者，而他们自己也助长了这种压力。我想情况总是

① 译自《爱因斯坦论和平》622—623 页。标题是我们加的。

据《爱因斯坦论和平》编者按，法国年迈的历史学家朱尔·伊萨克（Jules Isaac）教授于 1954 年 7 月在法国《社会主义评论》（*La Revue socialiste*）杂志上发表了一篇题为《要原子战争还是要和平共处》的论文，他把这篇论文的抽印本寄给爱因斯坦，并且在信上问他：当他 1950 年最初发表《相对论》的时候，是不是就已经预见到他的方程可能产生的危险的技术后果？并且提出这样的问题：科学家作为一个集体，是不是老早就应该去寻找办法来防止他们的发现所造成的灾难性的发展？——编译者

如此，不过以前从未出现过有这样全球范围的后果。

现在您似乎相信，我这个可怜的人，由于发现并且发表质量与能量之间的关系，对于今天我们发觉自己陷入的这种可悲状况作了重要的贡献。您提出，我在1905年就应当预见到可能出现原子弹。但这是完全不可能的，因为在1905年还料不到会存在那些能使“链式反应”得以实现的实验资料。即使有了这种知识，而企图把这个从狭义相对论得出的特殊结论隐瞒起来，那也是荒谬的。理论一旦存在，结论也就存在，就无法把它隐瞒起来，不论多长时间都不行。至于这个理论本身，它的存在则应归功于为发现“光以太”的性质所作的那些努力！任何可能的技术应用在当时连一点最微弱的苗头也没有。

至于我，也像贝特兰·罗素（Bertrand Russell）一样，认为问题在于那些有足够声望的、无畏和无私的少数学者，现在是否能够做点有成效的事。①

① 指当时正在酝酿起草《罗素-爱因斯坦宣言》。这个宣言系1955年2月上旬开始酝酿，直至爱因斯坦逝世后三个月才公开发表。参见本书390—394页。——编译者

为和平宣言给玻尔的信[①]

亲爱的尼耳斯·玻尔：

请不要那样皱眉头！这封信同我们以前在物理学上争论的老问题毫无关系，它关系到的只是一件我们都完全同意的事。伯特兰·罗素最近写给我一封信，我把抄件附上。他想约少数有国际声望的学者，来共同发表一个给一切国家和政府的声明，对于由原子武器和军备竞赛造成的危险局势提出警告。[②] 这个宣言是符合中立国家所倡导的政治行动的。

伯特兰·罗素知道并且希望我写信给您。当然，他十分清楚，由于您的影响，您的经历，以及您同杰出人物的私人关系，您能大大有助于这个计划；的确，他认为您的意见和您的积极参加，对这个计划的成功实际上是不可缺少的。

这个拟议中的学者们的行动，不仅限于中立国的代表，虽然参加者的选择应当清楚地表明不带有政治党派性。除非我误解了罗素的用意，我觉得他的企图不止是仅仅强调世界现存的危险；他建议我们**要求**各个政府公开承认有必要放弃以军事力量作为解决国际争端的工具。

---

① 译自《爱因斯坦论和平》630—631 页。标题是我们加的。——编译者

② 即 1955 年 7 月 9 日由罗素正式宣布的《罗素-爱因斯坦宣言》，其产生过程参见本书 390 页脚注。——编译者

如果您原则上赞成这个计划，就请您同伯特兰·罗素通信，并告诉他您愿意参加，好吗？你们俩[①]那时就可决定哪些人参加是最可取的。这些人中，在我这里已想起的有尤雷(Urey)，西拉德(Szilard)和詹姆斯·弗朗克(James Franck)，可是也许不应当有太多的物理学家。凡你们俩认为恰当的人，我都准备写信给他，但在我知道您对这件事的看法之前，我不愿迈出第一步(也是不能改变的一步)。

在美国，事情比较复杂，这可能由于那些占有重要的官职的著名的科学家，简直不会愿意去作这样的"冒险"。我自己的参加，也许在国外会起一点好影响，但不是在国内，在这里，我被认为是害群之马(并且不仅是在科学问题上如此)。

如果您能够在主要问题上同伯特兰·罗素取得一致意见，[②]那么我们就将有很大的收获。暂时完全没有必要给我写回信。

致以亲切的问候！

您的

爱因斯坦

1955 年 3 月 2 日

---

① 指尼耳斯·玻尔(Niels Bohr)自己和他的儿子阿格·玻尔(Aage Bohr)父子俩。A. 玻尔也是著名的物理学家。——编译者

② 据《爱因斯坦论和平》编者按：罗素于 1955 年 3 月 8 日同玻尔作了接触，玻尔于 3 月 23 日给罗素的答复中说：他怀疑这样的宣言是否会有像所期望的那样的效果，特别是在重要科学信息的自由交换问题上，而他认为这是最关紧要的。同时他也怕这个宣言会妨碍联合国会议。因此他没有参加这个宣言的发起工作，以后也没有在这个宣言上签名。——编译者

中东问题和美国的政策[①]

当然，对于以色列同阿拉伯国家之间的经常存在的紧张局势，我是感到遗憾的。鉴于双方的民族主义的态度，这种紧张局势很难避免，战争和有关的纠纷不过是加强这种态度罢了。最坏的是美国新政府[②]的政策，它由于自己的帝国主义和军国主义的利益，企图用牺牲以色列来赢得阿拉伯国家的同情。其结果，连以色列的生存都由于它敌人的加紧武装而受到严重的威胁。杜勒斯(Dulles)[③]这个人真是一种祸水！他假装要为和平事业服务，实际上却威胁每一个人，希望由此来达到他的帝国主义的目的，而又不卷进一场"大"战。这种政策，不仅在道义上应当反对，到头来还会证明，它也将会危及美国。可是理解到这一点的人却那么少！在一个非常短的时间内，他们竟已接受了这种鼠目寸光的军国主义观点。

① 这是爱因斯坦于1955年3月8日写给一个印度人的信。这里译自《爱因斯坦论和平》638页。标题是我们加的。——编译者

② 指那时刚上台的艾森豪威尔政府。——编译者

③ 杜勒斯是当时美国国务卿。——编译者

关于建议制造原子弹的动机

——1955 年 3 月 19 日给冯·劳厄的信[①]

关于原子弹和罗斯福，我所做的仅仅是：鉴于希特勒可能首先拥有原子弹的危险，我签署了一封由西拉德起草给总统的信。要是我知道这种担忧是没有根据的，当初我同西拉德一样，都不会插手去打开这只潘多拉盒子[②]。因为我对各国政府的不信任，不仅限于对德国政府。

很遗憾，我没有参与反对对日本使用原子弹的警告。这一荣誉应当归于詹姆斯·弗朗克(James Franck)。[③]要是他们听了他的

---

① 译自《爱因斯坦论和平》622 页。标题是我们加的。

关于爱因斯坦于 1939 年向罗斯福总统建议开展原子爆炸研究的动机和实际所起的作用问题，他在 1952 年给日本《改造》杂志和以后给篠原正瑛的信中都作了断然的声明，但这些声明当时知道的人并不多，因此还不断有人拿这个问题来问他。在他逝世前不久，甚至他的挚友劳厄也从西德来信向他提出这个问题。——编译者

② 这个典故出于古代希腊神话。据这个神话中说，潘多拉(Pandora)是世界上第一个女人，她下凡时，主神宙斯(Zeus)赐给她一个装潢漂亮的密封盒子，里面装着疾病、罪恶等人间一切祸害。以后潘多拉出于好奇，违犯宙斯的指示，私自打开这个盒子，于是这些祸害就跑了出来，使人类受到无穷灾难。——编译者

③ J.弗朗克(1882—1964)，德国物理学家，犹太人，希特勒上台后流亡到美国。1939 年开始参加美国的原子弹研究工作。1945 年 6 月 1 日，由杜鲁门总统指定的研究原子弹使用问题的“临时委员会”(由陆军部长史汀生任主席，成员包括国务卿贝纳斯和物理学家 K. T. 康普顿等)一致建议尽速并且不作事先警告就对日本使用原子弹。当时在挂名为“芝加哥大学冶金实验室”的美国原子弹研究机构中工作的弗朗克和西拉德坚决反对这种意图，他们同五个在芝加哥的同事联名送了一个备忘录给史汀生，

话，那就好了！

指出，如果美国对日本使用原子弹，就会“给建立原子能的国际管理造成几乎无法克服的障碍”，它必然会引起核军备竞赛，严重威胁人类安全。这个备忘录是以芝加哥“社会政治影响委员会”(Committee on Social and Political Implication)名义草拟的，在上面签名的共7人，他们是：弗朗克，西拉德，唐纳德·休斯(Donald Hughes)，乔伊斯·斯特恩斯(Joyce Stearns)，尤金·拉比诺维奇(Eugene Rabinowitch)，格伦·西博格(Glenn Seaborg)，J.J.尼克孙(Nickson)。由于这个文件是由弗朗克领头签名的，人们就称它为《弗朗克报告》，以后曾公开发表在1946年5月1日出版的美国《原子科学家通报》上。早在1945年3月，西拉德就起草过一个文件，预言了原子军备竞赛和洲际导弹的危险。他请爱因斯坦介绍他去见罗斯福总统反映这个问题。爱因斯坦于3月25日为他写了给罗斯福的介绍信，但当时罗斯福病危，不久就去世了。杜鲁门接任后，把这封信交给贝纳斯处理。5月28日，贝纳斯约西拉德去作了一次敷衍性的谈话。由于西拉德反对军事使用原子弹态度非常坚决，在6月他同弗朗克给史汀生写了一个备忘录后，7月间他又写了一个得到六十多个科学家签名的紧急请愿书，并于7月17日送到白宫。所有这些努力都无济于事，杜鲁门等人不顾一切正义的呼声，悍然决定于8月6日和9日在日本广岛和长崎上空投掷两颗原子弹，造成二十多万居民的伤亡。——编译者

对被指责为“颠覆分子”的答复[①]

读了《火线》上那篇文章，我想讲几句我对它的意见。我坚决认为，由于我们要反对被扣上“颠覆分子”这顶帽子而进行自卫，我们要默认这样一个概念的有效性。

我们应当非常清楚地讲明，官方或非官方机构对这个模糊概念的流行用法，我们认为是有损于美国传统的，也是同美国传统不相称的。此外，我们应当断然支持这样的论点：只有通过创建一种超国家的组织，才能够避免普遍毁灭的危险。凡是企图妨碍或者阻止这种非常急需的新事物的出现的，倒真是名副其实的“颠覆分子”。

---

① 这是爱因斯坦于1955年4月5日给“世界联邦主义者联盟”(The United World Federalists)的信。这里译自《爱因斯坦论和平》624页。标题是我们加的。

据《爱因斯坦论和平》编者按，美国一批退伍军人的法西斯组织，“美国军团”(American Legion)所属的“效忠于美国全国委员会”(The National Americanism Commission)出版的刊物《火线》(*Firing Line*)出了一个专号，专门攻击“世界联邦主义者联盟”，列举这个组织的许多知名人物，说他们是不爱国的，并且指责这个组织是搞颠覆阴谋活动的。爱因斯坦也被列在这个名单中。为此，“世界联邦主义者联盟”写信告知爱因斯坦，对他们被指责搞颠覆阴谋表示强烈不满，决定要采取措施，以迫使“美国军团”收回这种指责。于是爱因斯坦给他们写了这样一封回信。这封信发出后8天，他就一病不起了。——编译者

为以色列“独立纪念日”准备的未完成讲稿[①]

我今天不是以一个美国公民，也不是以一个犹太人的身份同你们讲话，而是以一个试图用极大的严肃性来客观地考查事物的人的身份同你们讲话。我所想做的事，不过是要以我微弱的能力来为真理和正义服务，准备为此甘冒不为任何人欢迎的危险。

问题出在以色列同埃及之间的冲突。你们会认为这是一个无足轻重的小问题，并且会觉得还有更严重的事情令人担忧。但这种看法是不正确的。在事关真理和正义的时候，就不能区分什么大问题和小问题；因为决定人的行为的普遍原则是不可分割的。无论谁要是在小事上不尊重真理，在重大事务上也就不能得到信任。

这种不可分割性不仅适用于道德问题，而且也适用于政治问题；因为要是不从小问题同大问题相互依存的关系上来了解，就不

---

① 这是爱因斯坦最后的未完成的遗稿，原来是准备为以色列“独立纪念日”作电视演讲用的。这手稿系1955年4月11日开始起草，但爱因斯坦在4月13日患重病，4月18日就与世长辞了。这里译自《爱因斯坦论和平》639—640页。标题是我们加的。

以色列的“独立纪念日”是5月14日。按，1947年11月29日联合国大会通过了决议，要求迅速结束英国在巴勒斯坦的委任统治，建立由阿拉伯人和犹太人分治的两个独立国家。1948年5月14日，巴勒斯坦的犹太人宣布成立以色列国。第二天，五个邻近的阿拉伯国家向它军事进攻，由此爆发了第一次阿以战争。——编译者

能适当地评价小问题。而我们这个时代的大问题是人类划分成两个敌对的阵营:共产主义世界和所谓自由世界。由于我觉得**自由**和**共产主义**这两个名词的意义在这里很不清楚,我宁愿说东方和西方之间的势力冲突,尽管因为世界是圆球状的,甚至连**东方**和**西方**这两个名词的严格意义也并不是清楚的。

实质上,今天存在的这场冲突并没有超出老式的争逐势力的斗争,它是在半宗教的装饰下再次出现在人类面前。所不同的在于,这个时代原子威力的发展已使这场斗争充满了一种幽灵似的特征;因为双方都知道并且承认:如果争吵变成实际的战争,人类就注定要毁灭。双方处于负责地位的政治家却不顾这种知识,依旧玩弄大家所熟知的手法,企图通过集结优势的军事力量来威胁和瓦解对方。虽然这种政策需要承担战争和毁灭的风险,但他们还是这样做了。没有一个处于负责地位的政治家敢于采取超国家安全这条唯一能提供一点和平希望的路线,因为对于一个政治家来说,遵循这样一条路线,就等于政治上自杀。政治激情一旦被煽动了起来,就会逼着它的受骗者……

〔手稿在此中断,搁笔时间是 1955 年 4 月 13 日。〕

罗素-爱因斯坦宣言[①]

在人类所面临的悲剧性的情况下，我们觉得科学家应当集会对这种由大规模毁灭性武器所引起的危险作出估计，并且按照所附草案的精神进行讨论，以达成一项决议。

我们此刻不是以这个或者那个国家，这个或者那个大陆，这种或者那种信仰的成员的资格来讲话，而是以人类，以其能否继续生存已成为问题的人类成员资格来讲话的。这个世界充满着冲突；而使一切较小冲突相形见绌的则是共产主义同反共产主义之间的巨大斗争。

几乎每个有政治意识的人，对于这些争端中的一个或几个问

---

① 这个宣言原来的名称叫《科学家要求废止战争》，是由罗素起草的。罗素于1955年2月11日写信给爱因斯坦讨论此事，爱因斯坦于2月16日回信表示赞同，并于3月2日写信给玻尔，希望玻尔参加作为发起人，但玻尔拒绝了。1955年4月5日罗素把他拟的宣言草稿寄给爱因斯坦，4月11日爱因斯坦在宣言上签了名。两天后爱因斯坦就患重病，4月18日就逝世了。这篇宣言直到7月9日才由罗素在伦敦公开发表。当时在宣言上签名的除了罗素和爱因斯坦外，还有美国的布立奇曼(P. W. Bridgman)和缪勒(H. J. Muller)；英国的泡威耳(C. F. Powell)和罗特布拉特(J. Rotblat)；法国的约里奥-居理(F. Joliot-Curie)；波兰的英费耳德(L. Infeld)；日本的汤川秀树。(罗素于1955年4月初同爱因斯坦商量拟邀请签名的15名科学家中有10人没有签名。)不久后，西德的麦克斯·玻恩(Max Born)和美国的泡林(L. Pauling)也签了名。这11人中，除了英费耳德和罗特布拉特外，其余都是诺贝尔奖的获得者。罗特布拉特于90年代获诺贝尔和平奖。这个宣言发表时，罗素曾将其副本分送给美、苏、中、英、法、加六国政府首脑。这里译自《爱因斯坦论和平》633—636页。标题是我们加的。——编译者

题都有强烈的感情;但是我们希望你们,如果可能的话,把这种感情丢在一边,而只把你们自己当作是生物学上一个种的成员,这个种有过极其惊人的历史,我们谁也不愿意看到它绝迹。

我们尽可能不说一句为某一集团所中听而为另一集团所不中听的话。大家都同样处在危险之中,如果理解到了这种危险,就可希望大家会共同避开它。

我们必须学会用新的方法来思考。我们必须认识到向我们自己提出的问题,不是要采取什么措施能使我们所支持的集团取得军事胜利,因为已不再存在这样的措施;我们向自己提出的问题应当是:能采取怎样的措施来制止一场其结局对一切方面都必然是灾难的军事竞赛?

一般公众,甚至许多当权的人都没有认识到使用核弹的战争究竟会引起怎样的后果。一般公众仍然用城市的毁灭来想象。据了解,新的核弹比旧的核弹有更大的威力,一颗原子弹能毁灭广岛,而一颗氢弹就能毁灭像伦敦、纽约和莫斯科那样的最大城市。

毫无疑问,在氢弹战争中,大城市将被毁灭掉。但这还只是不得不面临的一个较小的灾难。如果伦敦、纽约、莫斯科的每个人都被消灭了,在几个世纪内,世界还是会从这种打击中恢复过来的。可是我们现在知道,尤其在比基尼①试验以后知道,核弹能逐渐把破坏作用扩展到一个非常广阔的范围,这个范围比原来所设想的还要大得多。

---

① 比基尼(Bikini)是太平洋中部马绍尔群岛中的一个小岛,1954年3月1日美国在此试验氢弹爆炸,伤害了日本渔民23人,其中一人不久后即死去。——编译者

据非常可靠的权威人士说，现在能制造出的核弹，威力要比炸毁广岛的大 2500 倍。

这种炸弹，如果在接近地面或者在水下爆炸，就会向上层空气散放出带有放射性的粒子。它们以剧毒的尘埃或雨点的形式逐渐下降到地面。沾染了日本渔民和他们所捕到的鱼的，就是这种尘埃。

现在谁也不知道这种致命的放射性的粒子会扩散得多远，但最可靠的权威人士都异口同声地说：氢弹战争十分可能使人类走到末日。令人担忧的是，如果使用了许多颗氢弹，结果将是普遍的死亡——只有少数人会突然死去，而大多数人会受着疾病和萎蜕的慢性折磨。

科学界的著名人士和军事学的权威都曾发出了多次警告。他们谁也不会说这些最坏的结果是一定要发生的。他们只是说，这些结果是可能的，而且谁也不能肯定说它们不会成为现实。迄今我们还未曾发觉，专家们的这些观点同他们的政治见解或偏见有什么关系。就我们的研究结果所揭示的来说，这些观点只同各个专家的知识水平有关。我们发觉，知道得最多的人，也就最忧心忡忡。

因此，我们在这里向你们提出的，是这样一个严峻的、可怕的、无法回避的问题：我们要置人类于末日，还是人类该弃绝战争？人们不敢正视这样的抉择，因为要废止战争是非常困难的。

要废止战争就要对国家主权作出种种令人不愉快的限制。但是成为理解这种情况的障碍的，除了别的原因之外，更主要的，恐怕还是**人类**这个名词使人感到模糊和抽象。人们在想象中几乎没有认识到，这种危险不仅是对被模糊理解的人类的，而是对他们自己和他们子孙后代的。他们简直理解不到，他们每个人和他们所爱的亲人都处在即将临头的苦痛死亡的危险之中。因此他们希望，只要现代化武器被禁止了，战争也许还不妨让它继续存在。

这种希望是虚妄的。尽管在和平时期达成了禁用氢武器的协议，但在战时，这些协议就不会再认为有束缚力，一旦战争爆发，双方立即就会着手制造氢弹，因为要是一方制造氢弹，而另一方不制造，那么制造氢弹的一方就必定会取得胜利。

尽管作为普遍裁军一个部分的禁用核武器的协议并不提供最后的解决办法，但它还是适合于某些重要的目的。

首先：东西方之间的任何协议，就消除紧张局势来说都是有益的。其次：销毁热核武器，如果双方都相信对方是有诚意去这样做了的，就会减轻对珍珠港式①突然袭击的那种恐惧，而这种恐惧心理在目前正使双方都保持着神经质的不安状态。所以我们应当欢迎这样一种协议，哪怕只是作为第一步。

我们中间的大多数人在感情上并不是中立的，但作为人类，我们必须记住，如果东方和西方之间争端的解决，对于无论是共产主义者还是反共产主义者，无论是亚洲人还是欧洲人或者美洲人，无论是白种人还是黑种人，都能给以可能的满足，那么就绝不可用战争去解决这些争端。我们希望东方和西方都了解这一点。

如果我们这样作出抉择，那么摆在我们面前的就是幸福、知识

① 珍珠港是美国在太平洋中部夏威夷群岛上的重要海军基地。1941年12月7日日本对美、英两国不宣而战，突然侵袭它们在太平洋上的基地，当时美国驻在珍珠港的舰队全部被摧毁。——编译者

和智慧的不断增进。难道我们由于忘不了我们的争吵,竟然要舍此而选择死亡吗?作为人,我们要向人类呼吁:记住你们的人性而忘掉其余。要是你们能这样做,展示在面前的是通向新乐园的道路;要是你们不能这样做,那么摆在你们面前的就是普遍死亡的危险。

决　　议

我们发起召开这次会议,[①]通过这次会议,全世界的科学家和一般公众签名赞同下列决议:

"鉴于未来任何世界大战必将使用核武器,而这种武器威胁着人类的继续生存,我们敦促世界各国政府认识到并且公开承认,它们的目的绝不能通过世界大战来达到,因此,我们也敦促它们寻求和平办法来解决它们之间的一切争端。"

① 这个宣言发表后,在罗素的积极推动下,由美国资本家赛勒斯·伊顿(Cyrus Eaton)资助,于1957年7月以《罗素-爱因斯坦宣言》签名者的名义,在加拿大东部新斯科舍(Nova Scotia)州的普格瓦许(Pugwash)村伊顿的家里召开了一次有10个国家共22位科学家参加的会议。以后这种会议大概不到一年就举行一次,开会的地点有魁北克、维也纳、莫斯科、伦敦等处。这种会议以后统称为"普格瓦许——科学和世界事务会议"(Pugwash—Conference on Science and World Affairs)。罗素生前是这个会议的常务委员会主席。——编译者

《爱因斯坦文集》附录之一

爱因斯坦生平和历史背景年表

爱因斯坦生平和

年 份	爱因斯坦的活动	世界大事
1879	3月14日生于德国乌耳姆(Ulm)市。父母都是犹太人。父名赫尔曼·爱因斯坦(Hermann Einstein,1847—1902),是小企业主。母名保莉妮·科赫(Pauline Koch 1852—1920)。	德奥签订同盟。 发明白炽电灯。
1880	全家迁居慕尼黑(一直住到1894年)。父同其弟雅各布(Jakob Einstein (1850—1912))合办电器工厂。	南非布尔人进行反英战争(1880—1881)
1881	妹玛雅(Maja,1881—1951)生。	俄国沙皇亚历山大二世被刺。 发明变压器,解决远距离输电问题。
1882		德、奥、意三国结成同盟。 英国占领埃及。 制成电车。
1883		马克思(1818—1883)逝世。

历史背景年表

(1879—1955)

物理学及有关科学发展大事	重要物理学家生卒
斯特芬(J. Stefan)发现黑体辐射的经验定律。 霍耳(E. H. Hall)发现电流在磁场中产生横向电动势的霍耳效应。 克鲁克斯(W. Crookes)开始进行气体放电实验。 麦克斯韦(J. C. Maxwell)建议用光反射来测定地球在以太中的运动速度。	麦克斯韦(1831—1879)卒 劳厄(1879—1960)生 哈恩(1879—1968)生
迈克耳孙(A. A. Michelson)发明干涉仪。	埃伦菲斯特(1880—1933)生
迈克耳孙进行以太漂移实验,得到同古典理论矛盾的否定结果。 居里(P. Curie)发现晶体的压电效应。	
	爱丁顿(1882—1944)生 布里奇曼(1882—1961)生 J. 弗朗克(1882—1964)生 玻恩(1882—1970)生
爱迪生(T. A. Edison)发现热电发射的爱迪生效应。 马赫(E. Mach)出版《力学在其发展中》,批判牛顿力学中绝对空间、时间、运动等概念,并提出关于惯性的“马赫原理”。	

年 份	爱 因 斯 坦 的 活 动	世 界 大 事
1884	对指南针感到十分惊奇。 进天主教小学读书。	中法战争(1884—1885)爆发。
1885	开始学小提琴。	制成汽油内燃机汽车。
1886		美国工人举行五一大罢工。 发明电解制铝。
1887		发明电影。 发明交流电动机。
1888		德皇威廉二世即位。
1889	进慕尼黑的卢伊波耳德中学(Luitpold Gymnasium)(读到1894年),对德国的军国主义教育感到窒息。	第二国际成立。 制成硝酸纤维人造丝。

物理学及有关科学发展大事	重要物理学家生卒
巴耳末(J. J. Balmer)发现氢光谱的经验定律。 玻耳兹曼(L. E. Boltzmann)用光的电磁理论和热力学解释斯特芬辐射定律。 坡印廷(J. H. Poynting)提出电磁能量流动理论。	德拜(1884—1966)生
朗格(L. Lange)建议以惯性系概念代替绝对空间概念。	N. 玻尔(1885—1962)生 天文学家夏普利(1885—1972)生 韦耳(1885—1955)生
亥姆霍兹(H. von Helmholtz)把哈密顿最小作用原理用于非力学过程。 迈克耳孙和莫雷(E. W. Morley)重做测定流水中光速的斐索(Fizeau)实验。	
赫兹(H. R. Hertz)发现光电效应。 迈克耳孙和莫雷以更高的精确度重做 1881 年的迈克耳孙实验。 伏格特(W. Vogt)提出光学的坐标变换理论(即以后的洛伦兹变换)。 马赫发现超声运动的“马赫数”。 阿雷尼亚斯(S. A. Arrhenius)发表电解质的电离理论。 数学家里奇(G. Ricci)发表张量演算(绝对微分学),为广义相对论准备数学工具。	基尔霍夫(1824—1887)卒 薛定谔(1887—1961)生 G. 赫兹(1887—1975)生
赫兹实验证实 1864 年麦克斯韦从理论上预言的电磁波的存在。 古伊(M. Gouy)研究布朗运动理论。	克劳修斯(1822—1888)卒 朗台(1888—1976)生
斐兹杰惹(G. F. FitzGerald)提出收缩假说,用以解释迈克耳孙实验的否定结果。 能斯特(W. Nernst)提出电化学的电动势理论。	焦耳(1814—1889)卒 天文学家哈勃(1889—1953)生

年份	爱因斯坦的活动	世界大事
1890	在医科大学生塔耳梅(Max Talmey,1869—1941)的引导下,读通俗科学读物,破除了宗教迷信思想。	德国社会民主党选举获胜。 俾斯麦下台。
1891	自学欧几里得几何,又一次感到惊奇。	
1892	读康德的《纯粹理性批判》。	
1893		
1894	年初全家迁往意大利米兰。 因厌恶德国学校生活,4月只身离开慕尼黑去米兰。放弃德国国籍。去日内瓦旅行。	中日战争(1894—1895)爆发。
1895	自学完微积分。 投考苏黎世瑞士联邦工业大学,未录取。 10月转学到瑞士阿劳(Aarau)市的阿尔高(Aargau)州立中学。 开始思索空间、时间问题,并写出不成熟的论文《关于磁场的以太状态的研究》。	古巴爆发反西班牙起义(1895—1898)。 发明无线电报。 发明狄塞尔柴油发动机。
1896	8月毕业于阿劳中学。 10月进苏黎世联邦工业大学师范系学习物理,同学有格罗斯曼(M. Grossmann),阿德勒(F. Adler),米列娃·	菲律宾爆发反西班牙殖民统治的起义。

物理学及有关科学发展大事	重要物理学家生卒
厄缶(R. von Eötvös)完成关于惯性质量和引力质量相等的实验。 里德伯(J. R. Rydberg)发现碱金属和氢原子光谱线波长关系通式。 布朗利(E. Branly)制成电磁波的接收器。	
斯托尼(G. J. Stoney)命名电荷最小单位为“电子”。 费德罗夫(J. S. von Federow)和舍恩夫里斯(A. Schönflies)完成晶体空间群的研究。	玻特(1891—1957)生 查德威克(1891—1974)生
洛伦兹(H. A. Lorentz)独立地提出收缩假说,用以解释迈克耳孙实验,发展电子理论。	A. H. 康普顿(1892—1962)生 德布罗意(1892—1987)生
维恩(W. Wien)发现黑体辐射的位移定律。 勒纳德(P. E. A. Lenard)研究阴极射线。	化学家尤里(1893—1980)生
	亥姆霍兹(1821—1894)卒 H. 赫兹(1857—1894)卒 维纳(1894—1964)生 卡皮查(1894—1984)生
伦琴(W. K. Röntgen)发现X射线。 拉姆齐(W. Ramsay)发现地球上氦元素。 佩兰(J. Perrin)证明阴极射线带负电。 居里发现磁化率随温度变化的定律。	洛许密特(1821—1895)卒 塔姆(1895—1971)生
见克勒耳(A. H. Becquerel)发现铀的放射性。 塞曼(P. Zeeman)发现光谱线在磁场中分裂的效应。 洛治(O. Lodge)进行以太漂移实验。	菲索(1819—1896)卒

年份	爱因斯坦的活动	世界大事
	玛丽琦(Mileva Marič)等人。 结识贝索(M. Besso),后成为挚友。	
1897	大学四年(1896—1900)大部分时间花在物理实验室中,其余时间主要用来自学基尔霍夫、亥姆霍兹、赫兹、费普耳(A. Föppl)、马赫等人的著作。	
1898		中国发生戊戌政变。 美西战争爆发。
1899	同玛丽琦(1875—1948)开始相爱。	美国强迫中国门户开放。 中国爆发义和团运动(1899—1901)。 英布战争(1899—1902)爆发。
1900	8月毕业于苏黎世联邦工业大学,但立即失业,到处寻找工作,无结果。 计划同玛丽琦结婚,遭到父母强烈反对。 12月13日完成第一篇科学论文《由毛细管现象所得的推论》,发表在1901年的莱比锡《物理学杂志》上。	八国联军入侵中国(1900—1901)。

物理学及有关科学发展大事	重要物理学家生卒
化学家奥斯特瓦耳德(W. Ostwald)提出“唯能论”,以反对原子论。	
汤姆孙(J. J. Thomson)发现电子,测定电子的质量和电荷比。	伊雷娜·居里(1897—1901)生 布莱开特(1897—1974)生
居里夫妇(P. Curie 和 Marie S. Curie)发现镭和钋元素。 德瓦(J. Dewar)液化氢。 拉摩(J. Larmor)提出精确的坐标变换理论。	福克(1898—1974)生 西拉德(1898—1964)生
埃耳斯特(J. Elster)和盖特耳(H. Geitel)实验上确定放射定律。 路末(O. Lummer)、普林斯海姆(E. G. Pringsheim)、鲁本斯(H. Rubens)等人精确测量黑体辐射的强度-波长分布。 列别捷夫(П. Н. Лебедев)实验证实辐射压力的存在。 拉摩提出原子中转动电子在磁场中的进动理论。 数学家希耳伯特(D. Hilbert)出版《几何学基础》,发展了数学的公理化思想。	
瑞利(Rayleigh,原名 J. W. Strutt)提出古典辐射理论,但在短波部分出现同实验事实相反的所谓“紫外灾难”。 普朗克(M. K. E. L. Planck)为解决黑体辐射问题,提出振动能量不连续的量子假说,由此引起了物理学理论的变革。 维拉尔(P. Villard)发现 γ 射线。 德鲁德(Paul K. L. Drude)提出金属的电和热性质的电子理论。	F. 伦敦(1900—1954)生 约里奥-居里(1900—1958)生 泡利(1900—1958)生

年 份	爱 因 斯 坦 的 活 动	世 界 大 事
1901	2月21日取得瑞士国籍。 3月去米兰找工作,无结果。 5月回瑞士,任温特图尔(Wintherthur)中等技术学校代理教师。10月到夏夫豪森(Schaffhausen)任家庭教师,三个月后又失业。12月申请去伯尔尼瑞士专利局工作。 5—7月写出第二篇论文《关于溶液电势差的热力学理论》,发表于第二年的《物理学杂志》。	
1902	1月玛丽琦生了一个女儿,后下落不明。 2月初定居伯尔尼。 2月5日在报上登"私人讲授数学和物理学"广告,招来2个学生。 3—4月又来了索洛文(M. Solovine)和哈比希特(K. Habicht),三人每天晚上热烈讨论科学哲学问题。这项活动持续了3年,被他们戏称为"奥林比亚科学院"。 6月23日被瑞士专利局录取为试用三级技术员,结束了失业生涯。 6月26日完成第三篇论文《关于热平衡和热力学第二定律的运动论》,提出热力学的统计理论。 10月父病故。	
1903	1月6日同米列娃·玛丽琦结婚。 1月完成第四篇论文《热力学基础理论》。	飞机试制成功。 制成钨丝电灯。

物理学及有关科学发展大事	重要物理学家生卒
吉布斯(J. W. Gibbs)提出古典统计力学的系综理论。 考夫曼(W. Kaufmann)发现电子质量随速度而变化。 数学家里奇和勒维-契维塔(T. Levi-Civita)完成张量分析(绝对微分学)的建立工作。	斐兹杰惹(1851—1901)卒 费米(1901—1954)生 劳伦斯(1901—1958)生 海森伯(1901—1976)生 化学家泡林(1901—1994)生
勒纳德发现光电效应的经验定律。 理查孙(O. W. Richardson)发现金属发射热电子的经验定律。 肯内利(A. E. Kennelly)和亥维赛(O. Heaviside)预测高空有电离层存在。 特劳顿(F. T. Trouton)和诺布耳(H. R. Noble)进行充电电容器转矩实验试图检测以太漂移,得到否定的结果。	狄拉克(1902—1984)生 维格纳(1902—1995)生
卢瑟福(E. Rutherford)和索第(F. Soddy)提出放射性元素蜕变的理论,但遭到开耳芬(Kelvin)反对。 阿布拉罕(Max Abraham)提出电子的刚性球模型理论。	吉布斯(1839—1903)卒 冯·诺伊曼(1903—1957)生 泡威耳(1903—1969)生

年份	爱因斯坦的活动	世界大事
1904	3月完成第五篇论文《关于热的一般分子理论》。 9月16日由专利局的试用人员转为正式三级技术员。 挚友贝索也进专利局工作。 5月长子汉斯·阿耳伯特·爱因斯坦(Hans Albert Einstein,1904—1973)生。	日俄战争(1904—1905)爆发。
1905	3月发展量子论,提出光量子假说,解决了光电效应问题。 4月向苏黎世大学提出学位论文《分子大小的新测定法》。 5月完成布朗运动理论的研究。 6月完成论文《论动体的电动力学》,独立而完整地提出狭义相对性理论,开物理学的新纪元。 夏随妻子去塞尔维亚旅行。 9月提出质能相当关系。 一年内写了6篇论文,在3个领域取得4项历史性成就,史称"爱因斯坦奇迹年"。 一年内为《物理杂志增刊》写了21篇书刊评论。	俄国爆发民主革命,未成功。
1906	1月获得苏黎世大学博士学位。 3月10日升为专利局二级技术员。 夏劳厄到伯尔尼来访。 11月用量子论解决低温时固体比热问题。	美国军队占领古巴(1906—1909)。

物理学及有关科学发展大事	重要物理学家生卒
洛伦兹提出时空坐标变换理论。 庞加勒(J. H. Poincaré)提出相对性原理。 弗莱明(J. A. Fleming)制成二极电子管。	奥本海默(1904—1967)生
爱因斯坦创立狭义相对论,揭示空间和时间的本质联系,引起了物理学基本概念的重大变革,开创物理学的新纪元。 爱因斯坦提出光量子论,解释了光电现象,揭示了微观客体的波粒二象性。 爱因斯坦和斯莫卢霍夫斯基(M. von Smoluchowski)各自独立用分子运动论解决布朗运动(1827 年发现)问题。 爱因斯坦提出质能相当性,在理论上为原子能的释放和应用开辟道路。 朗之万(P. Langevin)提出电子论的磁理论。 施韦德勒(E. von Schweidler)发现放射性蜕变的统计定律。 布里奇曼(P. W. Bridgman)发明 1 万大气压的超高压装置,研究高压下的物性。	布洛赫(1905—1983)生 塞格雷(1905—1989)生
能斯特提出热力学第三定律(绝对零度不能达到)。 爱因斯坦提出固体比热的量子理论。 普朗克发展相对论动力学。 德·福雷斯特(L. de Forest)发明三极电子管。 皮卡德(G. W. Pickard)发现硅晶体的整流作用。 巴克拉(C. G. Barkla)由吸收实验,发现各种元素的特征 X 辐射。	玻耳兹曼(1844—1906)卒(自杀) 居里(1859—1906)卒 朝永振一郎(1906—1979)生 数学家哥德耳(1906—1978)生 贝特生

年份	爱因斯坦的活动	世界大事
1907	开始研究引力场理论，提出均匀引力场同均匀加速度的等效原理。	朝鲜爆发反日的义兵运动（1907—1911）。
1908	2月兼任伯尔尼大学编外讲师。	土耳其爆发革命。 印度孟买发生大罢工。 布拉格发生暴动。 汽车开始广泛使用。
1909	7月接受日内瓦大学名誉博士。 9月参加萨尔斯堡德国自然科学家协会第81次大会，会见普朗克等，作了《我们关于辐射的本质和结构的观点的发展》报告。 10月离开伯尔尼专利局，任苏黎世大学理论物理学副教授。	
1910	7月28日次子爱德华（Eduard，1910—1965）生。	日本吞并朝鲜。
1911	2月应洛伦兹邀请访问莱顿。 3月任布拉格德语大学理论物理学教授。 10月去布鲁塞尔出席第一届索耳未物理学讨论会。	中国发生辛亥革命，结束帝制，成立共和制。

物理学及有关科学发展大事	重要物理学家生卒
明可夫斯基(H. Minkowski)提出空间-时间四维表示形式。 爱因斯坦提出引力和加速度等效原理。 韦斯(P. E. Weiss)提出铁磁性的原子理论。	开耳芬(1824—1907)卒 化学家门德雷叶夫(1834—1907)卒 汤川秀树(1907—1981)生
布克勒尔(A. H. Bucherer)等人实验证实电子质量随速度变化的洛伦兹-爱因斯坦关系式。 佩兰实验证实爱因斯坦关于布朗运动的理论预测,宣告原子论的最后胜利。 卡梅林-翁内斯(H. Kamerlingh-Onnes)液化氦。 里兹(W. Ritz)发现光谱线频率的结合原理。 盖革(H. Geiger)发明探测 α 粒子的气体放电计数管。 舒勒(M. Schuler)等人发明回转罗盘。	A. H. 贝克勒耳(1852—1908)卒 朗道(1908—1968)生 巴丁生 魏斯科普夫生
卢瑟福和罗伊兹(T. Royds)发现 α 粒子是双重电离的氦原子。	明可夫斯基(1864—1909)卒
密立根(R. A. Millikan)用油滴法精确测定电子的电荷。 索第提出同位素概念。	化学家康尼查罗(1826—1910)卒 肖克利(1910—1989)生
卢瑟福提出有核的原子模型。 爱因斯坦提出引力对光传播影响的理论。 德拜(P. J. W. Debye)发展量子论的固体比热理论。 卡梅林-翁内斯发现低温下金属的超导电性。 威耳孙(C. T. R. Wilson)发明威耳孙云室。 黑斯(V. F. Hess)等人发现宇宙线。	

年份	爱因斯坦的活动	世界大事
1912	2月埃伦菲斯特来访，两人由此结成莫逆之交。 10月回瑞士，任母校苏黎世联邦工业大学理论物理学教授。 提出光化当量定律。 开始同老同学格罗斯曼合作探索广义相对论。	俄国布尔什维克党成立。 第一次巴尔干战争爆发。
1913	5月完成同格罗斯曼合著的论文《广义相对论纲要和引力理论》，提出引力的度规场理论。 7月普朗克和能斯特来访，聘他为柏林威廉皇帝物理研究所所长兼柏林大学教授，12月正式受聘。	第二次巴尔干战争爆发。 发明合成氨的哈伯法。
1914	3月29日到柏林。 4月中旬玛丽琦带两个孩子来到柏林，但她不满意柏林的氛围，不久就带孩子回苏黎世。 10月反对德国文化界名流为战争辩护的宣言《告文明世界书》，在同它针锋相对的《告欧洲人书》上签名。 11月参加发起组织反战团体“新祖国同盟”(1916年2月被禁后处于地下)。	8月1日第一次世界大战(1914—1918)爆发。 巴拿马运河建成。

物理学及有关科学发展大事	重要物理学家生卒
劳厄(Max F. T. von Laue)进行晶体的 X 射线衍射的研究,证实 X 射线的波动性。 爱因斯坦提出光化当量定律。 盖革和努塔耳(J. M. Nuttall)发现 α 蜕变定律。 J. J. 汤姆孙发现非放射性元素的同位素。 斯里费(V. M. Slipher)发现远星云光谱谱线向红端移动。	庞加勒(1854—1912)卒 列别捷夫(1866—1912)卒 吴健雄(1912—1997)生
玻尔(N. H. D. Bohr)提出原子结构理论,用量子跃迁假说解释原子光谱。 莫斯利(H. G. J. Moseley)由 X 射线谱发现原子序数。 弗朗克(J. Franck)和赫兹(G. Hertz)进行电子碰撞原子实验,支持了玻尔原子结构理论。 布拉格父子(W. H 和 W. L. Bragg)发明晶体反射式 X 射线谱仪。 斯塔克(J. Stark)发现电场使原子光谱线分裂的效应。 爱因斯坦提出万有引力度规场理论。 埃伦菲斯特(Paul Ehrenfest)提出角动量的量子化规则。 盖革发明尖端式计数器。 索第和法央斯(K. Fajans)发现元素放射性蜕变的位移定律。 亥维西(G. C. de Hevesy)在化学分析中应用示踪原子。	兰姆生
西格班(K. M. G. Siegbahn)开始系统研究 X 射线谱。	

年 份	爱因斯坦的活动	世界大事
1915	3月写信给罗曼·罗兰,支持他的反战态度,并于9月到瑞士斐维同他会见。 同德·哈斯共同发现转动磁性效应。 11月25日完成广义相对论的逻辑结构,提出引力方程的完整形式。	日本向中国提出侵略条约“二十一条”。
1916	2月反战组织“新祖国同盟”遭禁,活动转入地下,他仍积极参与活动。 3月完成总结性论文《广义相对论的基础》。 3月发表悼念马赫的文章。 5月提出宇宙空间有限无界的假说。 6月提出引力波理论。 8月完成《关于辐射的量子理论》,总结量子论的发展,提出受激辐射理论。 12月写成通俗小册子《狭义与广义相对论浅说》。	德国社会民主党左派成立“斯巴达克团”。 10月阿德勒(爱因斯坦同学)刺杀奥首相斯都尔克。
1917	2月写成宇宙学的开创性论文《根据广义相对论对宇宙学所作的考查》。 由于长期劳累过度,生活失调,年初患上严重胃溃疡和黄疸病,不得不卧床休养。幸得表姐兼堂姐爱耳莎(Elsa Einstein Löwenthal,1876—1934,他们共有一个曾祖父和一个外祖父)的悉心照料,病情得以缓解,但直至1920年才完全康复。	3月12日俄国二月革命,推翻沙皇政权,建立共和制。 4月美国参加世界大战。 11月2日英国外交大臣贝尔福发表支持犹太复国主义的宣言。 11月7日俄国十月革命,建立一党专政政权。

物理学及有关科学发展大事	重要物理学家生卒
爱因斯坦最后建成广义相对论。 数学家希耳伯特独立提出广义相对论引力方程的完整形式。 索末菲(A. J. W. Sommerfeld)采用椭圆轨道和相对论性效应改进玻尔的原子模型理论。 爱因斯坦和德哈斯(W. J. de Haas)发现转动磁性效应。 朗之万进行超声波的研究。	霍夫施塔特生 汤兹生
爱因斯坦用量子跃迁概念推出普朗克辐射公式，并提出受激辐射理论，为激光技术奠定理论基础。 爱因斯坦预言引力波的存在。 施瓦兹希耳德(Karl Schwarzschild)求出广义相对论引力方程的精确解。 密立根实验证实爱因斯坦光电方程。 德拜等人得到X射线粉末衍射花样。	马赫(1836—1916)卒 拉姆齐(1852—1916)卒 施瓦兹希耳德(1873—1916)卒
爱因斯坦和德西特(W. de Sitter)分别发表有限无界的宇宙模型理论。	斯莫卢霍夫斯基(1872—1917)卒

年份	爱因斯坦的活动	世界大事
1918	对德国十一月革命表示热烈拥护、支持，在11月11日给母亲的明信片中说“学术界把我看作是一个极端社会主义者”。 11月13日对柏林大学学生讲话，强调“我们的目标是民主”，反对任何阶级的暴政。	11月4日德国士兵起义，11月9日柏林工人士兵起义，推翻德皇统治。 11月11日第一次世界大战结束。
1919	1—3月在苏黎世讲学。 2月14日，由于长期感情疏离与米列娃离婚，但始终保持友谊。 6月2日与表姐（也是堂姐）爱耳莎结婚。 9月获悉英国天文学家观察日食的结果，11月6日消息公布后，全世界为之轰动。英国皇家学会会长J.J.汤姆孙宣称爱因斯坦的理论是“人类思想史中最伟大的成就之一”。 秋领导德国知识分子抗议英法等国对苏俄的“饥饿封锁”。	3月第三国际成立。 3—6月匈牙利苏维埃共和国成立。 4—5月巴伐利亚苏维埃共和国成立。 1—6月世界大战参战国在巴黎举行和平会议。 5月中国爆发“五四”运动。
1920	3月母患癌症去世。 夏访问斯堪的那维亚。 8—9月德国出现反相对论的逆流，爱因斯坦遭到恶毒攻击，他起来公开应战。 10月接受兼任莱顿大学特邀教授名义，发表《以太和相对论》的报告。	3月德国反动政客卡普发动政变，被工人击败。 4月协约国决定巴勒斯坦为英国委任统治地。 国际联盟成立。
1921	1月访问布拉格和维也纳。 1月27日在普鲁士科学院作《几何学和经验》的报告。 2月去阿姆斯特丹参加国际工联会议。 4—5月同魏斯曼一道访问美国，在普林斯顿讲《相对论的意义》。 6月访问英国。	3月苏俄实行新经济政策。

物理学及有关科学发展大事	重要物理学家生卒
玻尔提出量子理论和古典理论之间的对应原理。 韦耳(H. Weyl)提出试图概括引力场和电磁场的统一场论。 朗之万制成石英压电振荡器,用作超声源。	费因曼(1918—1988)生 施温格尔生
卢瑟福用 α 粒子轰击氮原子核产生氢和氧原子核,首次实现人工核反应。 阿斯顿(F. W. Aston)发明质谱仪,精确测定同位素质量。 英国天文学家于 5 月 29 日在巴西和几内亚湾观测日食,证实广义相对论所预言的星光受太阳引力场的偏转。	克鲁克斯(1832—1919)卒 瑞利(1842—1919)卒
施特恩(Otto Stern)和盖拉赫(W. Gerlach)用原子束在不均匀磁场中的偏转,测出原子的磁矩,并证实空间方向的量子化。 拉姆绍尔(C. Ramsauer)发现低速电子在惰性气体中平均自由程特别长的效应。	

年份	爱因斯坦的活动	世界大事
1922	3—4月访问法国。 5月参加国际联盟知识界合作委员会。 7月受到被谋杀的威胁，暂离柏林。 10—12月赴日本讲学。11月13日船过上海停一天。11月17日到日本，12月27日离开。12月31日船过上海，逗留两天。	4月热那亚会议，苏德签订和约。 6月24日德国外交部长、爱因斯坦挚友拉特瑙被暗杀。 10月墨索里尼篡夺意大利政权。
1923	1月2日离开上海，去巴勒斯坦访问。后又访问西班牙，直至3月回到柏林。 3月因对国联不满，提出辞职。 7月到哥特堡接受1921年度诺贝尔奖，德国报纸谣传他去苏联旅行。 11月受到法西斯分子威胁，去莱顿。发表《仿射场论》。	1月法国进兵鲁尔区。 10月23日汉堡工人起义，失败。 11月9日希特勒在慕尼黑啤酒店发动政变，未得逞。
1924	获悉德布罗意的物质波假说，立即表示热烈支持。 9月在玻色工作的基础上，提出单原子理想气体的量子统计理论。 受伯恩斯坦委托，审读恩格斯《自然辩证法》遗稿。6月30日回信，建议出版，但对该稿的科学价值作了否定评价。 6月重新参加国联工作。	

物理学及有关科学发展大事	重要物理学家生卒
达尔文(C. G. Darwin)和福勒(R. H. Fowler)发展统计力学理论。 毕施(H. Büsch)提出电子显微镜的理论。 弗里德曼(A. Фриедманн)提出宇宙膨胀假说。	杨振宁生 A. 玻尔生
德布罗意(L. V. de Broglie)创立物质波理论，揭示了微观物质粒子的波粒二象性。 康普顿(A. H. Compton)在 X 射线散射实验中发现波长改变，证实光量子论。	伦琴(1845—1923)卒 P. W. 安德孙生
玻色(S. Bose)和爱因斯坦提出光子和偶质量数原子核等所服从的统计规则。 克拉末斯(H. A. Kramers)和海森伯(W. K. Heisenberg)提出色散的量子理论。 阿达姆兹(W. S. Adams)观测天狼星伴星光谱线的红移，证实广义相对论结论。 布莱开特(P. M. S. Blackett)得到核反应的云室径迹。 玻特(W. W. G. F. Bothe)发明复合计数器。 阿普耳顿(E. V. Appleton)开始进行高空离子层的实验。 玻尔、克拉末斯、斯莱特(J. C. Slater)提出辐射过程并不严格遵守能量和动量守恒定律的假说。一年后就被玻特-盖革和康普顿-西蒙(A. W. Simon)的实验所推翻。	费普耳(1854—1924)卒

年份	爱因斯坦的活动	世界大事
1925	1月6日发表声明支持要求释放政治犯的呼吁。 受聘为德苏合作团体“东方文化技术”协会理事。 春季去南美洲访问。 发表《非欧几里得几何和物理学》。	
1926	春同海森伯讨论关于量子力学的哲学问题。	7月中国开始北伐战争。 英国矿工大罢工。
1927	2月在巴比塞起草的反法西斯宣言上签名。 参加国际反帝大同盟，被选为名誉主席。 10月参加布鲁塞尔第五届索耳未物理讨论会，开始同哥本哈根学派就量子力学的解释问题进行激烈论战。 发表《牛顿力学及其对理论物理学发展的影响》。	中国开始国共两党内战。 苏联开展反对托洛茨基派的斗争。

物理学及有关科学发展大事	重要物理学家生卒
海森伯创立量子力学(矩阵力学)。 乌伦贝克(G. E. Uhlenbeck)和古德斯米特(S. A. Goudsmit)提出电子具有自旋和磁矩的假说,用以解释光谱线的精细结构。 泡利(W. Pauli)提出两个电子不能共处于一个量子态的不相容原理。 奥热(P. V. Auger)发现原子发射电子的效应。 埃耳泽塞尔(W. M. Elsasser)由德布罗意理论预测电子会被晶体衍射。 茨沃里金(V. K. Zworykin)发明光电显像管。	数学家克莱因(1849—1925)卒 数学家里奇(1853—1925)卒
薛定谔(E. Schrödinger)建立波动力学,并证明量子力学同波动力学在数学上是等价的。 玻恩(Max Born)提出薛定谔波动函数的统计解释。 费米(E. Fermi)和狄拉克(P. A. M. Dirac)提出受泡利不相容原则限制的粒子所服从的统计规则。 戈达德(R. H. Goddard)发射以液态氧和汽油为推进剂的火箭。	李政道生 格拉塞生
海森伯提出微观现象的测不准关系。 戴维孙(C. J. Davisson)、杰默(L. H. Germer)和汤姆孙(G. P. Thomson)获得电子的衍射花样,证实德布罗意波的存在。 海特勒(W. Heitler)、伦敦(F. London)等人开始用量子力学研究化学键。 斯特鲁特(M. J. O. Strutt)提出固体量子论中的能带概念。 维格纳(E. P. Wigner)提出空间宇称(左右对称性)守恒概念。 勒梅特尔(A. G. Lemaître)提出膨胀宇宙的假说。 德布罗意提出波动力学的双重解理论。 玻尔提出"互补原理"。	

年份	爱因斯坦的活动	世界大事
1928	1月被选为“德国人权同盟”(前身为德国“新祖国同盟”)的理事。 患心脏病,卧床数月,春到瑞士达伏斯疗养,并为疗养青年讲学,发表《物理学的基本概念及其最近的变化》。 4月13日海伦·杜卡斯(Helen Dukas)开始在爱因斯坦家担任终生的私人秘书。	苏联开始实行第一个五年计划。 美国国务卿凯洛格和法国总理白里安缔结非战公约。
1929	2月发表《统一场论》。 3月50岁生日时,柏林市民为他举行盛大庆祝,他躲到郊外。 4月24日公开表达“我信仰斯宾诺莎的上帝”的信念。 9月以后同法国数学家阿达马进行关于战争与和平问题的争论,坚持无条件地反对一切战争。	美国爆发空前严重的经济危机(1929—1933)。 苏联开始全面集体化。
1930	不满国际联盟在改善国际关系上毫无作为,提出辞职。 7月同泰戈尔争论真理的客观性问题。 10月启程赴美国加利福尼亚讲学。 发表《我的世界观》、《宗教和科学》等文章。	9月纳粹在德国大选中骗取到多数。
1931	3月从美国回柏林。 5月访问英国,在牛津讲学。 11月17日谴责日本军事入侵中国东三省,呼吁“各国联合起来对侵略者采取经济制裁”。 12月再度去加利福尼亚讲学。 对1932年国际裁军会议寄以极大期望,	9月18日日本侵略军开始侵占中国东北三省。

物理学及有关科学发展大事	重要物理学家生卒
狄拉克提出相对论性量子力学，并预言阳电子的存在。 伽莫夫（G. Gamov）、康登（E. U. Condon）等人用波动力学解释 α 蜕变。 拉曼（C. V. Raman）等人发现光的并合散射现象。 盖革和弥勒（W. Müller）制成盖革-弥勒计数管。 海森伯用量子力学的交换现象解决铁磁性问题。	洛伦兹（1853—1928）卒
海森伯和泡利提出相对论性量子场论。 斯特恩获得氦原子束的晶体衍射。 哈勃（E. P. Hubble）发现河外星系光谱线红移量（星系退行速度）同距离成正比。 马利孙（W. H. Marrison）发明石英钟。	默斯鲍尔生 盖耳曼生
凯索姆（W. H. Keesom）和范·登·安德（J. N. Van den Ende）发现液态氦Ⅱ的超流动性。 天文学家汤博（C. W. Tombaugh）发现冥王星。	
泡利提出中微子假说，用以维护 β 蜕变过程的能量守恒。 范·德·格拉夫（R. J. Van de Graaff）制成静电加速器。 威耳孙（H. A. Wilson）提出半导体的能带模型的量子理论。	发明家爱迪生（1847—1931）卒 迈克耳孙（1852—1931）卒

年 份	爱 因 斯 坦 的 活 动	世 界 大 事
	为此到处奔走呼吁，发表了一系列文章和演讲。 发表《麦克斯韦对物理实在观念发展的影响》。	
1932	2月27日发表演讲《经济制裁》，重申应对日本采取全面的经济制裁。 3月从美国回柏林。 5月去剑桥和牛津讲学，后赶到日内瓦列席裁军会议，感到极端失望。 6月同墨菲作关于因果性问题的谈话。 7月呼吁建立反法西斯联盟，以阻止希特勒上台。 7月同弗洛伊德通信，讨论战争的心理问题。 10月5日陈独秀被捕，与罗素、杜威等致电蒋介石，要求释放陈独秀。 12月第三次去加利福尼亚讲学。	1月28日日本侵略军侵犯上海。 5月在日内瓦举行国际裁军会议。 7月20日巴本发动政变，推翻普鲁士邦的社会民主党政府。 8月国际反帝国主义战争大会在阿姆斯特丹举行。
1933	3月10日在帕萨迪纳发表不回德国的声明，次日启程回欧洲。 3月20日纳粹搜查他的房屋，他发表抗议。后他在德国的财产被没收，著作被焚。 3月28日从美国到达比利时，避居海边农村，受到比利时国王阿耳伯特保护。 5月26日给劳厄的信中指出科学家对重大政治问题不应当默不作声。 6月到牛津讲学，发表《关于理论物理学的方法》后即回比利时。 7月改变绝对和平主义态度，号召各国青年武装起来准备同纳粹德国作殊死斗争。 9月初纳粹以2万马克悬赏杀害他。 9月9日为躲避纳粹特务暗杀，全家星夜	1月30日希特勒上台，任德国总理。 2月28日希特勒制造“焚烧国会大厦案”阴谋，借此镇压进步力量。3月23日攫取了独裁权力。 3月罗斯福就任美国总统，提出“新政”，以解决经济危机。 11月美苏建交。

物理学及有关科学发展大事	重要物理学家生卒
数学家哥德耳(K. Gödel)证明公理化数学体系的不完备性。 化学家泡林(L. C. Pauling)提出分子结构的共振理论。	
查德威克(J. Chadwick)发现中子。 安德孙(C. D. Anderson)发现阳电子,证实狄拉克的理论预见。 科克劳夫特(J. D. Cockcroft)和瓦耳顿(E. T. S. Walton)制成倍压加速器,并用以加速质子,首次实现人工核蜕变。 劳伦斯(E. O. Lawrence)和利文斯顿(M. S. Livingston)建成回旋加速器。 伊万宁科(Д. Д. Иваненко)和海森伯各自提出原子核由质子和中子组成的假说。 尤里(H. C. Urey)等人发现重氢(氘)和重水。	化学家奥斯特瓦耳德(1853—1932)卒
布莱开特和奥基亚利尼(G. P. S. Occhialini)发现宇宙线中有阴阳电子偶的产生,以及由此构成的电子簇射。 迈斯内(W. Meissner)和奥申菲(R. Ochsenfeld)发现超导电体具有完全抗磁性。	埃伦菲斯特(1880—1933)卒(自杀)

年份	爱因斯坦的活动	世界大事
	渡海到英国。 10月3日在伦敦发表演讲《文明和科学》。 10月10日离开英国，10月17日到达美国，定居于普林斯顿，应聘为高等学术研究院教授。 文集《反战斗争》出版。	
1934	文集《我的世界观》由其继女婿鲁道夫·凯泽尔(Rudolph Kayser)编辑出版。	10月中国工农红军开始二万五千里长征。 苏法共同发起签订集体反击侵略的国际条约。 第三国际号召各国建立广泛的反法西斯统一战线。 制成电子显微镜。
1935	8月购置普林斯顿梅塞112号住宅。 同波多耳斯基和罗森合作，发表向哥本哈根学派挑战的论文，认为量子力学对实在的描述是不完备的。 为使诺贝尔和平奖金赠与关在纳粹集中营中的奥西厄茨基而奔走。	1月中国共产党举行遵义会议，10月胜利完成长征。 意大利发动侵略埃塞俄比亚战争(1935—1936)。
1936	开始同英费耳德和霍夫曼合作研究广义相对论的运动问题。 12月20日妻爱耳莎(1876—1936)病故。 发表《物理学和实在》，《论教育》。	西班牙内战(1936—1939)爆发。 3月德军开进莱因区。 德日签订反共协定。
1937	3—9月参加由英费耳德执笔的通俗册子《物理学的进化》的编写工作。 3月为中国"七君子"被捕事件声援。 6月同英费耳德和霍夫曼合作完成论文《引力方程和运动问题》，从广义相对论的场方程推导出运动方程。	7月7日中国抗日战争(1937—1945)爆发。

物理学及有关科学发展大事	重要物理学家生卒
约里奥-居里夫妇(J. F. 和 Irène Joliot-Curie)发现人工放射性。 费米用中微子概念,提出原子核 β 蜕变的量子理论。 伊凡宁科和塔姆(И. Е. Тамм)提出原子核力由于电子-中微子同核子相互作用的假说。 切伦柯夫(П. А. Черенков)发现液体在 γ 射线照射下的发光现象。	居里夫人(1867—1934)卒 天文学家德西特(1872—1934)卒
汤川秀树(Hedeki Yukawa)提出核力的介子场论,预言介子的存在。 伦敦兄弟(Fritz 和 Heinz London)提出超导电现象的宏观电动力学理论。	
安德孙和尼德迈耶(S. H. Neddermeyer)在宇宙线中发现 μ 介子。 N. 玻尔提出原子核结构的复合核理论(液滴模型)。	格罗斯曼(1878—1936)卒 丁肇中生
塔姆和弗朗克(И. М. Франк)在理论上解释切伦柯夫辐射。 爱因斯坦等人从广义相对论的场方程推导出运动方程。	卢瑟福(1871—1937)卒

年份	爱因斯坦的活动	世界大事
1938	同柏格曼合写论文《卡鲁查电学理论的推广》。 6月6日为支援中国抗日战争，与罗斯福总统长子詹姆斯·罗斯福发起成立援助中国委员会，在美国24个城镇开展援华捐款。	3月德国吞并奥地利。 9月英、法同德、意举行慕尼黑会议，出卖捷克。 11月纳粹开始大规模屠杀犹太人。 开始生产人工合成纤维尼龙。
1939	8月2日在西拉德推动下，致信罗斯福总统，建议美国抢在德国之前研制原子弹。 妹妹玛雅从欧洲来访，后就留住在爱因斯坦家。	3月德国侵占捷克。 8月苏德签订互不侵犯条约。 9月1日德国军队进攻波兰，第二次世界大战（1939—1945）爆发。
1940	5月15日发表《关于理论物理学基础的考查》。 5月22日致电罗斯福，反对美国的中立政策。 10月1日取得美国国籍，但仍保留瑞士国籍。	4月德军占领丹麦、挪威，5月占领荷兰、比利时，6月占领法国。

物理学及有关科学发展大事	重要物理学家生卒
哈恩(Otto Hahn)和施特拉斯曼(F. Strassmann)发现用中子轰击铀产生碱土元素。 拉比(I. I. Rabi)等人用分子束磁共振法精确测定核磁矩。 F.伦敦用玻色-爱因斯坦统计理论来解释液态氦Ⅱ的超流动性。 蒂斯扎(L. Tisza)提出液态氦Ⅱ的二流体模型,预见第二声波(温度波)的存在。 贝特(H. A. Bethe)和魏茨泽克(C. F. von Weizsäcker)各自独立提出碳氮循环的热核反应,用以解释太阳和恒星的能源。	
1月,迈特内(L. Meitner)和弗里施(O. R. Frisch)提出核裂变,用以解释哈恩实验的结果,并预言每次裂变会释放大量能量。 玻尔和惠勒(J. A. Wheeler)提出重核裂变的液滴模型理论。 3月,西拉德(L. Szilard)、费米等发现重核裂变链式反应的可能性。 布洛赫(F. Bloch)和阿耳瓦雷茨(L. W. Alvarez)用磁共振法测得中子的磁矩。 魏斯科普夫(V. F. Weisskopf)指出量子电动力学中电子质量的发散困难。 奥本海默(J. R. Oppenheimer)和斯奈德(H. Snyder)根据广义相对论预言"黑洞"的存在。	
西博格(G. T. Seaborg)和麦克米伦(E. M. McMillan)人工合成超铀元素镎(Np_{93})和钚(Pu_{94}) 开尔斯特(D. W. Kerst)建成电子回旋加速器。 雷勃(G. Reber)建成射电望远镜。	J. J. 汤姆孙(1856—1940)卒

年份	爱因斯坦的活动	世界大事
		开始广泛使用青霉素。 英国制成微波脉冲雷达。
1941	发表《科学和宗教》等文章。	6月22日德国对苏联进行突然袭击。 6月24日美国对德国宣战。 8月14日美英签订《大西洋宪章》。 12月7日日本在太平洋对美、英突然袭击，特别是偷袭珍珠港。
1942		苏德两军在苏联境内激战。 德国向英国发射火箭武器V-2.
1943	5月作为科学顾问参与美国海军部工作。 11月21日为支持美国政府发行战争债券，重抄1905年的相对论论文《论动体的电动力学》，送去拍卖。	2月斯大林格勒战役结束，苏军转入战略反攻。 5月第三国际解散。 7月英美军队在意大利登陆。 11月苏英美三国举行德黑兰会议。
1944	2月3日重抄的相对论论文手稿拍卖，得650万美元(用于认购战争债券)。 发表对罗素的认识论的评论。 12月同斯特恩、玻尔讨论原子武器和战后和平问题，听从玻尔劝告，暂时保持沉默。	苏联境内全部解放，9月战争开始在德国境内进行。 6月6日盟军在诺曼底登陆，开辟第二战场。 8—12月东欧和巴尔干各国相继解放。

物理学及有关科学发展大事	重要物理学家生卒
朗道(Л. Д. Ландау)提出量子液体理论,用以解释液态氦Ⅱ的超流动性。 罗西(B. Rossi)和霍耳(D. B. Hall)由介子蜕变实验证实时间的相对论性效应。 生物学家李普曼(F. A. Lipmann)发现三磷酸腺苷(ATP)是生命体的能源。	数学家勒维-契维塔(1873—1941)卒
在费米、西拉德等人领导下建成原子反应堆。 坂田昌一(S. Sakata)提出两种介子和两种中微子的假说。	拉摩(1857—1942)卒 布拉格(1862—1942)卒 佩兰(1870—1942)卒 霍金生于1942年
海森伯提出粒子相互作用的散射矩阵理论。	数学家希耳伯特(1862—1943)卒
维克斯勒(В. И. Векслер)提出同步回旋加速器原理。 佩什科夫(В. Пешков)实验证实液态氦Ⅱ中第二声波的存在。 薛定谔出版《生命是什么?》,提出遗传密码的设想。 生物学家艾弗里(A. G. Avery)证明遗传的物质基础是脱氧核糖核酸(DNA)。	爱丁顿(1882—1944)卒

年份	爱因斯坦的活动	世界大事
1945	3月同西拉德讨论原子军备的危险性，写信介绍西拉德去见罗斯福，未果。 4月从高等学术研究院退休（事实上依然继续照常工作）。 9月以后连续发表一系列关于原子战争和世界政府的讲话。	4月12日美国总统罗斯福去世。 5月8日德国无条件投降。 8月6日和9日美国在广岛和长崎投掷原子弹，死伤居民二十多万。 8月8日苏联对日本宣战。 8月14日日本无条件投降，9月3日签订投降书。第二次世界大战结束。 10月24日联合国成立。 制成电子计算机。
1946	5月发起组织“原子科学家非常委员会”，担任主席。 5月接受黑人林肯大学名誉博士学位。 写长篇的《自述》，回顾一生科学上探索的道路。 5月妹妹玛雅因中风而瘫痪，以后每夜念书给她听。	2月9日斯大林宣称战争不可避免，3月5日丘吉尔发表“铁幕”演说，由此开始了历时43年的东西方两个阵营的“冷战”。 6月中国开始第二次国共两党内战。
1947	继续发表大量关于世界政府的言论。 9月发表公开信，建议把联合国改组为世界政府，受到苏联科学家猛烈抨击。	3月21日美国总统杜鲁门发布对公务人员进行反民主的“忠诚调查法案”。 6月美国国会通过反工人的《塔夫脱-哈特莱法案》。 11月联合国通过巴勒斯坦分治计划。

物理学及有关科学发展大事	重要物理学家生卒
泡威耳(C. F. Powell)发明探测带电粒子的照相乳胶记录法。 在奥本海默领导下,美国制成原子弹,7月15日在阿耳马戈多试验爆炸成功。	阿斯顿(1877—1945)卒
朝永振一郎(S. Tomonaga)提出量子电动力学的"重整化"概念。 布洛赫和珀塞耳(E. M. Purcell)各自独立获得固体和液体原子核的磁共振,首次观察到粒子能级居留数反转现象。 蒂灵(H. Thirring)提出热核反应(氢弹)原理。 天文学家海伊(J. S. Hey)等发现射电源。	朗之万(1872—1946)卒 秦斯(1877—1946)卒
泡威耳、奥基亚利尼、拉特斯(C. M. G. Lattes)发现 π 介子。 罗彻斯特(G. D. Rochester)和巴特勒(C. C. Butler)发现 V 粒子(即 Λ 超子、Ω 超子和 θ 介子)。 库什(P. Kusch)发现电子的反常磁矩。 兰姆(W. E. Lamb)和雷瑟福(R. E. Retherford)发现氢原子能级的"兰姆移位"。 贝特用质量重整化概念修补量子动力学,解释了兰姆移位。 卡耳曼(H. Kallmann)和科耳特曼(J. W. Coltman)等人发明探测核辐射的闪烁计数器。	普朗克(1858—1947)卒

年份	爱因斯坦的活动	世界大事
1948	3月18日致信美国参议院反对实行普遍军训。 4—6月同天文学家夏普利合作，全力反对美国准备对苏联进行"预防性战争"的阴谋。 发表《量子力学和实在》。 前妻米列娃在苏黎世病故。 12月被诊断腹部主动脉有一巨大肿瘤。	4月美国开始对欧洲实行"马歇尔计划"。 5月14日以色列国成立，当夜遭到5个阿拉伯国家联合军事进攻，由此进入长期军事纷争。
1949	1月写《对批评的回答》，对文集《阿耳伯特·爱因斯坦：哲学家-科学家》中的批评进行答复。 11月"原子科学家非常委员会"停止活动。	4月"北大西洋公约"签订。 9月苏联爆炸第一颗原子弹。 10月1日中华人民共和国成立。
1950	2月13日发表电视演讲，反对美国制造氢弹。 3月18日签署遗嘱，指定两位执行人，在他们去世后，文字遗产移交给希伯来大学。	2月美国参议员麦卡锡当上参议院政府活动委员会及其常设机构调查小组委员会主席，开始了黑暗的"麦卡锡时代"。 6月朝鲜战争爆发。 10月25日中国参加朝鲜战争。
1951	6月妹玛雅在长期瘫痪后去世。 9月"原子能科学家非常委员会"解散。	7月10日朝鲜停战谈判开始。

物理学及有关科学发展大事	重要物理学家生卒
伽德内(E. Gardner)和拉特斯人工产生介子。 施温格尔(J. S. Schwinger)用电子质量的重整化概念解释了电子反常磁矩。 费因曼(R. P. Feyman)用质量和电荷的重整化概念,发展量子电动力学。 巴丁(J. Bardeen)和布拉顿(W. H. Brattain)发明双点接触式半导体晶体三极管。 数学家维纳(N. Wiener)出版《控制论》。	
迈厄(M. G. Mayer)和哈克塞耳(Otto Haxel)、延森(J. H. D. Jensen)等人独立提出原子核的壳层结构模型理论。 比贝曼(Л. Биберман)、苏希金(Н. Сушкин)、法布利康(В. Фабрикант)完成单个电子衍射实验。 肖克利(W. B. Shockley)提出半导体的 p-n 结理论和结型晶体管理论。 伽博尔(D. Gabor)发明全息照相术。	
斯内耳(A. H. Snell)和罗布孙(J. M. Robson)各自实验证实自由中子具有放射性。 肖克利等人用单晶锗制成 n-p-n 晶体三极管。	
珀塞耳和庞德(R. V. Pound)由观察核磁共振发现所谓负绝对温度状态,并首次获得受激辐射。 多伊奇(M. Deutsch)实验证实由阴阳电子构成的“原子”氰的存在。	索末菲(1868—1951)卒

年份	爱因斯坦的活动	世界大事
1952	发表《相对论和空间问题》、《关于一些基本概念的绪论》。 11月以色列第一任总统魏斯曼死后，以色列政府请他担任第二任总统，被拒绝。	11月1日美国爆炸第一颗氢弹。
1953	4月3日给伯尔尼时代的旧友写《奥林比亚科学院颂词》，缅怀青年时代的生活。 5月16日给弗劳恩格拉斯写回信，号召美国知识分子必须准备坐牢以抵制"非美活动委员会"的传讯。引起巨大反响。 12月5日接受人权奖前表明：自己如果对社会上恶劣情况保持沉默，就会觉得是在"犯同谋罪"。 为纪念玻恩退休，发表关于量子力学解释的论文，由此引起两人之间的激烈争论。	7月27日朝鲜停战协定签字。 8月12日苏联爆炸第一颗氢弹。
1954	3月75岁生日，通过"争取公民自由非常委员会"，号召美国人民起来同反民主势力进行斗争。 3月被麦卡锡公开斥责为"美国的敌人"。 4月14日发表声明，抗议对奥本海默的政治迫害。 患血溶性贫血，病情不断恶化。 11月18日在《记者》杂志上发表声明，不愿在美国做科学家，而宁愿做一个工匠或小贩。 完成《非对称场的相对论性理论》。	4—7月日内瓦外长会议，签订印度支那停战协定。 12月2日美国参议院通过谴责麦卡锡决议案，麦卡锡主义成了历史垃圾。

物理学及有关科学发展大事	重要物理学家生卒
格拉塞(D. A. Glaser)发明探测高能粒子径迹的气泡室。 库朗(E. D. Courant)、利文斯顿等人提出高能加速器的强聚焦原理。 玻姆(D. Bohm)提出量子力学的隐变数理论，用以维护因果性的解释。	
A. 玻尔(Aage Bohr)和莫特耳孙(B. R. Mottelson)提出原子核结构的集体模型理论。 盖耳曼(M. Gell-Mann)和西岛(K. Nishijima，1955 年)各自独立发现奇异粒子(K 介子和各种超子)在强相互作用中奇异数守恒定律。 生物学家沃森(J. D. Watson)和克里克(F. H. C. Crick)提出 DNA 双螺旋分子结构模型。	密立根(1869—1953)卒 天文学家哈勃(1889—1953)卒
霍夫施塔特(R. Hofstadter)用高能电子散射实验，发现质子有一定大小和电磁结构。 汤兹(C. H. Townes)、戈登(J. P. Gordon)、蔡格尔(H. J. Zeiger)制成氨气分子微波激射器(脉塞)。 马蒂阿斯(B. T. Mathias)提出超导电性的经验规则，发现几百种超导物质。 吕德斯(G. Lüders)和泡利(1955 年)各自独立提出电荷、空间、时间三种宇称联合守恒定理(CTP 定理)。	F. 伦敦(1900—1954)卒 费米(1901—1954)卒

年 份	爱因斯坦的活动	世界大事
1955	2—4月同罗素通信讨论和平宣言问题，4月11日在宣言上签名。 3月写《自述片断》，回忆青年时代的学习和科学探索的道路。 3月15日挚友贝索(1873—1955)逝世。 4月3日接受科学史家柯恩访谈，谈论科学史等问题。 4月5日驳斥美国麦卡锡分子给他扣上“颠覆分子”帽子。 4月13日在草拟一篇对以色列的电视讲话稿时发生严重腹痛，后诊断为动脉瘤破裂而出血。 4月15日进普林斯顿医院。 4月18日1时25分在医院逝世。当日16时遗体在特伦顿火化。遵照其遗嘱，骨灰被秘密撒在大地上，不发讣告，不举行公开葬仪，不做坟墓，不立纪念碑。	4月亚非各国首脑在万隆举行第一次会议，提出国际关系五项原则。 5月14日“华沙条约”组织成立，以对抗“大西洋公约”组织。

物理学及有关科学发展大事	重要物理学家生卒
塞格雷(E. G. Segrè)、张伯伦(O. Chamberlain)等人发现反质子。 默斯鲍尔(R. L. Mössbauer)开始研究原子核对辐射的共振吸收(1955—1958),为广义相对论提供新的验证方法。	韦耳(1885—1955)卒

《爱因斯坦文集》附录之二

爱因斯坦著作目录

爱因斯坦著作目录

为了便于进一步研究爱因斯坦的工作和思想，特根据现有材料编集了这份目录。由于爱因斯坦生平著作尚未全部整理发表，而早期已发表的文章也已散失不少，加上我们见闻有限，所以这个目录是很不完备的。

这份目录共收集了 809 题，其中科学论文和一般学术性著作 391 题，社会政治性言论 418 题，不包括译本和重复发表的(极少数例外的，都另作说明)。有些包括两方面内容的文集和通信集，都列在学术性著作目录中，社会政治言论目录中不再列入。

题前有"*"号的，本文集中都已选译了。

标题上有〔 〕号的，原文并无标题，〔 〕里的字或者是由原发表的报刊编者加的，或者是由我们加的。

编排次序，尽量依照写作年代；写作年代不清楚的，则依照发表年代(少数例外的，另作说明)。

同一年份里，书籍(包括专著、文集、单行本的小册子，以及为别人著作所写的序言等)排在前面，报刊上的论文和文章排在后面。

编译这个目录所根据的材料是：

1. 玻尼、罗斯和劳伦斯编：《爱因斯坦已发表著作的目录和索引》(*A Bibliographical Checklist and Index to the Published Writings of Albert Einstein*，Nell Boni，Monique Russ 和 Dan H. Laurence 编)，新泽西帕忒孙(Paterson)，壮观图书公司(Pageant Books)1960 年出版。共收 582 题，其中科学著作 274 题，一般著作 208 题。
2. 瓦耳编：《爱因斯坦的科学论文目录(1901—1954)》(*Albert Einstein；14th March 1879(Ulm)—18th April 1955(Princeton，N. J.)：A Bibliography of his Scientific Papers(1901—1954)*，E. Weil 编)，伦敦 1960 年出版，共收 238 题。

按：瓦耳还曾编过一本《爱因斯坦科学论文(1901—1930)》(*Einstein's Scientific Papers*,1901—1930),伦敦 1937 年出版,是最早的一本爱因斯坦著作目录。

3. 希耳兹编:《爱因斯坦著作目录(至 1951 年 5 月止)》(*Bibliography of the Writings of Albert Einstein(to May 1951)*,Margaret C. Shields 编)。

这个目录附在希耳普(P. A. Schilpp)编的《阿耳伯特·爱因斯坦:哲学家-科学家》(*Albert Einstein:Philosopher-Scientist*)一书内,见该书 1951 年第 2 版,691—758 页。它共收 563 题(另有 44 题是重复的或者是译本),其中科学著作 269 题(不包括重复的 44 题),非科学著作 136 题,《纽约时报》上发表的访问报道和言论 158 题。

4. 那坦和诺尔登编:《爱因斯坦论和平》(*Einstein on Peace*,Otto Nathan 和 Heinz Norden 编),纽约 Simon and Schuster,1960 年出版。其中有不少爱因斯坦生前未发表过的关于社会政治的信件和文稿。

5. 利夫编:《反战斗争》(*The Fight Against War*,Alfred Lief 编),纽约 John Day,1933 年出版。收集爱因斯坦 1933 年以前关于和平主义的文稿。

6. 《我的世界观》(*The World As I See It*),由爱因斯坦的女婿鲁道夫·凯泽尔(Rudolph Kayser)选编(书中只用笔名"J. H."),Alen Harris 英译,纽约 Covici Friede 1934 年出版。共收集 1933 年上半年以前 83 篇文章,但都未注明出处。

7. 《晚年集》(*Out of My Later Years*),纽约哲学丛书版,1950 年出版,共收集 1933—1950 年间 60 篇文章。

该书有法文译本,书名《科学观、道德观和社会观》(*Conceptions Scientifiques,Morales,et Sociales*),索洛文(Maurice Solovine)译,巴黎 Flammarion 1952 年出版。本书内容比《晚年集》增加一篇文章。

8. 《思想和见解》(*Ideas and Opinions*),纽约 Crown 1954 年出版。共收集 1953 年以前 122 篇文章,其中大部分是同《我的世界观》和《晚年集》重复的。

9. 《爱因斯坦科学著作集》(*Альберт Эйнштейн собрание научных трудов*)莫斯科科学出版社 1965—1966 年出版,四卷集,共收集 324 篇学术性著作。

10. 《爱因斯坦全集》(アインシユタイン全集),东京改造出版社 1922—1924

年出版，四卷集，共收集 72 篇科学著作。

11.《爱因斯坦选集》(アインシユタイン选集)，东京共立出版社株式会社 1970—1972 年出版，三卷集，共收 152 篇著作。

12. 麦克斯·弗吕基格尔(Max Flückiger):《阿耳伯特·爱因斯坦在伯尔尼》(*Albert Einstein in Bern*)，伯尔尼 Paul Haupt 1974 年出版。书中 106—110 页开列爱因斯坦 1900—1909 年间所写的论文题目(共 32 篇)，并注有写作时间。

13. 其他一些零星材料。

一 科学论文和一般学术性著作

1900 年

1. 由毛细管现象所得的推论(*Folgerungen aus den Kapillaritätserscheinungen*)。
   莱比锡《物理学杂志》(*Annalen der Physik*),第 4 辑,1901 年,4 卷,513—523 页。
   (此文写于苏黎世,完成于 1900 年 12 月 13 日。)

1901 年

1. 关于金属同完全离解的金属盐溶液之间电势差的热力学理论,以及研究分子力的一个电学方法(*Über die Thermodynamische Theorie der Potentialdifferenz zwischen Metallen und vollständig dissoziierten Lösungen ihrer Salzeund eine elektrische Methode zur Erforschung der Molekularkräfte*)。
   《物理学杂志》,4 辑,1902 年,8 卷,798—814 页。
   (此文写于 1901 年 5—7 月在温特图尔任代课教师期间。)

1902 年

1. *关于热平衡和热力学第二定律的运动论(*Kinetische Theorie des Wärmegleichgewichtes und des zweiten Hauptsatzes der Thermodynamik*)。
   《物理学杂志》,4 辑,9 卷,417—433 页。
   (此文写于伯尔尼,完成于 1902 年 6 月 26 日。)

1903 年

1. *热力学基础理论(*Eine Theorie der Grundlagen der Thermodynamik*)。
   《物理学杂志》,4 辑,11 卷,170—187 页。

(此文完成于1903年1月26日。)

1904年

1. 关于热的一般分子理论(*Zur Allgemeine molekulare Theorie der Wärme*)。

《物理学杂志》,4辑,14卷,354—362页。

(此文完成于1904年3月27日。)

1905年

1.*关于光的产生和转化的一个试探性的观点(*Über einen die Erzeugung und Verwandlung des Lichtes betreffenden heuristischen Gesichtspunkt*)。

《物理学杂志》,4辑,17卷,132—148页。

(这是以后获得诺贝尔物理奖金的论文,完成于1905年3月17日。)

2.*《分子大小的新测定法》(《*Eine neue Bestimmung der Moleküldimensionen*》)。

苏黎世(Zürich)大学博士论文,伯尔尼Wyss出版,共21页。

(这篇论文完成于1905年4月30日,也发表在1906年的《物理学杂志》,4辑,19卷,289—306页。)

3.*热的分子运动论所要求的静液体中悬浮粒子的运动(*Über die von der molekularkinetischen Theorie der Wärme geforderte Bewegung von in ruhenden Flüssigkeiten suspendierten Teilchen*)。

《物理学杂志》,4辑,17卷,549—560页。

(此文完成于1905年5月11日。)

4.*论动体的电动力学(*Zur Elektrodynamik bewegter Körper*)。

《物理学杂志》,4辑,17卷,891—921页。

(这是物理学中有划时代意义的文献,完成于1905年6月。)

5.*物体的惯性同它所含的能量有关吗?(*Ist die Trägheit eines Körpers von seinem Energieinhalt abhängig?*)

《物理学杂志》,4辑,18卷,639—641页。

(此文完成于1905年9月27日。)

6.*关于布朗运动的理论(*Zur Theorie der Brownschen Bewegung*)。

《物理学杂志》,4辑,1906年,19卷,371—381页。

(此文完成于 1905 年 12 月 19 日。)

1906 年

1.*关于光的产生和吸收的理论(*Zur Theorie der Lichterzeugung und Lichtabsorption*)。

《物理学杂志》,4 辑,20 卷,199—206 页。

(此文完成于 1906 年 3 月 13 日。)

2. 重心运动的守恒原理和能量的惯性(*Das Prinzip von der Erhaltung der Schwerpunktsbewegung und die Trägheit der Energie*)。

《物理学杂志》,4 辑,20 卷,627—633 页。

(此文完成于 1906 年 5 月 17 日。)

3. 测定电子的横质量和纵质量比率的方法(*Über eine Methode zur Bestimmung des Verhältnisses der transversalen und longitudinalen Masse des Elektrons*)。

《物理学杂志》,4 辑,21 卷,583—586 页。

(此文完成于 1906 年 8 月 4 日。)

4.*普朗克的辐射理论和比热理论(*Die Plancksche Theorie der Strahlung und die Theorie der Spezifischen Wärme*)。

《物理学杂志》,4 辑,1907 年,22 卷,180—190 页和 800 页(更正)。

(此文完成于 1906 年 11 月 9 日。)

5. 论热力学平衡定律的适用范围和重新确定基本常数的可能性(*Über die Gültigkeitsgrenze des Satzes vom thermodynamischen Gleichgewicht und die Möglichkeit einer neuen Bestimmung der Elementarquanta*)。

《物理学杂志》,4 辑,1907 年,22 卷,569—572 页。

(此文完成于 1906 年 12 月 12 日。)

1907 年

1. 布朗运动的理论解释(*Theoretische Bemerkungen über die Brownsche Bewegung*)。

《电化学期刊》(*Zeitschrift für Elektrochemie*),13 卷,41—42 页。

(此文写于 1907 年 1 月 22 日。)

2. 检验相对性原理的可能的新方法(*Über die Möglichkeit einer neuen prüfung des Relativitätsprinzips*)。

《物理学杂志》,4 辑,23 卷,197—198 页。

(此文完成于 1907 年 3 月 17 日。)

3. 评埃伦菲斯特的短文:可变形电子的移动和表面定律(*Bemerkung zur Notiz des Herrn P. Ehrenfest: Translation deformierbarer Elektronen und der Flächensatz*)。

《物理学杂志》,4 辑,23 卷,206—208 页。

(此文完成于 1907 年 4 月 14 日。)

4. 关于相对性原理所要求的能量惯性(*Über die vom Relativitätsprinzip geforderte Trägheit der Energie*)。

《物理学杂志》,4 辑,23 卷,371—384 页。

(此文完成于 1907 年 5 月 14 日。)

5.*关于相对性原理和由此得出的结论(*Über das Relativitätsprinzip und die aus demselben gezogenen Folgerungen*)。

《放射学年报》(*Jahrbuch der Radioaktivität*),4 卷,411—462 页;5 卷,98—99 页(更正)。

(此文完成于 1907 年 12 月 4 日;更正写于 1908 年 3 月 3 日。)

1908 年

1. 从黑体辐射的能量分布定律所得出的结论,关于辐射的结构(*Folgerungen aus dem Engerieverteilungsgesetz der Strahlung schwarzer Körper, die Konstitution der Strahlung betreffend*)。

这是 1908 年 2 月初在伯尔尼取得大学教授资格的论文,未公开发表过,主要思想包含在 1909 年在《物理学的期刊》中发表的论文《辐射问题的现状》之中。

2. 量度微小电量的一个新的静电学方法(*Eine neue elektrostatische Methode zur Messung kleiner Elektrizitätsmengen*)。

莱比锡《物理学的期刊》(*Physikalische Zeitschrift*),9 卷,216—217 页。

(此文写于 1908 年 2 月 13 日。)

3. 论古典热力学的适用范围(*Über die Gültigkeitsgrenze der klassischen Thermodynamik*)。

这是 1908 年 2 月 27 日在伯尔尼大学科学讨论会上的试讲稿。未公开发表过。

4. 关于动体的电磁基本方程(*Über die elektromagnetische Grundgleichungen für bewegte Körper*),同 J. 劳布(Laub)合著。

《物理学杂志》,4 辑,26 卷,532—540 页;27 卷,232 页(更正)。

(此文完成于 1908 年 4 月 29 日;更正和补遗写于 1908 年 11 月。)

5. 论电磁场内作用在静体上的有质动力(*Über die im elektromagnetischen Felde auf ruhende Körper ausgeübten ponderomotorischen Kräfte*),同 J. 劳布合著。

《物理学杂志》,4 辑,26 卷,541—550 页。

(此文完成于 1908 年 5 月 7 日。)

6. 布朗运动的基本理论(*Elementare Theorie der Brownschen Bewegung*)。

《电化学期刊》,14 卷,235—239 页。

(此文完成于 1908 年 7 月。)

1909 年

1. 对我们所写的《关于动体的电磁基本方程》一文的附注(*Bemerkungen zu unserer Arbeit: Elektromagnetische Grundgleichungen für bewegte Körper*),同 J. 劳布合著。

《物理学杂志》,4 辑,28 卷,445—447 页。

(此文写于 1909 年 1 月 19 日。)

2. 对米里马诺夫《基本方程》一文的评论(*Bemerkungen zur Arbeit von Mirimanoff: Die Grundgleichungen*)。

《物理学杂志》,4 辑,28 卷,885—886 页。

(此文写于 1909 年 1 月 22 日。)

3. 辐射问题的现状(*Zum gegenwärtigen Stande des Strahlungsproblems*)。

莱比锡《物理学的期刊》,10 卷,185—193 页,323—324 页。

(此文写于伯尔尼,完成于 1909 年 1 月 23 日。)

4.*论我们关于辐射的本质和组成的观点的发展(*Über die Entwicklung unserer Anschauungen über das Wesen und die Konstitution der Strahlung*)。

《物理学的期刊》,10 卷,817—826 页。

此文系 1909 年 9 月 21 日在萨尔斯堡(Salzburg)"德国自然科学家协会"第 81 次大会上的报告。

1910 年

1. 关于概率论的一个命题及其在辐射理论中的应用(*Über einen Satz der Wahrscheinlichkeitsrechnung und seine Anwendung in der Strahlungstheorie*),同 L. 霍普夫(Hopf)合著。

《物理学杂志》,4 辑,33 卷,1096—1104 页。

2. 辐射场中共振器运动的统计学考查(*Statistische Untersuchung der Bewegung eines Resonators in einem Strahlungsfeld*),同 L. 霍普夫合著。

《物理学杂志》,4 辑,33 卷,1105—1115 页。

3. 在接近临界状态时均匀流体和流体混合物的乳光理论(*Theorie der Opaleszenz von homogenen Flüssigkeiten und Flüssigkeitsgemischen in der Nähe des kritischen Zustandes*)。

《物理学杂志》,4 辑,33 卷,1275—1298 页。

(此文完成于 1910 年 10 月。)

4. 相对性原理及其在现代物理学上的影响(*Le principe de relativité et ses conséquences dans la physique moderne*)。

日内瓦《物理学和自然科学文献》(*Archives des sciences physiques et naturelles*),4 辑,29 卷,5—28 页,125—244 页。

5. 论光的量子理论和电磁能的定域问题(*Sur la theorie des quantités lumineuses et la question de la localisation de l'énergie électromagnétique*)。

《物理学和自然科学文献》,4 辑,29 卷,525—528 页。

6. 论作用在磁场中通电铁磁导体上的有质动力(*Sur les forces pondéromotrices qui agissent sur les conducteurs ferromagnétiques disposés dans un champ magnétique et parcourus par un courant*)。

日内瓦《物理学和自然科学文献》,4 辑,30 卷,323—324 页。

1911 年

1. 对厄缶定律的评论(*Bemerkung zur dem Gesetz von Eötvös*)。
   《物理学杂志》,4 辑,34 卷,165—169 页。
2. 单原子分子固体的比热和弹性作用之间的关系(*Eine Beziehung zwischen dem elastischen Verhalten und der spezifischen Wärme bei festen Körpern mit einatomigem Molekül*)。
   《物理学杂志》,4 辑,34 卷,170—174 页,590 页。
3. 对 P. 赫兹的著作《热力学的力学基础》的评论(*Bemerkungen zu den P. Hertzschen Arbeiten: Mechanische Grundlagen der Thermodynamik*)。
   《物理学杂志》,4 辑,34 卷,175—176 页。
   (此文写于 1910 年 10 月。)
4. 我的《分子大小的新测定法》一文的更正(*Berichtigung zu meiner Arbeit: Eine neue Bestimmung der Moleküldimensionen*)。
   《物理学杂志》,4 辑,34 卷,591—592 页。
   (此文写于 1911 年 1 月。)
5. 固体中分子热运动的初步探讨(*Elementare Betrachtungen über die thermische Molekularbewegung in festen Körpern*)。
   《物理学杂志》,4 辑,35 卷,679—694 页。
6. *关于引力对光传播的影响(*Über den Einfluss der Schwerkraft auf die Ausbreitung des Lichtes*)。
   《物理学杂志》,4 辑,35 卷,898—908 页。
   (此文完成于 1911 年 6 月。)
7. 相对论(*Die Relativitätstheorie*)。
   《苏黎世自然研究会季刊》(*Naturforschende Gesellschaft, Zürich, Vierteljahrsschrift*),56 卷,1—14 页。
   此文系于 1911 年 1 月 16 日在苏黎世自然科学会上的报告。
8. *关于埃伦菲斯特的悖论(*Zum Ehrenfestschen Paradoxon*)。
   《物理学的期刊》,12 卷,509—510 页。

1912 年

1.*光化当量定律的热力学论证(*Thermodynamische Begründung des photochemischen Äquivalentgesetzes*)。

《物理学杂志》,4 辑,37 卷,832—838 页;38 卷,881—884 页。

2. 光速和引力场的静力学(*Lichtgeschwindigkeit und Statik des Gravitationsfeldes*)。

《物理学杂志》,4 辑,38 卷,355—369 页。

(此文写于 1912 年 2 月。)

3. 静引力场理论(*Zur Theorie des statischen Gravitationsfeldes*)。

《物理学杂志》,4 辑,38 卷,443—458 页。

4. 对 J. 斯塔克的评论《普朗克基本定律的应用》一文的答复(*Antwort auf eine Bemerkung von J. Stark: Anwendung des planckschen Elementargesetzes*)。

《物理学杂志》,4 辑,38 卷,888 页。

5. 相对性和万有引力:对 M. 阿布拉罕批评的反驳(*Relativität und Gravitation: Erwiderung auf eine Bemerkung von M. Abraham*)。

《物理学杂志》,4 辑,38 卷,1059—1064 页。

6. 对阿布拉罕答辩的评论:再论相对性和万有引力(*Bemerkung zu Abraham's Auseinandersetzung: Nochmals Relativität und Gravitation*)。

《物理学杂志》,4 辑,39 卷,704 页。

7. 比热问题的现状(*État actuel du problème des chaleurs spécifiques*)。

《索耳未研究所物理讨论会报告》(*Instituts Solvay. Conseil de Physique, Rapports*),1911 年,1 卷,407—435 页,巴黎 Gauthier 出版。

8. 有没有一种类似于电动感应作用的引力作用?(*Gibt es eine Gravitationswirkung die der elektrodynamischen Induktionswirkung analog ist?*)

《法医季刊》(*Vierteljahrsschrift für gerichtliche Medizin*),3 辑,44 卷,37—40 页。

1913 年

1.*《广义相对论和引力理论纲要》(*Entwurf einer Verallgemeinerten*

Relativitätstheorie und eine Theorie der Gravitation)：Ⅰ.物理学部分由爱因斯坦执笔；Ⅱ.数学部分由格罗斯曼(M. Grossmann)执笔。莱比锡，Teubner 出版，共 38 页。

同时发表在《数学和物理学期刊》(*Zeitschrift für Mathematik und Physik*)，62 卷，225—261 页。

2.《绝对零度时分子骚动假说的若干证据》(*Einige Argumente für die Annahme einer molekular Agitation beim absoluten Nullpunkt*)，同斯特恩(O. Stern)合著。

《物理学杂志》，4 辑，40 卷，551—560 页。

3. 光化当量定律的热力学推导(*Déduction thermodynamique de la loi de l'équivalence photochimique*)。

法国《物理学期刊》(*Journal de Physique*)，5 辑，3 卷，277—282 页。

此文系 1913 年 3 月 27 日在"法国物理学会"上宣读。

4. 引力论的物理基础(*Physikalische Grundlagen einer Gravitationstheorie*)。

《苏黎世自然研究会季刊》，58 卷，284—290 页。

日内瓦《物理学和自然科学文献》，1914 年，37 卷，5—12 页上有法文译文。

此文系 1913 年 9 月 9 日在苏黎世自然研究会上宣读，摘要印在《瑞士自然研究会会刊》，1913 年，第二部分，137—138 页。

5.*作为研究者的麦克斯·普朗克(*Max Planck als Forscher*)。

柏林《自然科学》周刊(*Naturwissenschaften*)，第 1 卷，1077—1079 页。

6. 引力问题的现状(*Zum gegenwärtigen Stande des Gravitationsproblems*)。

《物理学的期刊》，14 卷，1249—1266 页。此文系于 1913 年 9 月 21 日在维也纳德国自然科学家协会第 85 次大会上的报告。

7.*〔给马赫的信，1913 年 6 月 25 日发自苏黎世〕，柏林《物理学报》(*Physikalische Blätter*)，1959 年，12 期，563 页。

1914 年

1. 从绝对微分学观点导出诺德斯特勒姆引力论(*Die Nordströmsche Gravi-*

tationstheorie vom Standpunkt des absoluten Differentialkalküls)，同福开尔(A. D. Fokker)合著。

《物理学杂志》,4 辑,44 卷,321—328 页。

2. 对 P. 哈策尔斯所著《光在玻璃中的传播和光行差》一文的意见(*Bemerkungen zu P. Harzers Abhandlung: Die Mitführung des Lichtes in Glas und die Aberration*)。

《天文学通报》(*Astronomische Nachrichten*),199 卷,8—10 页。

(此文完成于 1914 年 2 月 18 日。)

3. 回答 P. 哈策尔斯的答复(*Antwort auf eine Replik P. Harzers*)。

《天文学通报》,199 卷,47—48 页。

(此文完成于 1914 年 8 月 18 日。)

4. 论量子理论(*Beiträge zur Quantentheorie*)。

《德国物理学会报告》(*Deutsche physikalische Gesellschaft, Berichte*),1914 年,820—828 页。或该学会《会刊》16 卷。

5. 关于引力的理论(*Zur Theorie der Gravitation*)。

《苏黎世自然研究会季刊》,59 卷,4—6 页。

6.*评 H. A. 洛伦兹的《相对性原理》(*H. A. Lorentz: Das Relativitätsprinzip*)。

《自然科学》周刊,2 卷,1018 页。

7. 对赖斯内的质问的补充答复(*Nachträgliche Antwort auf eine Frage von Reissner*)。

《物理学的期刊》,15 卷,108—110 页。关于引力场中的质量问题。

8. 关于广义相对论和引力论的原则性意见(*Principielles zur verallgemeinerten Relativitätstheorie und Gravitationstheorie*)。

《物理学的期刊》,15 卷,176—180 页。答复米(G. Mie)对爱因斯坦工作和明可夫斯基工作关系的评论。

(此文完成于 1914 年 1 月。)

9.*理论物理学的原理——在普鲁士科学院的就职讲话(*Antrittsrede*)。

《普鲁士科学院会议报告》(*Sitzungsbericht der Preussischen Akademie der Wissenschaften*),1914 年,第二部,739—742 页。

10. 广义相对论的形式基础(*Die formale Grundlage der allgemeinen Relativitätstheorie*)。

《普鲁士科学院会议报告》,1914 年,第二部,1030—1085 页。

11. 关于相对性问题(*Zum Relativitätsproblem*)。

意大利波隆亚(Bologna)《科学》(*Scientia*)杂志,15 卷,337—348 页。

答复该杂志中两篇反对相对论的论文。

12. 相对性原理(*Die Relativitätsprinzip*)。

柏林《福斯报》(*Vossische Zeitung*),1914 年 4 月 26 日,33—34 页。

13. 以广义相对论为基础的引力论的场方程的协变特征(*Kovarianzeigenschaften der Feldgleichungen der auf die verallgemeinerte Relativitätstheorie gegründeten Gravitationstheorie*),同 M. 格罗斯曼合著。

《数学和物理学期刊》,63 卷,215—225 页。

1915 年

1. 理论原子学(*Theoretische Atomistik*)。

勒歇尔(E. Lecher)编的《物理学》(*Die Physik*),莱比锡,Teubner 出版,251—263 页。

1925 年再版时有修改。

2. 相对论(*Die Relativitätsthsorie*)。

同上书,703—713 页。

1925 年再版时有修改。

3. 对 M. 冯·劳厄《概率论命题及其在辐射理论中的应用》一文的答复(*Antwort auf eine Abhandlung M. von Laues: Ein Satz der Wahrscheinlichkeitsrechnung und seine Anwendung auf die Strahlungstheorie*)。

《物理学杂志》,4 辑,47 卷,879—885 页。

4. 安培分子电流存在的实验证明(*Experimenteller Nachweis der Ampèreschen Molekularströme*),同德·哈斯(W. J. de Haas)合著。

《德国物理学会会刊》(*Deutsche physikalische Gesellschaft, Verhandlungen*),17 卷,152—170 页;203 页(更正)。

《自然科学》周刊,3 卷,237—238 页上有简介。

5. 广义相对论的基本思想及其在天文学中的应用(*Grundgedanken der allgemeinen Relativitätstheorie und Anwendung dieser Theorie in der Astronomie*)。

《普鲁士科学院会议报告》,1915 年,第一部,315 页。

此文是下面两篇论文〔6〕与〔7〕的摘要。

6.*关于广义相对论(*Zur allgemeinen Relativitätstheorie*)。

《鲁普士科学院会议报告》,1915 年,第二部,778—786 页;799—801 页(补充)。

(正文完成于 1915 年 11 月 4 日,补充完成于同年 11 月 11 日。)

7.*用广义相对论解释水星近日点运动(*Erklärung der Perihelbewegung des Merkur aus der allgemeinen Relativitätstheorie*)。

《普鲁士科学院会议报告》,1915 年,第二部,831—839 页。

(此文完成于 1915 年 11 月 18 日。)

8.*引力场方程(*Die Feldgleichungen der Gravitation*)。

《普鲁士科学院会议报告》,1915 年,第二部,844—847 页。

(此文完成于 1915 年 11 月 25 日,提出广义相对论引力场方程的完整形式。)

1916 年

1.*《广义相对论的基础》(*Die Grundlage der allgemeinen Relativitätstheorie*)。莱比锡,Barth 出版,共 64 页。

同时发表在《物理学杂志》,4 辑,49 卷,769—822 页。

(此文是关于广义相对论研究的全面总结,完成于 1916 年 3 月。)

2.*《狭义与广义相对论浅说》(*Über die Spezielle und die allgemeine Relativitätstheorie, Gemeinverständlich*), Braunschweig, Vieweg, 1917 年出版,共 70 页。

该书于 1922 年出过中译本,译者夏元瑮,书名《相对论浅释》,商务印书馆出版。1964 年又出过新译本,由杨润殷译,胡刚复校,书名《狭义与广义相对论浅说》,上海科学技术出版社出版。

3. E. F. 弗罗因德利希所著《爱因斯坦引力论的基础》一书的序言(*Vor-*

wort. Erwin F. Freundlich: *Grundlagen der Einsteinschen Gravitationstheorie*),柏林,Springer 出版。

4. 关于弗里德里希·柯特勒尔的论文《论爱因斯坦的等效假说和引力》(*Über Friedlich Kottlers Abhandlung*:"*Über Einsteins Äquivalenzhypothese und die Gravitation*")。

  《物理学杂志》,4 辑,51 卷,639—642 页。

  (此文完成于 1916 年 10 月。)

5. 证明安培分子电流的一个简单的实验(*Ein einfaches Experiment zum Nachweis der Ampèreschen Molekularströme*)。

  《德国物理学会会刊》,18 卷,173—177 页。

6. 从量子论看辐射的发射和吸收(*Strahlungs-emission und -absorption nach Quantentheorie*)。

  《德国物理学会会刊》,18 卷,318—323 页。

7. *关于辐射的量子理论(*Zur Quantentheorie der Strahlung*)。

  《苏黎世物理学会通报》(*Physikalische Gesellschaft, Zurich, Mitteilungen*),16 卷,47—62 页。

  此文以后又发表在莱比锡《物理学的期刊》,1917 年,18 卷,121—128 页。

8. 〔评介〕H. A. 洛伦兹:《热力学中的统计理论》(H. A. Lorentz: *Théories Statistiques en Thermodynamique*)。

  《自然科学》周刊,4 卷,480—481 页。

9. 《广义相对论的基础》内容提要(*Die Grundlage der allgemeinen Relativitätstheorie*)。

  《自然科学》周刊,4 卷,481 页。

10. 水波和飞行的基本理论(*Elementare Theorie der Wasserwellen und des Fluges*)。

  《自然科学》周刊,4 卷,509—510 页。

11. *恩斯特·马赫(Ernst Mach)。

  《物理学的期刊》,17 卷,101—104 页。

12. 麦克斯韦电动力学场方程新的形式解释(*Eine neue formale Deutung*

der Maxwellschen Feldgleichungen der Elektrodynamik)。

《普鲁士科学院会议报告》,1916 年,第一部,184—187 页。

13. 相对论领域中几个显然的问题的探讨(*Über einige anschauliche Überlegungen aus dem Gebiete der Relativitätstheorie*)。

《普鲁士科学院会议报告》,1916 年,第一部,423 页。

这是一篇关于时钟和傅科(Foucault)摆性状的论文的摘要,全文从未发表过。

14. 引力场方程的近似积分(*Näherungsweise Integration der Feldgleichungen aer Gravitation*)。

《普鲁士科学院会议报告》,1916 年,第一部,688—696 页。

15.*悼念卡尔·施瓦兹希耳德(*Gedächtnisrede auf Karl Schwarzschild*)。

《普鲁士科学院会议报告》,1916 年,第一部,768—770 页。

16. 哈密顿原理和广义相对论(*Hamiltonsches Prinzip und allgemeine Relativitätstheorie*)。

《普鲁士科学院会议报告》,1916 年,第二部,1111—1116 页。

1917 年

1. 关于索末菲和埃普斯坦的量子定律(*Zum Quantensatz von Sommerfeld uud Epstein*)。

《德国物理学会会刊》,19 卷,82—92 页。

2. 论 H. V. 亥姆霍兹关于歌德的两个演讲(H. V. Helmholtz:*Zwei Vorträge über Goethe*)。

《自然科学》周刊,5 卷,675 页。

3.*马里安·冯·斯莫卢霍夫斯基(Marian von Smoluchowski)。

《自然科学》周刊,5 卷,737—738 页。

4.*根据广义相对论对宇宙学所作的考查(*Kosmologische Betrachtungen zur allgemeinen Relativitätstheorie*)。

《普鲁士科学院会议报告》,1917 年,第一部,142—152 页。

5. 雅科毕定理的一个推论(*Eine Ableitung des Theorems von Jacobi*)。

《普鲁士科学院会议报告》,1917 年,第二部,606—608 页。

6. 作为物理学家的弗里德里希·阿德勒(*Friedrich Adler als Physiker*)。
柏林《福斯报》,早晨版,1917 年 5 月 23 日(259 号)第 2 页。

1918 年

1.*探索的动机(*Motiv des Forschens*)。
《庆祝麦克斯·普朗克 60 寿辰:在德国物理学会上的祝词》(*Zu Max Plancks 60. Geburtstag: Ansprachen in der Deutschen Physikalischen Gesellschaft*),Karlsruhe,Müller 出版,29—32 页。

2.*关于广义相对论的原理(*Prinzipielles zur allgemeinen Relativitätstheorie*)。
《物理学杂志》,4 辑,55 卷,241—244 页。

3. 从伦琴射线的实验能求出物体的折射指数吗?(*Lassen sich Brechungsexponenten der Körper für Röntgenstrahlen experimentall ermitteln?*)
《德国物理学会会刊》,20 卷,86—87 页。

4. 对 E. 格尔克短文《论以太》的意见(*Bemerkung zu* E. Gehrkes *Notiz: "Über den Äther"*)。
《德国物理学会会刊》,20 卷,261 页。

5. 〔评价〕H. 魏耳:《空间、时间、物质》(H. Weyl:"*Raum,Zeit,Materie*")。
《自然科学》周刊,6 卷,373 页。

6. 关于反对相对论的对话(*Dialog über Einwände gegen die Relativitätstheorie*)。
《自然科学》周刊,6 卷,697—702 页。

7. 对 E. 薛定谔的论文《引力场的能量分量》的短评(*Notiz zu E. Schrödingers Arbeit:"Energiekomponenten des Gravitationsfeldes*)。
《物理学的期刊》,19 卷,115—116 页。

8. 对 E. 薛定谔的短文《关于广义协变引力方程的一组解》的意见(*Bemerkung zu E. Schrödingers Notiz:"Über ein Lösungssystem der allgemein Kovarianten Gravitationsgleichungen"*)。
《物理学的期刊》,19 卷,165—166 页。

9.*论引力波(*Über Gravitationswellen*)。
《普鲁士科学院会议报告》,1918 年,第一部,154—167 页。

10. 评德西特先生所给的一个引力方程解(*Kritisches zu einer von Hrn. de*

Sitter gegebenen Lösung der Gravitationsgleichungen)。

《普鲁士科学院会议报告》,1918 年,第一部,270—272 页。

11. 广义相对论中的能量定律(*Der Energiesatz in der allgemeinen Relativitätstheorie*)。

《普鲁士科学院会议报告》,1918 年,第一部,448—459 页。

1919 年

1. 广义相对论的验证(*Prüfung der allgemeinen Relativitätstheorie*)。

《自然科学》周刊,7 卷,776 页。

2.*引力场在物质的基元粒子结构中起着主要作用吗?(*Spielen Gravitationsfelder im Aufbau der materiellen Elementarteilchen eine Wesentliche Rolle?*)

《普鲁士科学院会议报告》,1919 年,第一部,349—356 页。

3. 关于月亮长度的周期变化的意见,这现象是牛顿力学一向不能解释的(*Bemerkungen Über periodische Schwankungen der Mondlänge, Welche bisher nach der Newtonschen Mechanik nicht erklärbar schienen*)。

《普鲁士科学院会议报告》,1919 年,第一部,433—436 页。

该刊第二部 711 页上有爱因斯坦对这篇文章评论的答复。

4.*我的理论(*My theory*)。

伦敦《泰晤士报》(*Times, London*),1919 年 11 月 28 日,13 页。

《我的世界观》中的题目是“什么是相对论?”

《晚年集》中有篇题名“时间、空间和万有引力”的,实际上也就是这篇文章。

5.〔悼念〕物理学家列奥·阿龙斯(*Leo Arons als Physiker*)。

德国社会民主党刊物《社会主义月刊》(*Sozialistische Monatshefte*),52 卷,1055—1056 页。

6. 对布龙先生上述意见的评论(*Bemerkung zur vorstehenden Notiz*〔*des Hrn. v. Brunn*〕)。

《普鲁士科学院会议报告》,1919 年,第一部,710 页。

1920 年

1.*《以太和相对论》(*Äther und Relativitätstheorie*),1920 年 5 月 5 日在莱顿大学的演讲。柏林 Springer 出版,共 15 页。(据《保耳·埃伦菲斯特传》(1970 年)的作者马丁·克莱因(Martin J. Klein)考证,这次演讲的时间不是 1920 年 5 月 5 日,而是 1920 年 10 月 27 日;不过讲稿确是在当年 5 月前就已写好,并准备在 5 月 5 日去讲的,以后因故延迟了。)

2.〔关于科学工作的对话〕

1919 年夏天至 1920 年秋天在柏林同波兰作家莫什可夫斯基(Alexander Moszkowski)的谈话。见 1920 年柏林 Fontane 公司出版的 Alexander Moszkowski:*Einstein, Einblicke in seine Gedankenwelt*. 英译本 1921 年伦敦 Methuen 出版,布罗色(Henry L. Brrse)译:*Einstein, The Searcher: His Work Explained from Dialogues with Einstein*.

按:该书所载谈话记录并未经爱因斯坦本人审阅过。

3. 对 W. R. 赫斯所著《黏滞复相系理论》的意见(*Bemerkung zur Abhandlung von W. R. Hess:"Theorie der Viscosität heterogener Systeme"*)。

《胶体期刊》(*Kolloidzeitschrift*),27 卷,137 页。

4. 不用相对性能在多大限度上建立起现代的引力论?(*Inwiefern lässt sich die moderne Gravitationstheorie ohne die Relativität begründen?*)

《自然科学》周刊,8 卷,1010—1011 页。

5. 氢分子的转动惯量(*Trägheitsmoment des Wasserstoffmoleküls*)。

《普鲁士科学院会议报告》,1920 年,56 页。这是一篇从未发表过的论文的摘要。

6. 声音在部分离解的气体中的传播(*Schallausbreitung in teilweise dissoziierten Gasen*)。

《普鲁士科学院会议报告》,1920 年,380—385 页。

7.*我对反相对论公司的答复(*Meine Antwort über die antirelativitätstheoretische G. m. b. H.*〔*Gesellschaft mit beschränkter Haftung*〕)。

《柏林日报和商报》(*Berliner Tageblatt und Handelszeitung*),1920 年 8 月 27 日(402 号),1—2 页。

8.〔关于行星之间的通讯(访问报道)〕

伦敦《每日邮报》(*Daily Mail*),1920 年 1 月 31 日。

1921 年

1.*《相对论的意义》(*The Meaning of Relativity*),1921 年 5 月在普林斯顿大学所作的四个演讲。Edwin P. Adams 英译,普林斯顿大学出版社出版,共 123 页。

科学出版社 1961 年出版过中译本,译者李灏。

2.*《几何学和经验》(*Geometrie und Erfahrung*),1921 年 11 月 27 日在普鲁士科学院所作的演讲。柏林,Springer 出版,共 20 页。

同时发表在《普鲁士科学院会议报告》,1921 年,第一部,123—130 页(后面小半删去)。

3. 牛顿引力定律对球状星团的简单应用(*Eine einfache Anwendung des Newtonschen Gravitationsgesetzes auf die kugelförmigen Sternhaufen*)。

威廉皇帝学会(Kaiser Wilhelm Gesellschaft zur Förderung der Wissenschaft)十周年纪念集,柏林,Springer 出版,50—52 页。

4. 相对论发展简述(*A brief outline of the development of the theory of relativity*)。R. W. Lawson 英译。

英国《自然》(*Nature*)周刊,106 卷,782—784 页。

为《自然》周刊的相对论专刊而作。

5. 关于广义相对论基础的一点浅显的补充(*Über eine naheliegende Ergänzung des Fundamentes der allgemeinen Relativitätstheorie*)。

《普鲁士科学院会议报告》,1921 年,第一部,261—264 页。

6. 关于光发射基元过程的一个实验(*Über ein den Elementarprozess der Lichtemission betreffendes Experiment*)。

《普鲁士科学院会议报告》,1921 年,第二部,882—883 页。

7.*关于相对论(*Über Relativitätstheorie*),在伦敦皇家学院(King's College)的演讲。

英国《民族和学园》杂志(*Nation and Athenaeum*),29 卷,431—432 页。

伦敦《泰晤士报》1921 年 6 月 14 日,8 页(不全)。

8.〔关于爱迪生(Edison)对大学生测验的声明〕

《纽约时报》,1921 年 5 月 18 日,18 页,2 列。

1922 年

1.《爱因斯坦全集》(アインシユタイン全集),日文版,石原纯、山田光雄、远藤美寿、阿部良夫译,东京改造社出版,非卖品。分四卷,第一卷狭义相对论,302 页,13 篇论文,1922 年出版;第二卷广义相对论,524 页,17 篇论文,1922 年出版;第三卷分子论,394 页,31 篇论文,1924 年出版;第四卷通俗讲话和杂文,429 页,11 篇文章,1923 年出版。四卷共 1649 页,72 篇文章。第三卷中原计划包括 14 篇量子论方面的论文,因出版社受地震影响,未能刊印。

第二卷中有爱因斯坦于 1922 年 12 月 27 日在访日本时为这个全集写的序言,附有德文原文。这个文集虽名全集,但缺漏很多,比如 1916 年的重要论文《广义相对论的基础》就漏掉了。

2.《布朗运动理论的研究》(*Untersuchungen über die Theorie der Brownschen Bewegungen*),菲尔特(R. Fürth)编,莱比锡,学院出版公司出版,共 72 页。为《奥斯瓦耳德精密科学经典文献》(*Oswalds Klassiker der exakten Wissenschaften*)第 199 种。

本书收集爱因斯坦 5 篇关于布朗运动的论文。

3. 金属超导性的理论性见解(*Theoretische Bemerkungen zur Supraleitung der Metalle*)。

《莱顿大学自然科学实验室专刊》,莱顿,Ijdo 出版,429—435 页。

4. 评弗朗茨·塞勒梯的论文《对宇宙学体系的贡献》(*Bemerkung zur Franz Seletyschen Arbeit*:"*Beiträge zum kosmologischen System*")。

《物理学杂志》,4 辑,69 卷,436—438 页。

5.*评 W. 泡利的《相对论》(W. Pauli:"*Reiativitätstheorie*")。

《自然科学》周刊,10 卷,184—185 页。

6. 探索者埃米耳·瓦尔堡(*Emil Warburg als Forcher*)。

《自然科学》周刊,10 卷,823—828 页。

7. 光在弥散媒质中传播的理论(*Zur Theorie der Lichtfortpflanzung in dis-*

vergierenden Medien)。

《普鲁士科学院会议报告,物理学数学类》,1922 年,18—22 页。

8. 评 E. 特雷夫茨的论文《爱因斯坦理论中两质点的静引力场》(*Bemerkung zu der Abhandlung von E. Trefftz*:"*Das statische Gravitationsfeld zweier Massenpunkte in der Einsteinschen Theorie*")。

《普鲁士科学院会议报告,物理学数学类》,1922 年,448—449 页。

9. 从量子论来考查斯特恩和盖尔拉赫实验(*Quantentheoretische Bemerkungen zum Experiment von Stern und Gerlach*),同 P. 埃伦菲斯特合著。

柏林《物理学的期刊》(*Zeitschrift für Physik*),11 卷,31—34 页。

10. 评 A. 弗里德曼论文《论空间的弯曲》(*Notiz zu der Arbeit von A. Friedmann*:"*Über die Krümmung des Raumes*")。

柏林《物理学的期刊》,11 卷,326 页。

(爱因斯坦在该刊 16 卷 228 页上又撤回了这个批评。)

11. *〔对康德哲学和马赫哲学的看法〕

《法国哲学学会通报》(*Bulletin de la Société Française de Philosophie*),1923 年,22 卷,97 页以后。也见英国《自然》周刊(*Nature*),1923 年,112 卷,253 页。这是爱因斯坦 1922 年 4 月 6 日在巴黎同法国科学家和哲学家座谈的记录。

12. *论理论物理学的现代危机(*Über die gegenwärtige Krise in der theoretischen Physik*)。

日本《改造》杂志(*Kaizo*),1922 年,4 卷,22 期,128 页。

1923 年

1. *《相对论的基本思想和问题》(*Grundgedanken und Probleme der Relativitätstheorie*),斯德哥尔摩,皇家出版社,共 10 页。

1923 年 7 月 11 日在哥特堡(Göteborg)举行的"北方国家自然科学家代表会"上的报告。

2. F. 埃伯第《星和世界历史》序。

Felix Eberty, *Die Gestirne und Weltgeschicht*,柏林,Rogoff 出版。

3. 评 W. 安德生的短文《日冕连续光谱的新解释》(*Bemerkung zu der Notiz*

von W. Anderson:"*Neue Erklärung des kontinuierlichen Koronaspektrums*")。

《天文学通报》(*Astronmische Nachrichten*),219 卷,19 页。

4. 过滤器孔眼大小的实验测定方法(*Experimentelle Bestimmung der kanalweite von Filtern*),同缪萨姆(H. Mühsam)合著。

《德国医学周刊》(*Deutsche medizinische Wochenschrift*),49 卷,1012—1013 页。

5. 根据卡鲁查的场论证明不存在到处是正则的中心对称场(*Beweis der Nichtexistenz eines überall regulären zentrisch symmetrischen Feldes nach der Feldtheorie von Kaluza*),同格罗梅(J. Grommer)合著。

《耶路撒冷大学学报》(*Jerusalem University, Scripta*),第一卷,第 7 期,共 5 页。

6.*仿射场论(*Theory of the affine field*)。

英国《自然》周刊,112 卷,448—449 页。R. W. Lawson 英译。

7. 关于广义相对论(*Zur allgemeinen Relativitätstheorie*)。

《普鲁士科学院会议报告,物理学数学类》,1923 年,32—38 页,76—77 页。

8. 关于仿射场论(*Zur affinen Feldtheorie*)。

《普鲁士科学院会议报告,物理学数学类》,1923 年,137—140 页。

9. 能用场论来解决量子问题吗?(*Bietet die Feldtheorie Möglichkeiten für die Lösung des Quantenproblems?*)

《普鲁士科学院会议报告,物理学数学类》,1923 年,359—364 页。

10. 辐射平衡的量子论(*Zur Quantentheorie des Strahlungsgleichgewichts*),同 P. 埃伦菲斯特合著。

柏林《物理学期刊》,19 卷,301—306 页。

11. 〔引力和电的统一理论(访问报道)〕

《纽约时报》,1923 年,3 月 27 日,18 页,8 列。

12.*尼耳斯·玻尔(*Niels Bohr*)。

原文最初发表在何处不详。

《我的世界观》英文版,1934 年,67—68 页。

1924 年

1.*卢克莱修《物性论》德译本序。

T. Lucretius Carus: *De Rerum Natura*，拉丁文德文对照本，迪耳斯(H. Diels)德译，柏林，Weidmann 出版，第二卷，vi 页，a-b。

2. 答复 W. 安德生的意见(*Antwort auf eine Bemerkung von W. Anderson*)。

《天文学通报》，221 卷，329—330 页。

3. 康普顿实验(*Komptonsche Experiment*)。

《柏林日报》(*Berliner Tageblatt*)，1924 年 4 月 20 日，副刊。

4. 纪念开耳芬勋爵诞辰一百周年(*Zum hundertjährigen Gedenktag von Lord Kelvins Geburt*)。

《自然科学》周刊，12 卷，601—602 页。

5.*〔对恩格斯《自然辩证法》手稿的意见〕，1924 年 6 月 30 日给 E. 伯恩施坦的信。

见《自然辩证法》1925 年俄文版梁赞诺夫(Д. Рязанов)的序言；《马克思、恩格斯文库》(*Marx-Engels Archiv*)，第二卷，法兰克福，1927 年，141 页。

6.*〔对玻色(S. N. Bose)的论文《普朗克定律和光量子假说》的评注〕

柏林《物理学期刊》，1924 年，26 卷，181 页。

7.*单原子理想气体的量子理论(*Quantentheorie des einatomigen idealen Gases*)。

《普鲁士科学院会议报告，物理学数学类》，1924 年，261—267 页。

8. 论以太(*Über den Äther*)。

《瑞士自然研究会论丛》(*Schweizerische naturforschende Gesellschaft, Verhandlungen*)，105 卷，第二部，85—93 页。

9. 关于辐射计力的理论(*Zur Theorie der Radiometerkräfte*)。

柏林《物理学期刊》，27 卷，1—6 页。

10. 〔对玻色(Bose)的论文《在物质近旁的辐射场的热平衡》的评注〕

柏林《物理学期刊》，27 卷，392—393 页。

11.*评 J. 温特尼茨《相对论和认识论》(*Besprechung: J. Winternitz《Relat-*

ivitätstheorie und Erkenntnisslehre》,Leipzig, B. 6. Teubner,1923)。

德国《文学报》(*Literaturzeitung*),1924 年,1 卷,45 期,20—22 页。

12. 评 M. 普朗克《热辐射》(*Besprechung*: *M. Planck*《*Wärmstrahlung*》)

德国《文学报》,1924 年,1 卷,45 期。

13. *单原子理想气体的量子理论(续篇)。

《普鲁士科学院会议报告,物理学数学类》,1925 年,3—14 页。

1925 年

1. 爱丁顿理论和哈密顿原理(*Anhang*: *Eddingtons Theorie und Hamiltonsches Prinzip*)。

A. S. 爱丁顿(Eddington)的《相对论的数学处理》德译本(*Relativitättstheorie in mathematischer Behandlung*)的附录,366—371 页。

柏林 Springer 出版。

2. *非欧几里得几何和物理学(*Nichteuklidische Geometrie und Physik*)。

《物理学中的非欧几里得几何》(*Nichteuklidische Geometrie in der Physik*),《新评论》(*Neue Rundschau*),柏林,1925 年 1 月号,16—20 页。译文载于 1926 年的《西班牙美洲数学评论》(*Revista matemática hispanoamericana*),2 辑,1 卷,72—76 页。

3. 电子和广义相对论(*Elektron und allgemeine Relativitätstheorie*)。

意大利《物理学》(*Physica*),5 卷,330—334 页。

4. 关于理想气体的量子理论(*Zur Quantentheorie des idealen Gases*)。

《普鲁士科学院会议报告,物理学数学类》,1925 年,18—25 页。

5. 引力和电的统一场论(*Einheitliche Feldtheorie von Gravitation und Elektrizität*)。

《普鲁士科学院会议报告,物理学数学类》,1925 年,414—419 页。

6. 评 P. 约尔丹的论文《量子辐射理论》(*Bemerkung zu P. Jordans Abhandlung*:"*Theorie der Quantenstrahlung*")。

柏林《物理学期刊》,31 卷,784—785 页。

7. 夫勒特内船(*El buque de Flettner*)。

阿根廷《日报》(*La Prensa*),1925 年 4 月 13 日。

8. 事物的本质和物理学(*La fisica y la esencia de las cosas*)。

阿根廷《日报》,1925 年 5 月 3 日。

1926 年

1. *〔关于量子力学的哲学背景问题同海森伯的谈话(报道)〕

这是 W. 海森伯对 1926 年春天一次谈话的回忆,见他所著的《物理学及其他——遭遇和谈话》(W. Heisenberg: *Physics and Beyond-Encounters and Conversations*), A. J. Pomerans 英译,伦敦 G. Allen 和 Unwin 出版,1971 年,62—69 页。

2. W. H. 朱利叶斯(1860—1925)(W. H. Julius)。

《天文物理学期刊》(*Astrophysical Journal*),63 卷,196—198 页。

3. 在河床中形成弯曲的原因和所谓贝尔定律(*Über die Ursache der Mäanderbildung der Flussläufe und des sogenannten Baerschen Gesetzes*)。

《自然科学》周刊,14 卷,223—224 页。

此文系 1926 年 1 月 7 日在普鲁士科学院的演讲。

4. 关于基本辐射发射过程本性的实验的建议(*Vorschlag zu einem die Natur des elementaren Strahlungs-emissionsprozesses betreffenden Experiment*)。

《自然科学》周刊,14 卷,300—301 页。

此文是下面一篇论文〔5〕的引言。

5. 极隧射线所产生的光的干涉花样(*Über die Interferenzeigenschaften des durch Kanalstrahlen emittierten Lichtes*)。

《普鲁士科学院会议报告,物理学数学类》,1926 年,334—340 页。

6. 关于黎曼曲率张量同引力场方程的形式关系(*Über die formale Beziehung des Riemannschen Krümmungstensors zu den Feldgleichungen der Gravitation*)。

此文系 1926 年在普鲁士科学院宣读,发表在《数学杂志》(*Mathematische Annalen*),1927 年,97 卷,99—103 页。

1927 年

1. T. 夏立特《狭义相对论》序。

T. Shalit：*Di spetsyele relativitets-teorye*. 柏林，著者个人出版，共240页（该书是用中欧犹太人的“意第绪”文写的）。

2. 地球运动对于相对于地球的光速的影响（*Einfluss der Erdbewegung auf die Lichtgeschwindigkeit relativ zur Erde*）。

   《探索和前进》(*Forschungen und Fortschritte*)，3卷，36—37页。

3. *对于量子理论的意见——在索耳未(Solvay)第五次国际物理讨论会上的发言。

   《电子和光子》(*Electrons et Photons*)，在1927年10月24—29日索耳未国际物理组织主持的第五次物理学家布鲁塞尔会议上的报告和讨论集，1928年巴黎Gantier-Villars出版，253—256页。

4. 爱萨克·牛顿(Isaac Newton)。

   英国《曼彻斯特卫报》(*Manchester Guardian*)，1927年3月19日。

5. *牛顿力学及其对理论物理学发展的影响（*Newtons Mechanik und ihr Einfluss auf die Gestaltung der theoretischen Physik*）。

   《自然科学》周刊，15卷，273—276页。

6. 牛顿逝世200周年纪念（*Zu Newtons 200 Todestage*）。

   《南北》(*Nord und Süd*)，第50年卷，36—40页。

7. 〔为纪念牛顿逝世200周年给英国皇家学会的信〕

   英国《自然》周刊，119卷，467页。

8. 建立国际气象局（*Establishment of an international bureau of meteorology*）。

   美国《科学》(*Science*)周刊，新编，56卷，415—417页。

   这是国际联盟的“国际知识界合作委员会”的一个小组委员会的报告，在上面签名的还有居里夫人和洛伦兹。

9. 关于引力和电的关系的卡鲁查理论（*Zu Kaluzas Theorie des Zusammenhanges von Gravitation und Elektrizität*）。

   《普鲁士科学院会议报告，物理学数学类》，1927年，23—30页。

10. 广义相对论和运动定律（*Allgemeine Relativitätstheorie und Bewegungsgesetz*），第一部分同格罗梅(J. Grommer)合著。

    《普鲁士科学院会议报告，物理学数学类》，1927年，2—13页，235—

245 页。

11. 光发生的理论和实验问题(*Theoretisches und Experimentelles zur Frage der Lichtentstehung*)。

《应用化学期刊》(*Zeitschrift für angewandte Chemie*),40 卷,546 页。

此文系 1927 年 2 月 23 日在柏林大学数学物理学会上的演讲。

1928 年

1. 《狭义与广义相对论浅说》希伯来文译本序。

Al Torath na-Yahasiuth ha-Peratith weha-Kelalith (*Harzaah Popularith*),特拉维夫,Dvir 出版,共 102 页。

译者为格临伯(Jacob Greenberg)。

2. 〔悼念〕H. A. 洛伦兹(H. A. Lorentz)。

《数学自然科学学报》(*Mathematisch-naturwissenschaftliche Blätter*),22 卷,24—25 页。

3. 保持绝对平行概念的黎曼几何学(*Riemanngeometrie mit Aufrechterhaltung des Begriffes des Fern-Parallelismus*)。

《普鲁士科学院会议报告,物理学数学类》,1928 年,217—221 页。

4. 引力和电的统一场论的新可能性(*Neue Möglichkeit für eine einheitliche Feldtheorie von Gravitation und Elektrizität*)。

《普鲁士科学院会议报告,物理学数学类》,1928 年,224—227 页。

5. *关于 M. E. 梅耶松的《相对论演绎法》(*À propos de "La déduction relativiste" de M. E. Meyerson*)。

《法国哲学评论》(*Revue philosophique de la France*),105 卷,161 166 页。

6. *物理学的基本概念及其最近的变化(*Fundamental Concepts of Physics and their Most Recent Changes*)。

1928 年春天在瑞士达伏斯(Davos)养病时向在那里疗养的青年们所作的讲话。

美国《圣路易邮报》(*St. Louis Post-Dispatch*),1928 年 12 月 9 日增刊。

7. 〔关于 200 英寸望远镜等的谈话(访问报道)〕,《纽约时报》,1928 年 11 月 4

日,1 页 3 列和 15 页 5 列。

1929 年

1.*空间-时间(*Space-time*)。

《英国百科全书》(*Encyclopedia Britannica*),第 14 版,21 卷,105—108 页。

2. 场论的现状(*Über den gegenwärtigen Stand der Feldtheorie*)。

《献给 A. 斯托多拉教授博士的纪念册》(*Festschrift Prof. Dr. A. Stodola Überreicht*),苏黎世 Füssli 出版,126—132 页。

3.*〔感谢斯托多拉〕

《新苏黎世时报》(*Neue Zürich Zeitung*),1929 年春天,具体月、日不详。

卡尔·塞利希:《阿耳伯特·爱因斯坦文献传记》(Carl Seelig: *Albert Einstein, A Documentary Biography*),M. Savill 英译,伦敦 staples 出版,1956 年,111—112 页。

4. 〔接受普朗克奖章时的讲话〕

《探索和前进》,5 卷,248—249 页。

5. 〔附加于阿拉果(Arago)在法国科学院纪念托马斯·杨(Thomas Young)的演讲重印本上的按语〕

《自然科学》周刊,17 卷,363 页。

6. 新旧场论(*Field theories, old and new*)。

《纽约时报》,1929 年 2 月 3 日,第 9 部分,1 页,1—8 列。

7. 新的场论(*The new field theory*)。

伦敦《泰晤士报》,1929 年 2 月 4 日、5 日。

8. 〔给一位为洛杉矶报纸写相对论文章的 13 岁小孩的信〕

《纽约时报》,1929 年 2 月 10 日,26 页,3 列。

9.*论科学的真理

答一位日本学者问,见庆祝爱因斯坦 50 岁生日文集(*Gelegentliches...*)。

10.*我信仰斯宾诺莎的上帝(*Belief in the God of Spinoza*)。

《纽约时报》,1929 年 4 月 25 日,60 页,4 列。

11.*关于统一场论(*Zur Einheitliche Feldtheorie*)。

《普鲁士科学院会议报告,物理学数学类》,1929 年,2—7 页。

12. 统一场论和哈密顿原理(*Einheitliche Feldtheorie und Hamiltonsches Prinzip*)。

《普鲁士科学院会议报告,物理学数学类》,1929 年,156—159 页。

13. 关于场的综合理论(*Sur la théorie synthéthique des champs*),同德・唐德(Th. de Donder)合著。

《电学一般评论》(*Revue générale de l'électricité*),25 卷,35—39 页。

14. 感谢西蒙・纽科姆(Appreciation of Simon Newcomb)。

美国《科学》周刊,新编 69 卷,249 页。

此文系 1926 年 7 月 15 日给纽科姆女儿的信。

15. 1925 年 4 月 16 日在阿根廷科学院的讲话。

《阿根廷科学杂志》(*Sociedad cientifica Argentina, Anales*),107 卷,337—347 页。

1930 年

1. D. 赖欣斯坦《无生界和有生界的交界过程》序(*Begleitwort*)。

D. Reichinstein:*Grenzflächenvorgänge in der unbelebten und belebten Natur*,莱比锡,Barth 出版。

2.*〔关于实在的本性问题同泰戈尔的谈话〕

这是 1930 年 7 月 14 日同泰戈尔(R. Tagore)的谈话纪录,发表在:《美国希伯来人》(*American Hebrew*),1931 年 9 月 11 日。

印度加尔各答《现代评论》(*Modern Review*),1931 年,49 卷,42—43 页。

美国《亚洲》杂志(*Asia*),1931 年,31 卷,138—142 页。

3. 物理学中的空间、场和以太问题(*Raum-, Feld- und Äther-problem in der Physik*)。

应邀在 1930 年柏林第二届国际动力学术会议上的报告。《1930 年柏林第二届国际动力学术会议录》(*World power conference, 2nd, Ber-*

lin,1930. *Transactions*),19 卷,1—5 页。

物理学中的空间、以太和场(*Raum*,*Äther und Feld in der Physik*)。

《哲学论坛》(*Forum Philosophicum*),第一卷,173—180 页。

物理学中的空间、以太和场的问题(*Das Raum-*, *Äther- und Feldproblem der Physik*)。

发表在《我的世界观》(*Mein Weltbild*),229—248 页。

以上三篇文章,实质内容相似,但文字形式各不相同。

4. 物理场的统一理论(*Théorie unitaire du champ physique*)。

《H. 庞加勒研究所学报》(*Institute H. Poincaré*, *Annales*),第一卷,1—24 页。

5. 黎曼度规和绝对平行意义下的统一场论(*Auf die Riemann-Metrik und den Fern-Parallelismus gegründete einheitliche Feldtheorie*)。

《数学杂志》,102 卷,685—697 页。

6. 空间-时间问题(*Das Raum-Zeit Problem*)。

《珊瑚》杂志(*Koralle*),5 卷,486—488 页。

7. 〔评〕S. 温伯格的《认识论》(*S. Weinberg*:*Erkenntnistheorie*)。

《自然科学》周刊,18 卷,536 页。

8. 统一场论中场方程的相容性(*Die Kompatibilität der Feldgleichungen in der einheitlichen Feldtheorie*)。

《普鲁士科学院会议报告,物理学数学类》,1930 年,18—23 页。

9. 统一场论场方程的两个精确的静止解。(*Zwei strenge statische Lösungen der Feldgleichungen der einheitlichen Feldtheorie*),同迈尔(W. Mayer)合著。

《普鲁士科学院会议报告,物理学数学类》,1930 年,110—120 页。

10. 黎曼度规和绝对平行意义下的空间理论(*Zur Theorie der Räume mit Riemannmetrik und Fernparallelismus*)。

《普鲁士科学院会议报告,物理学数学类》,1930 年,401—402 页。

11. 〔在英国诺丁汉(Nottingham)大学的讲话〕(Z. H. Brose 英译)

美国《科学》周刊,新编,71 卷,608—610 页。

英国《自然》周刊,125 卷,897—898 页有摘要,题为"空间概念"。

12. 广义相对论现状(*Über den gegenwärtigen Stand der allgemeinen Relativitätstheorie*)。

美国《耶鲁大学图书馆公报》(*Yale University. Library. Gazette*),6卷,3—6页。佩奇(Leigh Page)英译在7—10页。

13. 〔关于科学和上帝的对话〕

《论坛和世纪》杂志(*Forum and Century*),83卷,373—379页。

此文系同J.墨菲(Murphy)和J. W. N.苏理文(Sullivan)的对话。

14. 〔关于物理理论的发展——在柏林克劳耳(Kroll)歌剧院的演讲〕

《纽约时报》,1930年6月17日,3页,1—3列。

15. 〔科学和艺术的哲学(访问报道)〕

《纽约时报》,1930年9月14日,第5部分,9页,1—4列。

16.*关于开普勒(*Über Kepler*)。

《法兰克福日报》(*Frankfurter Zeitung*),1930年11月9日,16页,3—4列。

17.*宗教和科学(*Religion and Science*)。

《纽约时报杂志》(*New York Tims Magazine*),1930年11月9日。

《柏林日报》,1930年11月11日。

1931 年

1. R. 德·维拉密耳《牛顿传》序(*Foreword*)。

R. de Villamil:*Newton, the man*,伦敦,Knox出版,第V页。

2.*牛顿《光学》重印本序(*Foreword*)。

爱萨克·牛顿爵士:《光学——论光的反射、折射、拐折和颜色》(Sir Isaac Newton: *Opticks: or A Treatise of the Reflection, Refractions, Inflections and Colour of Light*),1931年,伦敦Bell公司出版,vii-viii页。

3.*麦克斯韦对物理实在概念发展的影响(*Maxwell's influence on the development of the conception of physical reality*)。

《詹姆斯·克拉克·麦克斯韦纪念集》(*James Clerk Maxwell: A Commemoration Volume*),剑桥大学出版社,66—73页。

4.*论科学(*On Science*)。

《宇宙宗教以及其他见解和警句》(*Cosmic Religion, with other Opinions and Aphorisms*),纽约 1931 年版,97—103 页。

5.〔答《耶鲁每日新闻》(1931 年 2 月 2 日)〕

美国《耶鲁每日新闻》(*Yale Daily News*),1931 年 2 月 3 日。

6. 相对论:它的形式内容和目前的问题(*Theory of relativity: Its formal content and its present problems*)。

1931 年 5 月在牛津大学的演讲,全文未发表过,英国《自然》周刊,127 卷,765,790,826—827 页发表了内容摘要。

7.*量子力学中过去和未来的知识(*Knowledge of past and future in quantum mechanics*),同 R. C. 托耳曼(Tolman)和 B. 波多斯基(Podolsky)合著。

美国《物理学评论》(*Physical Review*),2 辑,37 卷,780—781 页。

8. 广义相对论的宇宙学问题(*Zum Kosmologischen Problem der allgemeinen Relativitätstheorie*)。

《普鲁士科学院会议报告,物理学数学类》,1931 年,235—237 页。

9. 对绝对平行的黎曼空间中允许的相容性方程的系统研究(*Systematische Untersuchung über kompatible Feldgleichungen welche in einem Riemannschen Raume mit Fern-Parallelismus gesetzt werden können*),同 W. 迈尔合著。

《普鲁士科学院会议报告,物理学数学类》,1931 年,257—265 页。

10. 引力和电的统一场论(*Einheitliche Theorie von Gravitation und Elektrizität*),同 W. 迈尔合著。

《普鲁士科学院会议报告,物理学数学类》,1931 年,541—557 页。

11. 悼念阿耳伯特·迈克耳孙(*Gedenkworte auf Albert A. Michelson*)。

《应用化学期刊》(*Zeitschrift für angewandte Chemie*),44 卷,658 页。

12.〔1931 年 1 月 15 日在美国加利福尼亚理工学院的演讲〕

美国《科学》周刊,新编,73 卷,379 页。

13.〔同 A. 盖勒(A. Geller)讨论决定论观点的信〕

《纽约时报》,1931 年 1 月 28 日,2 页,2 列。

14.*悼念爱迪生(*Thomas Alva Edison*)。

美国《科学》周刊,新编,74卷,404—405页。

15. 引力场和电场(*Gravitational and eletrical fields*)。

美国《科学》周刊,新编74卷,438—439页。

16.〔物理学家的目的——在柏林天文馆的讲话〕

《纽约时报》,1931年10月5日,11页,4列。

17.*关于测不准关系(*Über die Unbestimmtheitsrelation*)——1931年11月4日在柏林物理学会上的报告(报道)。

《应用化学期刊》,1932年,45卷,23页。

1932 年

1. M.普朗克《科学往何处去?》英译本序(*Proloque*)。

M. Planck:*Where Is Science Going*? 墨菲(J. Murphy)英译,纽约Norton出版,7—12页。

此文同1918年为祝贺普朗克六十岁生日所作的演讲《探索的动机》内容上基本相同。

(该书于1934年上海辛垦书店出过中译本)。

2.*〔关于因果性和自由意志问题同J.墨菲的谈话(*Epiloque: a socratic dialoque, interlocutors, Einstein and Murphy*)〕

同上书,201—213页。作为该书的《跋》。这是1932年6月间同该书译者墨菲所作的谈话。

3.*评理论物理学中问题的提法(*Bemerkungen über den Problemstellungen in der theoretischen Physik*)。

载《埃马诺耳·李布曼纪念集》(*Emanuel Libman Anniversary Volumes*),第一集,纽约国际出版社版,363—364页。

4.《宇宙建设者》序。

Builder of the Universe,洛杉矶美国图书协会出版,9—10页。

5.*〔对洛杉矶加利福尼亚大学学生的演讲(1932年2月)〕

《宇宙建设者》,91—96页。

这篇演讲内容同1932年1月15日在纽约对哥伦比亚大学的演讲完全

一样，后者收在《我的世界观》里。

6. 宇宙的膨胀同平均密度之间的关系(*On the relation between the expansion and the mean density of the universe*)，同 W. 德席特合著。

   美国《科学院院刊》(*National Academy of Sciences, Proceedings*)，18 卷，213—214 页。

7. *祝贺柏林内尔博士七十岁生日(*Zu Dr. Berliners siebzigstem Geburtstag*)。

   《自然科学》周刊，20 卷，913 页。

8. 相对论现状(*Gegenwärtiger Stand der Relativitätstheorie*)。

   《源泉》(*Die Quelle*)，82 卷，440—442 页。

   该杂志以前名为《教学法指南》(*Pädagogischer Führer*)。

9. 引力和电的统一场论(续篇)，同 W. 迈尔合著。

   《普鲁士科学院会议报告，物理学数学类》，1932 年，130—137 页。

10. 半矢量和旋量(*Semi-Vektoren und Spinoren*)，同 W. 迈尔合著。

    《普鲁士科学院会议报告，物理学数学类》，1932 年，522—550 页。

11. 〔在纽约市立学院斯宾诺莎纪念会上宣读的信〕

    《纽约时报》，1932 年 11 月 24 日，27 页，8 列。

1933 年

1. *《理论物理学的方法》(*On the Method of Theoretical Physics*)，1933 年 6 月 10 日在牛津大学的演讲。牛津 Clarendon 出版，共 15 页。

2. *《广义相对论的来源》(*Origins of the General Theory of Relativity*)，1933 年 6 月 20 日在英国格拉斯哥大学的演讲。格拉斯哥 Jackson 出版，共 11 页。

3. 半矢量的狄拉克方程(*Dirac Gleichungen für Semi-Vektoren*)，同 W. 迈尔合著。

   《阿姆斯特丹科学院院刊》(*Akadmie van wetenschappen, Amsterdam, Proceedings*)，36 卷，第二部，615—619 页，1934 年。

4. 把最自然的半矢量场方程分解为狄拉克型的旋量方程(*Spaltung der natürlichsten Feldgleichungen für Semi-Vektoren in Spinor-Gleichungen*

vom Diracschen Typus)，同 W. 迈尔合著。

《阿姆斯特丹科学院院刊》，36 卷，第二部，615—619 页。

5. 宇宙的空间结构(*Sur la Structure cosmologiqüe de l'Espace*)。

见法文《爱因斯坦文选》，巴黎 Hermann et Cie 出版，1933 年，99—109 页。

1934 年

1. 《我的世界观》(*Mein Weltbild*)，阿姆斯特丹 Querido 出版，共 269 页。

这是截至 1933 年上半年的爱因斯坦文集，由他的女婿鲁道夫·凯泽尔(Rudolph Kayser)用笔名"J. H."选编的。共收集 83 篇文章，分 5 个部分：科学，犹太教，1933 年的德国，政治和和平主义，我的世界观。全部文章都未注明出处，其中有不少是以前从未发表过的。

此书 1937 年上海文化生活出版社出过中译本，译者叶蕴理。

2. L. 英费耳德《现代科学中的世界：物质和量子》序。

L. Infeld: *The World in Modern Science: Matter and Quanta*，伦敦 Gollancz 出版，5—6 页。

该书在三十年代出过两个中译本(分别由商务印书馆和开明书店出版)。

3. *保耳·埃伦菲斯特的工作及其为人。

《莱顿大学生联合会年鉴》(*Almanak van het Leidsche Studentencorps*)，荷兰莱顿 S. C. Doesburg 出版。

4. 把半矢量表现为带有特殊微分性质的普通矢量(*Darstellung der Semi-Vektoren als gewöhnliche Vektoren von besonderem Differentiations Charakter*)，同 W. 迈尔合著。

美国《数学杂志》(*Annals of Mathematics*)，2 辑，35 卷，104—110 页。

5. 〔评介〕R. 托耳曼《相对论、热力学和宇宙学》(*R. Tolman: Relativity, Thermodynamics and Cosmology*)。

美国《科学》周刊，新编，80 卷，358 页。

6. 〔对 P. H. 菲尼克斯(Phenix)的高级学位论文《转动的绝对意义》的赞扬〕

《纽约时报》，1934 年 7 月 26 日，21 页，7 列。

7. 悼念天文学家 W. 德西特博士(*Tribute to Dr. W. de Sitter as an astronomer*)。

《纽约时报》,1934 年 11 月 22 日,21 页,1 列。

1935 年

1. 质能相当性的初浅推导(*Elementary derivation of the equivalence of mass and energy*)。

《美国数学会通报》(*American Mathematical Society, Bulletin*),41 卷,223—230 页。

系 1934 年 12 月 28 日在美国科学协进会上的演讲。

2.*能认为量子力学对物理实在的描述是完备的吗?(*Can quantummechanical description of physical reality be considered complete?*)同波多耳斯基(B. Podolsky)和罗森(N. Rosen)合著。

美国《物理学评论》,2 辑,47 卷,777—780 页。

3. 广义相对论中的粒子问题(*The particle problem in the general theory of relativity*),同 N. 罗森合著。

《物理学评论》,2 辑,48 卷,73—77 页。

4. 悼念居里夫人。

《纽约时报》,1935 年 1 月 24 日,21 页,5 列。

5. 〔爱因斯坦攻击量子论〕

报道爱因斯坦—波多耳斯基—罗森的论文。

《纽约时报》,1935 年 5 月 4 日,星期版,11 页,11 列。

6. 〔爱因斯坦声明,驳斥 5 月 4 日《纽约时报》的报道〕

《纽约时报》,1935 年 5 月 7 日,5 列。

7. 〔为西蒙·纽科姆(Simon Newcomb)纪念碑揭幕典礼祝辞〕

《纽约时报》,1935 年 8 月 31 日,28 页,6 列。

8.*科学和社会(*Science and society*)。

美国《科学》周刊,1935—1936 年冬季特刊。

9.*〔关于量子力学描述的完备性问题给卡尔·波普的信〕

写于 1935 年 9 月 11 日,发表于泡培尔的《科学发现的逻辑》(Karl R.

Popper: *The Logic of Scientific Discovery*),纽约基本图书公司(Basic Book),1959 年版,457—464 页。

10.*悼念玛丽·居里。(1935 年 11 月 23 日在纽约居里夫人悼念会上的演讲。)

《晚年集》,227—228 页。

1936 年

1.*物理学和实在(*Physik und Realität*)。

美国《富兰克林研究所学报》(*Journal of Franklin Institute*),221 卷,313—382 页。德文和英译对照,由 J. Picard 英译。

2. 评佩奇(Page)教授的相对论的扩充和 L. 西耳伯斯坦(Silberstein)博士对相对论的批评。

《纽约时报》,1936 年 2 月 8 日,13 页,8 列。

3. 关于相对论不考虑以太的说明。

《纽约时报》,1936 年 3 月 1 日,第 10 部分,6 页,2 列。

4. 驳斥 L. 西耳伯斯坦在《物理学评论》(49 卷,268—270 页)上攻击相对论的公开信。

《纽约时报》,1936 年 3 月 7 日,10 页,1 列。

5. 广义相对论中的二体问题(*Two-body problem in general relativity theory*),同 N. 罗森合著。

《物理学评论》,2 辑,49 卷,404—405 页。

6. 由于引力场中光的偏转,星体有像透镜一样的作用(*Lens-like action of a star by deviation of light in the gravitational field*)。

美国《科学》周刊,84 卷,506—507 页。

1937 年

1.*论引力波(*On gravitational waves*),同 W. 罗森合著。

《富兰克林研究所学报》,223 卷,43—54 页。

2.*引力方程和运动问题(*The gravitational equations and the problems of motion*),同 L. 英费耳德和 B. 霍夫曼(Hoffmann)合著。

美国《数学杂志》,2 辑,39 卷,(1938 年)65—100 页。

(此文完成于 1937 年 6 月。)

1938 年

1. *《物理学的进化:从早期概念到相对性和量子各种观念的成长》(*The Evolution of Physics*: *The Growth of Ideas From Early Concepts to Relativity and Quanta*),同 L. 英费耳德合著,剑桥大学和纽约 Simon and Schuster 出版,共 X+319 页。德文本同时在莱顿出版。

   此书写于 1937 年 3—9 月,实际上是由英费耳德计划和执笔的,爱因斯坦只不过参加提纲的讨论,并且在听取英费耳德逐篇读了初稿后提出一些修改意见,此外未作更多的过问。

   该书曾于 1947 年由商务印书馆出过中文节译本(刘佛年节译),1962 年上海科学技术出版社又出版了周肇威的译本。

2. 卡鲁查电学理论的推广(*Generalization of Kaluza's theory of electricity*),同 P. G. 柏格曼(Bergmann)合著。

   美国《数学杂志》,2 辑,39 卷,683—701 页。

3. 〔关于 H. E. 爱弗斯(Ives)对相对论的新证明(访问报道)〕

   《纽约时报》,1938 年 4 月 27 日,25 页,2 列。

1939 年

1. 由多个有引力的物体组成的球对称的静止体系(*On a stationary system with spherical Symmetry consisting of many gravitating masses*)。

   美国《数学杂志》,2 辑,40 卷,922—936 页。

2. 〔关于广包一切物理现象的定律以及世界科学联合问题的复信〕

   《纽约时报》,1939 年 3 月 14 日,1 页,3 列。

3. 〔60 岁生日发表的声明,论美国的科学精神〕

   美国《科学》周刊,89 卷,242 页。

4. 〔在参观纽亚克(Newark)飞机场时对无线电高度仪的解释〕

   《纽约时报》,1939 年 3 月 23 日,25 页,6 列。

5. 〔为纽约世界展览会所作的关于宇宙线的演讲〕

《纽约时报》,1939 年 5 月 1 日,6 页,5 列。

6.*引力方程和运动问题(续篇),同 L. 英费耳德合著。

《数学杂志》,2 辑,1940 年,41 卷,455—464 页。

(此文完成于 1939 年 5 月。)

1940 年

1.*科学和宗教(*Science and religion*)。

《第一届科学、哲学和宗教会议》(*Conference on Science, Philosophy, and Religion, 1st*),纽约,1941 年出版,209—214 页。

这是 1940 年 9 月间在美国"科学、哲学和宗教同民主生活方式的关系讨论会"第一届会议上的演讲。

《纽约时报》,1940 年 9 月 11 日,30 页,2 列。

《自然》周刊,146 卷,605—607 页。

2.〔关于铀核分裂问题给萨克斯(Alexander Sachs)的信〕

写于 1940 年 3 月 7 日,见美国参议院原子能小组委员会 1946 年出版的《根据参议院第 179 条决议所听取的汇报》(*Hearings pursuant to Senate Resolution* 179),16—17 页。

《爱因斯坦论和平》,299—300 页。

3.〔给铀问题顾问委员会主席布立格斯(Lyman J. Briggs)的信〕

写于 1940 年 4 月 25 日,见上述美国参议院的汇报,19—20 页。

《爱因斯坦论和平》,300—301 页。

4.*关于理论物理学基础的考查(*Considerations concerning the fundamentals of theoretical physics*)。

美国《科学》周刊,新编 91 卷,487—492 页。

此文系 1940 年 5 月 15 日在华盛顿"第八次美国科学会议"上的演讲。

1941 年

1. 关于引力和电的五维表示(*On the five-dimensional representation of gravitation and electricity*),同 V. 巴格曼(Bargmann)和 P. G. 柏格曼(Bergmann)合著。

《特奥多尔·冯·卡尔曼60寿辰纪念集》(*Theodore von Karman Anniversary Volume*),帕萨第那,加利福尼亚理工学院出版,212—225页。

2.*科学的共同语言(*The common language of science*)。

《科学进步》(*Advancement of Science*),2卷,5期。

这是1941年9月28日为伦敦科学讨论会所作的广播讲话。

3. 证明没有奇点、总质量不等于零的引力场是不存在的(*Demonstration of the non-existence of gravitational fields with a non-Vanishing total mass free of singularities*)。

阿根廷《土库曼大学学报》(*Tucumán universidad nac., Revista*),A辑,2卷,11—16页。

此文系1941年12月29日在普林斯顿为美国物理学会和美国物理教师联合会的联合会议所作的讲话。

1942 年

1. P. G. 柏格曼:《相对论引论》序。

Peter G. Bergmann: *Introduction to the theory of relalivity*,纽约Prentice-Hall出版,第V页。

此书人民教育出版社1961年出过中译本,译者为周奇和郝苹。

2.*伐耳特·能斯特的工作及其为人(*The work and personality of Walter Nernst*)。

美国《科学月刊》(*Scientific Monthly*),54卷,195—196页。

3.*爱萨克·牛顿(*Isac Newton*)。

英国《曼彻斯特卫报》(*The Manchester Guardian*),1942年12月25日。

1943 年

1. 相对论性的场方程不存在正则的注定解(*On the non-existence of regular Stationary solutions of relativistic field equations*),同W. 泡利(Pauli)合著。

美国《数学杂志》,2辑,44卷,131—137页。

1944 年

1.*论伯特兰・罗素的认识论(*Remarks on Bertrand Russell's theory of knowledge*)。

《伯特兰・罗素的哲学》(*The Philosophy of Bertrand Russell*),希耳普(Paul A. Schilpp)编,埃凡斯顿(Evanston)西北大学出版("当代哲学家丛书"第 5 种),277—291 页。

2. 二重矢量场(*Bivector fields*)。

分两篇,第一篇同 V. 巴格曼(Bargmann)合著。

美国《数学杂志》,2 辑,45 卷,1—23 页。

1945 年

1.*〔给 J. 阿达马的复信:关于数学领域的创造心理〕

阿达马(Jacques S. Hadamard)著《论数学领域中的创造心理》(*An Essay on the Psychology of Invention in the Mathematical Field*),普林斯顿大学出版,142—143 页。

2.*关于宇宙学问题的评注(*On the cosmological problem*)。

为《相对论的意义》第二版的附录。

《美国学者》(*American Scholar*),14 卷,137—156 页;更正 269 页。

3.*〔关于哲学和科学问题同 A. 施特恩的谈话〕

纽约《当代犹太纪录》(*Contemporary Jewish Record*),8 卷,3 期(1945 年 6 月出版)。

阿耳弗雷德・施特恩的文集《意义的探索》(Alfred Stern: *The Search for Meaning*),孟菲斯大学出版社,1971 年,55—59 页。

4. 相对论性引力论的推广(*Generalization of the relativistic theory of gravitation*)。

美国《数学杂志》,2 辑,46 卷,578—584 页。

5.*空间膨胀对于单个星体周围引力场的影响(*Influence of the expansion of space on the gravitation fields surrounding the individual stars*),同 E. G. 斯特劳斯(Straus)合著。

美国《现代物理学评论》(*Reviews of Modern Physics*),17 卷,120—124 页;18 卷,148—149 页上有更正和增补。

6.〔关于太阳能和原子能的解释(访问报道)〕

《纽约时报》,1945 年 8 月 12 日,29 页,3 列。

7.〔关于太阳能的利用〕

《纽约时报》,1945 年 8 月 14 日,18 页,3 列。

1946 年

1.*自述(*Autobiographisches*)。

《阿耳伯特·爱因斯坦:哲学家——科学家》(*Albert Einstein: Philosopher-Scientist*),希耳普(Paul Arthur Schilpp)编,纽约 Tuder 出版公司,1949 年版,1—95 页。

2.*R. 凯泽尔的《斯宾诺莎:一位精神英雄的形象》序。

Rudolf Kayser: *Spinoza: Portrait of a Spiritual Hero*,纽约哲学丛书版,ix—xi 页。

3. 相对论性引力论的推广(续篇),同 E. G. 斯特劳斯合著。

美国《数学杂志》,2 辑,47 卷,731—741 页。

4.*质能相当性的初浅推导(*An elementary derivation of the equivalence of mass and energy*)。

海发(Haifa)希伯来工学院美国协进会刊《技术杂志》(*Technion Journal*,在纽约出版),5 卷,16—17 页。

此文同 1935 年发表的那篇内容不同。

5.*$E=mc^2$:我们时代最迫切的问题($E=mc^2$: *the most urgent problem of our time*)。

美国《科学画刊》(*Science Illustrated*),1 卷,1 期(4 月号),16—17 页。

1947 年

1. 相对论:时间、空间和物质(*Relativity: time, space and matter*)。

《格罗列百科全书》(*Grolier Encyclopedia*),第 9 卷,19 页,“爱因斯坦的相对论”(*Einstein's theory of relativity*)条目中。

该书系纽约的格罗列学会出版，1947 年（实际上是 1948 年出版）。

2.*〔悼念〕保耳·朗之万（Paul Langevin）。

法国《思想》杂志（*La Pensée: revue du rationlisme moderne*），新编，12 期，13—14 页。

1948 年

1.*相对性：相对论的本质（*Relativity: essence of theory of relativity*）。

《美国人民百科全书》（*American Peoples Encyclopedia*）第 16 卷，604—608 列。该书系芝加哥 Spencer 出版。

2. 巴乃特《宇宙和爱因斯坦博士》序。

Lincoln Barnett: *The Universe and Dr. Einstein*，纽约 Sloane 出版。

此书上海科学技术出版社 1956 年出过中译本，名《爱因斯坦与相对论》，译者任鸿隽。

3. 〔原子科学读物目录〕

《年鉴》（*Magazine of the Year*），1948 年 1 月出版，60—61 页。

爱因斯坦选了六种，并加以说明。

4.*量子力学和实在（*Quantenmechanik und Wirklichkeit*）。

苏黎世《辩证法》（*Dialectica*）季刊，2 卷，320—324 页。

5. 广义引力论（*A generalized theory of gravitation*）。

《现代物理学评论》，20 卷，35—39 页。

6.*悼念麦克斯·普朗克（*Max Planck in memoriam*）。

1948 年 4 月在普朗克追悼会上的讲话。见《晚年集》229—230 页。

1949 年

1.*〔对批评的回答〕

《阿耳伯特·爱因斯坦：哲学家-科学家》（*Albert Einstein: Philospher-Scintist*），希耳普（Paul Arthur Schilpp）编，纽约 Tudor 出版，665—688 页。

2.*卡罗拉·包姆加特编译《约翰内斯·开普勒的生平和书信》序。

Garola Baumgardt: *Johannes Kepler: Life and Letters*，1951 年纽约哲

学丛书版,9—13 页。

3. 广义相对论中的粒子运动(*On the motion of particles in general relativity theory*),同 L. 英费耳德合著。

《加拿大数学杂志》(*Canadian Journal of Mathematics*),3 卷,209—241 页。

4. 悼念 M. 普朗克。

《应用化学期刊》(*Angew. Chemie*),61 卷,113 页。

5. 〔关于柯恩(M. R. Cohen)的著作〕

1949 年 11 月 15 日在纽约市立学院"柯恩纪念基金会"上的讲话。

《纽约时报》,1949 年 11 月 17 日。

1950 年

1. 《晚年集》(*Out of My Later Years*)。

纽约哲学图书公司出版,共收集了 1933 年至 1950 年间 60 篇文章,其中有关科学的 18 篇。

2. *P. 弗朗克:《相对论——一个丰富多彩的真理》序。

Philipp Frank: *Relativity—A Richer Truth*,波斯顿 Beacon 出版。

《晚年集》中标题为"科学定律和伦理定律"。

3. 广义引力论(*Generalized theory of gravitation*)。

为《相对论的意义》第三版的附录二。

4. 塞利希·亥希特《浅释原子》序。

Selig Hecht: *Explaining the Atom*,伦敦 Lindsay Drummond 出版。

5. *〔关于迈克耳孙实验、相对论起源等问题同 R. S. 香克兰德的谈话〕

见《美国物理学期刊》(*American Journal of Physics*)1963 年 1 月号(31 卷,47—57 页)香克兰德(R. S. Shankland)的报道《同爱因斯坦的谈话》。该文所报道的谈话共有 5 次,时间在 1950—1954 年间。

6. *关于广义引力论(*On the generalized theory of gravitation*)。

《科学的美国人》(*Scientific American*),182 卷,4 期,13—17 页。

7. *〔关于"实在"问题给 H. L. 塞缪耳的信〕(1950 年 10 月 13 日)。

塞缪耳子爵(Herbert Louis Samuel):《论物理学》(*Essay in Physics*),

牛津 Basil Blackwell 1951 年出版。

8. 广义引力论中的毕安基恒等式(*The Bianchi identities in the generalized theory of gravitation*)。

《加拿大数学杂志》2 卷,120—128 页。

9.*物理学、哲学和科学进步(*Physics, philosophy and scientific progress*)。

《国际外科医学院学报》(*Journal of the International College of Surgeons*),14 卷,755—758 页。

此文系 1950 年 11 月 3 日在该校讲话的记录。

1951 年

1.*D. D. 汝内斯编《斯宾诺莎词典》序。

Dagobert D. Runes:*Spinoza Dictionary*,纽约哲学图书公司出版。

2. 量子论的诞生(*The advent of the quantum theory*)。

美国《科学》周刊,113 卷,82—84 页。

此文系 1949 年发表的《自述》中的一个片断。

3. 物理学的哲学构架(*Philosophischer Rahmen der Physik*)。

《文汇》(*Universitas*),6 卷,319—322 页。

1952 年

1.*关于一些基本概念的绪论(*Einleitende Bemerkungen Über Grundbegriffe*)。

《物理学家和思想家路易·德布罗意》(*Louis de Broglie, Physicien et Penseur*),巴黎 Albin Michel 出版,4—15 页。

2. 广义引力论现状(*Sur l'état actuel de la théorie générale de la gravitation*),同 B. 考夫曼(Bruria Kaufman)合著。

同上书,321—336 页。

3. 相对论性群的推广〔附录〕(*Extension du Groupe Relativiste〔Appendice〕*)。

同上书,337—342 页。

4.*相对论和空间问题(*Relativity and the problem of space*)。

为《狭义与广义相对论浅说》英译本第 15 版(1954 年出版)的附录五。*Relativity, the Special and the General Theory: A Popular Exposition*. R. W. Lawson 英译,伦敦 Muthuen 1954 年版,135—157 页。

5. *《狭义与广义相对论浅说》英译本第 15 版说明。

同上书,vi 页。

6. *〔关于广义引力论的实验问题——答《通俗科学月刊》一读者的信〕

美国《通俗科学月刊》(*Popular Science Monthly*),160 卷,4 期,18 页。

7. 〔为一女学生解答几何问题〕

《纽约时报》,1952 年 5 月 16 日,1 页,4—6 列,20 页,4 列;5 月 17 日,40 页,6—7 列。

8. *〔纪念迈克耳孙诞辰一百周年的贺信〕

英国《自然》周刊,1953 年,171 卷,101 页。

1953 年

1. 《我的世界观》(*Mein Weltbild*),卡尔·塞利希(Carl Seelig)编,苏黎世 Europa 出版社。

这本爱因斯坦文集系以 1934 年出版的《我的世界观》和 1950 年出版的《晚年集》为基础选辑而成。

2. *伽利略《关于托勒玫和哥白尼的两大世界体系的对话》英译本序。

Galileo Galilei: *Dialogue Concerning the Two Chief World Systems—Ptolemaic and Copernican*, S. Drake 英译,柏克利和洛杉矶,加利福尼亚大学出版社,vi—xx 页。

3. *M. 雅梅《空间概念》序。

Max Jammer: *Concepts of Space—The History of Theories of Space in Physics*,哈佛大学出版社,1954 年版,xi—xvi 页。

4. *关于量子力学基础的解释的基本见解(*Elementare Überlegungen zur Interpretation der Grundlagen der Quanten-Mechanik*)。

《赠给麦克斯·玻恩的科学论文集,为纪念他从爱丁堡大学台特自然哲学讲座退休》(*Scientific Papers Presented to Max Born, on his retirement from the Tait Chair of Natural Philosophy in the University of Edinburgh*)，爱丁堡 Oliver and Boyd 和纽约 Hafner 出版，33—40 页。

5.*〔西方科学的基础与古代中国无缘〕——1953 年 4 月 23 日给斯威策(J. S. Switzer)的信〕

A.C. 克龙比编：《科学的变迁》(A. C. Crombie：*Scientific Change*)，伦敦 Heinemann1963 年出版，142 页。

6.*创造者 H. A. 洛伦兹及其为人。

为 1953 年在荷兰来顿举行的洛伦兹诞生一百周年纪念会写的祝词。

见 1953 年瑞士版的《我的世界观》。

7.〔论爱丁顿的工作，1953 年 4 月 3 日给 A. V. 道格拉斯(Douglass)的信〕

A. V. 道格拉斯：《爱丁顿传》(*The Life of Arthur Standley Eddington*)，爱丁堡 Nelson 出版，56 页。

8. 评对统一场论的批评(*A comment on a criticism of unified field theory*)。

《物理学评论》，89 卷，312 页。

9.〔爱因斯坦提出关于宇宙统一定律的新理论(报道)〕

《纽约时报》，1953 年 3 月 30 日，1 页 2，4 列；15 页，2—3 列。

10.*哥白尼逝世 410 周年纪念会上的讲话。

1953 年 12 月在纽约哥伦比亚大学的纪念晚会上的讲话。

《思想和见解》，359—360 页。

1954 年

1.《思想和见解》(*Ideas and Opinions*)，纽约 Crown 出版公司版，共 377 页。

此书系以 1953 年卡尔·塞利希编的《我的世界观》为基础，并增补一些新材料，由松雅·巴格曼(Sonja Bargmann)英译和校订。

共选译了 122 篇文章，其中有关科学的 30 篇。

2.*非对称场的相对性理论(*Relativistic theory of the non-symmetric field*)，同 B. 考夫曼合著。

是《相对论的意义》第三版附录二"广义引力论"的彻底订正，作为该书第五版(1955 年出版)的附录二。

3. 非对称场的相对性理论中场的代数性质(*Algebraic properties of the field in the relativistic theory of the asymetric field*),同B.考夫曼合著。

美国《数学杂志》,2辑,59卷,230—244页。

4.*〔关于迈克耳孙实验同相对论的关系问题给达文波特(F. G. Davenport)的信〕

美国《爱西斯》杂志(*Isis*),1969年,60卷,第2期,194页。

1955年

1. 德布罗意《物理学和微观物理学》序。

Louis de Broglie:*Physics and Microphysics*, Martin Davidson 英译,纽约 Pantheon 出版,第7页。

2. 广义相对论性场方程的新形式(*A new form of the general relativistic field equations*),同B.考夫曼合著。

《数学杂志》,2辑,62卷,128—138页。

3. 〔为原子能欢呼(报道)〕

《纽约时报》,1955年4月20日,24页,3列。

4.*自述片断(*Autobiographisches Skizze*)。

1955年3月为《瑞士大学学报》(*Schweizerische Hochschulzeitung*)苏黎世联邦工业大学成立一百周年纪念专号所写。见1956年出版的爱因斯坦纪念文集《光明的时代——黑暗的时代》(*Hell Zeit-Dunkle Zeit: In memoriam Albert Einstein*),卡尔·塞利希编,苏黎世 Europa 出版社,9—17页。

5.*〔关于科学史和科学家的谈话〕

1955年4月3日同I. B. 柯恩(Cohen)的谈话。

《科学的美国人》(*Scientific American*),1955年7月号,69—73页。

1956年

1.*《给莫里斯·索洛文的通信集(1906—1955)》(*Lettres à Maurice Solovine*),巴黎 Gauthier-Villars 出版。

本书共收集54封信,全部是德文原信的照相版和法译文的对照。

柏林德国科学出版社 1960 年又出了新版本，书名《*Brief an Mau-rice Solovine*》。

（本文集选译了其中 10 封信。）

1963 年

1. *薛定谔、普朗克、爱因斯坦、洛伦兹《关于波动力学通信集》(Schrödinger, Planck, Einstein, Lorentz: *Briefe zur Wellenmechanik*)，奥地利科学院普许布拉姆(K. Przibram)编，维也纳 Springer 出版。

   书中有爱因斯坦给薛定谔讨论波动力学的信 7 封，写信的日期是：1926 年 4 月 16 日，1926 年 4 月 22 日，1926 年 4 月 23 日，1926 年 4 月 26 日，1928 年 5 月 31 日，1939 年 8 月 9 日，1950 年 12 月 22 日。（本文集选了其中第一封信和最后三封信）。本书有英译本，由 M. J. Klein 译，书名《*Letters on Wave Mechanics*》，1967 年纽约哲学图书公司出版。

1965—1967 年

1. 《爱因斯坦科学著作集》(*Альберт Эйнштейн Собрание Научных Трудов*)，俄文版，共 4 卷，塔姆(И. Е. Тамм)、斯摩罗金斯基(Я. А. Смородинский)，库兹涅佐夫(Б. Г. Кузнецов)编，莫斯科科学出版社出版。共收 324 篇文章。

1968 年

1. *《爱因斯坦和索末非通信集》(Albert Einstein, Annold Sommerfeld: *Brief-Wechsel*)，赫尔曼(Armin Hermann)编注，瑞士巴塞尔(Basel)和德国斯图加特(Stuttgart) Schuabe 公司出版。本书共收集 1912 年至 1954 年间 61 封信，其中 30 封是爱因斯坦写的(本文集选译了其中 5 封信)。

1969 年

1. *《爱因斯坦和玻恩夫妇通信集(1916—1955)》(A. Einstein, Hedwig und Max Born: *Brief wechsel*, 1916—1955)，慕尼黑 Nymphenburger 出版。

本书共收集 117 封信，其中 57 封是爱因斯坦写给玻恩夫妇的（本文集选译了其中 14 封信）。由麦克斯·玻恩编辑并注释，卷首有海森伯和罗素写的序。

本书有英译本，由 M. 波恩的女儿伊雷娜·玻恩（Irene Born）译，书名《*The Born-Einstein Letters*》，1971 年伦敦 Macmillan 出版。

1970—1972 年

1.《爱因斯坦选集》（アインシユタイン选集），日文版，汤川秀树主编，东京共立出版株式会社出版。共 3 卷。第一卷：狭义相对论、量子论、布朗运动，19 篇论文。第二卷：广义相对论和统一场论，19 篇论文。第三卷：爱因斯坦及其思想，114 篇文章。三卷共 152 篇著作。

1972 年

1.*《爱因斯坦和贝索通信集，1903—1955 年》（Albert Einstein; Michele Besso: *Correspondance* 1903—1955），P. 斯佩齐阿利（Pierre Speziali）编，巴黎 Hermann 出版。lxiv＋559 页，共收集 229 封信，其中爱因斯坦写给贝索的信 110 封，贝索写给爱因斯坦的信 119 封，全部是德文和法文对照的。本文集选译了爱因斯坦写的 58 封信。

1975 年

1.*〔爱因斯坦给德西特的信〕，卡拉·卡恩（Carla V. Kahn）和弗朗兹·卡恩（Franz Kahn）夫妇报道。

荷兰《自然技术》（*Naturren Techniek*），1975 年 5 月号。

英国《自然》（*Nature*）周刊，257 卷，451—454 页。

这批信件是 1974 年发现的，共 17 件，其中 16 件写于 1916—1918 年，1 件写于 1933 年。

二 社会政治言论及其他

1914 年

1.*告欧洲人书。

1914 年 10 月中旬由尼可拉(G. F. Nicolai)起草,签名者只有尼可拉、爱因斯坦和另外二人。该宣言最初发表在尼可拉于 1916 年出版的《战争的生物学》(*Die Biologie des Krieges*,苏黎世 Orell Füssli 出版)一书中。也见于爱因斯坦文集《反战斗争》(1933 年出版)5—7 页,《爱因斯坦论和平》(1960 年出版)4—6 页。

1915 年

1.*〔为反战斗争给罗曼·罗兰(Romain Rolland)的信〕

写于 1915 年 3 月 22 日,论和平问题。

《反战斗争》,8 页。

《爱因斯坦论和平》,13 页。

1918 年

1.*〔给母亲的明信片〕

写于 1918 年 11 月 11 日,欢呼德国十一月革命的胜利。

《爱因斯坦论和平》,24 页。

2.*〔我们的共同目的是民主〕

1918 年 11 月 13 日对柏林大学学生的讲话。

《爱因斯坦论和平》,25—26 页。

1919 年

1.〔在战后第一个公开访问柏林的法国人的欢迎会上的讲话〕

1919 年 12 月 16 日由“新祖国同盟”主办，欢迎保耳·柯兰(Paul Coline)。

《爱因斯坦论和平》，38 页。

2.〔抗议“协约国”对俄国的“饥饿封锁”的声明〕

1919 年秋季。

1920 年

1.〔给挪威学生联合会的信〕

写于 1920 年 9 月 9 日，论国际合作。

《爱因斯坦论和平》，40 页。

2.〔给“德国增进社会和科学关系俱乐部”的复信〕

写于 1920 年 9 月。

《爱因斯坦论和平》，41 页。

3.〔给黑尼希(Hänisch)博士信，讲他对柏林的热爱〕

《纽约时报》(*New York Times*)，1920 年 11 月 21 日，第 2 部分，10 页，5 列。

1921 年

1.〔沙文主义和国际主义(访问对话)〕

《纽约晚邮报》(*New York Evening Post*)，1921 年 3 月 6 日。

2.〔在美国科学院欢迎会上的讲话〕

《纽约时报》，1921 年 4 月 27 日，21 页，2 列。

3.〔关于在美国的反德态度的谈话〕

《纽约时报》，1921 年 7 月 2 日，3 页，5 列。

4.*〔访美印象〕

《柏林日报》(*Berliner Tageblatte*)，1921 年 7 月 7 日，2 页。

5. 美国的科学生活。

《纽约时报》，1921 年 7 月 31 日，第三部分，4 页，3 列。

6.〔论教育〕

英国《民族和学园》杂志(*Nation and Athenaeum*)，30 卷，378—379 页。

7.〔国家主义是一种幼稚病〕

《星期六晚邮报》,1921 年 10 月 26 日。《反战斗争》,22—23 页。

8.*约瑟夫·波普-林卡乌斯(*Joseph Popper-Lynkaeus*)。

大概写于 1921 年。

《我的世界观》,英译本,257 页。

1922 年

1.*科学家和爱国主义。

见《和平运动》(*Die Friedensbewegung*),伦兹(Kurtz Lenz)和法毕安(Walter Fabian)编,柏林 Schwetschke 出版。

2.*科学的国际主义。

大概写于 1922 年。

见 1929 年出版的爱因斯坦 50 寿辰庆祝集。

3. 国际团结。

1922 年 6 月 11 日在德国和平联盟 15 个组织会议上的讲话。

《反战斗争》,11—13 页。

4. 书本上的战争观念。

1922 年 4 月 9 日参观法国欧战破坏区时的谈话。

巴黎《画报》(*L'illustration*),1922 年 4 月 15 日。

《反战斗争》,8—9 页。

5.*〔悼念伐耳特·拉特瑙(*In Memorian Walther Rathenau*)。

柏林《新评论》杂志(*Neue Rundschau*),33 卷,第二部,815—816 页。

6. 德国的状况(*Conditions in Germany*)。

给布雷耳斯福德(H. N. Brailsford)的信。

美国《新共和》杂志(*New Republic*),32 卷,197 页。

1923 年

1. 我对巴勒斯坦的印象(*My impressions of Palestine*)。

纽约《新巴勒斯坦》杂志(*New Palestine*),4 卷,341 页。

2.〔向国际联盟辞去知识界合作委员会职务的信〕

《保卫和平》杂志(*Die Friedenswarte*),1923 年 6 月号。

《反战斗争》,14 页。

1924 年

1. 〔关于国际联盟〕

《法兰克福时报》(*Frankfurter Zeitung*),1924 年 8 月 29 日。

《爱因斯坦论和平》,70—71 页。

2. 致波兰犹太人(*An die polnische Judenheit*)。

《莱比锡犹太报》(*Leipziger jüdische Zeitung*),第 3 卷,第 46 号。

1925 年

1. 〔支持德国共产党呼吁释放政治犯的声明〕

柏林《西方世界》(*Welt am Abend*),1925 年 1 月 6 日。

《反战斗争》,26 页。

《爱因斯坦论和平》,74 页。

2. 使命(*Botschaft*)。

柏林《犹太评论》(*Jüdische Rundschau*),30 卷,129 页,(14 号,2 月 17 日),转载自法国《犹太评论》杂志(*La Revue juive*)。

3. 起程和赠言(*Ein Wort auf den Weg*)——为耶路撒冷希伯来大学开创的贺词。

《犹太评论》杂志,30 卷,245 页(27—28 号,3 月 4 日)。

4. 关于理想(*De los ideales*)。

阿根廷《日报》(*La Prensa*),1925 年 4 月 28 日。

5. 〔欧洲迫切需要和平〕

《纽约时报》,1925 年 5 月 17 日,第 9 部分,4 页,5 列。

6. 泛欧主义(*Pan-Europa*)。

《青年日本》(*Das junge Japan*),1 卷,369—372 页。

7. 我们大学的任务(*Mission of our university*)。

《新巴勒斯坦》(*New Palestine*),8 卷,294 页。

1926 年

1.*祝罗曼·罗兰(Romain Rolland)60 寿辰的贺信。

见高尔基等人编的庆祝罗曼罗兰寿辰文集《友谊之书》(*Liber Amicorum*)。

2.〔论伟大(访问报道)〕

《纽约时报》,1926 年 4 月 18 日,第 9 部分,12 页,4 列。

3.〔关于巴勒斯坦问题〕

《新巴勒斯坦》,11 卷,334 页。

4. 知识界合作协会(*The Institute for Intellectual Cooperation*)。

《我的世界观》英文本,198—200 页。

1927 年

1.〔德国要实行殖民政策吗?(访问报道)〕

《欧洲之音》杂志(*Europäische Gespräche*),5 卷,626 页。

2.〔国际和平问题〕

原载《柏林日报》,具体日期不详。

《爱因斯坦论和平》,88—89 页。

3.〔和平主义问题〕

给华尔顿(James B. Wharton)的信。

《纽约世界》(*New York World*),1927 年 9 月 25 日。

4. H. A. 洛伦兹在国际合作事业中的工作。

《我的世界观》英译本 250—254 页。

1928 年

1.*〔达伏斯(Davos)的大学课程〕

1928 年春季在瑞士达伏斯向国际休养青年讲“物理学的基本概念及其最近的变化”时的前言。

《我的世界观》英译本 275—277 页。

2.〔纪念欧战停战十周年〕

“德国保卫人权同盟”机关刊《人权》(*Die Menschenrechte*)3 卷,8 期,1928 年 11 月 11 日。

3. 新年献词。

写于 1928 年 12 月 20 日。

芝加哥《每日新闻》(*Daily News*),1929 年元旦。

1929 年

1.《庆祝五十寿辰……柏林犹太之友桑西诺协会敬献》(*Gelegentliches... zum Fünfzigsten Geburtstag... Dargebracht von der Soncino-Gesellschaft der Freunde des Jüdischen Buches zu Berlin*),共 32 页,收集了一些爱因斯坦的言论和文章。

2.〔无条件拒绝一切战争〕

布拉格《真理》杂志(*Die Wahrheit*),1929 年 2 月 23 日。

《反战斗争》,26 页。

3.〔寿庆答诗〕

《纽约时报》,1929 年 4 月 21 日,第 10 部分,7 页,4—5 列。

写于 1929 年 3 月 14 日。

4.〔和平的本能〕

《基督世纪》杂志(*The Christian Century*),1929 年 7 月号。

《反战斗争》,19 页。

5.〔给阿达马(J. S. Hadamard)信,为绝对和平主义立场辩护〕

写于 1929 年 9 月 24 日。

《爱因斯坦论和平》,100—101 页。

6. 巴勒斯坦纠纷(*Palestine troubles*)。

英国《曼彻斯特卫报》(*Manchester Guardian*),1929 年 10 月 12 日。

7.〔关于爱迪生发明白炽电灯五十周年广播稿〕

《纽约时报》,1929 年 10 月 23 日。

8. G. 斯特雷塞曼的使命(*G. Stresemanns Mission*)。

《南北》(*Nord und Süd*),第 52 年卷,935—954 页。

作为 A. 瓦伦丹:《斯特雷塞曼传》的序言。A. Vallentin, *Stresemann*,

纽约,Smith,1931 年出版。

9.*〔电影的作用〕

1929 年 10 月写给纽约柔日奇(Roerich)博物馆的信。

《反战斗争》,31 页。

10.〔致一青年学者〕

《柏林日报》,1929 年 12 月 25 日,1 页。

11.〔给亥耳帕赫(Hellpach)的信〕

柏林《福斯报》(*Vossische Zeitung*),1929 年。

《我的世界观》英译本 166—168 页。

1930 年

1.《关于犹太复国主义的言论和通信集》(*About Zionism: Speeches and Letters*),列昂·西蒙爵士(Sir Leon Simon)编译,伦敦 Soncino 出版,共 68 页。

系收集在英国《曼彻斯特卫报》,柏林《犹太评论》(*Jüdische Ruudschau*),纽约《新巴勒斯坦》(*New Palestine*),伦敦《犹太纪事》(*Jewish Chronicle*),布拉格《犹太杂志》(*Jüdischer Almanach*)等报刊上有关犹太问题的言论。

2.*安东·赖塞《爱因斯坦传》序。

Anton Reiser,*Albert Einstein: A Biographical Portrait*,纽约 Boni 出版。

按:安东·赖塞是爱因斯坦的女婿鲁道夫·凯泽尔(Rudolph Kayser)的笔名,这本传记是在爱因斯坦同意之下写成的。

3.〔科学和独裁〕

O. 浮士特-巴太格里亚著《独裁的过程》(O. Forst-Battaglia, *Prozess der Diktatur*),苏黎世 Amathea 出版。108 页中引了三行爱因斯坦的言论,但未注明出处。

4.〔关于一国单独裁军的可能性问题〕

《纽约时报》,1930 年 1 月 21 日,5 页,3 列。

《爱因斯坦论和平》,102—103 页。

5. 为和平而斗争的犹太教(*Judentum im Kampfe für den Frieden*)。同 O. 伐塞曼(O. Wassermann)合著。

《莱比锡犹太报》(*Leipziger jüdische Zeitung*),11 卷,3 号,3 页。

6.*〔科学和战争的关系〕

1930 年 5 月答复英国《新世界》(*The New World*)所提的问题。《爱因斯坦论和平》,104 页。

7.〔欢迎世界动力会议(*Welcome to World Power Conference*)〕

柏林《福斯报》,1930 年 6 月 8 日,4 页。

8.〔关于给反战者的赠款〕

哥本哈根《政治》报(*Poliliken*),1930 年 8 月 5 日。

《爱因斯坦论和平》,128—129 页。

9.*〔无线电的社会意义〕

1930 年 8 月 22 日在柏林第七届“德国无线电展览会”开幕典礼上的讲话。

《柏林日报》,1930 年 8 月 22 日晚刊的副刊第 1 页。

10.*失去了的天堂(*Paradise lost*)。

给伦耶尔(Emil Lengyel)的信。

《纽约时报》,1930 年 9 月 14 日。

《反战斗争》,19 页。

《我的世界观》,英译本 260—261 页,但未注明出处。

11.〔在柏林举行的巴勒斯坦工作者国际会议上宣读的书面发言〕

《纽约时报》,1930 年 9 月 27 日,第 2 部,5 页,1 列。

12.*我的信仰(*What I believe*)。

《论坛和世纪》(*Forum and Century*),83 卷,373—379 页(1930 年 10 月号)。

也见于 1931 年出版的《当代哲学》(*Living Philosophies*)3—7 页。(纽约,Simon and Schuster 版)

《我的世界观》中此文题为“我的世界观”。

13.*犹太共同体(*The Jewish Community*)。

1930 年 10 月在伦敦犹太人组织的晚会上的演讲。

《纽约时报》,1930 年 10 月 29 日,12 页,2 列;11 月 2 日,第 9 部分,2 页,1 列。《我的世界观》英译本,157—161 页。

14. 向萧伯纳(G. Bernard Shaw)致敬。

《我的世界观》英译本,278 页。

15. 〔给美国犹太复国主义组织的声明,批评英国犹太复国主义的政策〕

《纽约时报》,1930 年 12 月 3 日,15 页,1 列。

16. *战斗的和平主义(*Militant Pacifism*)。

1930 年 12 月 14 日在纽约为"新历史学会"所作的演讲。

《纽约时报》,1930 年 12 月 21 日,第 9 部分,4 页,1 列(摘要)。

全文发表在纽约《明日世界》(*World Tomorrow*),14 卷,9 页。

17. *〔古巴的印象〕

1930 年 12 月 19 日日记摘要。

《爱因斯坦论和平》,119 页。

1931 年

1. 《宇宙宗教,以及其他方面的见解和箴言》(*Cosmic Religion, with other Opinions and Aphorisms*),纽约 Covici-Friede 出版,共 109 页。

是关于和平主义和犹太哲学的文集。

2. 欧根·雷耳吉斯《人道主义原理》序。

Eugene Relgis: *The Principle of Humanism*,美国新泽西州贝克利高地(Berkeley Heights)Oriole 出版。

3. 为和平牺牲——1931 年 1 月在纽约时对记者发表的谈话

《反战斗争》(1933 年),37—39 页。

4. 〔访问报道〕

《纽约时报》,1931 年 2 月 3 日,8 页,1 列。

5. 〔美国工人与和平问题以及经济危机(同 U. 辛克莱(Sinclair)的对话)〕

纽约《新领袖》(*New Leader*),1931 年 2 月 3 日。

《爱因斯坦论和平》,120—121 页。

6. 〔感谢美国对他的欢迎〕

《纽约时报》,1931 年 3 月 15 日,1 页,2 列。

7.*〔要使科学造福于人类，而不成为祸害〕——1931 年 2 月 16 日对加利福尼亚理工学院学生的演讲。

《纽约时报》，1931 年 2 月 17 日，6 页，3 列。

8.*〔为莫尼冤狱声援〕

1931 年 3 月 18 日给美国受迫害的工人领袖托马斯·莫尼(Thomas Mooney)的信。见《反战斗争》，28 页。

9.〔贡贝耳(Emil J. Gumbel)教授事件〕

1931 年 4 月间的《柏林日报》。

《反战斗争》，29 页。

10.*学术自由——论贡贝耳事件。

写于 1931 年 4 月，见《我的世界观》。

11.〔牧师与和平运动〕

纽约《明日世界》杂志，1931 年 6 月号。

12. 现在是时候了——1931 年 8 月 1 日在里昂反战者国际会议上的书面发言。

《纽约时报》1931 年 8 月 2 日，第 1 部分，3 页，5 列(摘要)。

《反战斗争》，42—44 页。

13.〔给 1931 年 8 月 23 日比利时第克斯木德(Dixmude)十万群众反战大会的贺信〕

《反战斗争》，44—45 页。(标题为“当军备存在的时候……”，《我的世界观》标题则为“行动的和平主义”。)

14.〔关于犹太哲学的谈话(访问报道)〕

《犹太哨兵》(*Jewish Sentinel*)，创刊号(9 月号)，19、44、50 页。

15. 在巴勒斯坦的合作(*Mitarbeit am Palästina-Werk*)。

《莱比锡犹太报》，12 卷，13 期，3 页。

16.*关于 1932 年的裁军会议(*The 1932 Disarmament Conference*)。

纽约《民族》(*Nation*)周刊，133 卷，300 页。1931 年 9 月 23 日出版。

17. 1932 年的裁军会议(*Abrüstungskonferenz, 1932*)。

《卢森堡报》(*Luxemburg Zeitung*)，1931 年 11 月 9 日。

这是 1931 年 9 月 4 日写于柏林的一封信。

18.*主权的限制。

《纽约时报》,1931 年 11 月 22 日。

19.〔德国社会民主党向军国主义妥协〕

1931 年 9 月为德国社会民主党中央机关刊《前进》(*Vorwärts*)而写,但该刊拒绝发表,后改在《火炬》(*Fackel*)杂志上发表。

《爱因斯坦论和平》145 页(摘译)。

20. 德国的意识形态。

《和平前线》(*Die Friedensfront*,“反战者国际”德国支部的机关刊),1931 年 11 月 1 日。

21. 兵役义务和裁军(*Wehrpflicht und Abrüstung*)。

维也纳《新自由报》(*Neue Freie Presse*),1931 年 11 月 22 日,1—2 页。

《我的世界观》中标题为“兵役义务”。

22.*关于建立国际知识界反战团体的倡议——给西格蒙德·弗洛伊德(Sigmund Freud)的信。

《我的世界观》英译本,191—194 页。

1932 年

1. 给布兰达埃斯(Brandeis)法官的贺信(*Message of felicitation to Justice Brandeis*)。

纽约《阿符卡年报》(*Avukah Annual*)1932 年 3 页。(该刊系美国犹太复国主义学生联盟的刊物)。

2.*〔同小洛克菲勒(John D. Rockefeller, Jr.)的谈话〕

美国《自由》(*Liberty*)杂志,1932 年 1 月 8 日。

此系报道[illegible]年前爱因斯坦就研究基金、解决经济危机、和平问题等同石油大王洛克菲勒的谈话,他所提的建议都被拒绝。

3.*给美国黑人的信(*To American Negroes*)

美国《危机》(*The Crisis*,美国“全国有色民族协进会”的机关刊),39 卷,45 页。

《纽约时报》,1932 年 1 月 19 日。

4. 美国和裁军会议。

1932 年 1 月 18 日在辉梯埃(Whittier)学院的演讲。

《我的世界观》英译本,79 页。

5. 文明和危险。

1932 年 1 月 25 日在加利福尼亚理工学院的演讲。

《反战斗争》,53—55 页。

《纽约时报》,1932 年 1 月 26 日第 2 部,13 页,2 列(标题为“论当前经济问题”)。

6.*裁军没有渐进的道路。

1932 年 2 月 1 日在帕萨迪纳对洛杉矶国际关系大学所作的演讲。

美国《世界事务解释者》(*World Affairs Interpreter*),1932 年夏季号。

《反战斗争》,56—57 页。

7.〔1932 年 2 月 2 日在加利福尼亚圣巴巴拉(Santa Barbara)群众大会上的讲话〕

《反战斗争》,57 页。

8.*经济抵制。

1932 年 2 月 27 日在帕萨迪纳对南加利福尼亚十一个大学代表的讲话。

《反战斗争》,57—59 页。

9. 日内瓦的无聊。

1932 年 5 月 23 日于日内瓦列席国际裁军会议后在记者招待会上的谈话。

《反战斗争》,60—63 页。

10.〔对当前国际政治问题的意见(访问报道)〕

英国《朋友》(*The Friend*)杂志,1932 年 8 月 12 日号。

11.*祝高尔基 65 岁寿辰的贺信。

写于 1932 年 9 月 29 日,见《爱因斯坦论和平》,204 页。

12.*有没有一种犹太人的生命观?(*Is there a Jewish view of life?*)

《见解》(*Opinion*),2 卷,1932 年 9 月 26 日号,7 页。

13.〔鹅群的乱鸣——答复美国爱国妇女组织对他的攻击〕

《联合报》(*Associated Press*),1932 年 12 月 3 日。

《反战斗争》,63—64 页。

14. 我的信仰(*Mein Glaubensbekenntnis*)。

载于赫尔内克:《爱因斯坦传》(F. Herneck: *Albert Einstein*),柏林,1967 年,第二版,254—255 页。

1933 年

1.*《为什么要战争? 阿耳伯特·爱因斯坦同西格蒙德·弗洛伊德的通信》(*Warum Krieg? Ein Briefwechsel, Albert Einstein und Sigmund Freud*),巴黎,国际联盟文化合作委员会出版,共 62 页。其中爱因斯坦的信是 11—21 页。

该书有英译本《Why War?》,译者是 Stuart Gibert。

2.《反战斗争》(*The Fight Against War*),阿耳夫雷德·利夫(Alfred Lief)编,纽约 John Day 出版,共 64 页。

3. 宣言(*A declaration*)。

《犹太人》(*Les Juifs*),巴黎 Société anonyme“Les Illustrés Français”出版,第 5 页。

4. 欧洲的危险——欧洲的希望(*Europe's danger—Europe's hope*)。

这是为 1933 年 10 月 3 日在伦敦阿耳伯特厅讲话准备的另一个讲稿,以《欧洲之友》(*Friends of Europe*)丛书第四号小册子形式于 1934 年 1 月在纽约出版,共 6 页。

5. 论和平问题给编者的信(*On peace, a letter to the editor* 〔*Dr. Frederick Ketter*〕)。

《生灵评论》(*Biosophical Review*),3 卷,27 页。

6. 德美谅解(*Zur Deutsch-Amerikanischen Verstandigung*)。

1933 年 1 月 23 日对加利福尼亚理工学院学生的演讲。

《加利福尼亚理工学院公报》(*The Bulletin of California Institute of Technology*),42 卷,138 号。

《纽约时报》,1933 年 1 月 24 日,2 页,2 列。

《晚年集》上标题为“国际安全”,注明演讲日期为 1 月 22 日,并说 1950 年以前未发表过,恐不确。

7.*〔关于不回德国的声明〕

《纽约世界电讯》(*New York World-Telegram*),1933 年 3 月 11 日。

8.〔1933 年 3 月 15 日在纽约“巴勒斯坦希伯来大学美国之友”主办宴会上的讲话〕

美国《科学》周刊,77 卷,274—275 页。

9.〔抗议纳粹搜查他在柏林郊区避暑别墅的声明〕

系 1933 年 3 月 20 日发表。见《爱因斯坦论和平》,212—213 页。

10.〔答复法国反对德国反犹太主义群众大会的信〕

《我的世界观》英译本,182—184 页。

11.*〔1933 年 4 月 5 日和 12 日给普鲁士科学院的两封信〕

美国《科学》周刊,新编,77 卷 444 页。

《我的世界观》英译本,174—176 页。

12.*〔1933 年 4 月 21 日给慕尼黑巴伐利亚科学院的信〕

《我的世界观》英译本,181—182 页。

13.〔给托马斯·曼(Thomas Mann)的信〕

1933 年 4 月 29 日写。见《爱因斯坦论和平》222 页。

14.〔给朗之万(Paul Langevin)的信〕

1933 年 5 月 5 日写。见《爱因斯坦论和平》,220—221 页。

15.*〔科学家对政治问题不应当明哲保身〕。

1933 年 5 月 26 日给冯·劳厄(Max von Laue)的信。

《爱因斯坦论和平》,218—219 页。

16.〔辟谣——同第三国际无关的声明〕

伦敦《泰晤士报》1933 年 9 月 25 日,12 页,d 列。

这声明系 1933 年 7 月 7 日发出。

17.*〔给比利时国王阿耳伯特(Albert)的信〕

1933 年 7 月 14 日写。关于良心拒绝服兵役问题。

《爱因斯坦论和平》,227—228 页。

18.*〔给 M. 纳翁(Nahon)的信〕

1933 年 7 月 20 日写,指出只能以军事准备来对付纳粹德国。

《人类故乡》(*La Patrie Hnmaine*)1933 年 8 月 18 日,1 页 5 列。

19.*〔只能以军事准备来对付纳粹德国〕

1933 年 8 月 28 日给"良心拒服兵役者同盟保卫委员会法国秘书的回信。

《爱因斯坦论和平》,230 页。

20.*文明和科学(*Civilization and Science*)。

1933 年 10 月 3 日在伦敦阿耳伯特厅的讲话。

伦敦《泰晤士报》,1933 年 10 月 4 日,15 页,e 列。

21.〔诺贝尔诞生一百周年纪念演讲〕

《纽约时报》,1933 年 12 月 19 日,18 页。2 列。

1934 年

1. A. 哥德施密特《以色列到哪里去?》序。

Alfons Goldschmidt:*Whither Israel*? 纽约出版。

2. 我们来拯救自由(*Sauvons la liberté*)。

《政治和文学杂志》(*Annales Politiques et Littéraires*),102 卷,377—378 页。

3.〔为新泽西州纽亚克(Newark)韦夸伊克(Weequahic)高级中学校庆祝词〕

《纽约时报》,1934 年 3 月 14 日,第 4 部分,4 页,7 列。

4.〔兄弟日贺词〕

《纽约时报》,1934 年 4 月 30 日,17 页,6 列。

5.〔对 H. W. 克鲁区(Krutch)的《欧洲胜利了吗?》一文的意见〕

美国《民族》周刊,139 卷,373 页。

《晚年集》,181—182 页。

6.〔在美国犹太人医生集会上讲话〕

《纽约时报》,1934 年 10 月 28 日,31 页,2 列。

7. 教育和世界和平(*Education and world peace*)。

1934 年 11 月 23 日在纽约"进步教育协会"上的演讲。

《进步教育》杂志(*Progressive Education*)11 卷,440 页。

《纽约时报》,1934 年 11 月 24 日,17 页,4 列。

《晚年集》,207—208 页。

8. 我们不要忘记(*Let's not forget*)。

写于 1934 年,关于犹太人问题。

《晚年集》,257 页。

1935 年

1. 雅谷·克拉茨金《当前的犹太人问题》序。

Jokob Klatzkin:*Die Judefrage der Gegenwart*,瑞士斐维(Vevey)Edition Studio 出版。

2.*和平主义的重新审查。

芝加哥《政体》(*Polity*)月刊,1 月号,系答复该刊 1934 年 11 月号的一篇批评他的文章。《晚年集》中标题为"关于服兵役"。

3.〔呼吁犹太人的团结:在美国犹太人大会的妇女组织上的讲话〕

《新巴勒斯坦》25 卷,第 9 期(3 月 1 日出版),第 1 页。

4.〔支持学生的反战运动〕

《普林斯顿人日报》(*Daily Princetonian*),1935 年 4 月 12 日,1 页,2—3 列。

5.〔访问报道〕

《纽约时报》,1935 年 4 月 14 日,第 2 部分,1 页,6 列。

6.*〔迈蒙尼第(Maimonides)诞生 800 年纪念演讲〕

《纽约时报》,1935 年 4 月 15 日,15 页,5 列。

《晚年集》,269—270 页。

7.〔呼吁犹太人和阿拉伯友好相处〕

《纽约时报》,1935 年 4 月 21 日,第二部分,4 页,7 列。

8.〔悼念埃弥·内特尔(Emmy Noether)〕

《纽约时报》,1935 年 5 月 4 日,12 页,5—6 列。

9.〔犹太主义所面临的危险〕

《纽约时报》,1935 年 6 月 27 日,13 页,6 列。

10.〔在庆贺麦克斯·莱因哈特(Max Reinhardt)宴会上的讲话〕

《纽约时报》,1935 年 6 月 29 日,16 页,1 列。

11. 和平必须实行(*Peace must be waged*),对记者访问谈话。

《观察画报》(*Survey Graphic*),24 卷,384 页。

12.〔为支援德国和波兰难民的讲话〕

《纽约时报》,1935 年 10 月 23 日,22 页,5 列。

13.〔为雨果·柏格曼(Hugo Bergmann)教授就任耶路撒冷希伯来大学校长的声明〕

《新巴勒斯坦》,25 卷,36 号(11 月 22 日出版),2 页。

14.*〔希特勒怎样会上台的?〕

写于 1935 年,第一次发表在《爱因斯坦论和平》,263—264 页。

1936 年

1.*自白(*Self-portait*)。

见于乔治·许来伯编的《肖像和自白》。George S. Schreiber:*Portraits and Self-Portraits*,波士顿 Houghton Mifflin 出版。

《晚年集》,5 页。

2.〔为科学和工业博物馆献词〕

《纽约时报》,1936 年 2 月 12 日,1 页,4 列。

3.〔在德国的犹太人〕

《纽约时报》,1936 年 3 月 9 日,21 页,2 列。

4. 犹太人的呼声(*The calling of the Jews*)。

1936 年 3 月 22 日在"犹太文理学院"的演讲。

《晚年集》,268 页。

5. 学术自由(*Freedom of learning*)——同薛定谔(E. Schrödinger)和柴那芬(V. Tchernavin)一起签名。

伦敦《泰晤士报》,1936 年 3 月 25 日,17 页,e 列。

美国《科学》周刊,83 卷,372—373 页转载。

6.〔论象棋等游戏〕

《纽约时报》,1936 年 3 月 28 日,17 页,2 列。

7.〔关于巴勒斯坦问题,在全国劳动委员会宴会上的书面发言〕

《纽约时报》,1936 年 4 月 12 日,34 页,2 列。

8.〔新泽西海斯顿(Hightstown)模范农村公社〕

《纽约时报》,1936 年 5 月 18 日,6 页,2 列。

9.〔提防物欲主义的危害(给犹太学校 18 周年校庆的贺信)〕

《纽约时报》,1936 年 6 月 8 日,22 页,2 列。

10.*论教育(*Some thoughts concerning education*)。

1936 年 10 月 15 日在纽约州立大学举行的“美国高等教育三百周年纪念会”上的讲话。

美国《学校和社会》杂志(*School and Society*),44 卷,589—592 页。

11.*〔保卫言论自由〕(*At a gathering for freedom of opinion*)。

1936 年为一个未开成的大学教师的集会而写。

《晚年集》,183—184 页。

1937 年

1.〔呼吁犹太人合作〕

《纽约时报》,1937 年 3 月 29 日,6 页,3 列。

2. 给“支援巴勒斯坦犹太工人全国劳动委员会”的信。

《纽约时报》,1937 年 3 月 29 日,6 页,3 列。

3.*给 4 月 18 日纽约支援西班牙民主政府群众大会的贺电。

《纽约时报》,1937 年 4 月 19 日,4 页,5 列。

4.*道德衰败(*Moral decay*)。

给基督教青年的贺信。

《纽约时报》,1937 年 10 月 11 日,19 页,3 列。

《晚年集》,9—10 页。

1938 年

1.〔给全国犹太妇女会议的贺信,呼吁犹太人团结〕

《纽约时报》,1938 年 1 月 28 日,22 页,5 列。

2.〔关于巴勒斯坦问题〕

《纽约时报》,1938 年 4 月 7 日,19 页,4 列。

3.*我们对犹太复国主义的责任(*Our debt to Zionism*)。

1938 年 4 月 17 日在纽约“全国工人支援巴勒斯坦委员会”举办的集会

上的讲话。

《新巴勒斯坦》,28卷,4月29日。

《晚年集》,262—264页。

4.*道德和感情(*Morals and Emotions*)。

1938年6月6日在斯沃思莫尔学院(Swarthmore College)的讲话。

《晚年集》,15—20页。

5.*〔给五千年后子孙的信〕

装在纽约世界展览会的一只金属封包里并埋在地下。

《纽约时报》,1938年9月16日,22页,1列。

6.〔呼吁援助犹太难民〕

《纽约时报》,1938年10月30日,19页,2列。

7.〔给纽约市犹太复国主义者一次集会的贺信〕

《纽约时报》,1938年11月3日,16页,2列。

8.*他们为什么要仇视犹太人?(*Why do they hate the Jews?*)

纽约《柯里尔周刊》(*Collier's Weekly*),102卷,11月26日。9—10页,由Ruth Norden英译。

《晚年集》,245—253页。

1939年

1.*恶运的十年(*Ten fateful years*)——《我的世界观》续篇。

《我信仰》(*I Believe*),费迪曼(Clifton Fadiman)编,纽约Simon and Schuster出版。

《晚年集》,6—8页。

2.〔给在华盛顿召开的"呼吁和睦的巴勒斯坦"集会的贺信〕

纽约《新巴勒斯坦》,29卷,1月20日号,3页。

3.〔接受托玛斯·曼(Thomas Mann)奖章时的讲话〕

《纽约时报》,1939年1月29日,23页,1列。

4.*〔关于民主和学术自由问题〕

答复"纪念林肯诞辰保卫民主和学术自由委员会"所提的问题。

《纽约时报》,1939年2月6日,19页,4列。

5. 论犹太复国主义(*On Zionism*)。

《新巴勒斯坦》,29 卷,3 月 17 日号,3 页。

摘引自 1930 年出版的《关于犹太复国主义的言论和通信集》。

6.《人道主义受考验》(*Humanity on trial*)。

3 月 22 日为支持"呼吁犹太人团结"的无线电广播演说,由该组织出版为小册子,共 4 页。

也见于《新巴勒斯坦》,29 卷,3 月 24 日号,1—2 页,标题是"欧洲将成为一片荒芜"。

《晚年集》中标题为"欧洲犹太人的散布"。

《纽约时报》,1939 年 3 月 22 日,10 页,2 列。

7.*目标(*The goal*)。

1939 年 5 月 19 日在普林斯顿神学院为"美国神学院联合会东北区会议"所作的演讲。当时只有油印本在流传,后正式发表在《晚年集》(21—24 页)中,标题为"科学和宗教(之一)"。

8.〔对全国犹太工人联盟大会的讲话〕

《纽约时报》,1939 年 5 月 28 日,13 页,1 列。

9.〔给世界展览会巴勒斯坦馆的献词〕

《纽约时报》,1939 年 5 月 29 日,7 页,1 列。

10. 真诚的态度,评英国关于巴勒斯坦的白皮书。

美国《建设》周刊(*Aufbau*,德文刊物),5 卷,10 期(6 月 1 日号),7 页。

11.〔关于国际法庭(在世界展览会的座谈会上的发言)〕

《纽约时报》,1939 年 7 月 2 日,13 页,1 列。

12.*为建议研制原子弹给罗斯福总统的信。

此信由匈牙利物理学家西拉德(L. Szilard)帮助起草,1939 年 8 月 2 日爱因斯坦签上自己的名字发出。最初公开发表在美国"原子科学家非常委员会"于 1946 年 12 月出版的小册子《宗旨》(*A Statement of Purpose*)上。

《爱因斯坦论和平》,294—296 页。

13.〔世界学联大会要严重注意法西斯的蔓延〕

《纽约时报》,1939 年 8 月 17 日,15 页,8 列。

14.〔在新泽西教育协会上的讲话(论民主制度中的教育)〕

《纽约时报》,1939 年 11 月 11 日,34 页,2 列。

15.〔祝贺甘地 70 岁生日〕

写于 1939 年,发表于 1944 年出版的甘地 70 岁生日纪念集《马哈特马·甘地;对他的生平和工作的论文和回忆》(*Mahatme Ghandhi: Essays and Reflections on His Life and Work*), S. 拉达克利希南(Radhakrishnan)编,伦敦 Allen and Unwin 出版,79—80 页。

1940 年

1.*自由和科学(*Freedom and Science*)。

R. N. 安新(Ruth Nanda Anshen)编的文集《自由的意义》(*Freedom, Its Meaning*),纽约 Harcourt,Brace 出版,381—383 页。

2.〔保卫罗素在纽约市立学院的哲学教席〕

《纽约时报》,1940 年 3 月 9 日,22 页,4 列。

3.〔在为海发(Haifa)希伯来理工学院筹募基金的宴会上的讲话〕

《纽约时报》,1940 年 5 月 9 日,15 页,2 列。

4.〔请求罗斯福总统援助盟国并注意美国会受到法西斯侵略的电报〕

在上面签名的为普林斯顿美国科学工作者协会 17 个会员,爱因斯坦名列首位。

《纽约时报》,1940 年 5 月 21 日,12 页,5 列。

5. 新的国际联盟(*Neuer Bund der Nationen*)。

《建设》周刊,6 卷,26 期(6 月 28 日),1—2 页。

《纽约时报》,1940 年 6 月 23 日,6 页,2 列。

此系 6 月 22 日的国际广播。全文发表在《我是一个美国人》(*I Am an American*),43—47 页。此书由 R. S. 本杰明(Benjamn)编,纽约 Alliance 1941 年出版,是一些新取得美国国籍的人的广播演讲。

6. 决定性的时刻(*The hour of decision*)。

《星期六文艺评论》(*Saturday Review of Literature*),22 卷,10 月 19 日,7 页。

7. 我对犹太人问题的态度(*Meine Stellung zur jüdischen Frage*)。

《建设》周刊,6 卷,52 期(12 月 27 日),9 页。

1941 年

1. 犹太人的信条(*Credo as a Jew*)。

《全世界犹太百科全书》(*Universal Jewish Encyclopedia*),I. 朗德曼(Landman)编,第 4 卷,32—33 页。

2. 〔给“呼吁和睦的巴勒斯坦”募集战时公债大会的贺信〕

《纽约时报》,1941 年 2 月 25 日,46 页,2 列。

3. 〔在新泽西海斯顿(Hightstown)农庄里的讲话〕

《纽约时报》,1941 年 6 月 16 日,9 页,1 列。

4. 〔关于和平主义态度的改变问题(访问报道)〕

《纽约时报》,1941 年 12 月 30 日,9 页,4 列。

1942 年

1. *〔感谢并支援苏联的抗德战争〕

1942 年 10 月 25 日在美国“犹太人支援俄国战争公会”上的讲话。

《纽约时报》,1942 年 10 月 26 日,17 页,2 列。

《爱因斯坦论和平》,322—324 页。

1943 年

1. *人类生活的目标(*The goal of human existence*)。

1943 年 4 月 11 日为“呼吁犹太人团结”所作的广播讲话。

《晚年集》,260—261 页。

1944 年

1. 〔爱因斯坦的生活理论(访问报道)〕

《纽约时报》,1944 年 3 月 12 日,第 6 部分,16 页,38—39 列。

2. 〔65 岁生日向英国人民问候〕

伦敦《新纪事报》(*New Chronicle*),1944 年 3 月 14 日。

《纽约时报》,1944 年 3 月 14 日,20 页,3 列。

3. 伦理的规则(*The ethical imperative*)——赠给斯特芬·淮兹(Stephen S. Wise)。

组约《见解》(*Opinion*)月刊,14 卷,3 月号,10 页。

4. 犹太民族圣史中巴勒斯坦的没落(*Palestine setting of sacred history of Jewish race*),同 E. 卡勒(Eric Kahler)合写。

《普林斯顿先驱报》(*Princeton Herald*),1944 年 4 月 14 日,1 页和 6 页。

5. 阿拉伯人在巴勒斯坦比在阿拉伯国家里日子过得好(*Arabs fare better in Palestine than in Arab Countries*),同 E. 卡勒合著。

《普林斯顿先驱报》,1944 年 4 月 28 日,1 页和 6 页。

6.《考验人道主义的实例》(*Test Case for Humanity*),伦敦,巴勒斯坦犹太人办事处出版,共 7 页。

内容为上述《普林斯顿先驱报》4 月 14 日的文章和引述 1930 年出版的《关于犹太复国主义的言论和通信集》的一些片断。

7.《阿拉伯人和巴勒斯坦》(*The Arabs and Palestine*)。同 E. 卡勒合著。纽约,基督教巴勒斯坦公会和美国巴勒斯坦委员会出版,共 16 页。

系收集上述《普林斯顿先驱报》4 月 14 日和 4 月 28 日的两篇文章而成。

8. 祝贺"我是美国人"日(*Grüsse zum"I am an American"Day*)。

《建设》周刊,10 卷,20 期(5 月 19 日),1 页。

9.*〔向"全国战时会议"提出的关于脑力劳动者组织的书面发言〕

《纽约时报》,1944 年 5 月 29 日,17 页,8 列(摘要)。

《晚年集》,179—180 页(时间误为 1945 年)。

《爱因斯坦论和平》,325—327 页。

10.〔给"美国巴勒斯坦工业基金"集会的贺信〕

《纽约时报》,1944 年 6 月 6 日,18 页,2 列。

11.*〔给意大利哲学家克罗齐(Benedetto Croce)的信〕

写于 1944 年 6 月 7 日,发表于《克罗齐通信集》(*Lettera a B. Croce e Risposta del Croce*),意大利拉特尔査(Laterza),Bari 1944 年出版。爱因斯坦的信在 1—2 页。

《家因斯坦论和平》,327 页。

12.〔科学和世界合作〕

《自由世界》(*Free World*)杂志,8 卷,370—371 页(6 月 19 日)。

《爱因斯坦论和平》,330—331 页。

13.〔驳斥马良诺夫和韦因的《爱因斯坦传》的声明,由于它不符合事实和不可靠〕

《建设》周刊,1944 年,第 32 期,14 页。

《纽约时报》,1944 年 8 月 5 日,13 页,6 列。

按:被指责的这本《爱因斯坦传》是 Dimitri Marianoff(系爱因斯坦的女婿)和 Palme Wayne 合写的《爱因斯坦,对一个伟人的亲切的观察》(*Einstein, an Intimate Study of a Great Man*),纽约,Doubleday 1944 年出版。

14.〔支持重新选举罗斯福当总统的声明〕

《纽约时报》,1944 年 10 月 10 日,15 页,3 列。

15.*致华沙犹太区战斗英雄(*To the heroes of the battle of the Warsaw ghetto*)。

《波兰犹太人协会公报》(*Bulletin of the Society of Polish Jews*),纽约,1944。

《晚年集》,265 页。

1945 年

1. 悼念罗斯福(*Gedenkworte für F. D. R.*)。

《建设》周刊,11 卷,17 期(4 月 27 日),7 页。

2.〔接受宗教研究所纽约市基金委员会名誉主席的声明〕

《纽约时报》,1945 年 7 月 22 日,39 页,1 列。

3.〔世界政府是持久和平的必要条件(访问报道)〕

9 月 14 日在纽约萨拉那克(Saranac)湖向记者发表的讲话。

《纽约时报》,1945 年 9 月 15 日,11 页,6 列。

4.〔给《纽约时报》编者的信〕

《纽约时报》,1945 年 11 月 1 日,22 页,7 列。

5.*要原子战争，还是要和平(*Atomic war or peace*)。

同雷蒙·斯温(Raymond Swing)的谈话。

波斯顿《大西洋月刊》(*Atlantic Monthly*)，176 卷，11 月号，43—45 页。

6.〔给市政厅的信(*Message für Town Hall*)〕。

《建设》周刊，11 卷，46 期(11 月 16 日)，17 页。

7.*战争赢得了，但和平却还没有(*The war is won but peace is not*)。

1945 年 12 月 10 日在诺贝尔纪念宴会上的讲话。

《纽约时报》，1945 年 12 月 11 日，15 页，1 列(报道)。

《晚年集》，200—203 页。

8.〔谴责罗森瓦耳德(Lessing Rosenwald)〕

《建设》周刊，11 卷，50 期(12 月 14 日)，11 页。

9.〔访问报道，关于美国科学与一般科学问题〕

《当代犹太人纪录》(*Contemporary Jewish Record*)，8 卷，245—249 页。

10.〔未曾发表过的黑皮书的序言〕

写于 1945 年。

《晚年集》，258—259 页。

11.〔美国支援犹太主义会议〕

《晚年集》，273 页。

1946 年

1. 科学家的社会责任(*Social obligation of the scientists*)。

《自由世界宝典》(*Treasury for the Free World*)，R. 兰木(Raeburn)编，纽约，Arco 出版，318—319 页。

2. 出路(*The way out*)。

《联合的世界，还是同归于尽》(*One World or None*)，D. 马斯特斯(Masters)和 K. 韦(Way)编，纽约 McGraw 出版，76—77 页。

3.*黑人问题(*The negro question*)。

纽约《壮观》(*Pagent*)杂志，1946 年 1 月号。

《晚年集》，132—134 页。

4.*〔美国科学家应当拒绝政府的不义要求〕

为拟议在1946年1月10—12日召开的美国科学家会议而写的贺信。《爱因斯坦论和平》,342—343页。

5. 原子时代第一年贺信(*Year one—Atomic age. A message*)。

《观察画报》(*Survey Graphic*),34卷,1月号,23页。

6. 给犹太学生的信(*An die jüdischen Studenten*)。

《建设》周刊,12卷,第1期(1月4日),16页。

7. 〔在英美巴勒斯坦调查委员会上反对英国巴勒斯坦政策的声明〕

《纽约时报》,1946年1月12日,7页,1列。

8. 〔给华盛顿进步巴勒斯坦协会的信〕

《纽约时报》,1946年2月15日,2页,2列。

9. 〔关于原子战争后文明还能继续存在的声明〕

《纽约时报》,1946年2月24日,第6部,42页,3列。

10. 〔就战争与和平问题答复《展望》编者问〕

写于1946年2月23日,刊于美国《展望》(*Look*)杂志,1946年4月16日。

11. 〔给犹太人支援俄国公会的信,劝告美国犹太人继续运送援苏物资〕

《纽约时报》,1946年4月17日,29页,4列。

12. 〔在黑人林肯大学接受博士学位时的讲话,关于黑人的未来问题〕

《纽约时报》,1946年5月4日,7页,4列。

13. 〔给"筹建耶希伐(Yeshiva)大学全国委员会"的信,论述犹太传统的重要性〕

《纽约时报》,1946年5月6日,6页,3列。

14. 〔关于原子政策给《民族》周刊编者的信〕

美国《民族》周刊(*The Nation*)1946年5月11日。

15. 〔筹募"原子科学家非常委员会"基金的电报〕

《纽约时报》,1946年5月25日,13页,5列。

16.*走向世界政府(*Towards a world government*)。

1946年5月29日通过无线电向在芝加哥举行的争取世界联邦政府学生大会的演讲。

《晚年集》,138—140 页。

17. 〔关于原子弹问题〕

同法国物理学家拉巴特(André Labarthe)的谈话。

巴黎《法兰西晚报》(*France-Soir*),1946 年 6 月 22 日,6 页,8 列。

《纽约时报》,1946 年 6 月 22 日,6 页,8 列。

18. 世界必须学习新思想(*Die Welt muss Neu denken lernen*)。

同米夏埃尔·阿姆里内(Michael Amrine)的谈话。

《建设》周刊,12 卷,38 期,(1946 年 9 月 20 日出版),1—2 页;39 期(9 月 27 日出版),5 页。

《纽约时报》,1946 年 6 月 23 日,第 6 部分,7 页,42—43 列,标题为《真正问题在于人心》(*The real problem is in the hearts of men*)。

《爱因斯坦论和平》,383—388 页。

19. 〔关于原子弹问题向伦敦《星期日快报》(*Sunday Express*)记者发表的谈话〕

《纽约时报》,1946 年 8 月 19 日,1 页,7 列。

20.*〔为黑人问题给杜鲁门总统的信〕

写于 1946 年 9 月 22 日。

《纽约时报》,1946 年 9 月 23 日,16 页,7 列(不全)。

《爱因斯坦论和平》,389—390 页。

21. 〔给为黑人服务城市联盟(Urban League for Service among Negroes)的信〕

《纽约时报》,1946 年 9 月 25 日,38 页,2 列(摘要)。

22. 〔为原子科学家非常委员会筹募百万元教育基金向全国广播演讲〕

《纽约时报》,1946 年 11 月 18 日,25 页,1 列。

23. 〔在"科学家在原子时代的责任"座谈会上的发言〕

该座谈会系"原子科学家非常委员会"于 1946 年 11 月 17 日在普林斯顿召开。见 1947 年该委员会出版的《科学家在原子时代的社会责任》(*The Social Task of the Scientist in the Atomic Era*, Emergercy Committee of Atomic Scientists 出版)。

24.*纪念卡尔·冯·奥西厄茨基(*Karl von Ossietzky*)。

1946 年 12 月 10 日在奥西厄茨基纪念宴会上的讲话。

《晚年集》,241 页。

25.〔给 12 月 11 日在美国缅因波特兰(Portland)举行的世界政府群众会议的贺信〕

美国《扶轮社》(*The Rotarian*)1948 年 6 月号,8 页。

《爱因斯坦论和平》,396—397 页。

1947 年

1. 迈尔《要和平还是要无政府状态》序。

Cord Meyer:*Peace or Anarchy*.

2.〔爱因斯坦和音乐(*Musical visit with Einstein*)(访问报道)〕

《学习》(*Étude*),65 卷,1 月号,5 页。

3.〔支持李林塞耳(Lilienthal)担任美国原子能委员会主席〕

1947 年 2 月 21 日对纽约州的广播演讲。

《纽约时报》,1947 年 2 月 22 日,4 页,3—4 列(摘要)。

4.*〔为原子科学家非常委员会筹募教育基金的信〕

《爱因斯坦论和平》,403—404 页。

5.〔关于原子弹问题〕

《新闻周刊》(*News Week*),1947 年 3 月 10 日号。

6.*军国主义精神(*The military mentality*)。

《美国学者》(*The American Scholar*)季刊,1947 年夏季号,16 卷,353—354 页。

7.*〔为大战中牺牲的烈士纪念碑所拟的题词〕

写于 1947 年 5 月。

《爱因斯坦论和平》,408 页。

8.〔纪念第一颗原子弹爆炸两周年同原子科学家联盟常务委员会的联合声明〕(1947 年 7 月 15 日)

《纽约时报》,1947 年 7 月 16 日,2 页,4 列;7 月 20 日,第 4 部分,8 页,4 列。

9. 立即需要世界法律(*The immediate need for world law*)。

1947 年 7 月 17 日无线电广播对话。

《爱因斯坦论和平》,414—418 页。

10. "钳制"科学甚至会妨碍军事上的利用。

《华盛顿邮报》(*Washington Post*),1947 年 8 月 3 日"原子能增刊",1 页。

11. 〔纪念萨可(Sacco)和范采梯(Vanzetti)殉难二十周年〕

西柏林《世界舞台》(*Die Weltbühne*),1947 年 8 月 22 日。

12. *给联合国大会的公开信(*An open letter to the General Assembly of the United Nations*)。

《联合国世界》(*United Nations World*),第 1 卷,10 月号,13—14 页。

《纽约时报》,1947 年 9 月 23 日。

13. 〔同英国 H. C. 乌斯朋(Usbone)讨论世界政府问题〕

《纽约时报》,1947 年 9 月 29 日,7 页,1 列。

14. *要原子战争还是要和平(续篇)。

《大西洋月刊》,1947 年 11 月号,180 卷,29—33 页。

这是继 1945 年同 R. 斯温的第二次谈话。

15. 〔就怀特(Walter White)的文章《我为什么仍然是黑人?》答复编者的电报〕

《星期六文学评论》,30 卷,11 月 1 日号,21 页。

16. 〔给"联合世界联盟者"(United World Federalists)的贺信〕

《纽约时报》,1947 年 11 月 2 日,50 页,3 列。

17. 所要求的世界联合(*World unity demanded*)。

向克利夫兰德(Cleveland)几个高等学校的"世界安全工作者"会议的无线电演讲。

美国《克利夫兰德新闻》(*Cleveland News*),1947 年 11 月 11 日(106 卷,266 期),1 页 7 列和 4 页 5 列。

18. 〔在 11 月 11 日接受外国报刊联合会奖章时的讲话〕

《纽约时报》,1947 年 11 月 12 日,1 页,7 列(摘要)。

《原子科学家通报》(*Bulletin of the Atomic Scientists*),1948 年 1 月号,4 卷,1 页。

《晚年集》,204—206 页。

19.〔在美国支援魏兹曼(Weizmann)研究所委员会宴会上的讲话〕

《纽约时报》,1947 年 11 月 26 日,6 页,4 列。

20.〔给中西部朋友的圣诞贺词〕

《芝加哥每日论坛》(*Chicago Daily Tribune*),1947 年 12 月 24 日,9 页。

21.*对苏联科学家的答复(*Reply to Soviet scientists*)。

答复苏联四位科学家于 1947 年 11 月 26 日在莫斯科《新时代》杂志上发表的文章:《爱因斯坦博士的错误想法》。写于 1947 年 12 月。

《纽约时报》,1948 年 1 月 30 日,1 页 2—3 列,和 12 页 6 列(摘要)。

《原子科学家通报》,1948 年,4 卷,33—34 页。

1948 年

1. 军国主义和文明(同 20 位美国名人一起签名)。

作为 1948 年 1 月出版的"全国反征兵协会"(National Council Against Conscription)的小册子《美国的军国主义化》(*The Militarization of America*)的序言。

《爱因斯坦论和平》,464—465 页。

2. 波星《我到了这村庄》序。

Daniel Q. Posin: *I have been to the Village*,美国密歇根州安阿柏(Ann Arbor)城 Edwands 出版,1 页。

3. 希克莫尼《人道主义的犹太教》序。

G. H. Shikmoni: *Humanistisches Judentum*,巴勒斯坦卡尔梅耳(Carmel)山,私人出版。

4.*〔反对美国实行普遍军事训练的声明〕

1948 年 3 月 18 日给美国参议院兵役委员会主席的信。

美国参议院兵役委员会出版的汇报纪录:《普遍军事训练》(*Universal Military Training*),华盛顿政府印刷所出版,267 页。

《爱因斯坦论和平》,466—467 页。

5. 悼念甘地。

1948 年 2 月 11 日发表。

《爱因斯坦论和平》,467—468 页。

6. 介绍华莱士(Henry Wallace)所著的《走向世界和平》一书。

《纽约时报》,1948 年 3 月 30 日,25 页,4 列。

7. 〔关于战争危险和东西方关系问题〕

《自由射击手》(*Franc-Tireur*)1948 年 4 月 6 日。

8. 〔抗议"非美活动委员会"对美国物理学家康东(E. U. Condon)的迫害〕

1948 年 4 月 12 日给保护康东的科学家集会的信。

《爱因斯坦论和平》,474 页。

9. 为华沙犹太区犹太殉难者纪念碑揭幕的献词。

1948 年 4 月 16 日在揭幕典礼上宣读。

《晚年集》,266—267 页。

10. 〔关于巴勒斯坦问题给编者的信〕

《纽约时报》,1948 年 4 月 18 日,第 4 部分,8 页,6 列。

11. 〔4 月 27 日接受"联合的世界奖章"时的讲话〕

《纽约时报》,1948 年 4 月 28 日,2 页,1 列。

《晚年集》,146—147 页。

12. 〔写给 5 月 5 日在波士顿举行的美以美会(Methodist)教会全体会议的信,呼吁支持超国家组织〕

《天国使者》(*Zion's Herald*),126 卷,453 页。

13. 要生活在其中的世界。

关于世界政府的对话。

《纽约邮报》(*New York Post*),1948 年 5 月 21 日和 24 日。

14. 展望(*Looking ahead*)。

《扶轮社》(*The Rotarian*),1948 年 6 月号,8—10 页。

对世界政府问题的回答。另外转载了几篇有关的言论。

15. *宗教与科学不可和解吗?(*Religion and science:irreconcilable?*)

美国《基督教记录》(*The Christian Register*),127 卷,6 月号,19 页。

16. *〔坚决反对美国准备进行预防性战争的阴谋〕

1948 年 6 月 5 日在纽约召开的反对预防性战争讨论会上的书面发言。

《爱因斯坦论和平》,485—486 页。

17. 〔6 月 17 日向纽约反对美国准备进行预防性战争群众大会发表的电话讲话〕

《爱因斯坦论和平》,486—488 页。

18. 〔给准备在波兰弗劳兹瓦夫(Wraclaw)召开的国际知识界和平大会的复信〕

此信系 7 月 6 日答复法国波兰组织委员会的邀请的回信。大会主席团把它作为他给大会的正式贺信而发表。

《爱因斯坦论和平》,492 页。

19.*〔给国际知识界和平大会的贺信〕

此信因宣传世界政府,未能在大会上宣读,以后发表在《纽约时报》1948 年 8 月 29 日,第 1 部分,1 页和 18 页。

《原子科学家通报》,4 卷,295,299 页。

《爱因斯坦论和平》,493—496 页。

20.*〔答《且尼纪录》(*Cheyney Record*)问〕

1948 年 10 月写,发表于该刊 1949 年 2 月。

《爱因斯坦论和平》,502 页。

21. 〔给巴黎支援放弃美国国籍的青年 G. 戴维斯(Garry Davis)群众大会的贺信〕

写于 1948 年 11 月 28 日写。

《爱因斯坦论和平》,503—544 页。

22. 〔关于《原子科学家通报》经费安排的信〕

《原子科学家通报》,4 卷,354 页。

23. 和平的时代?(*Epoche des Friedens?*)

《联合国教科文组织(UNESCO)月刊》德文版,第 1 年卷,435—436 页(10 期)。

1949 年

1. 《耶路撒冷希伯来大学(1925—1950 年)》序。

The Hebrew University of Jerusalem,1925—1950,耶路撒冷 Goldberg

出版。

2. 〔给 A. 韩德生(Henderson)的信,论其所著有关萧伯纳的书〕

韩德生:《新诸葛亮》(Archibald Henderson: *The New Crichton*), S. S. 胡德(Samuel S. Hood)编,纽约 Beechhurst 出版,92 页。

3. 真正的先知(*A true prophet*),祝贺拉比斯特芬·淮斯(Stephen Wise)75 岁生日。

《见解》(*Opinion*),19 卷,5 期(3 月号),12 页。

《晚年集》,271 页。

4. 〔接受耶路撒冷希伯来大学荣誉学位的声明(1949 年 3 月 15 日)〕

《纽约时报》,1949 年 3 月 16 日,29 页,4 列。

《晚年集》,272 页。

5. *为什么要社会主义?(*Why socialism?*)

美国独立社会主义者刊物《每月评论》(*Monthly Review*),创刊号(1949 年 5 月出版),9—15 页。

6. 祝贺 ORT 会议(*Facsimile of greeting to ORT convention*)。

《ORT 公报》(*ORT Bulletin*),2 卷,5 月号(9 期),7 页。

7. 在原子弹的阴影中。

《南方爱国者》(*Southern Patriot*)7 卷,3 期(1949 年 5 月)。

8. *以色列的犹太人——1949 年 11 月 27 日为在大西洋城召开的"统一犹太人呼吁"会议的广播讲话。

《纽约时报》,1949 年 11 月 29 日。

《晚年集》,274—276 页。

1950 年

1. 关于 M. 列文《探求》一书的推荐信。

Meyer Levin: *In Search*,纽约 Horizon 出版,1950 年。

2. 祝贺印度独立。

南非那塔耳(Natal)腓尼克斯(Phoenix)《印度舆论》(*India Opinion*),1950 年 1 月 26 日。

3. 教育中的军国主义(同 25 位美国名人联合签名)。

作为1950年2月出版的美国“全国反征兵协会”的小册子《教育中的军国主义》(*Militarism in Education*)的序言。

《爱因斯坦论和平》,523—524页。

4.*〔为美国制造氢弹而发表的电视讲话(1950年2月13日)〕

《纽约时报》,1950年2月13日,3页,2列。

5.*〔对于俄国十月革命同知识分子的关系的看法〕

3月16日给胡克(Sidney Hook)的信。

《爱因斯坦论和平》,532—533页。

6.〔给4月8日在亚特兰大(Atlanta)大学召开的南方反对高等教育中的种族歧视会议的贺信〕

《纽约时报》,1950年4月8日。

7.〔劝告犹太人支持向青年开门的文化机构〕

《纽约时报》,1950年5月11日,27页,4列。

8. 和平的追求(*The pursuit of peace*)。

6月18日在联合国组织广播节目中的讲话。

《思想和见解》,161—163页。

《爱因斯坦论和平》,528—529页。

9.〔建议国际管理原子弹的储存〕

《纽约时报》,1950年6月19日,10页,3列。

10.*国家和个人良心——祝贺“科学的社会责任协会”成立的公开信(1950年7月19日)。

美国《科学》周刊,1950年12月22日,112卷,760页。

《思想和见解》,26页。

11.〔给加利福尼亚大学“保卫学术自由委员会”的复信,赞同他们支持几位因拒绝在忠诚誓言上签名而被开除的教员〕

写于1950年8月3日。

《家因斯坦论和平》,533—534页。

12.*科学家的道义责任(*On the moral obligation of the scientist*)。

给1950年10月在卢加(Lucca)召开的意大利科学协进会第42次会议的贺信。联合国教科文组织(UNESCO)在巴黎出版的《科学和技术的影响》(*Impact of Science and Technology*)1 卷,3—4 期,104—105 页。

柏林《物理学报》(*Physikalische Blätter*),1952 年第 5 期。

《爱因斯坦论和平》,534—537 页。

13.〔致耶路撒冷大学魏兹曼研究所的贺词〕

《纽约时报》,1950 年 11 月 30 日,15 页,2 列。

14.〔对 11 月间 G. 塞缪耳斯(Samuels)论爱因斯坦宇宙学问题的文章的评论——由爱因斯坦的秘书海伦·杜卡斯(Helen Dukas)出面声明〕

《纽约时报》,1950 年 12 月 24 日,第 6 部,2 页,3 列。

15.〔关于联合国和世界政府问题〕

《纽约时报》,1950 年 12 月 29 日,2 页,6 列。

1951 年

1.*伦理教育的需要。

1951 年 1 月给在纽约举行的"伦理教育协会"成立 75 周年纪念会的贺信。

《纽约时报》,1951 年 1 月 6 日,16 页,6 列。

《思想和见解》,53—54 页。

2.*〔美国扩军备战政策是世界和平的严重障碍〕

1951 年 1 月 5 日给 E. 拉比诺维奇(Rabinowitch)的信。

《爱因斯坦论和平》,553 页。

3.〔给以色列交响乐队的贺信〕

写于 1951 年 1 月。

《以色列生活和文学》(*Israel Life and Letters*),7 卷,2 期,9 页。

4.〔祝贺秘鲁利马(Lima)圣马可(San Marcos)大学 400 周年校庆(并接受荣誉博士学位)〕

写于 1951 年 5 月。

《圣马可大学学报》(*Anales de le Universid Nacional Mayer de San Marcos*),2 卷,5 期。

5.*〔艺术和政治〕

1951 年 8 月 13 日给画家西·列温(Si Lewen)的信。

《爱因斯坦论和平》,558 页。

西·列温:《示威》(*The Parade*),纽约 Bittner 1957 年出版。

6.*文化总是世界和解的一个基础。

《联合国教科文组织信使报》(*UNESCO Courier*),1951 年 12 月号。

《思想和见解》,163—165 页。

7.〔反对普遍军训的广播对话(1951 年 12 月 7 日)〕

《基督教世纪》(*Christian Century*),1951 年 12 月 19 日。

《爱因斯坦论和平》,559—560 页。

1952 年

1. 汉纳克《埃马努埃耳·拉斯开》序。

J. Hannak:*Emanuel Lasker*,柏林,Engelhardt 出版。

2. 斯密司《人和他的上帝》序。

Homer W. Smith:*Man and His God*,波士顿,Little Brown 出版。

3.*论古典文学。

苏黎世《青年商人》(*Der Jungkaufmann*),27 卷,4 期(2 月 29 日),73 页。

《思想和见解》,64—65 页。

4.*保证人类的未来。

为加拿大"教育周"(3 月 2—8 日)所写的贺信。

1953 年版的《我的世界观》(*Mein Weltbild*,苏黎世)。

《爱因斯坦论和平》,563 页。

《思想和见解》,65—66 页。

5.〔他们的话题是"没有猫的猫的微笑"〕

《纽约时报》,1952 年 4 月 5 日,5 页,3—5 列。

6.*〔为制造原子弹问题给日本《改造》杂志的声明〕

日本《改造》杂志,1952 年 9 月 20 日。

《爱因斯坦论和平》,584 页。

7.*文化衰落的症状。

《原子科学家通报》,8 卷,7 期(1952 年 10 月)“美国签证政策和外国科学家”专号。

《爱因斯坦论和平》,568—569 页。

8.*〔培养独立思考的教育〕

《纽约时报》,1952 年 10 月 5 日,37 页,3 列。

《思想和见解》,66—67 页。

1953 年

1. 夏普《甘地传》序。

写于 1953 年 4 月 10 日。该书作者吉恩·夏普(Gene Sharp)因拒绝服兵役,被美国政府判刑两年,他的这本未能在美国出版的书,多年后才在印度出版。

2.*给莱奥·贝克(Leo Baeck)的献词。

1953 年 5 月出版的莱奥·贝克 80 寿辰庆祝文集。

《思想和见解》,27—28 页。

3.*〔我不是绝对和平主义者〕

1953 年 2 月 22 日和 6 月 23 日给日本篠原正瑛(Seiei Shinchara)的两封复信。

《爱因斯坦论和平》,585—586,589 页。

4.〔接受劳德-泰勒(Lord and Taylor)献金时发表的演说〕(1953 年 5 月 4 日)

《纽约时报》,1953 年 5 月 5 日,18 页,3 列。

《思想和见解》,33 页。

5.〔为希伯来学院呼吁〕

《纽约时报》,1953 年 5 月 22 日,25 页,3 列。

6.*〔为捍卫公民权利必须准备坐牢〕——1953 年 5 月 16 日给弗劳恩格拉斯(William Frauenglass)的复信

《纽约时报》,1953 年 6 月 12 日,1 页,6 列;19 页,2 列。

《思想和见解》,33 页。

《爱因斯坦论和平》,546—547 页(附手稿照相版)。

7.*〔给罗素的信(1953 年 6 月 28 日,关于给弗劳恩格拉斯信的反应)〕

《爱因斯坦论和平》,550—551 页。

8.*〔给卡尔·塞利希(Carl Seelig)的信(1953 年 6 月 3 日,关于给弗劳恩格拉斯信的反应)〕

《爱因斯坦论和平》,550 页。

9.*〔原子爆炸的后果〕

1953 年 7 月 4 日给瑞士一位老年妇女的复信。

《爱因斯坦论和平》,592—593 页。

10.〔给纽约反战者同盟第 24 届年会的贺信〕

1953 年 8 月 10 日(未发表)。

11.〔学校如何培养青年客观地处理问题的能力〕

《活动中的学校》(*School in Action*),第 3 卷,9 月号,1 页。

12.达到犹太人的和平共处。

1953 年 9 月 21 日。

《音讯》(*Tidings*),8 卷,1 期,1 页。

13. 论责任(1953 年 11 月 10 日给莫克的信)。

见莫克(Jules Moch):《人类的愚行》(*La Folie des Hommes*),巴黎 Laffont 出版。

14.*人权。

1953 年 12 月 5 日给芝加哥律师"十诫会"的信,1954 年 2 月 2 日宣读《十诫会刊》(*Decalogue Journal*)。

《思想和见解》,34—36 页。

《爱因斯坦论和平》,600—601 页。

1954 年

1.《阿耳伯特·爱因斯坦文献传记》(*Albert Einstein: Eine dokumentarische Biographie*),卡尔·塞利希(Carl Seelig)编,苏黎世 Europa 出版。

2. 推荐 H. S. 布朗《人类未来的挑战》一书。

Harrison Scott Brown:*Challenge of Man's Future*,纽约 Viking 出版。

3.〔美国的恐共病和法西斯化〕(1954 年 1 月 14 日)

《爱因斯坦论和平》,602 页。

4.〔权利和自由束缚〕

《纽约时报》,1954 年 2 月 21 日,5 页,2 列。

5.〔驳斥所谓接受过颠覆组织经费的谣言〕

《纽约时报》,1954 年 3 月 11 日,18 页,4 列。

6.*〔为保卫学术自由和公民权利而斗争〕

75 岁生日前夕答复"保卫公民自由非常委员会"所提的五个问题。

《纽约时报》,1954 年 3 月 14 日,69 页,3 列。

《爱因斯坦论和平》,551—552 页。

7.〔爱因斯坦 75 岁(报道)〕

《纽约时报》,1954 年 3 月 14 日,第 6 部,1,13,28—29 页。

8.〔关于钴弹〕

《纽约时报》,1954 年 4 月 7 日,4 页,4 列。

9.〔抗议美国政府迫害原子物理学家奥本海默(J. Robert Oppenheimer)〕

《纽约时报》,1954 年 4 月 13 日,20 页,5 列。

10.〔再次支持拒绝向美国国会作证的人〕

《纽约时报》,1954 年 4 月 20 日,24 页,4 列。

11.〔关于奥本海默案件〕

《原子科学家通报》,1954 年 5 月号。

《爱因斯坦论和平》,607 页。

12.〔关于奥本海默案件对美国的批评〕

《纽约时报》,1954 年 5 月 21 日,11 页,3 列。

13.〔支持奥本海默〕

《纽约时报》,1954 年 7 月 1 日,14 页,3 列。

14.〔关于以色列〕

《纽约时报》,1954 年 9 月 20 日,16 页,2—3 列。

15.*〔不愿做美国科学家,宁愿做管子工或小贩〕

答《记者》杂志问。

《记者》杂志(*The Reporter*),1954 年 11 月 18 日。

《纽约时报》,1954 年 11 月 10 日,1 页,6 列;37 页,6 列。

《爱因斯坦论和平》,613 页。

16.〔给艺术家 J. 夏尔(Joseph Scharl)的赠言〕

《纽约时报》,1954 年 12 月 9 日,33 页,2 列。

17.〔"好政府"的定义〕

《纽约时报》,1954 年 12 月 12 日,34 页,1 列。

18. J. 莫克《人类的愚行》英译本序。

Jules Moch,*Human Folly*:*To Disarm or Perish*?(人类的愚行:要裁军还是要灭亡?)伦敦 Victor Gollancz 1955 年出版。

这篇序写于 1954 年 12 月底。

1955 年

1.〔简短的意见〕

在科雷多(J. Ma. Corredor):《同卡萨耳斯的谈话》一书的序中。J. Ma. Corredor:*Gesprache mit Casals*,伯尔尼 Scherz 出版。

2. 埃斯林格《政治和科学》序。

William Esslinger:*Politics and Science*,纽约哲学丛书版。

3. 瓦奇特耳《总体安全和自由企业》序。

Herry I. Wachtel:*Security for All and Free Enterprise*,纽约哲学丛书版。

4. 国际刊物的任务是什么?

意大利弗罗伦萨《共同事业》(*Common Cause*)杂志,创刊号,3 页。

5.*〔给比利时王后伊丽莎白(Elizabeth)的新年贺信〕

《爱因斯坦论和平》,615—616 页。

6.*〔以色列所应采取的政策〕

1955 年 1 月 4 日给卢黎厄(Zvi Lurie)的信。

《爱因斯坦论和平》,638 页。

7.〔复罗素信,赞同发表反战宣言(1955 年 2 月 16 日)〕

《爱因斯坦论和平》,626—627 页。

8.*〔法律和良心〕

1955 年 2 月 21 日给一个美国人的复信。

《爱因斯坦论和平》,618 页。

9.*〔给法国历史学家 J.伊萨克(Jules Isaac)的信〕(1955 年 2 月 28 日)

《爱因斯坦论和平》,622—623 页。

10.*〔为和平宣言给玻尔(N. Bohr)的信〕(1955 年 3 月 2 日)

《爱因斯坦论和平》,630—631 页。

11.*〔中东问题和美国的帝国主义政策〕

1955 年 3 月 8 日给一个印度人的信。

《爱因斯坦论和平》,638 页。

12.*〔关于建议制造原子弹的动机〕

1955 年 3 月 19 日给劳厄的信。

《爱因斯坦论和平》,622 页。

13.*〔对被指责为“颠覆分子”的答复〕

1955 年 4 月 5 日给“世界联邦主义者联盟”的信。

《爱因斯坦论和平》,624 页。

14.*〔罗素—爱因斯坦宣言〕

由罗素起草,爱因斯坦于 1955 年 4 月 11 日签了名,1955 年 7 月 9 日由罗素在伦敦公开发表,联合签名的共 12 位各国著名科学家。

《纽约时报》,1955 年 7 月 10 日,25 页,1 列。

《爱因斯坦论和平》,633—636 页。

15.*〔为以色列“独立纪念日”准备的电视讲稿(未完成)〕

1955 年 4 月 11 日以后起草,未完成即逝世了。

《爱因斯坦论和平》,640—644 页,附有手稿照相版。

爱因斯坦逝世以后出版的文集

1.《爱因斯坦论和平》(*Einstein on Peace*)。

奥托·那坦(Otto Nathan,爱因斯坦遗嘱执行人)和诺尔登(Heinz Norden)编,纽约 Simon and Schuster,1960 年出版,共xvi+704 页。

写作年代和最初发表年代都不详的文章

《我的世界观》所集的八十多篇文章中,尚有三十多篇未查到出处,故其写作年代和最初发表的年代都不清楚(其中有一部分可能系第一次在《我的世界观》中发表)。这些无疑都是 1933 年以前的作品,其题目如下:

1.*科学的宗教精神。

2. 已故外科医师卡真斯坦(M. Katzenstein)略传(1937 年中译本无此文)。

以上 2 篇系学术性著作,以下 35 篇为社会政治言论。

3.*法西斯和科学。

4.*生命的意义。

5.*人类的真正价值。

6.*善与恶。

7.*论财产。

8.*社会和个人。

9. 访问者。

10. 对批评的祝贺。

11. 给日本学生的信。

12.*教师和学生。

13.*教育和教育者。

14.*对世界经济危机的看法。

15. 生产和购买力。

16. 生产和工作。

17. 仲裁。

18. 和平。

19. 和平主义问题。

20. 强迫服兵役。

21. 妇女和战争。

22. 给和平友人的三封信。

23. 对欧洲现状的看法。

24. 德国和法国。

25. 文化和繁荣。

26. 时代的继承者。

27. 给一位阿拉伯人的信。

28. 关于巴勒斯坦重建工作的五次讲话。
29. 工作中的巴勒斯坦。
30. 犹太人的复苏。
31. 基督教和犹太教。
32. *犹太人的理想。
33. 排犹主义和学术界青年。
34. 犹太青年。
35. *科学的困境。
36. 致索耳夫(Solf)博士的祝词(1937 年中译本无此文)。
37. 德国人和犹太人(此文见于 1937 年中译本,英译本则无此文)。

一部多灾多难书稿的坎坷传奇历程

——《爱因斯坦文集》再版校订后记

一 不寻常的开端

1962年8月，我在老家浙江临海农村收到原工作单位中国科学院哲学研究所自然辩证法组(组长由中共中央宣传部科学处处长于光远兼)寄来的《关于自然科学哲学问题的重要著作选译拟目(草稿)》，向我征求意见，并要我参加这项编译工作。我给这个拟目写了27页修改意见，并表示愿意承担编译爱因斯坦著作选集。他们也就同意了。

我大学时学物理，初中二年级就崇拜爱因斯坦，1938年考大学前认真读过他的文集《我的世界观》，使我开始思考人生道路问题。两年后决心投身革命，1946年在重庆《新华日报》馆参加中国共产党，1947年任地下党浙江大学支部书记和杭州工作委员会委员。1952年调到中国科学院，负责全院出版物的“政治把关”和《科学通报》的编辑工作。1956年调哲学研究所，研究科学哲学和科学思想史。1957年因公开反对“反右”斗争，被定为“极右分子”，失去党籍和公职，回老家当农民，用劳动工分来养活自己和母亲。

1962年哲学所之所以要组织编译科学家的哲学著作，完全是出于政治需要。1959年开始，中苏关系逐步恶化，随后展开公开论战。当时有人希望中国取代苏联成为全世界无产阶级革命的领袖和革命理论中心。为此，必须批判全世界一切反对马克思列宁主义的思潮，各国著名自然科学家的有关思想自然是重点批判对象。因此，必须把这些科学家的哲学著作和社会政治思想言论编译出来，供批判之用。鉴于爱因斯坦是20世纪最有影响的科学家，他就成为当局第一个关注的对象。让我编译爱因斯坦著作，对我是个喜出望外的大幸事，立即全力以赴。

为了解决我的生活问题，他们把我1956—1957年译成留在北京的译稿《物理学的基础》交商务印书馆出版，使我可以用稿费向生产队购买工分，换取口粮。随后我去北京住了4个月，查阅了所能找到的爱因斯坦全部论著，拟订了选题计划，并于1963年3月同商务印书馆签订了正式约稿合同。

1963年5月，我回家乡，带回由商务印书馆帮助借出的十几种爱因斯坦著作和十来种有分量的爱因斯坦传记。其中最引起我兴趣的是1960年刚出版的由爱因斯坦遗嘱执行人那坦(Otto Nathan)和诺尔登(H. Norden)编的文献集《爱因斯坦论和平》，它全面地搜集了爱因斯坦一生的社会政治言论。回家乡后，我如饥似渴地阅读了这批珍贵的文献。

我首先狼吞虎咽地读完了700多页的《爱因斯坦论和平》，对他的社会政治思想有了全面而深刻的了解。发现他终生信奉社会主义，虽然反对无产阶级专政，但向往计划经济，对马克思、列宁和俄国十月革命都有好感。因此，在政治上，他应该是我们的团结对象，不应该当作敌人来批判。这样，我就可以心安理得地编译他的著作，介绍他的思想了。我日夜埋头于书稿之间，一天工作 14 小时以上，每夜点着油灯工作到 12:30 以后，没有休息日，连春节也顾不上。

在北京期间，偶尔获悉上海科委秘书李宝恒也曾计划编译爱因斯坦著作，于是写信约他合作，他欣然同意。但他工作忙，又未受过严格的基础科学训练，只分担了小部分翻译工作。

经过历时一年半的紧张工作，到 1964 年 10 月完成了原定计划，选译了 200 多篇文章，50 多万字。书名《爱因斯坦哲学著作选集》，实际上包括了他有代表性的科学论文和社会政治思想言论。由于国内阶级斗争的气势越来越猛，出版进程受阻。利用这段空隙，我写了一篇 9 万字的《编译后记》，并在此基础上写了一部 17 万字的专著《爱因斯坦的世界观》稿。

为了试探外界反应，我把《后记》和《世界观》两稿中论述哲学思想部分的要点，写成一篇 25000 字的论文《试论爱因斯坦的哲学思想》，经李宝恒略加修改（在头尾加上当时流行的套话）后，联名寄给哲学所的《自然辩证法研究通讯》（这个刊物是我 1956 年在哲学所创办的），发表于 1965 年 11 月出版的第 4 期上。因为我是“摘帽右派”，不准用真名，只好改用笔名。出人意料的是，中共中央宣传部长陆定一对此文很赞赏，认为学术批判文章就应该这样写，要《红旗》杂志转载。于光远知道此文主要是我写的，党刊不能登右派文章，于是要李宝恒把它压缩改写，用他一人名义发表。

当李宝恒兴冲冲地写出准备送《红旗》发表的文稿时，史无前例的对文化进行革命的“文化大革命”爆发了。他因此成了“阎王殿”(指中宣部)在上海的第一个“黑帮分子”,受到冲击。顷刻间,好运变成了厄运!

二 逆境中抗争

为了清查李宝恒同我这个老右派的关系,1966 年 7 月中旬,上海科委派徐永德到我们村里。他在村里住了 4 天,要我交代《试论爱因斯坦的哲学思想》一文中哪些部分是李宝恒写的?哪些是我写的?我告诉他,这篇论文全部是我写的,李宝恒只是在首尾加上几句表态性的空话,因此,文章如有问题,全部责任应该由我承担。他说自己学过物理,已经发现该文有严重政治性错误,如无视列宁对时空观的贡献,吹捧“苏联人”明可夫斯基。我一一予以澄清,他都表示信服。最后,他对我表示信任和同情,要同我交朋友。他出身造船工人世家,他本人也是造船工人,毕业于上海交通大学物理系。他回上海后,李宝恒获得了自由。想不到不久他自己却因为一个工人朋友抱不平而身陷囹圄。

“文革”一开始,我恢复了全天劳动。随后经历了长期的审查、监禁、批斗以致死亡的折磨。在生死风暴过去 2 个月后,又意外地感受到另一场风暴,这就是北京和上海掀起的批判爱因斯坦运动。

1969 年 11 月,中国科学院物理所的陈庆振带着科学院革命委员会的介绍信来到我的家乡,要向我借爱因斯坦著作的全部译稿,说爱因斯坦和相对论已被中央文革小组组长陈伯达定为理论批判的重点,批判文章就要在明年元旦出版的《红旗》杂志上发表。我告诉他,爱因斯坦著作的译稿全部在上海李宝恒处。他说上海也在组织批判爱因斯坦，两地的资料互相封锁。于是他把我留下的初稿和资料卡片全部借走。他为人正直，说自己原是学化学的，不懂相对论，要在批判中学习相对论。我坦率地告诉他：爱因斯坦无论在政治上、哲学上、科学上都是打不倒的；如果要公开批判他，会损害我国的国际形象。

1971年10月从报上获悉商务印书馆改名为“东方红出版社”，并已恢复业务，我即去信询问《爱因斯坦哲学著作选集》的出版问题。答复是：立即寄去成稿，以便决定。于是我向李宝恒索要。他告诉我，《爱选》和《世界观》两部书稿都于1969年被上海市革命委员会写作组强行“借用”（留有沈贤铭具名的借条），他们不愿归还原稿，只允许由他抄一份还给我。我不同意，写信给沈贤铭和“写作组”，要求归还原稿，他们置之不理。以后打听到“写作组”的头头叫朱永嘉，1972年2月28日给他写了一封挂号信，告知我将于3月下旬去北京（当时科学院副秘书长秦力生答应为解决我的甄别和归队问题出力，主动要我去北京），要求他必须在我路过上海前归还两部书稿，否则将诉诸法律。3月23日，他果然把《爱选》书稿交还李宝恒；但《世界观》稿却推说“下落不明”，显然是因为这部书稿对他们正在进行的批判爱因斯坦运动十分有用。

1972年3月29日，我把《爱选》稿带到北京交给商务印书馆编辑部，一个星期后就得到答复：此稿重要，决定尽速出版；并表示愿意出版未见下落的《爱因斯坦的世界观》稿。在北京2个月，甄别、归队全都落空，但发现了不少9年来国外新出版的有关爱因斯坦的文献资料。于是继续同李宝恒合作，分头补译新资料，并复核原译稿。所以要复核，是因为原稿被上海涂改得不成样子，必须一一核对原文才可定稿。我们预定10月交稿，商务也早已把它列入1973年出书计划。

可是，来了一个晴天霹雳。9月18日获悉，上海《科技书征订目录》上赫然有《爱因斯坦言论集》征订广告，所介绍的内容和字数同我们的《爱选》稿完全一样，但编译者却是“复旦大学《爱因斯坦言论集》编译组”。为了揭露和抗议这种明目张胆的强盗行为，我写了一篇7000字题为《出版界和学术界的一件怪事》的文章，寄给上海市革委会头头徐景贤。10月12日我带了全部《爱选》译稿到上海找朱永嘉交涉。4天后朱永嘉派代表找我谈判。那个代表先向我传达朱永嘉的四点“指示”：(1)承认《言论集》是以我们的译稿为基础的，可加上我的署名；(2)可立即付给我稿费；(3)商务那边的出书问题不要我过问，由他们联系解决；(4)可考虑安排我的工作问题。这分明是企图用名利来引诱我就范，我不为所动，坚持由商务按原计划出书，你们只能出个节本，并要由我负责看改校样。我看他们毫无知错之意，批评他们的行为是强盗行为。谈判不欢而散。第二天他通过李宝恒通知我，朱永嘉认为他们出书与我无关，不要我看校样。

为抗议上海写作组的强盗行径，我写信向周恩来总理申诉。申诉信请科学院竺可桢副院长和秦力生副秘书长转。他们征求吴有训副院长(物理学家)意见后，转给国务院。这封由科学院出面转交的申诉信，使上海方面慌了神。1973年3月，他们派上海人民出版社两位负责人到北京找商务印书馆负责人丁树奇、陈原协商，达成协议，并上报国家出版局。协议规定：上海的书改为内部发行，商务按原计划公开出版，不受上海影响。

上海的抄稿经过改装，拖了一年才于1973年10月出版，书名改为《爱因斯坦论著选编》，原来的“编译组”不见了，但在《编译说明》中列了复旦大学12位教师（大多是老教授）的名字，说是他们“集体编译”的，并说“在编译过程中，曾参考过许良英、李宝恒于1962年至1965年间的旧译稿”。可是，全书有94％的内容是从我们的译稿中抄去的，而原稿尚未发表，竟被称为“旧稿”；强取豪夺被冠以“参考”美名，还要盗用十来位无辜教授的声誉，来压倒我这个没有公职的“摘帽右派”，用心何其良苦。

三 胜利后的波折

在与上海的斗争取得部分胜利后，我决定扩大译稿的内容，从一卷扩大为三卷，书名改为《爱因斯坦选集》。由于李宝恒身在上海，无法继续合作，我约请范岱年、赵中立合作。他们两人1957年都受我的牵连而成为“右派”。1973年11月，商务让我来北京工作，给我每月50元生活费（1977年出书后，从我的稿费中扣除），并帮助我解决住宿问题。开头半年我住在中关村科学院招待所，以后住到商务在珠市口新开办的仅有两个客房的小招待所。

我到北京后，商务把我新拟的选题计划打印出来向有关人士征求意见。国家科委一个干部对书名《爱因斯坦选集》大加指责，认为“选集”只能用于革命领袖，现在要给“资产阶级科学家”出“选集”，用意何在？于光远建议改名为《爱因斯坦文集》，我也就同意了。

《爱因斯坦文集》第一卷(46万字)终于在1974年9月交了稿,一个星期后就送去排印。它能及时发排,在当时是一个奇迹。因为1973年秋冬全国刮起了所谓“反右倾回潮风”,1974年春又掀起了更加凶猛的“批林批孔”运动,一切被贴上“封、资、修”标签的东西谁都不敢出版。连早已编辑加工好了的黑格尔的《逻辑学》这样的译稿,商务也不敢发排,唯独《爱因斯坦文集》发排了。这要归功于一年前商务与上海订的协议。

这个时期,上海写作组正在通过他们控制的《复旦学报》、《自然辩证法》等刊物公开抛出一系列批判爱因斯坦的文章,《爱因斯坦文集》第一卷的付排,正是对这种张牙舞爪的权势的蔑视。

1974年夏秋,“批林批孔”的烈火在商务越烧越旺,原来的领导人丁树奇、陈原靠边站,换上两个造反派。11月,他们对我这个右派下了驱逐令,但当面骗我,说让我回老家继续搞《爱因斯坦文集》第二卷和第三卷,保证按月寄生活费。可是我回故乡后不到两个月,他们就停发了我的生活费。正当我的生活将陷于绝境时,恩师王淦昌先生得到这一信息,主动来信,说我以后的生活费由他包下,每月用代名“王京”从四川寄给我30元。王先生从1960年开始参与我国极机密的原子弹、氢弹研制的领导工作,现在居然要包我这个右派学生的生活费,将承担何等的风险!好在几个月后中国政治风向又稍有转变,商务恢复了我的生活费。《爱因斯坦文集》第二卷(42万字)也于9月交了稿,由范岱年在北京代我处理。

随着政治气流的回旋,1975年10月我又回到北京。这次是赵中立要我来的。他写信告诉我,国务院成立政策研究室,于光远是主要成员之一。这个室领导哲学社会科学部的工作，这是我争取回哲学所工作的好机会。这次来，当地公社(即乡公所)不给出行证明(当时买到北京的火车票都要证明)，商务也不予接待，不得不作为"黑户口"住在赵中立家，一住就将近半年。刚到北京时，恢复工作确实有希望。可是，一个月后风云骤变，刮起批"右倾翻案"风和"批邓"风，一切都成为泡影。本来我又得回老家了，因为商务在接受《爱因斯坦文集》第二卷稿后，表示第三卷能否出版是个问题，理由是这一卷全是社会政治言论，会引起麻烦。幸亏我到北京后，于光远通过出版局局长石西民帮我解决了这个问题。11 月商务通知我：同意我继续完成第三卷的编译工作，生活费发到 1976 年底为止。由于第三卷内容风险大，范岱年考虑到自己家庭负担重，不便参与。于是我约请老同学张宣三接替他。

1976 年 3 月，商务终于让我回招待所住，在办公室里工作。半个月后，在我每天早晚必经的天安门广场爆发了因悼念周恩来总理而引发的天安门事件。7 月下旬又发生了唐山大地震，整整一个月只能露宿街头。人祸天灾到了极点，苦难的民族终将重见生机。

四　呕心沥血

果然，在毛泽东去世后不到一个月，人们奔走相告，恶贯满盈的江青集团于 10 月 6 日得到应有下场。万万料想不到，"四人帮"垮了，我的身体也突然垮了。真是乐极生悲。就在获悉"四人帮"被捕的当天，我约赵中立和另一位朋友泛舟昆明湖，在共享胜利喜悦的同时，却受了风寒，咳嗽不止，拖了一个多月，饭也吃不下。12月7日去医院检查，X射线检查结果是：右肺全部有阴影，中间还有一个直径2厘米的空洞。医生诊断是患严重肺结核。当天下午商务的责任编辑陈兆福电话通知我，《爱因斯坦文集》第一卷样书已到，要我立即去看。半路上突然咳了一口痰，一看竟是血。10分钟后到了办公室，抚摸着这部经历了14个寒暑、三赴北京、两去上海、多灾多难的书稿，今天终于印成了书，真是个名副其实的“呕心沥血”的产物。

拿到样书，我百感交集，而病魔也在步步紧逼。回到招待所后依然咯血不止，第二天半夜一连咯了一茶杯的血。随后我被送到北京结核病医院。奇怪的是，住了两个月医院一直没有查到结核病菌，于是医生怀疑我患的是肺癌，许多朋友都以为我活不久了，纷纷赶来探望，我泰然处之。可是最后也没有查出癌变的迹象。事后估计，当初患的可能是急性支气管炎。在结核病院住了将近4个月后回到商务，编辑室主任高崧和同事陈兆福很照顾我，让我住在办公室里，边工作边休养。

1973年商务与上海方面协商并上报出版局的协议中规定，《爱因斯坦文集》按原计划公开出版。但1976年1月第一卷付印时，商务当权者却下令改为内部发行，而且规定封面不得用红色，书名不能烫金。理由是，资产阶级不配用神圣的颜色。于是，封面选用素雅的浅绿色。这引出了一篇报告文学《绿色的文集》(作者为新华社记者胡国华，刊于《瞭望》周刊1984年第37期)。第一卷印了25000册，1977年1月开始发行。虽然标明“内部发行”，但书店公开陈列，不到半年即告售罄。

1977年7月，商务决定重印《爱因斯坦文集》第一卷，并改为公开发行，要我写一篇《前言》。我花了5天赶出15000字的初稿，向周培源等科学家征求意见。一位专管政治思想的编辑室副主任认为此稿是“美化资产阶级”，不能用。另一位曾受我尊重和信任的朋友来信说：此稿“不是马克思主义的”，劝我“头脑不要发热”，“放任灵魂深处的非马克思主义的思想感情冒出来损害无产阶级的革命事业”。（这种“文革”时的标准语言，值得让后人见识。）既然阻力重重，我们只好请周培源先生写序。他欣然答应，但要我们代为起草，说只要把原来的《前言》稿压缩成5000字，并参考他本人1955年发表的悼念爱因斯坦的文章。我一一照办。

刊有周培源序言的《爱因斯坦文集》第一卷重印版终于在1978年3月出版了。3月14日，爱因斯坦诞辰99周年，《人民日报》第三版全文发表了这篇序言。当晚，新华社以《中国出版〈爱因斯坦文集〉》为题，用中文和英文向海内外发布消息，介绍了周先生序言的主要内容，特别是对爱因斯坦的崇高评价：“他是人类历史上一颗明亮的巨星。”遗憾的是，这条消息中有一严重失实的内容，说《文集》的编译工作“是由中国著名物理学家许良英主持”，我深感惶恐，立即去信要求更正，严正指出：我既不是“物理学家”，更不是什么“著名”人物，我不过是一个农民，一个没有公职的人民公社社员；编译工作也不是我“主持”的，我们5个编译者是完全平等的，都是共患难的同志，只不过选题计划是我拟订的，《选编说明》和“编译者注”都是我写的，工作量也较大而已。

五 尾声

共同参与编译《爱因斯坦文集》的，先后有：李宝恒、赵中立、范岱年、张宣三。第一卷付型（看完几次校样后，交付制作纸型，由此浇铸成铅版，可以开始印刷）是在1975年11月，仍处于“文革”的黑暗期，李宝恒不愿署名；赵中立“右派”尚未摘帽，不能署名。1977年重印时，他们恢复了署名。同时，我们还得到很多朋友的热情帮助。特别是我大学时的同学邹国兴（他留法18年，1966年回国，在北大任教），50年代我在科学院和哲学所的同事何成钧（长期在清华任教），赵中立熟悉的在北京工业大学任教的李澍泖，他们从德文和法文文献中选译出大量爱因斯坦的重要文章和信件。

如今，为文集作序、传承爱因斯坦衣钵的周培源先生，编译文集最早合作者李宝恒，以及邹国兴、何成钧、李澍泖三位朋友，都已作古，他们留下的珍贵文字是隽永的纪念。

《爱因斯坦文集》第二卷1975年9月发排，1977年3月付型，1977年11月出书。第三卷1977年12月发排，1979年10月付型，1980年3月出书。3卷共选译了410篇文章，共135万字。

在此之前，国外出过9种爱因斯坦的文集。其中以1934年出版的《我的世界观》，1953年出版的德文版《我的世界观》，1954年出版的《思想和见解》和1960年出版的《爱因斯坦论和平》最有价值。可惜前3种篇幅过于单薄，最多的不过122篇；最后一种又仅限于社会政治言论。1965—1967年莫斯科出版的俄文版《爱因斯坦科学著作集》篇幅最大，有 4 卷，可惜只限于科学著作，不涉及哲学思想和社会政治言论。相比之下，中文版《爱因斯坦文集》可以说是当时内容最全面的爱因斯坦思想资料。

我们热切期盼的《爱因斯坦全集》终于在 1987 年开始出版了。据《全集》编辑部报告，他们已收集到爱因斯坦的文稿约 1000 件，书信 9000 件。由此估计，迄今尚未发表的文稿将近 20%，书信则在 90%以上。《全集》最初计划出 35 卷，后扩大为 40 卷，到 90 年代又改为 20 多卷。由于人们对《全集》期望值高，编辑人员尽心尽力，战战兢兢，主持人已换了 4 届，迄今为止只出到第 10 卷，恐怕 20 年后才能出齐。这是一项万人瞩目的宏伟的历史工程，我们衷心祝愿它顺利进展。

《爱因斯坦文集》的出版，在刚结束“文革”噩梦的中国知识界引起不小的振荡，对由胡耀邦所倡导的思想解放和改革开放起到了一定的助推作用。1977 年下半年，在青年工作干部会议上，胡耀邦说自己买到一本好书，叫《爱因斯坦文集》，他通读了，除了有些部分看不懂以外，凡能看懂的，受到启发很大。1978 年 9 月我应邀参加中共中央组织部关于“右派”改正问题的座谈会。主持会议的同志告诉我，胡耀邦在中组部（他是 1977 年 12 月出任中组部部长的）干部会议上曾号召大家学习《爱因斯坦文集》。这充分表明他的思想开放和虚心好学的精神，也可以说明《爱因斯坦文集》的社会影响。80 年代中期，报上曾公布大学生最爱读的 10 种书的调查，《爱因斯坦文集》名列其中。

到 1994 年，《爱因斯坦文集》第一卷和第二卷印了 4 次，第三卷印了 3 次，市场上早已断档，要求重印的呼声不绝。鉴于《爱因斯坦文集》成稿于30多年前，当时我尚沉溺于意识形态的迷信之中；1974年虽然开始醒悟，但依然自命为马克思主义者，在编译《爱因斯坦文集》的过程中，凡见到有为马克思主义不相容的论点，我总要在《选编说明》或"编译者注"中加以批驳。现在重新审视，深感这是对爱因斯坦的亵渎，是对读者不负责任的误导，必须予以更正。现在趁这次再版，把我当初所加上去的这种意识形态的污染一一清除，并在文字上作了适当校订。同时，把第三卷后面两个"补遗"全部拆散，其中80篇文章按时间顺序分别编入第一卷和第三卷中，以求体例一致。此外，两个附录也作了必要的修改。同时，第二卷增补了3篇论文。这些处理是否得当，是否仍有污染的余迹，恳请批评指正。

许良英

2007年10月6日

于北京中关村